工业和信息化部"十四五"规划教材

科学出版社"十四五"普通高等教育研究生规划教材

导弹制导原理

任 章 主编

任 章 董希旺 李清东 于江龙 编著

科学出版社

北 京

内 容 简 介

本书主要介绍导弹制导控制的基本原理、制导控制系统设计与分析的基本方法。全书共 13 章，包括概论、导弹运动模型与基本特性、导弹测量装置、导弹操纵机构、经典导引方法与导引弹道、现代导引方法、遥控制导原理、自寻的制导原理、导弹控制系统、自寻的制导系统分析与设计、遥控制导系统分析与设计、导弹制导新技术、导弹控制新技术。

本书可作为高等学校控制科学与工程、航空宇航科学与技术、电子科学与技术等相关学科的研究生教材，也可供从事导弹制导与控制系统设计的工程技术人员参考。

图书在版编目（CIP）数据

导弹制导原理 / 任章主编. —北京：科学出版社，2024.3
工业和信息化部"十四五"规划教材·科学出版社"十四五"普通高等教育研究生规划教材
ISBN 978-7-03-078318-9

Ⅰ.①导… Ⅱ.①任… Ⅲ.①导弹制导–高等学校–教材
Ⅳ.①TJ765.3

中国国家版本馆 CIP 数据核字（2024）第 061967 号

责任编辑：余 江 / 责任校对：胡小洁
责任印制：师艳茹 / 封面设计：迷底书装

科学出版社 出版
北京东黄城根北街 16 号
邮政编码：100717
http://www.sciencep.com
北京九州迅驰传媒文化有限公司印刷
科学出版社发行 各地新华书店经销
*
2024 年 3 月第 一 版 开本：787×1092 1/16
2024 年 3 月第一次印刷 印张：20 1/4
字数：488 000
定价：**128.00 元**
（如有印装质量问题，我社负责调换）

前　言

现代战争从某种意义上说是科技水平的较量，武器的先进性虽然不能最终决定战争的胜负，但用高科技手段装备的精良武器在某场局部战争中确实能起到关键作用，任何人都不能忽视科技手段在现代化战争中发挥的越来越重要的作用。要赢得现代战争更需要像导弹一类的精确制导武器，而提高精确制导武器的杀伤效率，特别是命中精度更是精确制导武器发展的永恒目标。精确制导武器的命中精度主要取决于制导系统的工作，随着科学技术的发展和对精确制导武器命中精度要求的不断提高，制导系统在整个导弹系统中的地位会越来越重要，对精确制导技术的需求也越来越强烈。本课程是一门以精确制导导弹为对象，主要介绍导弹制导基本原理、制导系统设计一般方法的专业基础课程。

改革开放以来，我国经济的快速发展为航空航天工业提供了广阔的发展空间，引发了对航空航天类人才的巨大需求。原来设置航空航天类专业的高校数量较少，主要集中在被称为"国防七子"的 7 所高校和相关军队院校。近年来，航空航天学院如雨后春笋般出现在我国的高等学校中，导航、制导与控制也成为其必须配置的专业，这导致对《导弹制导原理》教材的需求与日俱增。近年来出版的相关教材，基本上是按自主制导原理、遥控制导原理、自寻的制导原理、复合制导原理等不同制导类型来阐述导弹制导的基本原理。基础部分大同小异，有的在原理部分讲得更加细致，有的则更加侧重于工程设计。

作者所在的北京航空航天大学为"双一流"建设高校，控制科学与工程为"双一流"建设学科，导航、制导与控制二级学科为国家/国防重点学科，肩负着培养国家航空航天导弹制导控制领域领军人才的重任。本书是在《制导原理》讲义的基础上编写而成的，具有浓厚的航空航天特色和很强的工程应用背景，自始至终强调国防应用背景，着重培养学生工程概念和分析、解决实际问题的能力。在注重理论分析的基础上，引入大量丰富的导弹武器设计、分析实例，生动地阐述了最新制导控制理论产生背景、发展过程以及工程应用问题。本书融合工程实际和精确制导技术研究的新成果，尽量避免大篇幅的繁杂数学推导，重点内容涉及导弹制导系统的基本组成、基本分类、基本功能、基本原理，以及导弹制导控制系统设计，制导大系统分析等基本原理、组成环节、分析方法等，同时结合该领域前沿的最新研究成果，介绍先进导弹制导技术以及发展趋势。

本书在介绍导弹制导系统的基本组成、基本分类、基本功能、基本原理的基础上，首先介绍导弹的运动模型与运动特性、导弹的测量装置与操纵机构，补充了新型测量装置与操纵机构的内容，为后续章节的论述奠定基础。在导引方法和导引弹道部分，除了深入介绍经典导引方法，新增现代导引方法内容。后续主要以遥控制导和自寻的制导为重点，循序渐进地阐述导弹制导系统的工作原理。对于遥控制导，以雷达遥控制导为重点；对于自寻的制导系统，以红外自寻的制导为重点。重点介绍包括制导系统的基本功能组成、误差信号的产生和处理、制导指令的生成与补偿原理等内容。为了阐述导弹制导系统分析与设计，在介绍导弹控制系统基本功能组成、基本回路和对控制系统基本要求的基础上，重点介绍典型过载控制系统，还补充了几种特殊的导弹控制系统的分析与设计方法。接着分别以典型的自寻的制导系统和遥控制导系统为例，介绍制导大系统的基本组成部件和基本系统构成、制导大系统的分析与设计方法，以及分析设计中应考虑的工程因素等。最后介绍导弹制导控制技术研究新进展与发展趋势，使得学生能够了解导弹制导技术的最新发展，为其今后从事科学研究奠定技术基础和理论指导。

本书由任章教授牵头，联合董希旺教授、李清东副研究员和于江龙副教授共同编著。作者长期从事导弹制导控制技术研究，并承担"制导原理"相关课程教学和实验教学，书中融入了作者多年的科研成果和教学经验。本书由任章教授主编，负责大纲梳理、章节规划、内容布局等统筹工作，并编写第 1~4 章和第 10、11 章；董希旺教授编写第 5、6、9 章；李清东副研究员编写第 7、8 章；于江龙副教授编写第 12、13 章。全书由任章教授统稿和审核校订。

在本书编写过程中，参考了大量的国内外专家学者的研究新成果，以及专著、教材、论文资料等。在此一并表示感谢。

由于作者水平有限，书中难免存在疏漏之处，恳请读者批评指正。

作　者

2023 年 5 月于北京航空航天大学

目　　录

第 1 章　概　　论

现代战争，从某种意义上来说是科技水平的较量，武器的先进性虽然不能最终决定战争的胜负，但用高科技手段装备的精良武器在某场局部战争中确实能起到关键作用，任何人决不能忽视科技手段在现代战争中发挥的重要作用。与以往的战争相比，现代战争的突出特点是进攻武器的快速性、长距离、强高空作战能力。对于机动能力很强的空中目标或远在几百、几千公里以外的非机动目标，一般的武器是无能为力的，即使能够勉强予以攻击，其杀伤效果也十分差。要对付这种目标，需要提高攻击武器的射程、杀伤效率及攻击准确度，精确制导导弹就是一种能够满足这些要求的先进武器，在现代战争中的作用越来越重要，在近代局部战争中的使用越来越广泛。

在 1991 年 1 月的海湾战争中，以美国为首的多国部队用 7.6% 的精确制导武器击毁了 80% 的目标，显示了精确制导武器是威力大、效费比高的武器。

1999 年 3～6 月，以美国为首的北大西洋公约组织(简称北约)对南斯拉夫联盟共和国(简称南联盟)的科索沃战争中，精确制导武器的使用量已上升到 35%。

在 2003 年 3 月美英联军发动的伊拉克战争中，精确制导武器已上升为主战武器。其用量已占全部使用武器的 68.3%，对打赢这场战争起到了关键作用。

精确制导武器与普通武器的根本区别在于它具有制导系统。制导系统的基本任务是确定武器与目标的相对位置，操纵导弹飞行，在一定的准确度下，导引武器沿预定的弹道飞向目标。随着精确制导技术的迅猛发展，精确制导武器的命中精度越来越高。

精确制导武器通常是指采用高精度制导系统，直接命中(直接命中是指武器命中目标的圆概率误差(CEP)小于弹头的杀伤半径)概率很高的导弹、制导炮弹和制导炸弹等武器的统称。通常采用非核弹头打击坦克、装甲车、飞机、舰艇、雷达、指挥控制通信中心、桥梁和武器库等点目标。

精确制导武器命中目标的概率主要取决于制导系统的工作，所以制导系统在整个武器系统中占有极重要的地位，且随着科学技术的发展和对精确制导武器命中精度要求的不断提高，制导系统在整个导弹系统中的地位会越来越重要，对精确制导技术的需求也越来越强烈。本课程是一门以导弹一类精确制导武器为对象，主要介绍导弹制导基本原理、制导系统设计一般方法的专业基础课程。

1.1　导　弹　概　述

1.1.1　火箭与导弹

火箭是依靠自身动力装置(火箭发动机)推进的飞行器。火箭可根据不同的用途而装有各种不同的有效载荷，当火箭的有效载荷为战斗部系统时，就称为火箭武器。

火箭武器可分为两大类：一类称为无控火箭武器，如火箭弹，其飞行轨迹不可导引、控制；另一类是可控火箭武器，其飞行轨迹由制导系统导引、控制。

导弹是一种飞行武器，它载有战斗部，依靠自身动力装置推进，由制导系统导引、控制其飞行轨迹，并将其导向目标。

显然，导弹是一种可控的火箭武器，但也不是所有的导弹都是可控火箭武器，主要是因为导弹的动力推进装置不一定是火箭发动机。依靠空气中氧助燃的喷气发动机或组合型发动机也可以作为导弹的动力装置(如大部分巡航导弹的动力装置为组合型发动机，且以喷气发动机为主)。不论导弹的动力装置是何种发动机，导弹之所以称为武器，就是因为载有战斗部。

一般地，导弹由推进系统、制导系统、战斗部、弹体、供电系统(弹上电源)五部分组成。

1. 推进系统

推进系统以发动机为主体，为导弹提供飞行动力，保证导弹获得需要的射程和速度。

导弹常用的发动机有火箭发动机(固体、液体火箭发动机)、空气喷气发动机(涡轮喷气和冲压喷气发动机)，以及组合型发动机(固-液组合、火箭-冲压组合发动机)。

有的导弹为了满足特定的需求，如面对空导弹、反坦克导弹等，配置两台或单台双推力发动机。其中一台用来起飞助推，使导弹从发射装置上迅速起飞和加速，因此也称为助推器。另一台作为主发动机，用来使导弹维持一定的速度飞行，以便能攻击目标，因此称为续航发动机。远程导弹、洲际导弹，其飞行速度要求在火箭发动机熄火时达到每秒数千米，因而需要用多级火箭才能实现，每级火箭都要用一台或几台火箭发动机。

2. 制导系统

制导系统是导引和控制导弹飞向目标的仪器和设备的总称。为能够将导弹导向目标，一方面需要不断地测量导弹实际运动状态与理论上所要求的运动状态之间的偏差，或者测量导弹与目标相对位置与偏差，以便向导弹发出修正偏差或跟踪目标的控制指令；另一方面需要保证导弹稳定飞行，并操纵导弹改变飞行姿态，控制导弹按所需要的方向和轨迹飞行而命中目标。完成前一方面任务的部分是导引系统，完成后一方面任务的部分是控制系统。两个系统集成在一起就构成了制导系统：导引系统+控制系统=制导系统。

制导系统可以完全装在弹上，如自寻的制导系统，但有的导弹，弹上只装控制系统，导引系统则装在地面指挥站或载舰、载机上，如面对空导弹等。

3. 战斗部

战斗部是导弹上直接毁伤目标，完成其战斗任务的部分，由于大多置于导弹头部，故习惯称为导弹头或简称弹头。

由于导弹所攻击的目标性质和类型不同，相应地要求导弹配置毁伤作用不同、结构类型不同的战斗部，如爆破战斗部、杀伤战斗部、聚能战斗部、化学战斗部、生物战剂战斗部以及核战斗部。

4. 弹体

弹体是导弹的结构主体，是由各舱、门、空气动力翼面、弹上机构及一些零组件连接而成的、具有良好的气动外形的壳体，用以安装战斗部、制导系统、动力装置、推进剂及供电系统(弹上电源)，空气动力翼面(包括产生升力的弹翼)，产生操纵力的舵面，以及保证稳定飞行的安定面(尾翼)。对于弹道式导弹，由于弹道大部分在大气层外飞行，主动段只作程序转向飞行，因此没有弹翼或根本没有空气动力翼面。

5. 供电系统(弹上电源)

供电系统负责给弹上各分系统供给正常工作所需要的电能，主要包括电源、各种配电、变电装置等。常用的电源有电池，如银锌电池、镍铬电池、锂电池等，或发动机带动的小型发电机。例如，有的巡航导弹采用涡轮风扇发动机带动小型发电机作为弹上电源；还有的导弹，如个别有线制导的反坦克导弹，弹上没有电源，由地面电源供弹上使用。

1.1.2　导弹的分类

尽管一般把导弹分成五大系统，但不同导弹的各分系统有着很大的区别。为了便于研究，通常将它们进行分类。导弹的分类方法很多，但每一种方法都应该概括地反映出它们的主要特征。通常，划分导弹类别的依据主要有按照发射地点和目标所在的位置、按照作战使命、按照结构与弹道、按照射程、按照所攻击的目标等。图 1.1.1 是各种分类的一个概括。

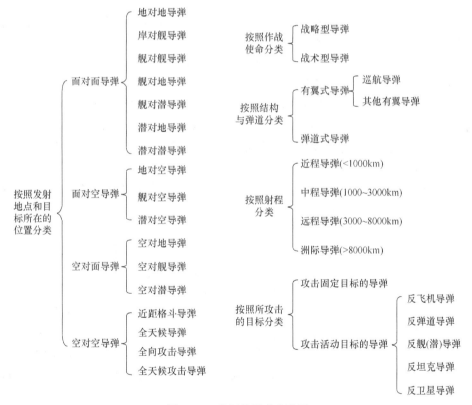

图 1.1.1　常用的导弹分类图

在图 1.1.1 中，发射地点和目标所在的位置可以在地面、地下、水面、水下(潜艇)和空中(飞机、导弹)、空间(卫星、空间站)，一般约定地面(包括地下)、水面(包括水下)统称为面。

　　从进攻一方讲，战略型导弹是指攻击敌方导弹或核武器发射基地、军事指挥部门、军用机场、港口、防空和反导基地、重要军需仓库、工业和能源基地、交通和通信枢纽、政府部门等战略目标，完成战略打击的导弹。远程面对面导弹、空对面导弹属于战略型导弹。此外，从防守一方讲，战略型导弹用于保卫重要城市和具有战略意义的要地，设施的远程面对空导弹也属于战略型导弹。

　　战术型导弹主要指用于地面、空中、海域作战的完成某场具体战役的战术目标任务的导弹，其类型很多。

　　有翼式导弹除飞航(巡航)导弹外，分类图中列出的面对空导弹、空对面导弹、空对空导弹，以及其他攻击活动目标的导弹均属于有翼式导弹。

　　按照射程分类的，近、中、远程导弹和洲际导弹一般只适用于弹道式导弹和巡航导弹。

　　还有一些特殊用途的导弹，如诱饵导弹、反雷达(反辐射)导弹等没有明确列入分类图中。实际上，它们已包含在上面的分类图中，只不过是由于用途特殊而另有名号罢了。

1.2　导弹制导基本原理

1.2.1　导弹制导的基本概念

　　制导是指采用某种手段确定载体与目标的相对位置，按照一定的导引规律对导弹实施导引、控制导弹的飞行，使之能够准确地命中目标的过程。

　　制导技术是一门涉及多个学科的综合性技术，目前无公认的统一定义，其基本含义为：以高性能光、电等探测为主要手段获取被攻击目标及背景的相关信息，识别并跟踪目标；按照一定的导引规律规划出导弹飞行的理想弹道，控制导弹按理想弹道飞向目标，使之高精度命中目标。制导技术主要应用于导弹、制导炸弹、攻击型无人机等武器系统。

　　制导系统是指获取被攻击目标及背景的相关信息，识别并跟踪目标，导引和控制导弹飞向目标的仪器和设备的总称。

　　导弹之所以能够准确地命中目标，是由于能按照一定的导引规律对导弹实施控制，控制导弹的飞行，使之能够准确飞向目标。其根本点在于改变导弹飞行(速度)方向，而改变飞行方向的方法就是产生与导弹飞行速度矢量垂直的控制力。

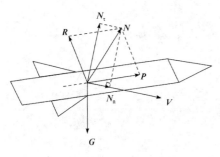

图 1.2.1　导弹速度和受力

　　首先来看导弹的受力情况。在大气层中飞行的导弹主要受到发动机推力 P、空气动力 R 和导弹重力 G 的作用，如图 1.2.1 所示。

　　这三种力的合力就是导弹受到的总作用力。导弹的重力一般不能随意改变，因此要改变导弹的受力，从而改变导弹的运动，则只能改变发动机推力或空气动力，所以发动机推力和空气动力的合力称为控制力 N，即

$$N=R+P \tag{1.2.1}$$

　　控制力 N 可分解为沿速度方向和垂直于速度方向的两个分量，分别称为切向控制力 N_τ 和法向控制力 N_n，即

$$N = N_{\tau} + N_{n} \tag{1.2.2}$$

切向控制力只能改变导弹飞行速度的大小。然而,导弹飞行速度的大小通常难以控制(对于采用火箭发动机推进的导弹),或者通过控制发动机节气阀偏角,从而改变推力的大小来控制导弹的飞行速度的大小(对于采用喷气发动机推进的导弹)。法向控制力才能改变导弹飞行速度的方向,即导弹的飞行方向。法向控制力为零时,导弹做直线运动,否则导弹将在空间做曲线拐弯运动。

导弹的法向力由推力、空气动力和导弹重力决定,导弹的重力一般不能随意改变,因此要改变导弹的控制力,只有改变发动机推力或空气动力,或同时改变推力和空气动力。

在大气层内飞行的导弹,一般为有翼式导弹,通常用改变空气动力的方法来改变控制力,也可以用改变推力的方法获得控制力。在大气层外飞行的无翼式导弹只能用改变推力的方法来改变控制力。

依靠改变空气动力的法向力来实现法向控制力改变的方法称为空气动力控制方法,在大气层内飞行的有翼式导弹一般采用这种方法。当导弹上的操纵机构(空气舵、空气扰流片等)偏转时,操纵面上会产生相应的操纵力,它对导弹质心形成操纵力矩,使得导弹绕质心转动,从而导致导弹在空中的姿态发生变化。而导弹姿态的改变,将会引起气流与弹体的相对流动状态的改变,攻角、侧滑角也将随之变化,从而改变作用在导弹上的空气动力,导弹的质心运动轨迹(弹道)也将改变。这就是导弹制导的基本概念。

1.2.2　导弹制导的一般原理

下面以轴对称导弹为例说明导弹制导的一般原理。

导弹所受的空气动力可沿速度坐标系分解成升力、侧力和阻力。其中,升力和侧力是垂直于飞行速度方向的,升力在导弹纵对称平面内,侧力在导弹侧平面内,所以,利用空气动力来改变控制力,是通过改变升力和侧力来实现的。由于导弹的气动外形不同,改变升力和侧力的方法也略有不同,现以轴对称导弹为例来说明。

轴对称导弹一般具有两对弹翼和舵面,在纵对称面和侧对称面内都能产生较大的空气动力。作用在纵对称平面内的导弹受力图如图 1.2.2 所示。

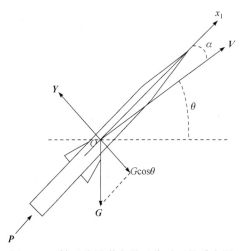

图 1.2.2　轴对称导弹在纵对称平面的受力图

如果要使导弹在纵对称平面内向上或向下改变飞行方向，就需要改变导弹的攻角 α(这里简单地认为攻角是导弹纵轴与速度方向的夹角)，攻角改变以后，导弹的升力就随之改变。

各力在弹道法线方向上的投影可表示为

$$F_y = Y + P\sin\alpha - G\cos\theta \tag{1.2.3}$$

式中，θ 为弹道倾角；Y 为升力。

导弹所受的可改变的法向力为

$$N_y = Y + P\sin\alpha \tag{1.2.4}$$

由牛顿第二定律、圆周运动规律可得如下关系式：

$$F_y = ma \tag{1.2.5}$$

即

$$N_y - G\cos\theta = m\frac{V^2}{\rho} \tag{1.2.6}$$

式中，V 为导弹的飞行速度；m 为导弹的质量；ρ 为导弹的曲率半径。

而曲率半径又可表示成

$$\rho = \frac{\mathrm{d}S}{\mathrm{d}\theta} = \frac{\mathrm{d}S/\mathrm{d}t}{\mathrm{d}\theta/\mathrm{d}t} = \frac{V}{\dot\theta} \tag{1.2.7}$$

式中，S 为导弹运动轨迹，则有

$$N_y - G\cos\theta = mV\dot\theta \tag{1.2.8}$$

亦即

$$\dot\theta = \frac{N_y - G\cos\theta}{mV} \tag{1.2.9}$$

由式(1.2.9)可以看出，要使导弹在纵对称平面内向上或向下改变飞行方向(就是弹道倾角 θ 发生变化)，就需要利用操纵机构产生操纵力矩使导弹绕质心转动来改变导弹的攻角。攻角改变后，导弹的法向力 N_y 也随之改变，而且当导弹的飞行速度一定时，法向力越大，弹道倾角的变化率就越大，也就是说，导弹在纵对称平面内的飞行方向改变得就越快。

同理，导弹在侧平面内可改变的法向力为平面内的控制力：

$$N_z = Z + P\sin\beta \tag{1.2.10}$$

由此可见，要使导弹在侧平面内向左或向右改变飞行方向，就需要通过操作元件改变侧滑角 β，使侧力 Z 发生变化，从而改变侧向控制力。

显然，要使导弹在任意平面内改变飞行方向，就需要同时改变攻角和侧滑角，使升力和侧力同时发生变化。此时，导弹的法向力 N_n 就是 N_y 和 N_z 的合力，如图 1.2.3 所示。

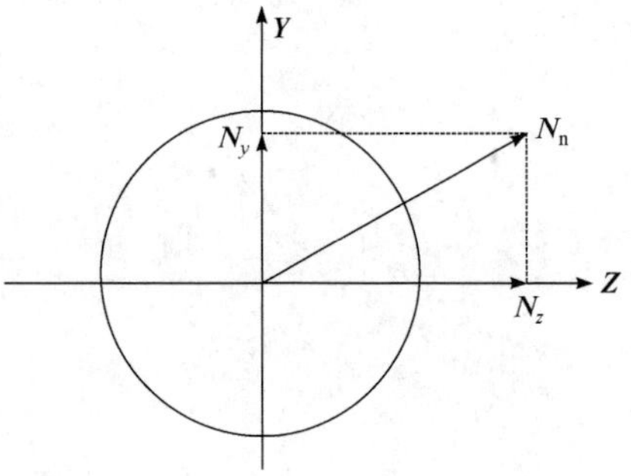

图 1.2.3 轴对称导弹在双平面内的控制力

1.3 导弹制导系统

1.3.1 导弹制导系统的基本组成

从功能上可将导弹制导系统分为导引系统和控制系统两部分。导引系统通过探测装置确定导弹相对目标或发射点的位置形成导引指令。可以用不同类型的装置实现探测装置对目标和导弹运动信息的测量。例如,可以在选定的坐标系内,对目标或导弹的运动信息分别进行测量;也可以在选定的坐标系内,对目标与导弹的相对运动信息进行测量。探测装置可以是制导站上的红外或雷达测角仪,也可以是装在导弹上的导引头。导引系统根据探测装置测量的参数按照设定的导引方法形成制导指令,这一工作由制导指令形成系统来完成。制导指令形成之后送给控制系统,有些情况还要经过适当的坐标转换。

控制系统接收到制导指令后,迅速而准确地执行导引系统发出的制导指令,直接操纵导弹飞向目标。控制系统的另一项重要任务是保证导弹在每一飞行段内都能稳定地飞行,所以也常称为稳定回路。稳定回路中通常含有校正装置,用以保证其有较高的控制质量。

导弹制导系统由一般探测装置、制导指令形成系统、控制系统等组成。为了更方便地研究制导系统,往往把制导系统描述为一个多回路控制系统。典型的导弹制导系统如图 1.3.1 所示。

在图 1.3.1 中,外环为制导回路,也称为制导大回路。内环的稳定回路作为制导大回路内的一个环节,它本身也是闭环回路,而且可能是多回路(如包括阻尼回路和加速度计反馈回路等),而稳定回路中的执行机构通常也采用位置或速度反馈形成闭环回路。当然,并不是所有的制导系统都要求具备上述各回路,例如,有些小型导弹就可能没有稳定回路,也有些导弹的执行机构采用开环控制,但所有导弹都必须具备制导大回路。

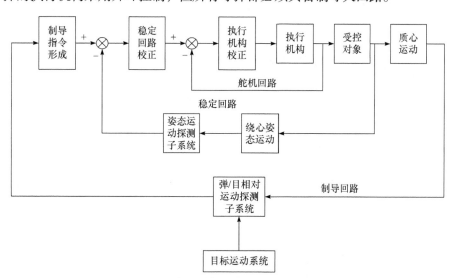

图 1.3.1 导弹制导系统的基本组成

稳定回路系统是制导系统的重要环节,它的特性直接影响制导系统的制导准确度。弹上控制系统应既能保证导弹飞行的稳定性,又能保证导弹的机动性,即对飞行有控制和稳定的作用。

1.3.2　导弹制导系统的分类

尽管制导系统从功能上讲包括导引系统和控制系统两部分，但由于各类导弹的用途、目标性质和射程等因素的不同，具体的制导系统的设备构成和安装位置差别很大。从原理上讲，各类导弹的控制系统必须安装在弹体上，工作原理和系统组成也大体相同；而导引系统的设备可以全部放在弹体上，也可以放在弹体以外的制导站上，或导引系统的主要设备放在制导站上，另一部分设备放在弹体上。因此，制导系统主要依据导引系统的工作原理、工作模式等不同来分类。

根据制导系统的工作是否与外界发生联系，即是否需要除导弹自身以外的任何信息，制导系统可分为自主制导系统、非自主制导系统、复合制导系统三大类。其中，自主制导系统包括程序(方案)制导与惯性制导等；非自主制导系统包括天文导航(星光制导)、卫星导航、地图匹配制导、遥控制导、自动导引(自寻的制导)等；复合制导系统是指将几种制导方式进行组合，从而提高制导系统的性能。常见的制导系统分类见图 1.3.2。

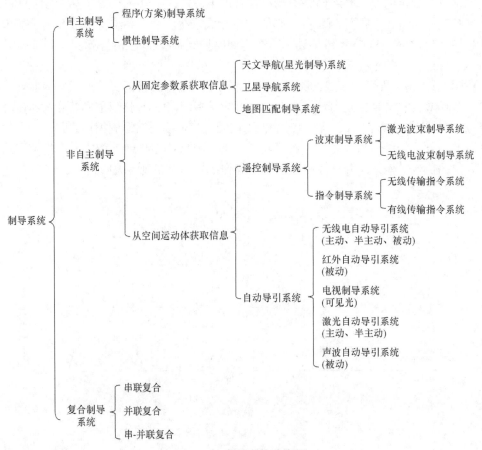

图 1.3.2　制导系统分类图

自主制导系统主要包括程序(方案)制导与惯性制导等，相对比较简单，因此这里主要介绍非自主制导系统的分类。由于导引系统是根据不同的物理原理构成的，因此其实现的技术要求也不同。下面具体介绍各类制导系统的物理原理和工程实现技术。

1. 自寻的制导系统

自寻的制导系统也称为自动导引系统，基本原理是利用目标辐射或反射的能量制导导弹去攻击目标，可大致描述为：由弹上导引头感受目标辐射或反射的能量(如无线电波、红外线、激光、可见光、声音等)，测量目标、导弹相对运动参数，并形成相应的导引指令，控制导弹飞行，使导弹飞向目标的制导系统。由于制导系统全部都在弹体上，故称为自寻的制导系统。

为了使自寻的制导系统正常工作，首先必须能准确地从目标背景中发现目标，为此要求目标本身的物理特性与其背景或周围其他物体的特性必须有所不同，即要求它对背景具有足够的能量对比性。

具有红外(热)辐射源的目标很多，如军舰、飞机(特别是喷气式飞机)、坦克、冶金工厂，在大气层中高速飞行的导弹的头部也具有足够大的热辐射。利用目标辐射的红外线使导弹飞向目标的自寻的系统称为红外自寻的制导系统(也称为红外自动导引系统)。这种系统的作用距离取决于目标辐射面的面积和温度、接收装置的灵敏度和气象条件。

有些目标与周围背景不同，它能辐射本身固有的光线，或是反射太阳、月亮的或人工照明的可见光线。利用可见光的自寻的制导系统，其作用距离取决于目标与背景的对比性、昼夜时间和气候条件。

有些目标是强大的声源，如飞机喷气发动机或电动机以及军舰的工作机械等，利用接收声波原理构成的自寻的系统称为声学自寻的制导系统(也称为声波自动导引系统)。这种系统的缺点是，当其被用在攻击空中目标的导弹上时，因为声波的传播速度慢，导弹难以命中空中目标，而是导向目标后面的某一点。此外，高速飞行的导弹本身产生的噪声，会对系统的工作造成干扰。声学自寻的制导系统多用于水下自寻的鱼雷。

雷达自寻的制导系统是广泛应用的自寻的制导系统，因为很多军事上的重要目标本身就是电磁能的辐射源，如雷达站、无线电干扰站、导航站等。

有时为了研究上的方便，根据导弹所利用能量的能源所在位置的不同，自寻的制导系统可分成主动式、半主动式和被动式三种。

1) 主动式

主动式自寻的制导是指照射目标的能源在导弹上对目标辐射能量，同时有导引头接收目标反射回来的能量的寻的制导方式，如图 1.3.3 所示。

图 1.3.3　主动式自寻的制导(M：导弹；T：目标)

采用主动式自寻的制导的导弹，当弹上的主动导引头截获目标并转入正常跟踪后，就可以完全独立地工作，不需要导弹以外的任何信息。随着能量发射装置的功率增大，系统作用距离也增大，但同时弹上设备的体积和重量也增大，所以弹上不可能有功率很大的发射装置。因而主动式自寻的制导系统作用的距离一般不是太远。已实际应用的典型的主动式自寻的制导系统主要是雷达寻的系统。

2) 半主动式

半主动式自寻的制导系统中照射目标的能源不在导弹上，而设在导弹以外的制导站或其他位置，弹上只有接收装置，如图 1.3.4 所示。因此它的功率可以很大，作用距离比主动式要远。

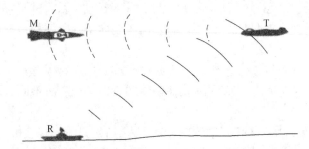

图 1.3.4 半主动式自寻的制导(M：导弹，T：目标，R：雷达)

3) 被动式

被动式自寻的制导系统中目标本身就是辐射源，不需要发射装置，由弹上导引头直接感受目标辐射的能量，导引头将以目标的特定物理特性作为跟踪的信息源，如图 1.3.5 所示。

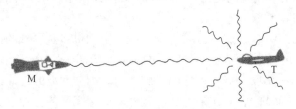

图 1.3.5 被动式自寻的制导(M：导弹；T：目标)

被动式自寻的制导系统的作用距离不太远，典型的被动式自寻的制导系统是红外自寻的制导系统。

自寻的制导系统由导引头、弹上控制指令计算装置与导弹稳定控制装置等组成，其组成原理结构图如图 1.3.6 所示。

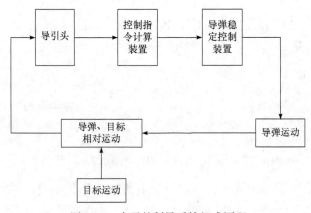

图 1.3.6 自寻的制导系统组成原理

导引头实际上是制导系统的探测装置，当它能够稳定地跟踪目标后，即可输出导弹和目标的有关相对运动参数；弹上控制指令计算装置综合导引头及弹上其他敏感元件的测量信号形成控制指令，把导弹导向目标。

自寻的制导系统的制导设备全部在弹上，具有发射后不管的特点，可攻击高速目标，制导精度较高，但由于它靠来自目标辐射或反射的能量来测定导弹的飞行偏差，作用距离有限，抗干扰能力差。一般用于空对空、地对空、空对地导弹和某些弹道导弹，也用于巡航导弹的末飞行段，以提高末段制导精度。

2. 遥控制导系统

由导弹以外的制导站向导弹发出导引信息的制导系统，称为遥控制导系统。根据导引指令在制导系统中形成的部位不同，遥控制导又分为波束制导和指令制导。

在波束制导系统中，制导站发出波束(无线电波束、激光波束等)，导弹在波束内飞行，弹上的制导设备感受它偏离波束中心的方向和距离，并产生相应的导引指令，操纵导弹飞向目标。在多数波束制导系统中，制导站发出的波束应始终跟踪目标。

在指令制导系统中，由制导站的导引设备同时测量目标、导弹的位置和其他运动参数，并在制导站形成导引指令，该指令通过无线电波或传输线传送至弹上，弹上控制系统根据制导站传来的导引指令操纵导弹飞向目标。早期的无线传输指令系统往往使用两部雷达，分别对目标和导弹进行跟踪测量，目前多用一部雷达同时跟踪测量目标和导弹的运动，这样不仅可以简化地面设备，而且由于采用了相对坐标体制，大大提高了测量精度，减小了制导误差。

波束制导和指令制导虽然都由导弹以外的制导站导引导弹，但波束制导中制导站的波束指向只给出导弹的方位信息，而导引指令则由在波束中飞行的导弹感受其在波束中的位置偏差来形成。弹上的敏感装置不断地测量导弹偏离波束中心的大小与方向，并据此形成导引指令，使导弹保持在波束中心飞行，而指令制导系统中的导引指令是由制导站根据导弹、目标的位置和运动参数形成的。

与自寻的制导系统相比，遥控制导系统在导弹发射后，制导站必须对目标(指令制导中还包括导弹)进行观测，并不断向导弹发出导引信息；而自寻的制导系统中导弹发射后，只由弹上制导设备对目标进行观测、跟踪，并形成导引指令。因此，遥控制导设备分布在弹上和制导站上，而自寻的系统的制导设备全部都装在导弹上。

遥控制导系统的制导精度较高，作用距离可以比自寻的制导系统远，弹上制导设备简单，但其制导精度随导弹与制导站的距离增大而降低。同时，遥控制导系统的制导站在导弹发射后，击中目标前不能移动(规避)，且要不断发射探测信号，除了易受外界干扰外，还是敌方攻击的主要对象。从武器系统生存能力意义上讲，遥控制导难以与自寻的制导比拟。

遥控制导系统多用于地对空导弹和一些空对空、空对地导弹，有些战术巡航导弹也用遥控指令制导来修正其航向。早期的反坦克导弹多采用有线传输指令系统。

3. 天文导航(星光制导)系统

天文导航(星光制导)是根据导弹、地球、星体三者之间的运动关系来确定导弹的运动参量，将导弹引向目标的一种制导技术。导弹星光制导系统一般有两种：一种是由(光电)星跟踪器跟踪一种星体，导引导弹飞向目标；另一种是用两部星跟踪器分别观测两种星体，根据两种星体等高圈的交点确定导弹的位置，导引导弹飞向目标。

4. 地图匹配制导系统

地图匹配制导是利用地理信息进行制导的一种制导方式。地图匹配制导一般有地形匹配制导与景象匹配区域相关器制导两种。地形匹配制导利用的是地形信息，也叫地形等高线匹配制导；景象匹配区域相关器制导利用的是景象信息，简称景象匹配制导。它们的基本原理相同，都是利用弹上计算机预存的地形图或景象图，与导弹飞行到预定位置时携带的传感器测出的地形图或景象图进行相关处理，确定出导弹当前位置偏离预定位置的偏差，形成制导指令，将导弹引向预定区域或目标。

5. 程序(方案)制导系统

方案制导就是根据导弹飞向目标的既定航迹拟制的一种飞行计划。方案制导是导引导弹按这种预先拟制好的计划飞行，导弹在飞行中的导引指令就根据导弹的实际参量值与预定值的偏差形成。方案制导系统实际上是一个程序控制系统，所以方案制导也称为程序制导。

6. 惯性制导系统

惯性制导系统是一种自主式的空间基准保持系统。惯性制导是指利用弹上惯性元件，测量导弹相对于惯性空间的运动参数，并在给定运动的初始条件下，由制导计算机计算出导弹的速度、位置及姿态等参数，形成控制信号，导引导弹完成预定飞行任务的一种自主制导系统。它由惯性测量装置、控制显示装置、状态选择装置、导航计算机和电源等组成。惯性测量装置包括三个加速度计和三个陀螺仪。前者用来测量运动体的三个质心移动的加速度，后者用来测量运动体绕三个质心转动的角速度。对测出的加速度进行两次积分，可算出运动体在所选择的导航参考坐标系的位置，对角速度进行积分可算出运动体的姿态角。

7. 复合制导系统

当对制导系统要求较高时，如导弹必须击中很远的目标或者必须增加对远距离目标的命中率(远程精确打击)，可把上述几种制导方式以不同的形式组合起来，以进一步提高制导系统的性能。例如，在导弹飞行初始段采用自主制导方式，将导弹导引到要求的区域，中段采用遥控制导方式，比较精确地把导弹导引到目标附近，末段采用自寻的制导方式，这不仅增大了制导系统的作用距离，而且提高了制导精度。

在复合制导转换制导方式过程中，各种制导设备的工作必须协调过渡，实现两种制导方式的交接，使导弹的弹道能够平滑地衔接起来。

根据导弹在整个飞行过程中或在不同飞行段上制导方法的组合方式不同，复合制导可分为串联复合制导、并联复合制导和串-并联复合制导三种。串联复合制导就是在导弹飞行弹道的不同段上，采用不同的制导方法。并联复合制导就是在导弹的整个飞行过程中，或者在弹道的某一段上，同时采用几种制导方式。串-并联复合制导就是在导弹的飞行过程中，既有串联又有并联的复合制导方式。

1.4　导弹控制系统

1.4.1　导弹控制的基本原理

导弹制导的目的是将导弹引向目标或使其按给定的弹道飞行。为达到这一目的，除了要求导弹具有一定的飞行速度外，还要求导弹在运动过程中以一定的方式改变飞行速度矢量的方向。导弹速度矢量方向的改变是借助导弹控制系统来实现的，而控制系统则是通过改变作用在导弹上的力和力矩来实现的。

控制力可分为两个分量：平行于飞行速度矢量的切向控制力以及垂直于速度矢量的法向控制力。为了控制飞行速度的大小，需要改变在运动方向上作用于导弹的力，即切向控制力。为了改变飞行方向，必须在飞行器上施加上一个垂直于速度矢量的力，即法向控制力。显然，保证了切向和法向控制力的大小及方向，就可将导弹在需要的时间内导向空间的给定点。

在导弹上，改变法向控制力的任务是由法向过载控制系统完成的，它的任务是将控制信号转变成法向过载。法向过载控制系统基本组成在很大程度上由建立法向力的方法来确定，建立法向力的基本方法主要有两种。

第一种方法是围绕质心转动导弹，使导弹产生攻角，由此形成气动升力，这种建立法向力的方法被在大气层中作战的导弹广泛采用。

第二种方法是直接产生法向力，这种方法不需要改变飞行器的攻角，如推力矢量系统或侧向喷流系统。

介于两种方法之间的一种方法是采用旋转弹翼建立法向力。法向力是由弹翼偏角产生的直接控制力和弹体转动引起攻角产生的气动力组成的。

在大气层内作战的导弹，一般情况下是按第一种方法来获得在大小和方向上所需的法向力，这就必须以一定的方式调整导弹在空间的角位置。这项任务要通过建立控制力矩的方法来完成，即以某种方式产生控制力矩使导弹围绕质心转动。为了产生控制力矩，在偏离导弹质心的地方装有操纵机构。操纵机构可产生不大的空气动力或反作用力，相对于导弹质心，它的力矩已足够控制导弹的角运动。

1.4.2　导弹控制的基本方式与控制模式

1. 导弹控制的基本方式

前面讨论了飞行中的导弹的受力及力的关系，说明了可通过改变垂直于速度矢量的控制力来改变导弹的飞行方向，而控制力的改变可以通过空气动力、推力或直接力的大小和方向的改变来获得。

从控制的数学原理上，导弹控制的基本方式可分为直角坐标控制、极坐标控制、直接力控制三大类，并可根据改变控制力的操纵元件进一步细分。导弹控制方式分类如图 1.4.1 所示。

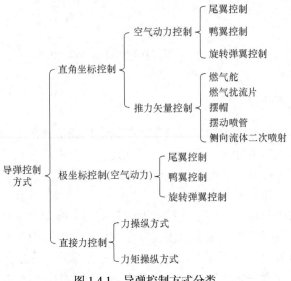

图 1.4.1　导弹控制方式分类

1) 直角坐标控制方式

导弹的控制力是由两个互相垂直的分量组成的控制方式称为直角坐标控制方式。这种控制方式多用于采用空气动力控制的导弹,导弹的操纵舵面采用"+"字形和"×"字形配置。用直角坐标控制的导弹,在垂直和水平方向有相同的控制性能,且任何方向控制都很迅速,但需要两对升力面和操纵舵面,因导弹不滚转,故需 3 个操作机构。

除了空气动力控制的导弹,采用推力矢量控制的导弹也大都采用直角坐标控制方式。推力矢量控制有多种实现形式,如燃气舵、燃气扰流片、摆帽、摆动喷管以及侧向流体二次喷射等,在第 4 章有详细论述,此处不再赘述。

2) 极坐标控制方式

极坐标控制方式如图 1.4.2 所示,导引指令使导弹产生一个大小为 $|F_c|$ 的力,力的方向由某固定方向(如轴 Oy_1)的夹角 φ 确定。F_c 的大小由俯仰舵控制,φ 角由副翼控制。导引指令作用后,副翼使导弹从某一固定方向滚动角 φ,俯仰舵使导弹产生控制力 F_c,从而改变导弹飞行方向,飞向理想弹道。

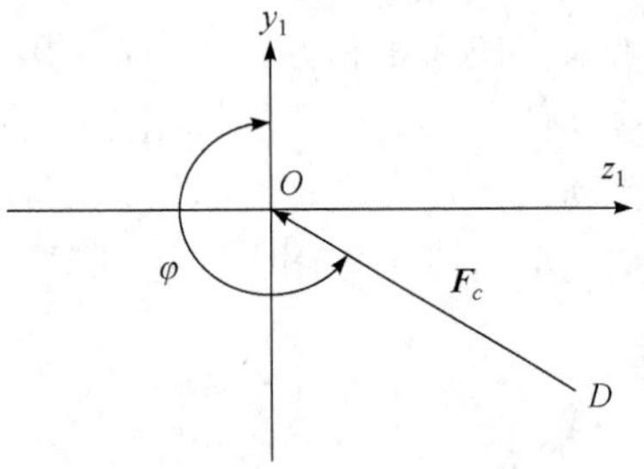

极坐标控制一般用于有一对升力面和一对舵面的飞航式导弹或"一"字式导弹。

图 1.4.2　极坐标控制方式示意图

3) 直接力控制方式

直接力控制方式是一种将特殊的火箭发动机安装在导弹弹体上,安装方向垂直于导弹轴向,火箭发动机直接喷射燃气流,以燃气流的反作用力作为控制力,从而直接或间接改变导弹弹道的控制方式,又称为直接侧向力控制方式。

直接力控制方式有两种不同的操纵方式:力操纵方式和力矩操纵方式。要实现不同的操纵方式,直接力控制装置在导弹上的安装位置不同。力操纵方式需要将直接力控制装置安装在重心位置或离重心较近的地方。这样,侧向喷流装置不产生控制力矩或产生的控制力矩足够小。力矩操纵方式通常希望将侧向喷流装置放在远离重心的地方,产生的控制力矩改变了导弹的飞行攻角,进而改变了作用在弹体上的气动力,使导弹的飞行方向发生改变。

2. 导弹控制模式

前面介绍的各种控制方式与导弹的气动布局密切相关,也就是说,与产生法向控制力的执行机构的安装方式密切相关。而执行机构的安装方式不同,形成的控制模式也不同。空气动力控制模式通常有尾翼控制模式、鸭翼控制模式和旋转弹翼控制模式。不同控制模式与导弹的气动布局密切相关,一般情况下,尾翼控制模式、鸭翼控制模式、旋转弹翼控制模式将对应地应用于正常式(产生气动控制力的舵面在重心之后)、鸭式(产生气动控制力的舵面在重心之前)和全动弹翼式气动布局的导弹中。

1) 尾翼控制模式

图 1.4.3 是正常式气动布局导弹的法向力作用状况。静稳定条件下,在控制开始时由舵面负偏转角 $-\delta$ 产生一个使头部上仰的气动力矩。舵面偏转角始终与弹身攻角增大方向相反,舵面产生的控制力的方向也始终与弹身攻角产生的法向力增大方向相反,因此导弹的响应特性比较差。

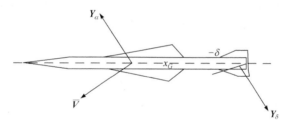

图 1.4.3 正常式气动布局导弹的法向力作用状况

由于正常式气动布局的舵偏角与攻角方向相反,全弹的合成法向力是攻角产生的法向力减去舵偏角产生的法向力,因此,正常式气动布局的升力特性也总是比鸭式布局和全动弹翼式布局要差。由于舵面受前面弹翼下洗影响,其效率也有所降低。此外,尾舵有时不能提供足够的滚转控制。

正常式气动布局的主要优点是尾舵的合成攻角小,从而减小了尾舵的气动载荷和舵面的铰链力矩。另外,空气动力特性比旋转弹翼控制、鸭翼控制布局的线性度更好,这对要求以线性控制为主的设计具有明显的优势。

此外,由于舵面位于全弹尾部,离质心较远,舵面面积可以小些。在设计过程中,改变舵面尺寸和位置对全弹基本气动力特性影响很小,对总体设计十分有利。

2) 鸭翼控制模式

由于产生气动控制力的舵面在重心之前,鸭翼控制模式的优点是控制效率高,舵面铰链力矩小,能降低导弹跨声速飞行时过大的静稳定性。从总体设计观点看,鸭翼控制的舵面离惯性测量组件、导引头、弹上计算机近,连接电缆短,敷设方便,解决了将控制执行元件安装在发动机喷管周围的困难。

鸭翼控制模式的主要缺点是:当舵面做副翼偏转对导弹进行滚转控制时,在弹翼上产生的反向诱导滚转力矩减小甚至完全抵消了鸭舵的滚转控制力矩，使得舵面难以进行滚转控制。因此，鸭式布局的战术导弹，或者采用旋转飞行方式无须进行滚转控制；或者采用辅助措施进行滚转控制，例如，在弹翼后设计副翼，或者设法减小诱导滚转力矩，使鸭舵能够进行滚转控制。

3) 旋转弹翼控制模式

图 1.4.4 是全动弹翼式布局导弹的法向力作用状况。

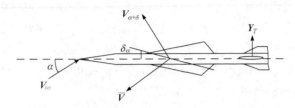

图 1.4.4　全动弹翼式布局导弹的法向力作用状况

由图 1.4.4 可见，当全动弹翼偏转 δ 角时，产生正的(当全弹等效升力位于质心之前时)或负的(当全弹等效升力位于质心之后时)俯仰力矩。

全动弹翼式布局的主要优点如下：

(1) 由于导弹依靠弹翼偏转及攻角两个因素产生法向力，且弹翼偏转产生的法向力所占比例大，因此导弹飞行时不需要多大的攻角。这对带有进气道的冲压发动机和涡喷发动机的工作是有利的。

(2) 对指令的反应速度最快。只要弹翼偏转，马上就会产生机动飞行所需要的法向力。

(3) 对质心变化的敏感程度比其他气动布局要小。

(4) 质心位置可以在弹翼压力中心之前，也可以在弹翼压力中心之后，降低了对气动部件位置的限制，便于合理安排。

全动弹翼式布局的主要缺点如下：

(1) 弹翼面积较大，气动载荷很大，使得气动铰链力矩相当大，要求舵机的功率比其他布局时大得多，将使舵机的质量和体积有较大的增加。

(2) 由于控制翼布置在质心附近，因此全动弹翼的控制效率低。此外，弹翼转到一定角度时，弹翼与弹身之间的缝隙加大，使升力损失增加，控制效率将进一步降低。

(3) 攻角和弹翼偏转角的组合影响使尾翼产生诱导滚转力矩，该诱导滚转力矩与弹翼上的滚转控制力矩方向相反，从而降低了全动弹翼的滚转控制能力。

1.4.3　导弹控制的通道与基本控制系统

1. 导弹控制通道

为了研究方便，通常把导弹在三维空间的运动分解为质心运动和绕质心的旋转运动，各有三个自由度。导弹绕质心的旋转运动称为导弹姿态运动。导弹姿态运动也有三个自由度，通常分为俯仰、偏航和滚转三种姿态运动。目前，大部分导弹是通过对姿态的控制间接实现质心控制的，因此通常所说的导弹控制系统一般指的是导弹的姿态控制系统。通常把对于俯仰、偏航和滚转三种姿态运动的控制称为三个控制通道。如果以控制通道的选择为分类原则，导弹的控制可分为三类，即单通道控制、双通道控制和三通道控制。

1) 单通道控制

一些小型导弹，弹体直径小，在导弹以较大的角速度绕纵轴旋转的情况下，可用一个控制通道控制导弹在空间的运动，这种控制方式称为单通道控制。采用单通道控制方式的导弹可采用"一"字舵面，继电式舵机，一般利用尾喷管斜置和尾翼斜置产生自旋，利用弹体自旋，使一对舵面在弹体旋转中不停地按一定规律从一个极限位置向另一个极限位置交替偏转，其综合效果产生的控制力使导弹沿基准弹道飞行。

在单通道控制中，弹体的自旋转是必要的，如果导弹不绕其纵轴旋转，则一个通道只能控制导弹在某一平面内的运动，而不能控制其空间运动。

单通道控制的优点是，由于只有一套执行机构，弹上设备较少、结构简单、质量轻、可靠性高，但由于仅用一对舵面控制导弹在空间的运动，对制导系统来说，有不少特殊问题要考虑。

2) 双通道控制

通常制导系统对导弹实施横向机动控制，故可将其分解为在互相垂直的俯仰和偏航两个通道内进行的控制，对于滚转通道，仅由稳定系统对其进行稳定，而不需要进行控制，故称为双通道控制，即直角坐标控制。

双通道控制方式制导系统组成原理图如图 1.4.5 所示，其工作原理是：观测跟踪装置测量出导弹和目标在测量坐标系的运动参数，按导引规律分别形成俯仰和偏航两个通道的控制指令。这部分工作一般包括导引规律计算、动态误差和重力误差补偿计算及滤波校正等内容。

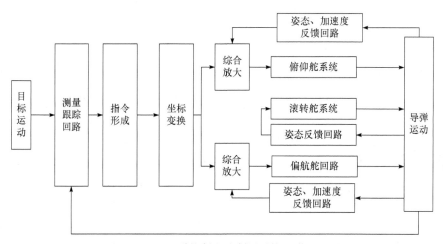

图 1.4.5 双通道控制方式制导系统组成原理图

导弹控制系统将两个通道的控制信号传送到执行坐标系的两对舵面上（"+"字形或"×"字形），控制导弹向减少误差信号的方向运动。

双通道控制方式中的滚转回路分为滚转角位置稳定和滚转角速度稳定两类。在遥控制导方式中，控制指令在制导站形成，为保证在测量坐标系中形成的误差信号正确地转换到控制(执行)坐标系中形成控制指令，一般需采用相应的坐标转换或补偿。若弹上有姿态测量装置，且控制指令在弹上形成，可以不采用滚转角位置稳定模式。在主动式寻的制导方式中，测量坐标系与控制坐标系的关系是确定的，控制指令的形成对滚转角位置没有要求。

也有一些文献中把双通道控制称为三通道控制。

3）三通道控制

制导系统对导弹实施控制时，对俯仰、偏航和滚转三个通道都进行控制的称为三通道控制，如垂直发射导弹的发射段的控制及倾斜转弯控制等。

三通道控制方式制导系统组成原理图如图 1.4.6 所示，其工作原理是：观测跟踪装置测量出导弹和目标的运动参数，然后形成三个控制通道的控制指令，包括姿态控制的参量计算及相应的坐标转换、导引规律计算、误差补偿计算及控制指令形成等，所形成的三个通道的控制指令与三个通道的某些状态量的反馈信号综合，送给执行机构。

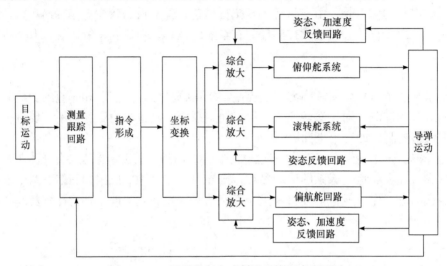

图 1.4.6　三通道控制方式制导系统组成原理图

2. 基本控制系统

导弹控制系统一般包括稳定系统、质心运动控制系统和速度控制系统，称为导弹基本控制系统。

(1) 稳定系统用以维持飞行器所需的角位置或角运动。通常导弹相对其三个坐标轴方向都需要进行稳定。在某些特定的情况下，稳定系统可以适当简化。例如，在稠密的大气层中飞行时，相对于 Oy_1 轴和 Oz_1 轴的稳定不用自动装置而通过增加飞行器的静稳定度的办法来实现。

(2) 质心运动控制系统给出导弹质心的运动规律，并用改变相应法向控制力的方法来保证按此规律飞行。换句话说，质心运动控制系统就是用改变法向控制力的方法来控制飞行器质心运动的控制系统。为了实现质心运动控制，必须改变飞行速度矢量的方向，因为空间中的矢量方向由两个坐标确定，所以质心运动控制系统要由两个通道组成。

(3) 速度控制系统用改变切向控制力的方法保证飞行速度所需的变化规律，在通常情况下，战术导弹制导不需要速度控制，所以大多数战术导弹控制系统中都不包括该系统。

必须指出，通过引入速度控制系统来改善导弹的导引性能越来越引起导弹设计师的重视，速度控制系统已经开始在一些高性能导弹设计中得到应用。

1.5　对制导系统的基本要求

为了完成导弹的制导任务，对导弹制导系统有很多要求，最基本的要求是制导系统的制导准确度、对目标的鉴别力、作战反应时间、抗干扰能力和可靠性等几个方面。

1. 制导准确度(制导精度)

导弹与炮弹之间的差别从效果上看是导弹具有很高的命中率，而其实质上的不同在于导弹是被控制的，所以制导准确度是对制导系统的最基本也是最重要的要求。

制导系统的准确度通常用导弹的脱靶量表示。脱靶量是指导弹在制导过程中与目标间的最短距离。从误差性质上看，造成导弹脱靶量的误差分为两种：一种是系统误差，另一种是随机误差。系统误差在所有导弹攻击目标过程中是固定不变的，因此，系统误差为脱靶量的常值分量；随机误差是一个随机量，其平均值等于零。

导弹的脱靶量允许值取决于很多因素，主要取决于给出的命中率、导弹战斗部的重量和性质、目标的类型及其防御能力。目前，战术导弹的脱靶量可以达到几米，有的甚至可与目标相碰，战略导弹由于其战斗部威力大，目前的脱靶量可达到几十米。

为了使脱靶量小于允许值，就要提高制导系统的制导准确度，也就是减小制导误差。

下面从误差来源角度分析制导误差。从误差来源看，导弹制导系统的制导误差分为动态误差、起伏误差和仪器误差。

1) 动态误差

动态误差主要是由于制导系统受到系统的惯性、导弹机动性能、导引方法的不完善以及目标的机动等因素的影响，不能保证导弹按理想弹道飞行而引起的误差。例如，当目标机动时，由于制导系统的惯性，导弹的飞行方向不能立即随之改变，中间有一定的延迟，这使导弹离开基准弹道，产生一定的偏差。

导引方法不完善所引起的误差，是指当所采用的导引方法完全正确地实现时所产生的误差，它是导引方法本身所固有的误差，这是一种系统误差。

导弹的可用过载有限也会引起动态误差。在导弹飞行的被动段，飞行速度较低时或理想弹道弯曲度较大、导弹飞行高度较高时，可能会发生导弹的可用过载小于需用过载的情况，这时导弹只能沿可用过载决定的弹道飞行，使实际弹道与理想弹道间出现偏差。

2) 起伏误差

起伏误差是由制导系统内部仪器或外部环境的随机干扰所引起的误差。随机干扰包括目标信号起伏、制导回路内部电子设备的噪声、敌方干扰、背景杂波、大气紊流等。当制导系统受到随机干扰时，制导回路中的控制信号便附加了干扰成分，导弹的运动便加上了干扰运动，使导弹偏离基准弹道，造成飞行偏差。

3) 仪器误差

由制造工艺不完善造成制导设备固有精度和工作稳定的局限性及制导系统维护不良等原因造成的制导误差，称为仪器误差。

仪器误差具有随时间变化很小或保持某个常值的特点，可以建立模型来分析它的影响。

要保证和提高制导系统的制导准确度，除了在设计、制造时应尽量减小各种误差外，还要对导弹的制导设备进行正确使用和精心维护，使制导系统保持最佳的工作性能。

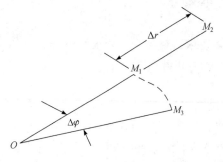

图 1.5.1　制导系统的目标分辨率

2. 对目标的鉴别力

如果要使导弹去攻击相邻几个目标中的某一个指定目标，导弹制导系统就必须具有较高的距离鉴别力和角度鉴别力。距离鉴别力是制导系统对同一方位上、不同距离的两个目标的分辨能力，一般用能够分辨出的两个目标间的最短距离 Δr 表示；角度鉴别力是制导系统对同一距离上、不同方位的两个目标的分辨能力，一般用能够分辨出的两个目标与控制点连线间的最小夹角 $\Delta \varphi$ 表示，见图 1.5.1。

如果导弹的制导系统是基于接收目标本身辐射或者反射的信号进行控制的，那么鉴别力较高的制导系统就能从相邻的几个目标中分辨出指定的目标；如果制导系统对目标的鉴别力较低，就可能出现下面的情况：

(1) 当某一目标辐射或反射信号的强度远大于指定目标辐射或反射信号的强度时，制导系统便不能把导弹引向指定的目标，而是引向信号较强的目标。

(2) 当目标群中多个目标辐射或反射信号的强度相差不大时，制导系统便不能把导弹引向指定目标，因而导弹摧毁指定目标的概率将显著降低。

制导系统对目标的鉴别力，主要由其传感器的测量精度决定，要提高制导系统对目标的鉴别力，必须采用高分辨能力的目标传感器。

3. 作战反应时间

作战反应时间指从发现目标起到第一枚导弹起飞为止的一段时间，一般来说，应由防御的指挥、控制、通信系统和制导系统的性能决定，但对于攻击活动目标的战术导弹，则主要由制导系统决定。当导弹系统的搜索探测设备对目标识别和进行威胁判定后，立即计算目标诸元并选定应射击的目标。制导系统便对被指定的目标进行跟踪，并转动发射设备、捕获目标、计算发射数据、执行发射操作等。制导系统执行上述操作所需要的时间称为作战反应时间。随着科学技术的发展，目标速度越来越快，由于难以实现在远距离上对低空目标的搜索、探测，因此制导系统的反应时间必须尽量短。

4. 抗干扰能力

制导系统的抗干扰能力是指在遭到敌方袭击、电子对抗、反导对抗和受到内部、外部干扰时，该制导系统保持其正常工作的能力。对于多数战术导弹而言，要求制导系统具有很强的抗干扰能力。不同的制导系统受干扰的情况各不相同，对于雷达遥控系统而言，它容易受到电子干扰，特别是敌方施放的各种干扰，对制导系统的正常工作影响很大。为提高制导系统的抗干扰能力，一是要不断地采用新技术，使制导系统对干扰不敏感；二是要在使用过程中加强制导系统工作的隐蔽性、突然性，使敌方不易察觉制导系统是否在工作；三是制导系统可以采用多种工作模式，一种模式被干扰，立即转换到另一种模式制导。

对于战略导弹而言，它的生存能力很重要。为提高生存能力，战略导弹可以在井下或水下发射、机动发射。

5. 可靠性

可靠性是指产品在规定的条件下和规定的时间内，完成规定功能的能力。制导系统的可靠性，可以看作在给定使用和维护条件下，制导系统各种设备能保持其参数不超过给定范围的性能，通常用制导系统在允许工作时间内不发生故障的概率来表示。这个概率越大，表明制导系统发生故障的可能性越小，也就是系统的可靠性越好。

规定的时间是可靠性定义中的核心，因为不谈时间就无可靠性可言，而规定时间的长短又随着产品对象和使用目的的不同而异。例如，导弹、火箭(成败性系统)要求在几秒或几分钟内可靠，地下电缆、海底电缆系统则要求几十年内可靠，一般的电视机、通信设备则要求几千小时到几万小时内可靠。一般来说，产品的可靠性是随着使用时间的延长而逐渐降低的，所以一定的可靠性是对一定时间而言的。

规定的条件是指使用条件、维护条件、环境条件和操作技术，这些条件对产品可靠性都会有直接的影响，在不同的条件下，同一产品的可靠性也不一样。例如，实验室条件与现场使用条件不一样，它们的可靠性有时可能相近，有时可能会相差几倍到几十倍，所以不在规定条件下谈论可靠性，就失去了比较产品质量的前提。

制导系统的工作环境很复杂，影响制导系统工作的因素很多。例如，在运输、发射和飞行过程中，制导系统要受到振动、冲击和加速度等影响；在保管、储存和工作过程中，制导系统要受到温度、湿度和大气压力变化以及有害气体、灰尘等环境的影响。制导系统的每个元件都会受到材料、制造工艺的限制，在外界因素的影响下，元件可能变质、失效，从而影响制导系统的可靠性。为了保证和提高制导系统的可靠性，在研制过程中必须对制导系统进行可靠性设计，采用优质耐用的元器件、合理的结构和精密的制造工艺。除此之外，还应正确地使用和科学地维护制导系统。

规定的功能常用产品的各种性能指标来评估，通过试验，产品的各项规定的性能指标都已达到，则称该产品完成规定的功能，否则称该产品丧失规定功能。产品丧失规定功能的状态称为产品发生"故障"或"失效"。相应的各项性能指标就称为"故障判据"或"失效判据"。

关于可靠性定义中的能力，由于产品在工作中发生故障带有偶然性，所以不能仅看产品的工作情况，而应在观察大量的同类产品之后，方能确定其可靠性的高低，故可靠性定义中的"能力"具有统计学的意义。例如，产品在规定的时间内和规定的条件下，失效数与产品总量之比越小，可靠性就越高，或者产品在规定的条件下，平均无故障工作时间越长，可靠性也就越高。

6. 体积小、质量轻、成本低

在满足上述基本要求的前提下，尽可能地使制导系统的仪器设备结构简单、体积小、质量轻、成本低，弹上的仪器设备更应如此。

思 考 题

1. 制导系统有几种基本类型？说明各制导系统的特点。

2. 根据导引头所利用能源所在位置不同，寻的制导系统可分为哪几种？简述各自的特点。

3. 制导系统由哪几部分组成？各部分的功能是什么？

4. 导弹制导的基本原理是什么？

5. 导弹的控制方式有哪些？各有什么特点？

6. 什么是导弹的单通道控制、双通道控制和三通道控制？这三种控制方式各适用于什么情况？

7. 自寻的制导在哪些方面优于遥控制导？

8. 对制导系统有哪些基本要求？

第 2 章　导弹运动模型与基本特性

2.1　导弹飞行力学基础

一般讲，大部分战术导弹主要在大气层内飞行，作战空域为 0～30km，因此导弹的飞行必然要与空气发生相互作用。当导弹在大气层中飞行时，它会受到空气动力的作用(还有发动机推力和重力)。根据空气动力学的基本原理，当可压缩的黏性气流流过弹体表面时，由于整个弹体表面上压强分布的不对称性，将出现压强差；另外，空气对弹体表面又有黏性摩擦，会产生摩擦力，这两部分形成了作用在导弹弹体上的空气动力的主体。分析空气动力的产生和作用是导弹飞行力学研究的主要任务之一，但由于篇幅限制，这里不去追溯作用在导弹上的空气动力、空气动力矩的流体力学原理，仅给出空气动力、空气动力矩的计算公式，为建立导弹的运动方程、分析导弹的运动特性、设计导弹制导控制系统奠定基础。

2.1.1　坐标系定义与转换关系

众所周知，任何一种物体的运动都是相对的，确切地说是相对于一定的参考系而言的，导弹的运动也不例外，为了分析弹体运动的动态性能和它的制导与控制过程，必须把描述其运动的各种量，放在相应的坐标系及各种坐标系的相互关系中去考察。

一般地，战术导弹飞行时间较短，为方便建模与分析，做如下假设。

假设 1：弹体为刚体，忽略导弹弹性模态；

假设 2：导弹为轴对称，弹体坐标系各轴均为惯量主轴；

假设 3：由于飞行时间较短，假设飞行期间导弹的质量和转动惯量不变；

假设 4：导弹飞行过程中，忽略地球自转及其曲率，假设地平面水平且重力加速度为常值。

1. 坐标系定义

在研究导弹的运动时，经常用到的坐标系有地心惯性坐标系 $Ox_e y_e z_e$、地面坐标系 $Oxyz$、弹体坐标系 $Ox_1 y_1 z_1$、弹道坐标系 $Ox_2 y_2 z_2$ 和速度坐标系 $Ox_3 y_3 z_3$。各种坐标系定义如下。

1) 地心惯性坐标系 $Ox_e y_e z_e$

研究惯性制导时常采用惯性坐标系，即原点不动，而又无转动的坐标系。取地球中心作为该坐标系原点 O，Oz_e 轴垂直于地球赤道平面，指向北极；Ox_e 轴在赤道平面内指向春分点方向，Oy_e 轴与 Ox_e 轴和 Oz_e 轴构成右手坐标系，且不与地球一起旋转。

由于牛顿运动定律只在惯性坐标系中成立，所以应用牛顿运动定律时必须选取惯性坐标系。

2) 地面坐标系 $Oxyz$

地面坐标系与地球表面固连，若考虑到假设 4 忽略地球自转，可近似认为地面坐标系即为地面惯性坐标系。地面坐标系的坐标原点可以选在地球表面上的任何一点，通常取导弹的发射点为坐标原点 O，Ox 轴与地球表面相切，其指向可以是任意的，对于地面目标，Ox 轴通常与过原点 O 和目标点的地球大圆相切，指向目标方向为正，Oy 轴垂直于地平面，向上为正，Oz 轴垂直于 Oxy 平面，其方向按右手定则确定，如图 2.1.1 所示。

3) 弹体坐标系 $Ox_1y_1z_1$

弹体坐标系的坐标原点 O 取在导弹的质心，Ox_1 轴与弹体几何纵轴重合，指向弹头方向为正，Oy_1 轴在弹体纵向对称平面内，与 Ox_1 轴垂直，向上为正，Oz_1 轴垂直于 Ox_1y_1 平面，其方向按右手定则确定，如图 2.1.2 所示。

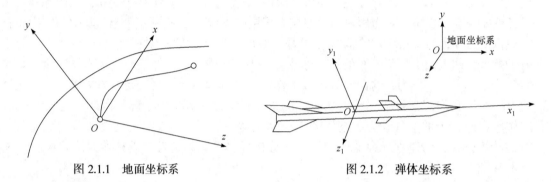

图 2.1.1 地面坐标系 　　　　　　　　图 2.1.2 弹体坐标系

4) 弹道坐标系 $Ox_2y_2z_2$

坐标原点 O 取在导弹的质心，Ox_2 轴与导弹的速度方向重合，指向飞行方向为正，Oy_2 轴位于包含速度矢量的垂直平面内，与 Ox_2 轴垂直，向上为正，Oz_2 轴垂直于 Ox_2y_2 平面，其方向按右手定则确定。

常采用弹道坐标系建立导弹的质心运动方程，可以得到比较简单的形式。

5) 速度坐标系 $Ox_3y_3z_3$

坐标原点 O 取在导弹质心，Ox_3 轴与 Ox_2 轴一致，与导弹的速度方向重合。Oy_3 轴位于弹体纵向对称面内，与 Ox_3 轴垂直，向上为正，Oz_3 轴垂直于 Ox_3y_3 平面，其方向按右手定则确定。

2. 坐标系间的转换关系

常采用速度坐标系研究导弹所受的空气动力，可以得到比较简单的形式。

一般来讲，对于描述导弹运动的不同变量，选取合适的坐标系进行研究很重要。例如，研究描述导弹姿态运动的变量俯仰角、偏航角、滚转角时，在弹体坐标系下研究较为方便，而研究与弹道有关的运动变量时，则在导弹坐标系下研究更为容易。要研究导弹的各种运动变量之间的关系，则可以通过各种坐标系及其相互转换关系来考察。实际上，很多运动变量是相关坐标系之间相互转换的结果，因此，研究导弹的运动必须熟悉这些坐标系之间的转换关系。

另外，作用在弹体上的空气动力、推力和重力也定义在不同的坐标系中，如空气动力定义在速度坐标系中，推力和重力定义在弹体坐标系中。要建立描述导弹运动的动力学方程，也必须将分别定义在各个坐标系中的力变换(投影)到某个选定的能够表征导弹运动特性的坐标系中。为了方便建模与分析，下面研究几种坐标系之间的转换关系，并将其以方向余弦矩阵的形式给出。

1) 弹道坐标系与地面坐标系之间的转换关系

弹道的特征可以通过弹道坐标系与地面坐标系之间的关系来体现，常用图 2.1.3 所示的两个特征角度来具体描述。

弹道倾角 θ，即导弹速度矢量与水平面 Oxz 之间的夹角，若速度矢量指向水平面之上，则 θ 角为正，反之为负。

弹道偏角 ψ_v，即导弹速度矢量在水平面的投影与地面坐标系 Ox 轴之间的夹角，迎 Oy 轴顶视，若 Ox 轴逆时针转到投影线方向，则 ψ_v 为正，反之为负。

弹道坐标系相对地面坐标系的变换矩阵可通过两次旋转求得。首先将地面坐标系绕 Oy 轴旋转一个 ψ_v 角，形成过渡坐标系 $Ox'yz_2$，得到初等变换矩阵：

$$L(\psi_v) = \begin{bmatrix} \cos\psi_v & 0 & -\sin\psi_v \\ 0 & 1 & 0 \\ \sin\psi_v & 0 & \cos\psi_v \end{bmatrix} \tag{2.1.1}$$

再将过渡坐标系 $Ox'yz_2$ 绕 Oz_2 轴旋转一个 θ 角，即得到弹道坐标系 $Ox_2y_2z_2$，其初等变换矩阵为

$$L(\theta) = \begin{bmatrix} \cos\theta & \sin\theta & 0 \\ -\sin\theta & \cos\theta & 0 \\ 0 & 0 & 1 \end{bmatrix} \tag{2.1.2}$$

最后得到地面坐标系 $Oxyz$ 与弹道坐标系 $Ox_2y_2z_2$ 之间的变换矩阵为两个初等变换矩阵 $L(\theta)$ 与 $L(\psi_v)$ 的乘积，即得到地面坐标系 $Oxyz$ 与弹道坐标系 $Ox_2y_2z_2$ 之间转换的方向余弦矩阵：

$$L(\theta, \psi_v) = \begin{bmatrix} \cos\theta\sin\psi_v & \sin\theta & -\sin\psi_v\cos\theta \\ -\cos\psi_v\sin\theta & \cos\theta & \sin\theta\sin\psi_v \\ \sin\psi_v & 0 & \cos\psi_v \end{bmatrix} \tag{2.1.3}$$

2) 弹体坐标系与地面坐标系之间的转换关系

弹体坐标系与地面坐标系之间的关系见图 2.1.4，据此可确定导弹的飞行姿态，通常用下面三个姿态角来描述。

俯仰角 ϑ，即弹体纵轴 Ox_1 与水平面 Oxz 之间的夹角，弹体纵轴在水平面之上，则为正，反之为负。

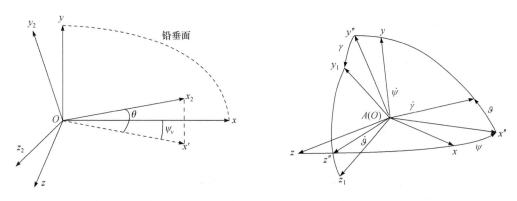

图 2.1.3　弹道坐标系与地面坐标系之间的转换关系　　图 2.1.4　弹体坐标系与地面坐标系之间的转换关系

偏航角 ψ，即弹体纵轴 Ox_1 在水平面 Oxz 上的投影与地面坐标系 Ox 轴之间的夹角，由

Ox 轴逆时针方向转至投影线 Ox'' 时为正，反之为负。

滚转角 γ，即 Oy_1 轴与包含弹体纵轴 Ox_1 的垂直平面的夹角，从弹体尾部顺弹体纵轴方向看，导弹由垂直平面向右滚转时，形成的夹角为正，反之为负。

弹体坐标系与地面坐标系之间的变换矩阵，可通过将地面坐标系绕坐标轴 Oy 旋转 ψ 角，获得过渡坐标系 $Ox'yz$，然后绕 Oz 轴旋转 ϑ 角，获得过渡坐标系 $Ox_1y'z'$，再绕 Ox_1 轴旋转 γ 角即得到弹体坐标系 $Ox_1y_1z_1$，三次旋转获得三个初等变换矩阵，这三个初等变换矩阵的积，就是变换矩阵：

$$L(\gamma,\vartheta,\psi)=\begin{bmatrix} \cos\vartheta\sin\psi & \sin\vartheta & -\sin\psi\cos\vartheta \\ -\sin\vartheta\cos\psi\cos\gamma+\sin\psi\sin\gamma & \cos\vartheta\cos\gamma & \sin\vartheta\sin\psi\cos\gamma+\cos\psi\sin\gamma \\ \sin\vartheta\cos\psi\sin\gamma+\sin\psi\cos\gamma & -\cos\vartheta\sin\gamma & -\sin\vartheta\sin\psi\sin\gamma+\cos\psi\cos\gamma \end{bmatrix}$$

$$(2.1.4)$$

3) 弹体坐标系与速度坐标系之间的转换关系

根据弹体坐标系与速度坐标系之间的转换关系(图 2.1.5)，可方便地描述弹体与气流的相对关系，用下面的两个特征角来描述。

攻角 α，即速度矢量在导弹纵向对称平面内的投影与 Ox_1 轴的夹角，当 Ox_1 轴位于投影线的上方时，攻角为正，反之为负。

侧滑角 β，即导弹速度矢量与弹体纵向对称面间的夹角，从尾部沿着飞行方向看，若气流从右侧流向弹体，侧滑角为正，反之为负。

将速度坐标系 $Ox_3y_3z_3$ 绕 Oy_3 轴旋转 β 角，再绕 Oz_1 轴旋转 α 角，即得弹体坐标系，其变换矩阵为两次旋转所得初等变换矩阵的积：

$$L(\alpha,\beta)=\begin{bmatrix} \cos\alpha\cos\beta & \sin\alpha & -\sin\beta\cos\alpha \\ -\sin\alpha\cos\beta & \cos\alpha & \sin\alpha\sin\beta \\ \sin\beta & 0 & \cos\beta \end{bmatrix} \qquad (2.1.5)$$

4) 弹道坐标系与速度坐标系之间的转换关系

由两个坐标系的定义可知，Ox_2 轴与 Ox_3 轴都与速度矢量重合，它们之间的相互方位只用一个倾侧角 γ_v 即可确定，见图 2.1.6。

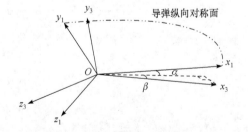 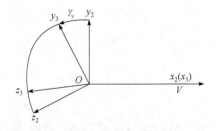

图 2.1.5　弹体坐标系与速度坐标系之间的转换关系　　图 2.1.6　弹道坐标系与速度坐标系之间的转换关系

倾侧角 γ_v 定义为位于导弹纵向对称平面 Ox_1y_1 内的 Oy_3 轴与包含速度矢量的铅垂面之间的夹角，迎 Ox_3 轴看去，由铅垂面逆时针方向旋转到 Oy_3 轴，则 γ_v 为正，反之为负。

这两个坐标系之间的变换矩阵即围绕 Ox_2 轴旋转 γ_v 角所得的初等变换矩阵，即

$$L(\gamma_v) = \begin{bmatrix} 1 & 0 & 0 \\ 0 & \cos\gamma_v & \sin\gamma_v \\ 0 & -\sin\gamma_v & \cos\gamma_v \end{bmatrix} \tag{2.1.6}$$

最后得到各坐标系之间的转换关系如图 2.1.7 所示。

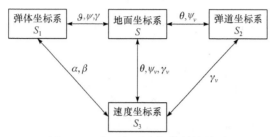

图 2.1.7　各坐标系之间的转换关系

2.1.2　作用在弹体上的力和力矩

导弹在飞行的过程中，受到的外力主要有空气动力、发动机推力和重力。空气动力为空气对在这一流体中运动物体的作用力；导弹的推力为发动机内的燃气流以高速喷出而产生的反作用力，重力为地球对导弹的万有引力。当作用在弹体上的空气动力作用线不通过导弹质心时，会形成对弹体的空气动力矩。为了方便，一般将空气动力定义在速度坐标系下，将空气动力矩定义在弹体坐标系下。

1. 空气动力

在速度坐标系下，弹体所受空气动力可分解为阻力 D、升力 L 和侧力 Y：

$$\begin{cases} D = QSC_D \\ L = QSC_L \\ Y = QSC_Y \end{cases} \tag{2.1.7}$$

式中，$Q = \dfrac{1}{2}\rho V^2$ 为动压，ρ 为空气密度；S 为导弹参考面积；C_D、C_L、C_Y 分别为阻力系数、升力系数、侧力系数，且有

$$\begin{cases} C_D = C_{D0} + C_D^{\alpha}|\alpha| + C_D^{\beta}|\beta| + C_D^{\alpha\beta}|\alpha\beta| + C_D^{\delta_x}|\delta_x| + C_D^{\delta_y}|\delta_y| + C_D^{\delta_z}|\delta_z| \\ C_L = C_L^{\alpha}\alpha + C_L^{\beta}\beta + C_L^{\delta_z}\delta_z \\ C_Y = C_Y^{\alpha}\alpha + C_Y^{\beta}\beta + C_Y^{\delta_y}\delta_y \end{cases} \tag{2.1.8}$$

式中，δ_x、δ_y、δ_z 分别为滚转通道等效舵偏角、偏航通道等效舵偏角、俯仰通道等效舵偏角；C_{D0} 为零阻力系数；C_D^{α}、C_D^{β}、$C_D^{\delta_x}$、$C_D^{\delta_y}$、$C_D^{\delta_z}$ 分别为阻力系数相对于 α、β、δ_x、δ_y、δ_z 的偏导数；$C_D^{\alpha\beta}$ 为阻力系数相对于 α 和 β 的二阶混合偏导数；C_L^{α}、C_L^{β}、$C_L^{\delta_z}$ 分别为升力系数相对于 α、β、δ_z 的偏导数；C_Y^{α}、C_Y^{β}、$C_Y^{\delta_y}$ 分别为侧力系数相对于 α、β、δ_y 的偏导数。

2. 空气动力矩

在弹体坐标系下，作用于弹体的空气动力矩可分解为绕弹轴转动的滚动力矩 M_x、偏航

力矩 M_y、俯仰力矩 M_z：

$$\begin{cases} M_x = M_{x0} + QSL_r \cdot m_x^{\delta_x} \delta_x \\ M_y = M_{y0} + QSL_r \cdot m_y^{\delta_y} \delta_y \\ M_z = M_{z0} + QSL_r \cdot m_z^{\delta_z} \delta_z \end{cases}$$ (2.1.9)

空气动力矩系数由三部分组成，即静稳定力矩系数、阻尼力矩系数、操作力矩系数，如下：

$$\begin{cases} M_{x0} = QSL_r(m_x^{\alpha} \alpha + m_x^{\beta} \beta + m_x^{\bar{\omega}_x} \bar{\omega}_x) \\ M_{y0} = QSL_r(m_y^{\beta} \beta + m_y^{\bar{\omega}_y} \bar{\omega}_y) \\ M_{z0} = QSL_r(m_z^{\alpha} \alpha + m_z^{\bar{\omega}_z} \bar{\omega}_z) \end{cases}$$ (2.1.10)

式中，L_r 为导弹参考长度；m_x^{α}、m_x^{β}、$m_x^{\delta_x}$ 分别为滚转力矩系数相对于 α、β、δ_x 的偏导数；m_y^{β}、$m_y^{\delta_y}$ 分别为偏航力矩系数相对于 β、δ_y 的偏导数；m_z^{α}、$m_z^{\delta_z}$ 分别为俯仰力矩系数相对于 α、δ_z 的偏导数；$m_x^{\bar{\omega}_x}$、$m_y^{\bar{\omega}_y}$、$m_z^{\bar{\omega}_z}$ 分别为滚转阻尼力矩系数、偏航阻尼力矩系数、俯仰阻尼力矩系数；无量纲角速度 $\bar{\omega}_x = \omega_{mx} L_r / V$，$\bar{\omega}_y = \omega_{my} L_r / V$，$\bar{\omega}_z = \omega_{mz} L_r / V$。

2.2 导弹的运动模型

导弹的运动模型包括导弹动力学模型与运动学模型。一般来讲，导弹的运动是三维空间中的六自由度运动。为了方便描述导弹复杂的六自由度运动，需要建立多种坐标系，通过各坐标系之间的转换，才能建立导弹完整的六自由度运动模型。在此基础上可研究导弹的基本特性，进而研究制导与控制系统的设计。

2.2.1 导弹的动力学方程和运动学方程

为了研究方便，往往将导弹在三维空间的六自由度运动分解为导弹的质心运动和绕质心的转动。而整个弹体的运动可视为其质心移动和绕质心转动的合成运动，可以用牛顿定律和动量矩定律来研究。但导弹并不是一个刚体，它受空气动力作用后要产生变形，舵面偏转也改变导弹的外形，由于发动机的工作，燃料不断被消耗，导弹的质量随之减小，所以导弹的运动比刚体的运动复杂得多。为使问题简化，由前面的假设略去导弹变形、质量变化等因素，引入固化原理，把导弹当作质量恒定的非形变物体，转动惯量是恒定的，推力和重力作为外力。

另外，导弹运动方程又分为动力学方程和运动学方程。首先研究导弹运动的动力学方程。根据固化原理，在惯性坐标系中，自由刚体运动可用牛顿第二定律和动量矩定理描述，即

$$\begin{cases} \dfrac{\mathrm{d}\boldsymbol{Q}}{\mathrm{d}t} = \sum \boldsymbol{F} \\ \dfrac{\mathrm{d}\boldsymbol{G}}{\mathrm{d}t} = \sum \boldsymbol{M} \end{cases}$$ (2.2.1)

式中，$\boldsymbol{Q}$ 为导弹的总动量；$\sum \boldsymbol{F}$ 为导弹所受合外力；$\boldsymbol{G}$ 为导弹的总动量矩；$\sum \boldsymbol{M}$ 为导弹所

受合外力矩。

　　基于假设 4，此处把地面坐标系视为惯性坐标系，则弹道坐标系为动坐标系，它相对于地面坐标系既有位移，又有转动。将方程(2.2.1)的第一式向弹道坐标系投影，根据地面坐标系与弹道坐标系之间的变换矩阵，可得弹道坐标系中导弹质心运动的动力学方程为

$$\begin{cases} m\dfrac{\mathrm{d}V}{\mathrm{d}t} = P\cos\alpha\cos\beta - X - mg\sin\theta \\ mV\dfrac{\mathrm{d}\theta}{\mathrm{d}t} = P(\sin\alpha\cos\gamma_v + \cos\alpha\sin\beta\sin\gamma_v) + Y\cos\gamma_v - Z\sin\gamma_v - mg\cos\theta \\ -mV\cos\theta\dfrac{\mathrm{d}\psi_v}{\mathrm{d}t} = P(\sin\alpha\sin\gamma_v - \cos\alpha\sin\beta\cos\gamma_v) + Y\sin\gamma_v + Z\cos\gamma_v \end{cases} \quad (2.2.2)$$

式中，m 为导弹质量；P 为主发动机推力；X 为气动阻力；Y 为气动升力；Z 为气动侧向力；g 为重力加速度；V 为导弹速度。其他变量的定义如前。

　　将动量矩定理方程(2.2.1)第二式向弹体坐标系投影，根据地面坐标系与弹体坐标系之间的变换矩阵，并假定弹体坐标系与惯性主轴重合，即

$$J_{x_1 y_1} = J_{y_1 z_1} = J_{z_1 x_1} = 0$$

可得弹体坐标系中的导弹绕质心转动的动力学方程：

$$\begin{cases} J_{x_1}\dfrac{\mathrm{d}\omega_{x_1}}{\mathrm{d}t} = M_{x_1} - (J_{z_1} - J_{y_1})\omega_{y_1}\omega_{z_1} \\ J_{y_1}\dfrac{\mathrm{d}\omega_{y_1}}{\mathrm{d}t} = M_{y_1} - (J_{x_1} - J_{z_1})\omega_{x_1}\omega_{z_1} \\ J_{z_1}\dfrac{\mathrm{d}\omega_{z_1}}{\mathrm{d}t} = M_{z_1} - (J_{y_1} - J_{x_1})\omega_{y_1}\omega_{x_1} \end{cases} \quad (2.2.3)$$

或

$$\begin{cases} J_{x_1}\dfrac{\mathrm{d}\omega_{x_1}}{\mathrm{d}t} + (J_{z_1} - J_{y_1})\omega_{y_1}\omega_{z_1} = M_{x_1} \\ J_{y_1}\dfrac{\mathrm{d}\omega_{y_1}}{\mathrm{d}t} + (J_{x_1} - J_{z_1})\omega_{x_1}\omega_{z_1} = M_{y_1} \\ J_{z_1}\dfrac{\mathrm{d}\omega_{z_1}}{\mathrm{d}t} + (J_{y_1} - J_{x_1})\omega_{y_1}\omega_{x_1} = M_{z_1} \end{cases} \quad (2.2.4)$$

式中，J_{x_1}、J_{y_1}、J_{z_1} 分别为导弹相对弹体坐标系各轴的转动惯量；ω_{x_1}、ω_{y_1}、ω_{z_1} 分别为弹体轴相对于地面坐标系旋转角速度在弹体坐标系各轴上的分量；$\mathrm{d}\omega_{x_1}/\mathrm{d}t$、$\mathrm{d}\omega_{y_1}/\mathrm{d}t$、$\mathrm{d}\omega_{z_1}/\mathrm{d}t$ 分别为弹体轴相对于地面坐标系旋转角加速度在弹体坐标系各轴上的分量；M_{x_1}、M_{y_1}、M_{z_1} 分别为作用于导弹上的所有外力对质心的力矩在弹体坐标系 Ox_1、Oy_1、Oz_1 各轴上的分量。

　　下面研究导弹运动的运动学方程。

　　导弹质心运动学方程，即导弹质心相对地面坐标系的位置方程，速度矢量 V 与弹道坐标系的 Ox_2 轴重合，利用弹道坐标系与地面坐标系之间的变换矩阵，可得导弹质心运动学方程为

$$\begin{cases} dx/dt = V\cos\theta\cos\psi_v \\ dy/dt = V\sin\theta \\ dz/dt = V\cos\theta\sin\psi_v \end{cases} \tag{2.2.5}$$

式中，dx/dt、dy/dt、dz/dt 分别为导弹速度矢量在地面坐标系中的分量。

导弹绕质心转动的运动学方程描述导弹的姿态角 ϑ、ψ、γ 对时间的导数与转动角速度 ω_{x_1}、ω_{y_1}、ω_{z_1} 之间的关系。

三个姿态角速度 $\dot{\psi}$、$\dot{\vartheta}$、$\dot{\gamma}$ 中，由于 $\dot{\psi}$、$\dot{\gamma}$ 分别与 Oy_1 轴和 Ox_1 轴重合，而 $\dot{\vartheta}$ 在 Oy_1 轴和 Oz_1 轴上的分量为 $\dot{\vartheta}\sin\gamma$ 和 $\dot{\vartheta}\cos\gamma$，故导弹弹体相对地面坐标系的旋转角速度矢量 ω 为

$$\omega = \begin{bmatrix} \omega_{x_1} \\ \omega_{y_1} \\ \omega_{z_1} \end{bmatrix} = L[\gamma \quad \vartheta \quad \psi] \begin{bmatrix} 0 \\ \dot{\psi} \\ 0 \end{bmatrix} + \begin{bmatrix} \dot{\gamma} \\ \dot{\vartheta}\sin\gamma \\ \dot{\vartheta}\cos\gamma \end{bmatrix}$$

$$= \begin{bmatrix} \dot{\psi}\sin\vartheta + \dot{\gamma} \\ \dot{\psi}\cos\vartheta\cos\gamma + \dot{\vartheta}\sin\gamma \\ -\dot{\psi}\cos\vartheta\sin\gamma + \dot{\vartheta}\cos\gamma \end{bmatrix} = \begin{bmatrix} 0 & \sin\vartheta & 1 \\ \sin\gamma & \cos\vartheta\cos\gamma & 0 \\ \cos\gamma & -\cos\vartheta\sin\gamma & 0 \end{bmatrix} \begin{bmatrix} \dot{\vartheta} \\ \dot{\psi} \\ \dot{\gamma} \end{bmatrix}$$

显然，有

$$\begin{bmatrix} \dot{\vartheta} \\ \dot{\psi} \\ \dot{\gamma} \end{bmatrix} = \begin{bmatrix} 0 & \sin\vartheta & 1 \\ \sin\gamma & \cos\vartheta\cos\gamma & 0 \\ \cos\gamma & -\cos\vartheta\sin\gamma & 0 \end{bmatrix}^{-1} \begin{bmatrix} \omega_{x_1} \\ \omega_{y_1} \\ \omega_{z_1} \end{bmatrix} = \begin{bmatrix} 0 & \sin\gamma & \cos\gamma \\ 0 & \dfrac{\cos\gamma}{\cos\vartheta} & -\dfrac{\sin\gamma}{\cos\vartheta} \\ 1 & -\tan\vartheta\cos\gamma & \tan\vartheta\sin\gamma \end{bmatrix} \begin{bmatrix} \omega_{x_1} \\ \omega_{y_1} \\ \omega_{z_1} \end{bmatrix}$$

则

$$\begin{bmatrix} \dot{\vartheta} \\ \dot{\psi} \\ \dot{\gamma} \end{bmatrix} = \begin{bmatrix} \omega_{x_1}\sin\gamma + \omega_{z_1}\cos\gamma \\ \dfrac{1}{\cos\vartheta}(\omega_{y_1}\cos\gamma - \omega_{z_1}\sin\gamma) \\ \omega_{x_1} - \tan\vartheta(\omega_{y_1}\cos\gamma - \omega_{z_1}\sin\gamma) \end{bmatrix} \tag{2.2.6}$$

式(2.2.6)就是描述导弹相对地面坐标系 $Oxyz$ 的姿态运动学方程组。

以上各方程中特征角之间存在以下几何关系：

$$\begin{cases} \sin\beta = \cos\theta[(\cos\gamma\sin(\psi-\psi_v) + \sin\vartheta\sin\gamma\cos(\psi-\psi_v)] - \sin\beta\cos\vartheta\sin\gamma \\ \cos\alpha\cos\beta = \cos\vartheta\cos\theta\cos(\psi-\psi_v) + \sin\vartheta\sin\theta \\ \sin\gamma_v\cos\theta = \cos\alpha\sin\beta\sin\vartheta - (\sin\alpha\sin\beta\cos\gamma - \cos\beta\sin\gamma)\cos\vartheta \end{cases} \tag{2.2.7}$$

导弹在飞行过程中，由于发动机燃料的燃烧，导弹质量在不断变化，可用如下方程来描述：

$$\frac{dm}{dt} = m_{sec} \tag{2.2.8}$$

式中，m_{sec} 为燃烧的质量秒流量。

综合式(2.2.2)～式(2.2.8)可得

$$\left\{ \begin{aligned}
&m\frac{\mathrm{d}V}{\mathrm{d}t}=P\cos\alpha\cos\beta-X-mg\sin\theta\\
&mV\frac{\mathrm{d}\theta}{\mathrm{d}t}=P(\sin\alpha\cos\gamma_v+\cos\alpha\sin\beta\sin\gamma_v)+Y\cos\gamma_v-Z\sin\gamma_v-mg\cos\theta\\
&-mV\cos\theta\frac{\mathrm{d}\psi_v}{\mathrm{d}t}=P(\sin\alpha\sin\gamma_v-\cos\alpha\sin\beta\cos\gamma_v)+Y\sin\gamma_v+Z\cos\gamma_v\\
&J_{x_1}\frac{\mathrm{d}\omega_{x_1}}{\mathrm{d}t}=M_{x_1}-(J_{z_1}-J_{y_1})\omega_{y_1}\omega_{z_1}\\
&J_{y_1}\frac{\mathrm{d}\omega_{y_1}}{\mathrm{d}t}=M_{y_1}-(J_{x_1}-J_{z_1})\omega_{x_1}\omega_{z_1}\\
&J_{z_1}\frac{\mathrm{d}\omega_{z_1}}{\mathrm{d}t}=M_{z_1}-(J_{y_1}-J_{x_1})\omega_{y_1}\omega_{x_1}\\
&\frac{\mathrm{d}x}{\mathrm{d}t}=V\cos\theta\cos\psi_v\\
&\frac{\mathrm{d}y}{\mathrm{d}t}=V\sin\theta\\
&\frac{\mathrm{d}z}{\mathrm{d}t}=V\cos\theta\sin\psi_v\\
&\frac{\mathrm{d}\psi}{\mathrm{d}t}=\frac{1}{\cos\vartheta}(\omega_{y_1}\cos\gamma-\omega_{z_1}\sin\gamma)\\
&\frac{\mathrm{d}\vartheta}{\mathrm{d}t}=\omega_{x_1}\sin\gamma+\omega_{z_1}\cos\gamma\\
&\frac{\mathrm{d}\gamma}{\mathrm{d}t}=\omega_{x_1}-\tan\vartheta(\omega_{y_1}\cos\gamma-\omega_{z_1}\sin\gamma)\\
&\frac{\mathrm{d}m}{\mathrm{d}t}=m_{\mathrm{sec}}\\
&\sin\beta=\cos\theta[(\cos\gamma\sin(\psi-\psi_v)+\sin\vartheta\sin\gamma\cos(\psi-\psi_v)]-\sin\beta\cos\vartheta\sin\gamma\\
&\cos\alpha\cos\beta=\cos\vartheta\cos\theta\cos(\psi-\psi_v)+\sin\vartheta\sin\theta\\
&\sin\gamma_v\cos\theta=\cos\alpha\sin\beta\sin\vartheta-(\sin\alpha\sin\beta\cos\gamma-\cos\beta\sin\gamma)\cos\vartheta
\end{aligned}\right.\tag{2.2.9}$$

即导弹运动的动力学方程和运动学方程。共有 16 个方程，其中，有 13 个微分方程，包括 6 个动力学方程、6 个运动学方程、1 个质量变化方程；另有 3 个代数方程，这 3 个代数方程表达了导弹运动的各种特征角度之间的关系。

从以上描述导弹运动方程的形式可以看出，上述方程是时变的(弹体的质量随飞行时间变化，空气动力系数随飞行条件的变化而改变)、非线性的，而且各通道是互相(交连)耦合的。从式(2.2.4)可以看出，由于滚转角的存在，导弹的俯仰运动会耦合到偏航运动中，同时，弹体的偏航运动也会耦合到俯仰运动中。

2.2.2　导弹弹体小扰动线性化模型

式(2.2.9)中共有 13 个微分方程，加上 3 个角度关系方程，共 16 个方程，系统变量为 $V(t)$、$\theta(t)$、$\psi_v(t)$、$\alpha(t)$、$\beta(t)$、$\gamma_v(t)$、$\omega_{x_1}(t)$、$\omega_{y_1}(t)$、$\omega_{z_1}(t)$、$\vartheta(t)$、$\psi(t)$、$\gamma(t)$、$x(t)$、$y(t)$、$z(t)$、$m(t)$ 共 16 个，故有唯一解。若能解得 $x(t)$、$y(t)$、$z(t)$，可决定导弹质心轨迹，求得各

姿态角可决定导弹在空间每一瞬时的姿态。

由方程形式可知，这是一个非线性微分方程组。对它们联立求解，也就是求解这个微分方程组的解析解，是异常烦冗的，甚至是不可能的，只能借助于计算机求解。这个非线性微分方程组用于导弹制导控制系统分析设计时很不方便。为使分析设计工作简便可靠，需要对导弹质心运动方程和绕质心转动方程进行简化。

为了简化导弹的运动模型，首先将导弹的运动分解为标称运动+扰动运动，在进行导弹制导控制系统分析设计时，主要是面向导弹的动力学方程，而且更关心导弹的扰动运动，这样只需要讨论其对应的扰动运动方程。将各运动参量 $V, \alpha, \cdots$ 置换为 $V + \Delta V, \alpha + \Delta \alpha, \cdots$，代入上述方程组并展开，再与原来以 $V, \alpha, \cdots$ 作为运动参量的方程相减，则得到以扰动量 $\Delta V, \Delta \alpha, \cdots$ 为变量的扰动运动方程。引入小扰动假定，忽略二阶以上微量，以及空气动力、空气动力矩的次要因素，使方程实现线性化，并去掉与其他方程无关、可独立求解的方程式。

小扰动线性化的假设条件如下。

(1) 采用固化原则：即取弹道上某一时刻 t 飞行速度 V 不变，飞行高度 H 不变，发动机推力 P 不变，导弹的质量 m 和转动惯量 J 不变。

(2) 导弹采用轴对称布局形式。

(3) 导弹在受到控制或干扰作用时，导弹的参数变化不大，且导弹的使用攻角较小。

(4) 控制系统保证实现滚动角稳定，并具有足够的快速性。

在上述假设条件下可得到无耦合的、常系数导弹刚体动力学简化运动模型。

将 2.1 节分析得到的作用在弹体上的力和力矩的表达式与本节得到的导弹运动方程组相结合，并在小扰动假设条件下，得到下面的导弹运动的扰动方程：

$$
\begin{cases}
m\dfrac{\mathrm{d}\Delta V}{\mathrm{d}t} = (P^v - X^v)\Delta V - (P^\alpha + X^\alpha)\Delta\alpha - G\cos\theta\Delta\theta \\[2mm]
mV\dfrac{\mathrm{d}\Delta\theta}{\mathrm{d}t} = (P^v\alpha - Y^v)\Delta V - (P + Y^\alpha)\Delta\alpha + G\cos\theta\Delta\theta + Y^{\delta_9}\Delta\delta_9 \\[2mm]
-mV\cos\dfrac{\mathrm{d}\Delta\psi_v}{\mathrm{d}t} = (-P - Z^\beta)\Delta V - (P_\alpha + Y)\Delta\gamma_v + Z^{\delta_\psi}\Delta\delta_\psi \\[2mm]
J_{x_1}\dfrac{\mathrm{d}\Delta\omega_{x_1}}{\mathrm{d}t} = M_{x_1}^\beta\Delta\beta + M_{x_1}^{\omega_{x_1}}\Delta\omega_{x_1} + M_{x_1}^{\omega_{y_1}}\Delta\omega_{y_1} + M_{x_1}^{\delta_\gamma}\Delta\delta_\gamma + M_{x_1}^{\delta_\psi}\Delta\delta_\psi \\[2mm]
J_{y_1}\dfrac{\mathrm{d}\Delta\omega_{y_1}}{\mathrm{d}t} = M_{y_1}^\beta\Delta\beta + M_{y_1}^{\omega_{x_1}}\Delta\omega_{x_1} + M_{y_1}^{\omega_{y_1}}\Delta\omega_{y_1} + M_{y_1}^{\dot\beta}\Delta\dot\beta + M_{y_1}^{\delta_\psi}\Delta\delta_\psi \\[2mm]
J_{z_1}\dfrac{\mathrm{d}\Delta\omega_{z_1}}{\mathrm{d}t} = M_{z_1}^v\Delta v + M_{z_1}^\alpha\Delta\alpha + M_{z_1}^{\omega_{z_1}}\Delta\omega_{z_1} + M_{z_1}^{\dot\alpha}\Delta\dot\alpha + M_{z_1}^{\delta_9}\Delta\delta_9 \\[2mm]
\dfrac{\mathrm{d}\Delta\psi}{\mathrm{d}t} = \dfrac{1}{\cos\vartheta}\Delta\omega_{y_1} \\[2mm]
\dfrac{\mathrm{d}\Delta\vartheta}{\mathrm{d}t} = \Delta\omega_{z_1} \\[2mm]
\dfrac{\mathrm{d}\Delta\gamma}{\mathrm{d}t} = \Delta\omega_{x_1} - \tan\vartheta\Delta\omega_{y_1}
\end{cases}
\tag{2.2.10}
$$

$$\begin{cases} \Delta\theta = \Delta\vartheta - \Delta\alpha \\ \Delta\psi_v = \Delta\psi + \dfrac{\alpha}{\cos\theta}\Delta\gamma - \dfrac{1}{\cos\theta}\Delta\beta \\ \Delta\gamma_v = \tan\theta\Delta\beta + \dfrac{\cos\psi}{\cos\theta}\Delta\gamma \end{cases}$$

式中，P^v 表示 $\partial P/\partial V$，其他类推；$\Delta\delta_\vartheta$、$\Delta\delta_\psi$、$\Delta\delta_\gamma$ 分别表示为俯仰舵、偏航舵、副翼的偏转角；m、θ、α、ϑ 等为未扰动参量，它们是时间的函数；变量上的圆点表示对时间求导。

对于基本未知函数 $\Delta V,\Delta\alpha,\Delta\vartheta,\cdots$，式(2.2.10)为线性微分方程组，这是研究小扰动运动方程的结果。

这组线性化后的方程组仍然是时变的，各通道是互相耦合的。因为系数 $m,V,J_{x_1},\cdots$ 为时间的函数，描述滚转运动的方程中含有侧向运动的参数，同样描述侧向运动的方程中含有滚转运动的参数，所以各通道仍是互相耦合的。如果应用固化系数法，选择弹道中有代表性的特征点(也称特征秒)进行研究，在选定的特征点附近，在扰动过程中认为这些参数量可由弹道计算的结果中直接取得，这样，式(2.2.10)可变为常系数线性微分方程组。另外，认为导弹的滚转通道控制是理想的，即导弹的滚转角和滚转角速度都为零，则可得到理想滚转稳定下的俯仰和偏航通道分离。

若导弹为轴对称导弹，滚转运动参量与纵向运动参量相比为微小量，则三维运动方程可分解为三个通道的独立运动微分方程。

下面仅以俯仰通道为例，给出其线性微分方程：

$$\begin{cases} \dfrac{d\Delta V}{dt} = \dfrac{P^v - Q^v}{m}\Delta V - \dfrac{P^\alpha + Q^\alpha}{m}\Delta\alpha - g\cos\theta\Delta\theta \\ \dfrac{d\Delta\theta}{dt} = \dfrac{P^v\alpha - Y^v}{mV}\Delta V + \dfrac{P + Y^\alpha}{mV}\Delta\alpha - \dfrac{g\sin\theta}{V}\Delta\theta + \dfrac{Y^{\delta_\vartheta}}{mV}\Delta\delta_\vartheta \\ \dfrac{d\Delta\omega_{x_1}}{dt} = \dfrac{M_{z_1}^v}{J_{z_1}}\Delta V + \dfrac{M_{z_1}^\alpha}{J_{z_1}}\Delta\alpha + \dfrac{M_{z_1}^{\omega_{z_1}}}{J_{z_1}}\Delta\omega_{z_1} + \dfrac{M_{z_1}^{\dot\alpha}}{J_{z_1}}\Delta\dot\alpha + \dfrac{M_{z_1}^{\delta_\vartheta}}{J_{z_1}}\Delta\delta_\vartheta \\ \dfrac{d\Delta\vartheta}{dt} = \Delta\omega_{z_1} \\ \Delta\theta = \Delta\vartheta - \Delta\alpha \end{cases} \quad (2.2.11)$$

式中，g 为重力加速度。

当只限于研究短周期运动时，有 $\Delta V = 0$，并将式(2.2.11)中的第四个方程代入第三个方程。去掉描述 ΔV 变化的第一个方程，省去方程中的"Δ"符号，得

$$\begin{cases} \ddot\vartheta + a_1\dot\vartheta + a_2 + a_1'\dot\alpha - a_3\delta = 0 \\ \dot\theta - a_4\alpha - a_5\delta = 0 \\ \vartheta = \theta + \alpha \end{cases} \quad (2.2.12)$$

式(2.2.12)中各个系数通常称为动力系数，下面分别介绍其物理意义。

(1) $a_1 = -\dfrac{M_z^{\omega_z}}{J_{z_1}} = -\dfrac{m_z^{\omega_z} qSL}{J_{z_1}} \dfrac{L}{V}$ 为导弹的空气动力阻尼。它是以角速度增量为单位增量时

所引起的导弹转动角加速度增量。因为 $M_z^{\omega_z} < 0$，所以角加速度的方向永远与角速度增量 $\Delta\omega_z$ 的方向相反。由于角加速度 $a_1\dot\vartheta$ 的作用是阻碍导弹绕 Oz_1 轴的转动，所以称为阻尼作用，a_1 称为阻尼系数。

(2) $a_2 = -\dfrac{M_z^{\alpha}}{J_{z_1}} = -\dfrac{57.3 m_z^{\alpha} qSL}{J_{z_1}}$ 表征导弹的静稳定性。

(3) $a_3 = -\dfrac{M_z^{\delta}}{J_{z_1 z}} = -\dfrac{57.3 m_z^{\delta} qSL}{J_{z_1}}$ 为导弹的舵效率系数。它是操纵面偏转一单位增量时所引

起的导弹角加速度。

(4) $a_4 = -\dfrac{Y^{\alpha} + P}{mV} = \dfrac{57.3 C_Y^{\alpha} qS + P}{mV}$ 为弹道切线转动的角速度增量。

(5) $a_5 = \dfrac{Y^{\delta}}{mV} = \dfrac{57.3 C_Y^{\delta} qS}{mV}$ 为攻角不变时，由操纵面单位偏转所引起的弹道切线转动的角

速度增量。

(6) $a_1' = -\dfrac{M_z^{\dot\alpha}}{J_{z_1}} = -\dfrac{m_z^{\dot\alpha} qSL}{J_{z_1}} \dfrac{L}{V}$ 为下洗延迟对于俯仰力矩的影响。

a_2 是表征导弹静稳定性的重要参数。其表达式可以写成：

$$a_2 = -\frac{57.3 C_N^{\alpha} qSL}{J_{x_1}} \frac{x_T - x_d}{L} \tag{2.2.13}$$

式中，x_T 为导弹质心到导弹头部的距离；x_d 为导弹压心到导弹头部的距离，也称质心位置和压心位置。由于压心位置 x_d 是攻角的函数，因此 a_2 亦是攻角 α 的函数。

令 $\Delta x = (x_T - x_d)/L$，若 C_N^{α} 不变，则

(1) 当 $\Delta x > 0$ 时，$a_2 < 0$，即导弹处于不稳定状态；

(2) 当 $\Delta x = 0$ 时，$a_2 = 0$，即导弹处于中立不稳定状态；

(3) 当 $\Delta x < 0$ 时，$a_2 > 0$，即导弹处于静稳定状态。

因此，系数 a_2 的正或负和数值大小反映了导弹静稳定度的情况，同时，随着攻角的变化，导弹的静稳定度亦发生变化。

偏航通道与俯仰通道有相同形式的线性微分方程，只要把式(2.2.12)中俯仰通道的相关变量替换为偏航通道的相关变量即可。

滚动通道则变成一个独立的通道，其动力学方程为

$$\ddot\varphi + c_1\dot\varphi + c_3\delta_x = 0 \tag{2.2.14}$$

式中，$c_1 = -\dfrac{M_x^{\omega_x}}{J_{x_1}} = -\dfrac{m_x^{\omega_x} qSL}{J_{x_1}} \dfrac{L}{2V}$ 为导弹滚动方向的空气动力阻尼系数；$c_3 = -\dfrac{M_x^{\delta_x}}{J_{x_1}} = -\dfrac{57.3 m_x^{\delta_x} qSL}{J_{x_1}}$ 为导弹的副翼效率。

式(2.2.12)和式(2.2.14)所示为导弹弹体的小扰动线性化模型，是以线性微分方程组的形式给出的，但是在进行导弹自动驾驶仪设计时，总是希望能够给出弹体动力学传递函数。将这两式进行拉氏变换，即可得到如下函数。

1) 导弹纵向运动传递函数

$$\frac{\dot{\vartheta}(s)}{\delta(s)} = \frac{(a_3 + a_1'a_5)s + (a_2a_5 + a_3a_4)}{s^2 + (a_1 + a_1' + a_4)s + (a_1a_4 + a_2)} \tag{2.2.15}$$

$$\frac{\dot{\theta}(s)}{\delta(s)} = \frac{a_5s^2 + (a_1 + a_1')a_5s + (a_2a_5 + a_3a_4)}{s^2 + (a_1 + a_1' + a_4)s + (a_1a_4 + a_2)} \tag{2.2.16}$$

忽略 a_1' 及 a_5 的影响(对旋转弹翼式飞行器，a_5 不能忽略)，分析如下。

(1) 当 $a_2 + a_1a_4 > 0$ 时，导弹纵向运动传递函数为

$$W_{\delta_z}^{\dot{\vartheta}}(s) = \frac{K_d(T_{1d}s + 1)}{T_d^2s^2 + 2\xi_dT_ds + 1} \tag{2.2.17}$$

$$W_{\delta_z}^{\alpha}(s) = \frac{K_dT_{1d}}{T_d^2s^2 + 2\xi_dT_ds + 1} \tag{2.2.18}$$

传递函数中相关系数计算公式为

$$T_d = \frac{1}{\sqrt{a_2 + a_1a_4}} , \quad K_d = -\frac{a_3a_4}{a_2 + a_1a_4} , \quad T_{1d} = \frac{1}{a_4} , \quad \xi_d = \frac{a_1 + a_4}{2\sqrt{a_2 + a_1a_4}}$$

(2) 当 $a_2 + a_1a_4 < 0$ 时，导弹纵向运动传递函数为

$$W_{\delta_z}^{\dot{\vartheta}}(s) = \frac{K_d(T_{1d}s + 1)}{T_d^2s^2 + 2\xi_dT_ds - 1} \tag{2.2.19}$$

$$W_{\delta_z}^{\alpha}(s) = \frac{K_dT_{1d}}{T_d^2s^2 + 2\xi_dT_ds - 1} \tag{2.2.20}$$

传递函数中系数计算公式为

$$T_d = \frac{1}{\sqrt{|a_2 + a_1a_4|}} , \quad K_d = -\frac{a_3a_4}{|a_2 + a_1a_4|} , \quad T_{1d} = \frac{1}{a_4} , \quad \xi_d = \frac{a_1 + a_4}{2\sqrt{|a_2 + a_1a_4|}}$$

(3) 当 $a_2 + a_1a_4 = 0$ 时，导弹纵向运动传递函数为

$$W_{\delta_z}^{\dot{\vartheta}}(s) = \frac{K_d'(T_{1d}s + 1)}{s(T_d's + 1)} \tag{2.2.21}$$

$$W_{\delta_z}^{\alpha}(s) = \frac{K_d'T_{1d}}{s(T_d's + 1)} \tag{2.2.22}$$

传递函数中系数计算公式为

$$T_d' = \frac{1}{a_1 + a_4} , \quad K_d' = \frac{a_3a_4}{a_1 + a_4} , \quad T_{1d} = \frac{1}{a_4}$$

(4) 从舵角到导弹法向过载 n_y 的传递函数。

导弹法向过载 n_y，与俯仰角 ϑ 的关系可以用以下公式描述：

$$\frac{n_y(s)}{\vartheta(s)} = \frac{V}{57.3g} \cdot \frac{s}{T_{1d}s+1} \tag{2.2.23}$$

据此,如果忽略 a_1' 及 a_5 的影响,且当 $a_2 + a_1a_4 > 0$ 时,还可以求出从舵角到导弹法向过载 n_y 的传递函数,如图 2.2.1 所示。

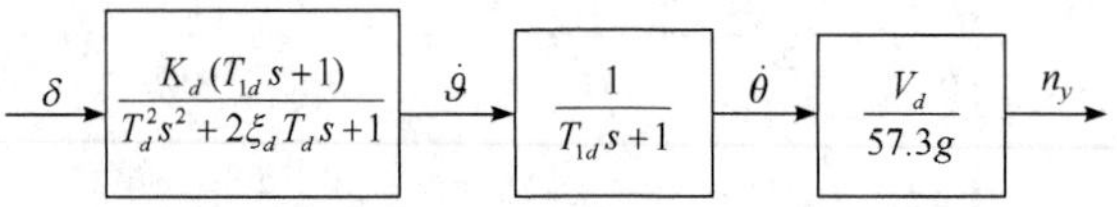

图 2.2.1　弹体动力学传递函数

导弹纵向运动从舵角到导弹法向过载 n_y 的传递函数还可写为

$$W_{\delta_z}^{n_y}(s) = \frac{K_d}{T_d^2 s^2 + 2\xi_d T_d s + 1} \cdot \frac{V}{57.3g} \tag{2.2.24}$$

2) 导弹的侧向传递函数

由于导弹的对称性,导弹的侧向传递函数和导弹的纵向传递函数形式上完全相同,只不过是变量不同而已:

$$W_{\delta_y}^{n_z}(s) = \frac{K_d}{T_d^2 s^2 + 2\xi_d T_d s + 1} \cdot \frac{V}{57.3g} \tag{2.2.25}$$

3) 导弹滚动(倾斜)运动传递函数

导弹滚动运动传递函数可表示为

$$W_{\delta_x}^{\omega_x}(s) = \frac{K_{dx}}{T_{dx}s+1} \tag{2.2.26}$$

传递函数中系数计算公式为 $K_{dx} = -c_3/c_1$,$T_{dx} = 1/c_1$。

以上的导弹弹体线性模型主要用于导弹制导控制系统的设计。

2.3　导弹的基本特性

导弹的特性在一定程度上确定了制导、控制系统的结构与特性,从制导控制系统设计的角度研究导弹的基本特性十分必要,这将使得所设计的制导控制系统组成更加合理,且整个制导和控制系统不会过于复杂。另外,导弹制导控制系统的设计必须适应导弹的特性,必须满足导弹对制导控制系统的约束和要求。下面从制导控制系统的角度研究导弹的基本特性,全面地考虑导弹和制导控制系统之间的相互约束与要求,为导弹制导控制系统的设计奠定基础。

2.3.1　导弹的速度特性

速度特性是导弹飞行速度随时间变化的规律 $V(t)$。导弹沿着不同的弹道飞行时,其 $V(t)$ 是不同的,但要满足下述共同要求。

1. 导弹平均飞行速度

导弹到达遭遇点的平均速度:

$$\bar{V} = \frac{1}{t}\int_0^t V(t)\mathrm{d}t \tag{2.3.1}$$

式中, t 为导弹到达遭遇点的飞行时间。

由于导弹沿确定的弹道飞行时, 其可用过载取决于导弹速度和大气密度, 导弹可用过载随速度的增加而增大, 因此, 为保证导弹可用过载水平, 要求有较高的平均速度。

2. 导弹加速特性

制导控制系统总是希望有足够长的制导控制时间, 但是受最小杀伤距离的限制, 又总是希望提早对导弹进行制导控制。而影响导弹起控时间的因素之一就是导弹的飞行速度。若导弹发射后很快加速到一定速度, 使导弹舵面的操纵效率尽快满足控制要求, 就可达到提早对导弹进行制导控制的目的。引入推力矢量控制后, 导弹在低速段也具有很好的操纵性, 对导弹的加速性要求就可以适当放宽。

3. 导弹末速(导弹遭遇点附近的速度)

导弹被动段飞行时, 在迎面阻力和重力作用下, 导弹速度下降, 可用过载也下降, 而在攻击目标时, 导弹需用过载还与导弹和目标的速度比 V/V_T 有关。V/V_T 越小, 要求导弹付出的需用过载越大, 这种影响在对机动目标射击时更为严重, 一般要求遭遇点的 V/V_T 应大于1.3。

2.3.2　导弹的机动性

机动性是指导弹在单位时间内改变飞行速度大小和方向的能力。如果要攻击活动目标, 特别是攻击空中的高速大机动目标时, 导弹必须具有良好的机动性。导弹的机动性可以用切向和法向加速度来表征, 但通常更多用法向过载的概念来评定导弹的机动性。

过载 n 是指作用在导弹上除重力之外的所有外力的合力 N(即控制力)与导弹重力 G 的比值:

$$n = \frac{N}{G} \tag{2.3.2}$$

由过载定义可知, 过载是一个矢量, 它的方向与控制力 N 的方向一致, 其模值表示控制力大小为重力的多少倍。这就是说, 过载矢量表征了控制力 N 的大小和方向。

过载的概念除用于研究导弹的运动之外, 在弹体结构强度和控制系统设计中也常用到。因为过载矢量决定了弹上各个部件或仪表所承受的作用力。在弹体结构和制导控制系统设计中, 常需要考虑导弹在飞行过程中能够承受的过载。根据战术技术要求的规定, 飞行过程中过载不得超过某一数值。这个数值决定了弹体结构和弹上各部件能够承受的最大载荷。为保证导弹能正常飞行, 飞行中的过载也必须小于这个数值。

在导弹和制导控制系统设计中, 经常用到需用过载、极限过载和可用过载的概念。

1. 需用过载

需用过载是指导弹按给定的弹道飞行时所需要的法向过载，用 n_R 表示。导弹的需用过载是飞行弹道的一个重要特性。决定导弹需用过载的主要因素有如下几个方面。

(1) 目标的运动特性：在目标高速大机动的情况下，为使导弹准确飞向目标就应果断地改变自己的方向，付出相应的过载，这是导弹需用过载的主要成分，它主要取决于目标最大机动过载，也与导引方法有关。

(2) 目标信号起伏的影响：制导控制系统的雷达导引头或制导雷达对目标进行探测时，目标雷达反射截面或反射中心起伏变化，导致导引头测得目标反射信号大的起伏变化，这就是目标信号起伏。它总是伴随着目标真实的运动而发生。这就增大了对导弹需用过载的要求。

(3) 气动力干扰：可以由大气紊流、阵风等引起。导弹的制造误差、导弹飞行姿态的不对称变化也是产生气动力干扰的原因。气动力干扰造成导弹对目标的偏离运动，要克服干扰引起的偏差，导弹就要付出过载。

(4) 系统零位的影响：制导控制系统中各个组成设备均会产生一位误差。由这些零位误差构成系统的零位误差，它也使导弹产生偏离运动，要克服由系统零位引起的偏差，导弹也要付出过载。

(5) 热噪声的影响：制导控制系统中使用了大量的电子设备，它们会产生热噪声，热噪声引起的信号起伏会造成测量偏差，它与目标信号起伏的影响是相同的，只是两者的频谱不同。

(6) 初始散布的影响：导弹发射后，经过一段预定的时间，如助推器抛掉或导引头截获目标后，才进入制导控制飞行。在进入制导控制飞行的瞬间，导弹的速度矢量方向与要求的速度矢量方向存在偏差，通常将速度矢量的角度偏差称为初始散布(角)。初始散布的大小与发射误差及导弹在制导控制开始前的飞行状态有关，要克服初始散布的影响，导弹就要付出过载。

一般来讲，希望按照某种导引律导出的导引弹道上的需用过载尽量小，但需用过载还必须能够满足导弹的战术技术要求。例如，导弹要攻击空中高速大机动目标，则导弹按一定的导引规律飞行时必须具有较大的法向过载(即需用过载)；另外，从设计和制造的观点来看，希望需用过载在满足导弹战术技术要求的前提下越小越好。因为需用过载越小，导弹在飞行过程中所承受的载荷越小，这对防止弹体结构破坏、保证弹上仪器和设备正常工作以及减小导引误差都是有利的。

2. 极限过载

在飞行速度和高度一定的情况下，导弹在飞行中所能产生的过载取决于攻角 α、侧滑角 β 及操纵机构的偏转角。通过对导弹气动力的分析可知，导弹在飞行中，当攻角达到临界值 α_L 时，对应的升力系数达到最大值 $C_{y\max}$，这是一种极限情况。若使攻角继续增大，则会出现"失速"现象。攻角或侧滑角达到临界值时的法向过载称为极限过载 n_L。

以纵向运动为例，相应的极限过载可写成：

$$n_L = \frac{1}{G}(P \sin \alpha_L + qSC_{y\max}) \tag{2.3.3}$$

3. 可用过载

当操纵面的偏转角为最大时，导弹所能产生的法向过载称为可用过载 n_p。它表征着导弹产生法向控制力的实际能力。若要使导弹沿着导引规律所确定的弹道飞行，则在这条弹道的任意一点上，导弹所能产生的可用过载都应大于需用过载。

最大可用过载的确定应考虑导弹在整个杀伤空域内的可用过载是否满足攻击目标的弹道上所要求的需用过载之和，即导弹最大可用过载由式(2.3.4)确定：

$$n_{M\max} \geqslant n_T + \sqrt{n_\omega^2 + n_g^2 + n_0^2 + n_s^2 + n_{\Delta\theta}^2} \tag{2.3.4}$$

式中，$n_{M\max}$ 为导弹最大可用过载；n_T 为目标最大机动引起的导弹需用过载；n_ω 为目标起伏引起的导弹需用过载；n_g 为干扰引起的导弹需用过载；n_0 为系统零位引起的导弹需用过载；n_s 为热噪声引起的导弹需用过载；$n_{\Delta\theta}$ 为初始散布引起的导弹需用过载。

在实际飞行过程中，各种干扰因素总是存在的，导弹不可能完全沿着理论弹道飞行，因此，在导弹设计时，必须留有一定的过载余量，用以克服各种扰动因素导致的附加过载。然而，考虑到弹体结构、弹上仪器设备的承载能力，可用过载也不是越大越好。实际上，导弹的舵面偏转总是会受到一定的限制，如操纵机构的输出限幅和舵面的机械限制等。

通过上面的分析不难发现，极限过载、可用过载和需用过载之间必须满足如下关系：极限过载 n_L >可用过载 n_p >需用过载 n_R。

2.3.3　导弹的动力学特性

导弹的动力学特性和飞行速度与高度紧密相关，现代先进导弹的飞行速度和高度变化范围更大，以致表征导弹动力学特性的参数可变化 100 多倍。导弹飞行速度及飞行高度的大范围变化，导致导弹动力学特性的大范围变化，增大了制定制导系统方案、设计制导控制系统的难度，要使导弹在任何飞行条件下都能满足所提出的技术要求，制导控制系统设计应着重考虑导弹的如下几个基本特性。

1. 导弹的阻尼特性

在一般情况下，战术导弹的过载和攻角的超调量不应超过某允许值，这些允许值取决于飞行器的强度、空气动力特性的线性化以及控制装置的工作能力。允许的超调量通常不超过 30%，这与飞行器的相对阻尼系数 $\xi = 0.35$ 相对应。对于现代导弹的可能弹道的所有工作点来说，通常不可能保证相对阻尼系数具有这样高的数值。例如，在防空导弹 SA-2 的一个弹道上，阻尼系数 ξ 从飞行开始的 0.35 变到飞行结束的 0.08。很多导弹的低阻尼特性是由于导弹通常具有小尾翼，有时其展长也小，而且常常在飞行高度非常高的情况下出现。

对于高空作战的导弹，通过增加翼面和展长来增加空气动力阻尼是不可能的，在这种情况下，通过改变导弹的空气动力布局来简化飞行控制系统也常常无效。一般采用反馈控制的方法，简单地利用导弹的角速度反馈或角速度+角加速度反馈的方法来增大弹体闭环系统的阻尼系数。这种方法与空气动力方法相比较具有较大优越性。

2. 导弹的静稳定度

为简化导弹制导控制系统的设计，通常要求导弹弹体要有足够的静稳定度。静稳定度是指导弹压心和重心之间的距离的负值，称为静稳定度。静稳定度的极性和大小表示导弹呈静稳定还是不稳定，以及稳定度的大小。早期的导弹一般按静稳定规范进行外形设计。静稳定规范的含义是，导弹在飞行中，静稳定度始终是负值，压心始终在重心的后面。

由于导弹的质心随着推进剂的消耗而向前移动，因此飞行过程中导弹的静稳定度会变得越来越大。而导弹静稳定度的增大会使得控制变得迟钝，也就是导弹机动性变差。为更有效地控制导弹，提高导弹的机动性，可将导弹的设计由静稳定状态扩展到静不稳定状态，即在飞行期间，允许导弹的静稳定度大于零。为保证静不稳定导弹能够正常工作，可以采用包含俯仰角(偏航角)或法向过载反馈的方法来实现导弹的稳定。导弹控制系统的稳定性分析表明，导弹的自动驾驶仪结构和舵机系统的特性在一定程度上限制了允许的最大静不稳定度。

近年来，采用静不稳定设计的导弹日渐增多，主要是由两个原因造成的。首先，现代战场对战术导弹的性能提出了非常高的要求，放宽稳定度设计能较大幅度地提高导弹的机动性、飞行速度、飞行斜距，减少结构重量和翼展尺寸，是随控布局设计中的重要组成部分。引入静不稳定设计的另一个原因是大攻角飞行导弹设计方法的兴起。对导弹严格的翼展限制、高机动性要求和对飞行器大攻角空气动力特性的深入研究极大地促进了导弹大攻角飞行控制技术的应用。大攻角飞行导弹具有非常复杂的非线性空气动力特性，超声速导弹在跨声速段导弹的静稳定度与其飞行攻角有着十分密切的关系，随着攻角的增大，导弹可以从静稳定变化为静不稳定，所以在进行大攻角飞行导弹设计时无法回避静不稳定问题。

3. 导弹的固有频率

导弹的固有频率是导弹的重要动力学特性之一。可按式(2.3.5)简单地估算出导弹的固有频率：

$$\omega_n \approx \sqrt{a_2} = \sqrt{\frac{-57.3 m_z^{c_y} C_y^\alpha qSL}{J_z}} \tag{2.3.5}$$

从式(2.3.5)可看出，固有频率主要取决于导弹的尺寸、动压头以及静稳定度。当在相当稠密的大气层中飞行时，大型运输机的固有频率为 1～2rad/s，小型飞机为 3～4rad/s，超声速导弹为 6～18rad/s。当在高空飞行时，飞行器的固有频率会大大降低，一般为 0～1.5rad/s。

导弹的固有频率的大小对导弹制导系统和控制系统的设计有较大影响，设计过程中必须予以充分重视。在导弹制导系统和控制系统设计中，制导系统的通频带，即谐振频率或截止频率与控制系统的截止频率不能离得太近，设计时必须将两个频率尽量分离开，一般要 2 个倍频程或更大。

2.3.4　导弹的操控特性

操纵机构是指舵机输出轴到推动舵面偏转的机构，它是舵伺服系统的组成部分，由于它是一个受力部件，它的弹性变形对舵伺服系统的特性有较大的影响，从而影响制导控制系统的性能。当舵面偏转时，受到空气动力载荷的作用，舵面会发生弯曲和挠曲弹性变形，这会引起导弹的纵向和横向产生交叉耦合作用，进而影响制导控制系统的性能。因此，对操纵机构及舵面的刚度均有一定的要求。

1. 导弹的副翼效率

保证滚动操纵机构必要效率的任务是由飞行器设计师完成的，然而对这些机构效率的要求是根据对制导和控制过程的分析，并考虑操纵机构的偏转或控制力矩受限而后完成的。

操纵机构效率及最大偏角应当使由操纵机构产生的最大力矩等于或超过滚动干扰力矩，且由阶跃干扰力矩所引起的在过渡过程中的滚动角(或滚动角速度)不应超过允许值。

滚动操纵机构最大偏角的大小通常由结构及气动设想来确定。如果控制滚动运动借助于气动力实现，显然最大高度的飞行是确定对操纵机构效率要求的设计情况。

2. 导弹的俯仰/偏航效率

俯仰和偏航操纵机构的效率由系数 a_3、b_3 的大小及操纵机构的最大力矩来表征。对俯仰及偏航操纵机构效率的要求取决于：

(1) 在什么样的高度上飞行，是在气动力起作用的稠密的大气层内飞行，还是在气动力相当小的稀薄的大气层内飞行。

(2) 飞行器是静稳定的、临界稳定的还是不稳定的。

(3) 控制系统的类型(静差系统还是非静差系统)。

在各种飞行弹道的所有点上的操纵机构最大偏角应大于理论弹道所需的操纵机构的偏角，且具有一定的储备偏角。此外，操纵机构最大偏角不可能任意选择，它受结构上及气动上的限制。

对俯仰和偏航操纵机构的最大偏转角以及效率的要求(这种要求导弹设计师应当满足)在控制和制导系统形成时就制定出来，这些要求取决于这些系统所担负的任务，也取决于其工作条件。

前面研究了导弹的基本特性，在导弹制导控制系统分析设计中，有可能还会用到导弹的某些特性，到时再一一介绍。

思　考　题

1. 研究导弹的运动时，常用的坐标系有哪些？各坐标系之间的转换关系是什么？

2. 作用在弹体上的力和力矩有哪些？

3. 为什么要把导弹在三维空间的六自由度运动分解为质心运动和绕质心的转动运动？

4. 小扰动线性化的假设条件都有哪些？其物理意义是什么？

5. 何为过载？如何用法向过载来评定导弹的机动性？

6. 什么是需用过载、极限过载、可用过载？它们之间的关系是什么？

7. 导弹的动力学特性有哪些？操控特性有哪些？

第3章　导弹测量装置

导弹是一种精确制导武器，它需要根据测量获得的导弹和目标运动信息，按照一定的规律对导弹进行控制，因此，它离不开测量装置。导弹测量装置分为导弹运动参数测量装置和目标运动参数测量装置。下面分别介绍。

3.1　导弹运动参数测量装置——陀螺仪

3.1.1　陀螺仪的基本原理

陀螺仪是一种敏感载体角运动的测量装置，它的基本原理是刚体定点转动的力学原理。

一般来说，当质量轴对称分布的刚体绕对称轴高速旋转时，其都可以称为陀螺，陀螺自转的轴称为陀螺的主轴或转子轴。把陀螺转子装在一组框架上，使其有两个或三个自由度，这种装置就称为陀螺仪(实际工作中常把陀螺仪简称陀螺)，如图 3.1.1 中的陀螺转子装在两个环架上，它能绕 Ox、Oy、Oz 三个相互垂直的轴旋转，称为三自由度陀螺仪，如果将三自由度陀螺仪的外环固定，陀螺转子便失去了一个自由度，这时就变成了二自由度陀螺仪。

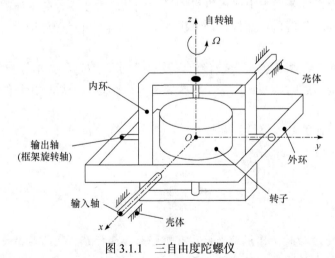

图 3.1.1　三自由度陀螺仪

陀螺仪的基本特征是转子绕主轴高速旋转而具有动量矩，这使它的运动规律与一般的刚体有所不同，即陀螺仪的定轴性和进动性。

1. 陀螺仪的定轴性

陀螺仪的转子绕主轴高速转动，即具有动量矩 H，如果不受任何外力矩的作用，陀螺仪主轴将相对惯性空间保持方向不变。这种特性称为陀螺仪的定轴性。定轴性是三自由度陀螺仪的一个基本特性。如图 3.1.1 中三自由度陀螺仪的基座无论如何转动，只要不使陀螺仪受外力矩作用，转子在惯性空间的方向保持不变。

陀螺仪的定轴性可以用动量矩守恒定律来加以说明。由动量矩守恒定律可知，当刚体所受的合外力矩为零时，刚体的动量矩保持不变，如果陀螺仪不受外力矩作用，其动量矩 **H** 恒定不变，表明陀螺仪动量矩 **H** 在惯性空间中既无大小的改变也无方向的改变，也就是陀螺仪主轴保持原来的方向不变。

实际上陀螺仪不受任何外力矩作用的情况是不存在的，由于结构和工艺的不完善(如陀螺仪的转子质心与框架中心不完全重合，轴承中不会完全没有摩擦)，陀螺仪不可避免地要受外力矩的作用，陀螺仪转子轴的方向就不可能在惯性空间绝对不变，但如果上述因素的影响很小，转子轴在惯性空间的方向改变并不显著，在这种情况下，仍可认为陀螺仪有定轴性。

2. 陀螺仪的进动性

当陀螺仪的转子绕主轴高速旋转时，若其受到与转子轴垂直的外力矩作用，则转子轴并不按外力矩的方向转动，而是绕垂直于外力矩的第三个正交轴转动，陀螺仪的动量矩相对惯性空间转动的特性称为陀螺仪的进动性，也称为受迫进动。进动性是三自由度陀螺仪的又一个基本特性。

陀螺仪的进动性可以用下面的试验来证实：陀螺转子绕 Ox 轴高速旋转，将重锤挂在内环上，如图 3.1.2 所示，对一般刚体来说，由于重锤形成绕 Ox 轴的力矩，应使内环(连同转子)绕 Ox 轴转动，但是由于转子的高速旋转，内环并不绕 Ox 轴转动，而是转子连同内、外环一起绕 Oy 轴以一定的角速度等速转动(陀螺仪转子的角动量绕外环轴转动)。重锤越重，则形成的外力矩越大，转动角速度越大。若外力矩绕外环轴作用，则陀螺转子连同内环绕内环轴转动(陀螺仪转子的角动量绕内环轴转动)。

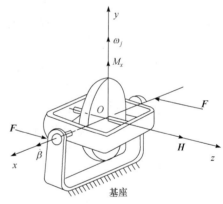

图 3.1.2　外力矩作用下陀螺仪的进动

为了同一般刚体的转动相区别，这里把陀螺仪绕着与外力矩矢量垂直方向的转动称为进动，其转动角速度称为进动角速度。根据动量矩定理，作用在刚体上的冲量矩等于刚体的动量矩增量，动量矩为 **H** 的陀螺仪受到外力矩 M_x 作用，则在 Δt 时间内作用在刚体上的冲量矩为 $M_x \Delta t$，动量矩的增量 $\Delta H_z = H_z \tan \Delta\phi \approx H_z \Delta\phi$，则有

$$H_z \Delta\phi = M_x \Delta t \tag{3.1.1}$$

可得出进动角速度为

$$\omega_j = \frac{\mathrm{d}\phi}{\mathrm{d}t} = \frac{M_x}{H_z} \tag{3.1.2}$$

其中，陀螺仪动量矩等于转子绕自转轴的转动惯量 J_z 与转子自转角速度 Ω_z 的乘积，这样，式 (3.1.2)也可以写成：

$$\omega_j = \frac{M_x}{J_z \Omega_z} \tag{3.1.3}$$

由式(3.1.2)可知，当动量矩 H_z 为一定值时，进动角速度 ω_j 的大小与外力矩的大小成正比；进动外力矩一定时，进动角速度 ω_j 的大小与动量矩的大小成反比。若动量矩和外力矩均为一定值，则进动角速度也保持不变。

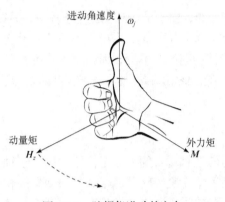

进动角速度 ω_j

动量矩 H_z　　　　外力矩 M

图 3.1.3　陀螺仪进动的方向

陀螺仪进动角速度的方向取决于动量矩 H_z 和外力矩的方向。在进动过程中，动量矩 H_z 沿最短路径趋向外力矩的方向，就是进动方向。进动角速度矢量、动量矩矢量和外力矩矢量三者的方向可以用右手定则确定：将右手四指伸向动量矩方向，然后以最短路径握向外力矩，拇指指向就是进动角速度方向，如图 3.1.3 所示。

陀螺仪进动的根本原因是转子受到了外力矩的作用，且外力矩作用于陀螺仪的瞬间，它就立即出现进动，外力矩除去的瞬间，它就立即停止进动；外力矩的大小、方向改变，进动角速度的大小、方向也立即发生相应的改变。也就是说，陀螺仪的进动是没有惯性的，但是，完全的无惯性是不可能的，这里只是因为陀螺仪的动量矩较大，所以它的惯性表现得并不明显。

由三自由度陀螺仪的基本组成可知，内环的结构保证了自转轴与内环轴的垂直关系；外环的结构保证了内环轴与外环轴的垂直关系；而自转轴与外环轴的几何关系，则要根据两者间的相对转动情况而定。当作用在外环轴上的外力矩使陀螺转子(连同内环)绕内环轴进动时，自转轴与外环轴就不能保持垂直关系。设自转轴偏离它原来的位置一个 θ 角时，如图 3.1.4 所示，则陀螺仪动量矩在垂直外环轴方向的有效分量为 $H\cos\theta$，此时进动角速度的大小变为

$$\omega_j = \frac{M}{H\cos\theta} \tag{3.1.4}$$

由式 (3.1.4) 可知，当自转轴与外环轴垂直，即 $\theta = 0(\cos\theta = 1)$ 时，陀螺转子动量矩的有效分量最大；当自转轴相对于垂直位置的偏转角逐渐增大时，陀螺转子动量矩的有效分量随之减小，如果自转轴绕内环轴的进动角度达到 90°，那么自转轴就与外环轴重合，即陀螺仪失去一个自由度，陀螺转子动量矩垂直于外环轴的有效分量为零，这时，作用在外环轴上的外力矩将使转子连同内环一起绕外环轴转动起来，这时陀螺仪变成了二自由度陀螺仪，这种现象称为环架自锁。一旦出现环架自锁，陀螺仪就没有绕外框架轴的进动性了。

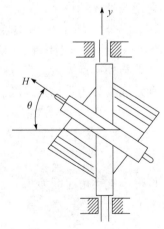

图 3.1.4　自转轴与外环轴不垂直的情况

3.1.2 三自由度陀螺仪

三自由度支承能使陀螺仪在空间保持主轴的方向不变，用这种方法支承，陀螺仪是自由的。三自由度陀螺仪应用于导弹上，其基本功能是敏感角位移，因此三自由度陀螺仪也称自由陀螺仪或位置陀螺仪。

根据三自由度陀螺仪在导弹上安装方式的不同，其可分为垂直陀螺仪和方向陀螺仪。

1. 垂直陀螺仪

垂直陀螺仪的功能是测量弹体的俯仰角和滚转角。

安装方式：陀螺仪主轴与弹体坐标系 Oy_1 轴重合，内环轴与弹体纵轴 Ox_1 重合，外环轴与弹体坐标系 Oz_1 轴重合。俯仰角输出电位器的滑臂装在外环轴上，电位器绕组与弹体固连，滚转角输出电位器的滑臂装在内环轴上，电位器绕组与外环固连，如图 3.1.5 所示。

陀螺仪测角的原理：导弹发射的瞬间，陀螺仪的内环轴与 Ox_1 轴重合，外环轴与 Oz_1 轴重合，导弹在飞行过程中，电位器绕组与弹体一起运动，这时，不会有外力矩作用到陀螺仪上，由于陀螺仪的定轴性，其转子轴(主轴)在空间的方向不变，转子轴绕陀螺仪内、外环轴的转角皆为零，因此电位器的滑臂在空间方位不变。当弹体滚转或做俯仰运动时，电位器的滑臂与绕组间的相对转动使电位器产生输出电压，其幅值与弹体转动的角度呈线性关系。

2. 方向陀螺仪

方向陀螺仪的功能是测量弹体的俯仰角和偏航角。

安装方式：陀螺仪主轴与弹体坐标系 Ox_1 轴重合，内环轴与弹体纵轴 Oz_1 轴重合，外环轴与弹体坐标系 Oy_1 轴重合。俯仰角输出电位器的滑臂装在内环轴上，电位器绕组与外环固连，偏航角输出电位器的滑臂装在外环轴上，电位器绕组与弹体固连，如图 3.1.6 所示。

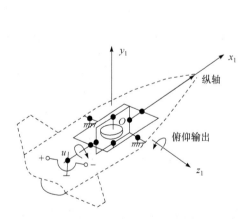

图 3.1.5 垂直(滚动、俯仰)陀螺仪原理图

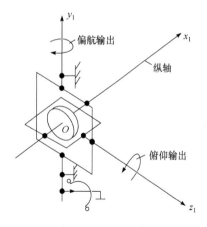

图 3.1.6 方向(偏航、俯仰)陀螺仪的原理图

方向陀螺仪的测角原理与垂直陀螺仪相同。当弹体做偏航或俯运动时，方向陀螺仪就输出与弹体的转动角度成比例的电压信号。

基于位置陀螺仪测角的功能不同，垂直陀螺仪常用于地对空导弹和空对空导弹，方向陀螺仪用于地对地导弹。

位置陀螺仪应安装在靠近导弹重心的部位，以保证测量的准确性。

弹体可以绕外环轴和转子轴任意转动而不会破坏陀螺仪三个轴原来的正交性。以垂直陀螺仪为例(图 3.1.5)，在弹体有任意的偏航运动时，其结果仅仅是陀螺仪框架绕陀螺自转轴转动，弹体也可以绕滚动轴任意地转动。在这两种情况下，两组框架都保持正交，因而能够正确地测出弹体的俯仰和滚动运动。然而弹体的俯仰运动会使两组框架趋向重合，在俯仰角达 90°时，两框架平面完全重合，陀螺仪失去一个自由度，在这种状态下，如果弹体有偏航运动，它将带着陀螺转子轴一起转动，这时陀螺的参考方向遭到破坏，将严重影响测量精度。

对于方向陀螺仪(图 3.1.6)，弹体可以绕滚动轴任意地转动，而三个轴的几何关系没有任何本质变化，只有绕陀螺自转轴转动，弹体的俯仰运动将使得内环轴与外环轴不再互相垂直。

如果只关心弹体滚动运动，陀螺仪自转轴有两种可能的方位，一种是图 3.1.5 所示的垂直陀螺仪，另一种是将陀螺仪主轴与弹体坐标系 Oz_1 轴重合，内环轴与弹体纵轴 Oy_1 重合，外环轴与弹体坐标系 Ox_1 轴重合，可以测量弹体滚转角和偏航角。

3.1.3　二自由度陀螺仪

将二自由度陀螺仪安装在带基座的支架上，转子绕 Oz 轴旋转的动量矩为 H，如图 3.1.7 所示。当基座绕陀螺仪自转轴或框架轴转动时，陀螺仪自转轴仍稳定在原来的方向不变。

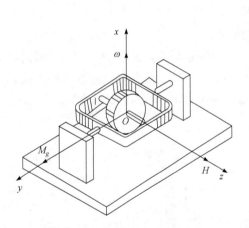

图 3.1.7　基座转动时的陀螺力矩

也可以说，对于基座绕这两个轴的转动，框架仍然起到隔离角运动的作用，但当基座以角速度 ω 绕 Ox 轴转动时，由于陀螺仪绕该轴没有转动自由度，基座转动时将通过框架轴上的一对轴承带动框架连同转子一起绕 Ox 轴转动，称为"强迫进动"。这时陀螺转子将产生 Oy 轴方向的陀螺力矩 M_g，其大小为 $H\omega$，在陀螺力矩作用下，陀螺仪将绕框架轴进动，进动角速度与基座的转动角速度成比例；若基座转动的方向相反，则陀螺力矩的方向也将改变到相反的方向，陀螺仪绕框架轴进动的角速度方向也随之改变。这表明，二自由度陀螺仪具有敏感绕其缺少自由度轴方向的角运动的特性。

根据测量功能不同，二自由度陀螺仪分为测速陀螺仪、测速积分陀螺仪等。

1. 测速陀螺仪

测速陀螺仪又称速率陀螺仪、微分陀螺仪或阻尼陀螺仪。给二自由度陀螺仪加上弹性元件(弹簧片等)、阻尼器和角度传感器，从而成为一个测速陀螺仪。当弹性元件的弹性系数 K 很小时，输出量几乎与输入角速度成正比，就可以测量导弹弹体旋转的角速度。

弹性元件与阻尼器的一端固定在框架轴的一端上，阻尼器另一端与陀螺仪壳体固连，并起到框梁轴一端支承的作用。阻尼器常用空气阻尼器或液体阻尼器。对液浮陀螺仪而言，

浮子与壳体间隙内的液体黏性约束可以起到阻尼器的作用，因而不需要另外安装阻尼器。最简单的常用角度传感器是电位器，电位器的电刷固定在框架轴的另一端(即安装在弹性元件与阻尼器的相对位置)，电位器绕组与陀螺仪壳体固连。在导弹上，框架轴的方向与弹体纵轴平行，如图 3.1.8 所示。

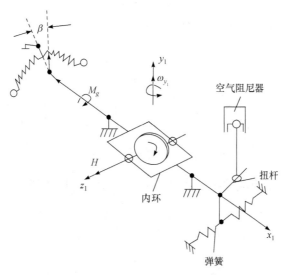

图 3.1.8　测速陀螺仪工作原理

当导弹以角速度 ω_{y_1} 绕 Oy_1 轴转动时，由陀螺仪进动的右手定则可知，陀螺仪将沿 Ox_1 轴反方向产生陀螺力矩 M_g，使陀螺仪绕 Ox_1 轴进动，如果没有弹性元件的约束作用，在进动过程中转子动量矩矢量将逐渐转向 Oy_1 轴方向，最终与 Oy_1 轴重合。由于陀螺仪在进动过程中弹性元件与阻尼元件将产生与进动方向相反的弹性力矩和阻尼力矩，所以当框架转到某一角度时，陀螺力矩与约束力矩平衡，此时角度传感器输出电压与陀螺力矩成正比，而陀螺力矩与弹体转动角速度成正比，因此角度传感器的输出电压与弹体传动角速度成正比。阻尼器的作用是对框架的起始转动引入阻尼力矩，消除框架转动过程中的振荡。

下面简单给出测速陀螺仪的传递函数。

测速陀螺仪的输入信号是导弹的转动角速度 ω_{y_1}，它的输出信号是电位器的电压 U_n。陀螺转子进动的过程也就是陀螺力矩与弹簧的恢复力矩、阻尼器的阻尼力矩、惯性力矩、摩擦力矩等相平衡的过程。设陀螺转子进动角为 β（β 也是电位器电刷偏转的角度），则陀螺力矩为

$$M_g = (H\cos\beta)\omega_{y_1} \tag{3.1.5}$$

式中，H 为转子的动量矩。如果转子进动的角度 β 很小，式(3.1.5)可以写成：

$$M_g = H\omega_{y_1} \tag{3.1.6}$$

弹簧的恢复力矩与进动角度 β 成比例，弹簧的恢复力为

$$F_x = K_x L_1 \beta \tag{3.1.7}$$

式中，K_x 为弹簧的恢复系数。弹簧的恢复力矩为

$$M_x = F_x L_1 = K_x L_1 \beta L_1 = K\beta \tag{3.1.8}$$

式中，$K = K_x L_1^2$ 为弹簧的力矩系数。

阻尼器的阻尼力矩与进动角速度 $\dot{\beta}$ 成比例，即

$$M_z = K_z \dot{\beta} \tag{3.1.9}$$

式中，K_z 为阻尼器的阻尼系数。惯性力矩为

$$M_G = J_{x_1} \ddot{\beta} \tag{3.1.10}$$

式中，J_{x_1} 为框架、转子和轴等绕框架轴 Ox_1 的转动惯量。

如果不考虑轴承的摩擦力矩、电位器的反作用力矩等，对于小角度 β 的运动，沿框架轴 Ox_1 的力矩平衡方程可以写为

$$H\omega_{y_1} = J_{x_1} \ddot{\beta} + K_z \dot{\beta} + K\beta \tag{3.1.11}$$

对式(3.1.11)进行拉普拉斯变换，整理可得测速陀螺仪的传递函数为

$$\frac{\beta(s)}{\omega_{y_1}(s)} = \frac{H}{J_{x_1} s^2 + K_z s + K} \tag{3.1.12}$$

写成一般形式为

$$G_{\mathrm{NT}}(s) = \frac{\beta(s)}{\omega_{y_1}(s)} = \frac{K_{\mathrm{NT}}}{T_{\mathrm{NT}}^2 s^2 + 2\xi_{\mathrm{NT}} T_{\mathrm{NT}} s + 1} \tag{3.1.13}$$

式中，$K_{\mathrm{NT}} = H/K$ 为陀螺传递系数；$T_{\mathrm{NT}} = \sqrt{J_{x_1}/K}$ 为陀螺时间常数；$\xi_{\mathrm{NT}} = \dfrac{K_z}{2\sqrt{KJ_{x_1}}}$ 为相对阻尼系数。

可见，测速陀螺仪是一个二阶振荡环节。

从测速陀螺仪的传递函数可以看出，式(3.1.13)的稳态解为

$$\beta = \omega_{y_1} H/K \tag{3.1.14}$$

式(3.1.14)表明，如果测速陀螺仪的输入为角速度 ω_{y_1}，则输出量是一个正比于 ω_{y_1} 的角度 β。设电位器的传递系数为 K_u，则电位器输出信号为

$$U_n = K_u \beta = K_u \omega_{y_1} H/K \tag{3.1.15}$$

图 3.1.9 为某型导弹上的测速陀螺仪。导弹上有两个测速陀螺仪：一个用来测量导弹绕 Oy_1 轴摆动的角速度，弹上安装方式是，转子轴沿导弹 Oz_1 轴方向，框架轴沿导弹 Ox_1 轴方向；另一个用来测量导弹绕 Oz_1 轴摆动的角速度，弹上安装方式是，转子轴沿导弹 Oy_1 轴方向，框架轴沿导弹 Ox_1 轴方向。

2. 测速积分陀螺仪

测速积分陀螺仪是在二自由度陀螺仪基础上增设阻尼器和角度传感器而构成的。与测速陀螺仪相比，它只缺少弹性元件，而阻尼器起主要作用。实际中应用的测速积分陀螺仪都是液浮式结构，典型的液浮式测速积分陀螺仪的原理结构如图 3.1.10 所示。

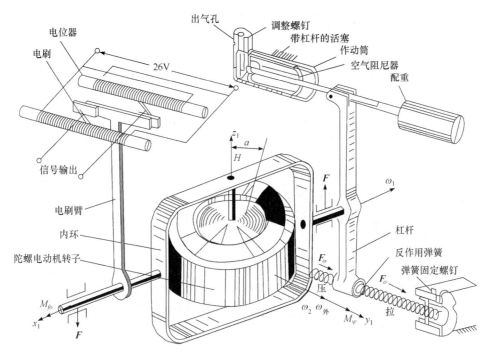

图 3.1.9　某导弹上的测速陀螺仪原理结构图

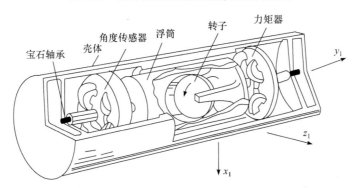

图 3.1.10　典型的液浮式测速积分陀螺仪原理结构图

陀螺转子装在浮筒内，浮筒(即浮子)被壳体支承，浮筒与壳体间充有悬浮液，浮筒受的浮力与其重量相等，以保护宝石轴承。当陀螺仪壳体(与弹体固连)绕 Ox_1 轴以角速度 ω_x 转动时，陀螺仪产生一个和角速度 ω_x 成比例的陀螺力矩，这个力矩使浮筒绕 Oy_1 轴进动，悬浮液的黏性对浮筒产生阻尼力矩。设浮筒进动角速度为 $\dot{\beta}$，则阻尼力矩为

$$M = K_z \dot{\beta} \tag{3.1.16}$$

式中，K_z 为阻尼系数。陀螺仪的陀螺力矩为

$$M_g = H\omega_x \cos\beta \tag{3.1.17}$$

式中，H 为陀螺转子的动量矩。从角度传感器输出的电压为

$$U = k_c\beta \tag{3.1.18}$$

式中，k_c 为角速度传感器的传递系数；β 为平衡状态下进动角度值。如果不考虑其他干扰

力矩，对浮筒的小角度 β 的运动方程可写成：

$$J_y\ddot{\beta} + K_z\dot{\beta} = H\omega_x\cos\beta = H\omega_x \tag{3.1.19}$$

式中，J_y 为浮筒、轴和转子绕 Y_b 轴的转动惯量。

对式(3.1.19)进行拉普拉斯变换，得

$$W(s) = \frac{\beta(s)}{\omega_x(s)} = \frac{H}{J_y s^2 + K_z s} = \frac{K_{NT}}{s(T_{NT}s+1)} \tag{3.1.20}$$

式中，$T_{NT} = J_y / K_z$；$K_{NT} = H / K_z$。

这是由一个积分环节和一个惯性环节串联而成的，当阻尼系数 K_z 远远大于转动惯量 J_y 时，T_{NT} 是一个很小的量，则测速积分陀螺仪的传递函数可近似写为

$$W(s) = \frac{\beta(s)}{\omega_x(s)} = \frac{K_{NT}}{s} \tag{3.1.21}$$

这个环节就变成一个纯积分环节，这时液浮式测速积分陀螺仪角度传感器的输出电压与输入角度的积分成比例，这种陀螺仪也可以用来测量弹体的角速度。因为输出角速度与输入角速度成比例，有时也称为比例陀螺仪。

3.1.4 其他新型陀螺仪

1. 激光陀螺仪

激光陀螺仪是以物理光学为基础的一种新型陀螺仪表，它的基本元件是一个环形激光器，在最简单情况下，环形激光器的回路的形状是三角形的。原理图如图 3.1.11 所示。

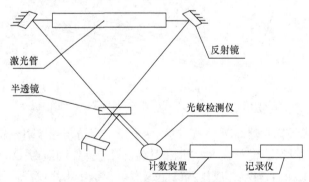

图 3.1.11 激光陀螺仪的原理图

由图 3.1.11 可知，激光陀螺仪的环是由两个不透明镜片及一个半透明镜片所组成的；环的中间放置一个或几个装有混合气体(活性物质)的激光管，该活性物质由频率高达几十兆赫的高频电源或电压高达千伏的直流电源予以激发。

上述的环形激光器可以认为是环形谐振器，当激光管中活性物质受激产生辐射线时，便在环形谐振器中产生能沿相反方向传播的两束光(驻波)。这些光束的波长由振荡条件决定。根据振荡条件，环形谐振器的周长 L 应为波长的整数倍，即

$$L = N\lambda \tag{3.1.22}$$

式中，N 为整数；λ 为谐振器所发生驻波波长。

波长与辐射频率之间存在下述关系：

$$\lambda = \frac{c}{v} \tag{3.1.23}$$

式中，c 为光速。

将式(3.1.22)代入式(3.1.23)，则求得

$$v = N\frac{c}{L} \tag{3.1.24}$$

满足关系式(3.1.22)~式(3.1.24)意味着走完回路时光波的相位移应为 2π 的整数倍，换言之，回到原点的波与初始时同相位。

当环形激光器绕其环路平面法线旋转时，对于相反方向上传播的每个波便产生一段具有相应符号的有效光程差 ΔL。两束光通过回路的光程分别为

$$\begin{cases} L_1 = L + \Delta L \\ L_2 = L - \Delta L \end{cases} \tag{3.1.25}$$

对不同的波长(频率)，相应地，λ_1 及 λ_2（v_1 及 v_2）、振荡条件也要满足式(3.1.25)，即

$$v_1 = N\frac{c}{L_1} \tag{3.1.26}$$

$$v_2 = N\frac{c}{L_2} \tag{3.1.27}$$

式(3.1.26)及式(3.1.27)所产生的频差，也就是在环形谐振器中相反方向上传播振动频率之差 Δv，即

$$\Delta v = v_1 - v_2 = N\frac{c(L_2 - L_1)}{L_1 L_2} \tag{3.1.28}$$

考虑式(3.1.26)及式(3.1.27)，式(3.1.28)可以写成：

$$\Delta v = 2v\frac{\Delta L}{L} \tag{3.1.29}$$

为了测量环形激光器两束光的频率差 Δv，用半透明镜片将其导出环形回路，外用辅助的不透明镜片使它们的传播方向重叠。在此情况下，光波前沿互相干涉，同时产生干涉条纹，其干涉条纹之一便进入光敏检测仪。激光陀螺仪的旋转使干涉条纹开始移动，其移动速度正比于陀螺仪的旋转角速度。移动一个干涉条纹间距离就相当于相位变化 2π 弧度，同时在光敏检测器的输出端产生相应频率的电信号，这个信号经放大后进入计数装置，并由记数装置记录下来。

由式(3.1.29)可见，假若用激光陀螺仪的旋转角速度 ω 来表示有效光程差 ΔL，频率差 Δv 与角速度 ω 之间的关系便可以确定下来。

对于每一光束，激光陀螺仪的角速度 ω 与有效光程差 ΔL 具有下列关系式：

$$\Delta L = \frac{2\omega S}{c}\cos\theta \tag{3.1.30}$$

式中，S 为环形回路的面积；θ 为环形回路法线与其旋转轴之间的夹角。

将式(3.1.30)代入式(3.1.29)，则有

$$\Delta L = \frac{4\nu S \cos\theta}{Lc}\omega \tag{3.1.31}$$

当环形回路法线与其旋转轴重合时，$\theta=0$，由式(3.1.31)则可以求出频率差 $\Delta\nu$ 与旋转角速度 ω 之间的关系式为

$$\Delta\nu = \frac{4S}{\lambda L}\omega \tag{3.1.32}$$

由于式(3.1.32)中，S、λ、L 皆为常值，因此频率差 $\Delta\nu$ 与旋转角速度 ω 成正比，式(3.1.32)中 $\frac{4S}{\lambda L}$ 为激光陀螺仪测量旋转角速度的灵敏度。

上述分析表明，若将激光陀螺仪的环形回路法线与飞行器角速度测量轴重合，则可以用激光陀螺仪实现测量飞行器角速度的功能。由于激光陀螺仪没有旋转的转子、轴承或其他与摩擦有关的机械运动部分，也没有质量平衡问题，这将大大提高仪表的精度及可靠性；加之激光陀螺仪具有瞬时启动能力、动态测量范围大以及脉冲数字输出诸方面的优越性。

随着激光陀螺仪的研制及发展，目前已出现多种方案的激光陀螺仪，并且由单轴激光陀螺仪发展到组合形式的三轴激光陀螺仪。

2. 光纤陀螺仪

光纤陀螺仪是基于萨奈克(Sagnac)效应的光纤萨奈克干涉仪。光纤陀螺由光源、分束器、光纤敏感线圈和相位检测仪组成。由光源发出的光束，通过分束器一分为二，分别从光纤敏感线圈的两端耦合进行光纤敏感线圈，沿顺时针、逆时针方向传播，并回到分束器处叠加产生干涉，如图 3.1.12 所示。

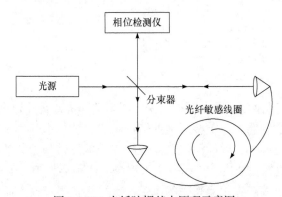

图 3.1.12 光纤陀螺基本原理示意图

当该环形光路相对惯性空间静止时，顺时针、逆时针的光程是相等的。当以角速度 ω 相对于惯性参考系做旋转运动时，由于 ω 的存在，沿顺时针、逆时针方向传播的两束光产生光程差 ΔL，而由 ΔL 引起相位差 $\Delta\psi$，从而只要测出相位差就可知该环路相对于惯性空间的旋转角速度 ω。

下面研究相位差 $\Delta\psi$ 与旋转角速度 ω 的关系。

在干涉式光纤陀螺仪中，由于光纤敏感线圈构成干涉仪的闭合回路，设光纤直径为 D，光纤材料折射率为 n，光在真空中传播的速度为 c，则绕光纤环轴有相对惯性空间的顺时针角速度 ω 时，根据洛伦兹-爱因斯坦速度变换式可得顺时针、逆时针传输的光传播速度分别为

$$V_{c\omega} = \frac{2c/n + D\omega}{2 + D\omega/(nc)} \qquad (3.1.33)$$

$$V_{cc\omega} = \frac{2c/n - D\omega}{2 - D\omega/(nc)} \qquad (3.1.34)$$

式中，$V_{c\omega}$ 为顺时针方向光的传播速度；$V_{cc\omega}$ 为逆时针方向光的传播速度。

两束光在光纤环中的传播时间分别为

$$t_{c\omega} = \frac{2\pi D(2nc + D\omega)}{4c^2 - (D\omega)^2} \approx \frac{\pi D(2nc + D\omega)}{2c^2} \qquad (3.1.35)$$

$$t_{c\omega} = \frac{2\pi D(2nc - D\omega)}{4c^2 - (D\omega)^2} \approx \frac{\pi D(2nc - D\omega)}{2c^2} \qquad (3.1.36)$$

由此产生时间差：

$$\Delta t = \frac{\pi D^2}{c^2}\omega \approx \frac{4A\omega}{c^2} \qquad (3.1.37)$$

光程差 ΔL 为

$$\Delta L = \frac{\pi D^2}{c^2}\omega = \frac{4A\omega}{c^2} \qquad (3.1.38)$$

式中，A 为环形光路所围面积。当环形光路是由 N 圈单模光纤组成时，相应地，光程差为

$$\Delta L = \frac{4NA}{c^2}\omega \qquad (3.1.39)$$

由光程差 ΔL 可以求得顺逆时针光束的相位差：

$$\Delta\psi = \frac{2\pi\Delta L}{\lambda} = \frac{8\pi NA}{\lambda c^2}\omega = \frac{4\pi RLN}{\lambda c^2}\omega \qquad (3.1.40)$$

式中，λ 为光的波长；L 为光纤环周长。

显然，通过检测相位差 $\Delta\psi$ 就可以获得角速度 ω 的信息。

若令

$$K = \frac{4\pi RLN}{\lambda c^2} \qquad (3.1.41)$$

为陀螺仪的标度因数，则

$$\Delta\psi = K\omega \qquad (3.1.42)$$

式(3.1.42)表明，相位差 $\Delta\psi$ 与光纤环的转速 ω 成正比，在光纤线圈一定的情况下，可以通过增加线圈匝数即增加光纤线圈总长度来提高测量的灵敏度。

光纤陀螺仪是一种新型惯性仪表，与机电陀螺或激光陀螺相比，光纤陀螺具有如下显

著特点。

(1) 零件部件少，仪器牢固稳定，具有较强的抗冲击和抗加速运动的能力。

(2) 绕制的光纤增长了激光束的检测光路，使检测灵敏度和分辨率比激光陀螺仪高好几个数量级，从而有效解决了激光陀螺仪的闭锁问题。

(3) 无机械传动部件，不存在磨损问题，因而具有较长的使用寿命。

(4) 易于采用集成光路技术，信号稳定可行，且可直接用数字输出，并与计算机接口连接。

(5) 具有较宽的动态范围。

(6) 相干光束的传播时间短，因而原理上可瞬间启动。

(7) 可与环形激光陀螺一起使用，构成各种惯导系统的传感器，尤其是捷联式惯导系统的传感器。

(8)结构简单、价格低、体积小、质量轻。

3.2　导弹运动参数测量装置——加速度计

加速度计是导弹控制系统中的重要惯性敏感元件之一，它输出与运动载体的运动加速度成比例的信号，在导弹上一般用来测量弹体的法向加速度。在惯性制导系统中，它还用来测量导弹切向加速度，经过两次积分，便可确定导弹的飞行路程。传统的加速度计有重锤式加速度计、液浮摆式加速度计和挠性摆式加速度计等；科学技术的飞速发展，尤其是微电子学、计算机、激光、半导体器件及机械加工技术的进步和发展，为加速度计的发展提供了有利条件。近些年又出现了压阻加速度计、振梁加速度计、激光加速度计、光纤加速度计、微机电加速度计等。下面分别介绍。

3.2.1　重锤式加速度计

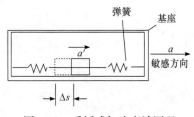

图 3.2.1　重锤式加速度计原理

重锤式加速度计的原理如图 3.2.1 所示。

当基座以加速度 a 运动时，由于惯性质量块 m 相对于基座后移，质量块的惯性力拉伸前弹簧，压缩后弹簧，直到弹簧的恢复力 $F_t = K\Delta s$ 等于惯性力时，质量块相对于基座的位移量才不再增大。忽略摩擦阻力，质量块和基座有相同的加速度，即 $a = a'$。根据牛顿定律 $F_t = ma'$，因此有

$$a = a' = F_t / m = K\Delta s / m = k'\Delta s \tag{3.2.1}$$

式中，$k' = K / m$。因此，测出质量块的位移量 Δs，便可知道基座的加速度。

重锤式加速度计由惯性体(重锤)、弹簧片、空气阻尼器、电位器和锁定装置等组成，其结构如图 3.2.2 所示。

惯性体悬挂在弹簧片上，弹簧片与壳体固连，锁定装置是一个电磁机构，在导弹发射前，用衔铁端部的凹槽将重锤固定在一定位置上。导弹发射后，锁定装置解锁，使重锤能够活动，空气阻尼器的作用是给重锤的运动引入阻力，消除重锤运动过程中的振荡。

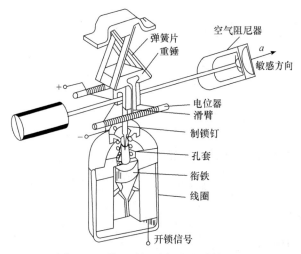

图 3.2.2　典型重锤式加速度计结构图

　　加速度计的敏感方向如图 3.2.2 所示。加速度计安装在导弹上时，应使敏感轴与弹体的某一个轴平行，以便测量导弹飞行时沿该轴产生的加速度。

　　导弹在等速运动时，弹簧片两边的拉力相等，惯性体不产生惯性力，惯性体在弹簧片的作用下处于中间位置；导弹加速运动时，由于惯性力的作用，惯性体相对于壳体产生位移，将拉伸弹簧片，当惯性体移动了某一距离时，弹簧片的作用力与惯性力平衡，使惯性体处于相应的位置上，与此同时，与惯性体固连的电位器滑臂也移动同样的距离，这个距离与导弹的加速度成比例，所以电位器的输出电压与导弹的加速度成比例。

　　下面简单给出重锤式加速度计的传递函数。

　　当质量块 m 运动时，弹簧片产生一个和质量块的相对位移成比例的恢复力：$F_x = k_x X$（k_x 为弹簧的刚度系数）。阻尼器产生的黏性摩擦力与质量块 m 的相对运动速度成比例 $F_z = k_z \dot{X}$（k_z 为弹簧的阻尼系数）。

　　设弹体绝对位移为 X_m，则质量块的相对位移为 $X = X_d - X_m$。根据牛顿第二定律，有

$$\sum \boldsymbol{F} = m\ddot{X}_m \tag{3.2.2}$$

式中，$\sum \boldsymbol{F}$ 为所有外力的和。不考虑摩擦及有关反作用力的符号，式(3.2.2)可写成：

$$F_z + F_x = m\ddot{X}_m \tag{3.2.3}$$

此方程即为质量块平衡方程。由于 $X_m = X_d - X$，式(3.2.3)可改写成：

$$m\ddot{X}_d = k_x X + k_z \dot{X} + m\ddot{X} \tag{3.2.4}$$

式中，$\ddot{X}_d$ 即导弹的加速度，记为 a。对式(3.2.4)进行拉普拉斯变换，可得到

$$X(s)(k_x + k_z s + m s^2) = m a(s) \tag{3.2.5}$$

因此加速度计的传递函数为

$$G_{xj}(s) = \frac{X(s)}{a(s)} = \frac{m}{m s^2 + k_z s + k_x} = \frac{k_{xj}}{T_{xj}^2 s^2 + 2 T_{xj} \xi_{xj} s + 1} \tag{3.2.6}$$

式中，$k_{xj} = m/k_x$ 为加速度计的传递系数；$T_{xj} = \sqrt{m/k_x}$ 为加速度计的时间常数；$\xi_{xj} = \dfrac{k_z}{2\sqrt{mk_x}}$ 为加速度计的阻尼系数。

若将电位器输出的电压作为加速度计输出信号，则加速度计的传递函数为

$$G_{xj}(s) = \frac{u(s)}{a(s)} = \frac{k_u k_{xj}}{T_{xj}^2 s^2 + 2T_{xj}\xi_{xj}s + 1} \tag{3.2.7}$$

因此，加速度计的传递函数可以由一个二阶振荡环节来描述。

稳态时，$\ddot{X} = \dot{X} = 0$，可得 $u = k_u k_{xj} a$，即电位器的输出信号与输出加速度成比例。

3.2.2 摆式加速度计

1. 液浮摆式加速度计

液浮摆式加速度计原理结构类似于液浮式陀螺仪，如图 3.2.3 所示。

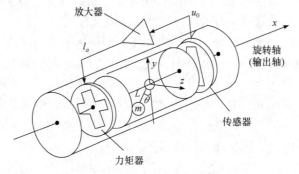

图 3.2.3 液浮摆式加速度计原理图

壳体内充有浮液，将浮筒悬浮。浮筒内相对旋转轴有一个失衡检验惯性体(质量块 m)，偏离旋转轴的距离为 L，敏感方向为图 3.2.3 中的 z 方向。

当沿加速度计的输入轴(敏感方向)有加速度时，由于惯性的作用，惯性体绕旋转轴产生惯性力矩。

$$M_a = Lma \tag{3.2.8}$$

惯性体在惯性力矩作用下，将绕旋转轴(输出轴)转动，惯性体绕输出轴相对壳体转动的角度 θ 由传感器敏感，传感器输出与 θ 成比例的电压信号，即

$$U = k_u \theta \tag{3.2.9}$$

式中，k_u 为传感器的传递系数。

传感器电压输入放大器，放大器输出与输出电压成比例的电流信号，即

$$I = k_i U \tag{3.2.10}$$

式中，k_i 为放大器的放大系数。

放大器输出的电流信号输入力矩器，产生与电流成比例的力矩：

$$M_k = k_m I = k_m k_i U = k_m k_i k_u \theta \tag{3.2.11}$$

式中，k_m 为力矩器的放大系数。这一力矩绕输出轴作用在惯性体上，在稳态时，它与输入加速度后惯性体产生的力矩相平衡，即

$$M_k = M_a \tag{3.2.12}$$

$$k_m I = Lma \tag{3.2.13}$$

则

$$I = Lma / k_m \tag{3.2.14}$$

此时，力矩器的输入电流与输入加速度成比例，通过采样电阻可获得与输入加速度成比例的信号。

由传感器、放大器和力矩器所组成的闭合回路通常称为力矩再平衡回路，所产生的力矩通常称为再平衡力矩，其表达式为

$$M_k = k_m I = k_m k_i U = k_m k_i k_u \theta \tag{3.2.15}$$

式中，三个系数的乘积 $k_m k_i k_u$ 为再平衡回路的增益。

2. 挠性摆式加速度计

挠性摆式加速度计也是一种摆式加速度计，它与液浮摆式加速度计的主要区别在于它的摆组件不是悬浮在液体中，而是弹性地连接在挠性支承上。挠性支承消除了轴承的摩擦力矩，当摆组件的偏转角很小时，由此引入的微小的弹性力矩往往可忽略不计。

挠性摆式加速度计有不同的结构类型，图 3.2.4 是其中的一种。摆组件的一端通过挠性支承固定在加速度计的壳体上，另一端可相对输出轴转动。传感器线圈和力矩器线圈固定在壳体上。

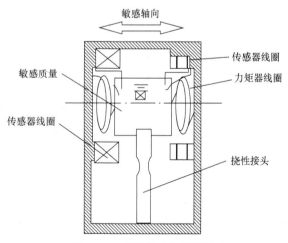

图 3.2.4　挠性摆式加速度计

挠性摆式加速度计的工作原理与液浮摆式加速度计相类似，同样是由力矩再平衡回路所产生的力矩来平衡加速度所引起的惯性力矩，但为了抑制交叉耦合误差，力矩再平衡回路必须是高增益的，所以挠性加速度计装配有一个高增益放大器，使摆组件始终工作在极

小的偏角范围内(在零位附近)，挠性杆变形小，敏感装置灵敏度高。

挠性摆式加速度计在结构、工艺上大为简化，同时它的精度、灵敏度及可靠性也达到了应用的要求，因此，它在航空航天飞行器中得到广泛的运用。

3. 摆式积分陀螺加速度计

摆式积分陀螺加速度计是一种利用陀螺力矩进行反馈的摆式加速度计。摆式积分陀螺加速度计的工作原理见图 3.2.5。

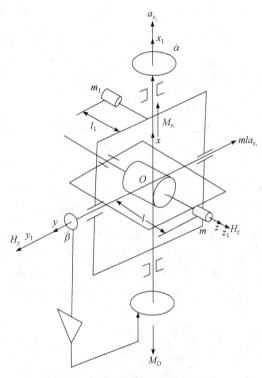

图 3.2.5　摆式积分陀螺加速度计

图 3.2.5 中，$Ox_1y_1z_1$ 为与外框架相固连的坐标系，Ox_1 为输入轴；$\dot\alpha$、$\dot\beta$ 分别为外框架相对仪表基座和内框架相对外框架的角速度；a_{x_1} 为沿外框架轴输入的加速度；ml 为绕内框架轴的摆性；m_1、l_1 为外框架上的平衡质量及其相对外框架轴的距离；H 为角动量；M_{x_1} 为绕外框架轴的各种干扰力矩之和；M_D 为电机力矩。

由图 3.2.5 可知，摆式积分陀螺加速度计的结构类似于一个二自由度陀螺仪，有高速旋转的陀螺转子以及内、外框架。内框架轴的一端装有角度传感器，外框架轴的上下端分别装有输出装置和力矩电机，沿转子轴 Oz 有一偏心质量块 m，其质心和内框架轴的距离为 l，因而绕内框架轴形成摆性 ml。

当沿外框架 Ox_1 轴方向有加速度 a_{x_1} 时，在内框架轴上产生与该加速度成正比的惯性力矩 mla_{x_1}。在理想条件下，即沿内、外框架轴没有任何干扰力矩的情况下，按陀螺进动原理，转子将带动内、外框架一起绕 Ox_1 轴进动，其进动角速度为 $\dot\alpha$。进动的结果是内框架轴上产

生陀螺反作用 $H\dot{\alpha}$，在稳态条件下，惯性力矩 mla_{x_1} 将精确地被陀螺力矩所平衡，因此有

$$H\dot{\alpha} = mla_{x_1} \quad \text{或} \quad \dot{\alpha} = \frac{ml}{H}a_{x_1} \tag{3.2.16}$$

在零初始条件下，积分得

$$\alpha = \frac{ml}{H}\int_0^t a_{x_1}\,\mathrm{d}t = \frac{ml}{H}V_{x_1} \tag{3.2.17}$$

式中，V_{x_1} 为导弹的速度。

摆式积分陀螺加速度计的输出信号是外框架的转动角速度 $\dot{\alpha}$ 或转角 α，经角度或角速度传感器将其转换成相应的电信号。

3.2.3 新型加速度计

科学技术的飞速发展，尤其是微电子学、计算机、激光、半导体器件及机械加工技术的进步和发展，为加速度计的发展提供了有利条件。现在加速度计的精度、可靠性、小型化、经济性、使用寿命以及整体加工，均有了全方位的提高。这里仅介绍其中几种主要的新型加速度计。

1. 压阻加速度计

压阻加速度计是一种利用半导体器件的压阻效应来测量加速度的加速度计，具有体积小、质量小、频带宽、量程大、耐冲击等优点，这种加速度计常被称为第三代惯性加速度计。图 3.2.6 为一种典型压阻加速度计的原理示意图。

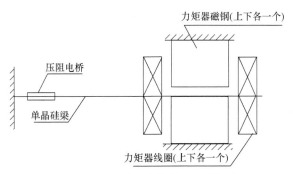

图 3.2.6 压阻加速度计原理示意图

图 3.2.6 中作为弹性元件的单晶硅梁，一端与底座刚性连接，压阻电桥应紧靠这一端。在自由端上、下对称地连接着两个力矩器线圈，这两个线圈分别套在上、下磁钢与轭铁形成的环形工作气隙中。

压阻加速度计工作过程的原理方框图如图 3.2.7 所示。当载体有加速度 a 时，与硅梁自由端连接的具有一定质量的力矩器线圈就要受惯性力 F 的作用，使得硅梁发生应变 $\Delta\varepsilon$，位于硅梁根部的压阻电桥因此失去平衡而有输出电压信号 ΔV，经放大器放大并整流后，在输出与加速度成比例的电压 V(或电流 I)信号的同时，将此直流电流反馈到力矩器线圈中，经与永磁体的磁场相互作用而产生一个与惯性力大小相等、方向相反的力 F_t 作用于硅梁自由端，实现了零位检测。

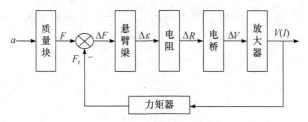

图 3.2.7   压阻加速度计工作原理图

2. 振梁加速度计

振梁加速度计是一种利用梁结构的谐振输出频率来测量加速度的开环加速度计。它主要利用石英晶体来加工谐振梁，如今随着硅材料微机电加工工艺的不断成熟，基于硅材料的研制方案也越来越受到重视，国外已利用单晶硅材料开发出新型石英振梁加速度计。

图 3.2.8 是一种双端音叉结构的石英振梁加速度计。两个双端音叉结构的同轴谐振梁之间安装有敏感质量块，谐振梁的另一端固定在壳体上，敏感质量块受到挠性梁的约束，可以在敏感轴方向做微小的位移，采用音叉的原因是它们的振动实际上并不传递到壳体上，因而损失的能量很少，仅需很少的能量就可以维持振动。当有加速度时，惯性力通过敏感质量块施加在谐振梁上，一个梁受拉振动基频更大，而另一个梁受压振动基频减小，梁的振动频率与输入加速度之间存在一定的函数关系，通过输出的频率信号就可以测得输入加速度。振梁加速度计虽然是开环的，但谐振梁在轴向的高刚性导致敏感质量块具有较高的基态固有频率，从而提供了较宽的响应带宽。

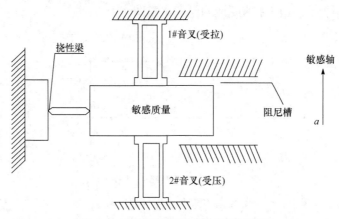

图 3.2.8   石英振梁加速度计原理示意图

3. 激光加速度计

激光加速度计主要有光测弹性效应激光加速度计和外部反射器激光加速度计两种。

1) 光测弹性效应激光加速度计

在透光轴相互垂直的两个偏振片中间插入透明的各向同性介质，当介质受到机械压缩或拉伸时，介质将产生双折射现象，称为光测弹性双折射效应。

图 3.2.9 为光测弹性效应激光加速度计原理示意图。

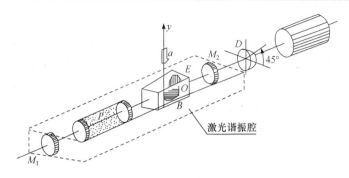

图 3.2.9　光测弹性效应激光加速度计原理示意图

图 3.2.9 中虚线所标明的范围为激光谐振腔，M_1、M_2 为构成谐振腔的两个反射镜，P 为增益介质，B 为具有光测弹性效应的双折射物质，激光束通过 B 时，分解成振动矢量互相垂直的正交线偏振光 E 和 O，经过反射镜的激光束仍互相正交，它们之间的差频 Δf 与物质 B 沿 y 轴的加速度成正比。测量原理图如图 3.2.10 所示。

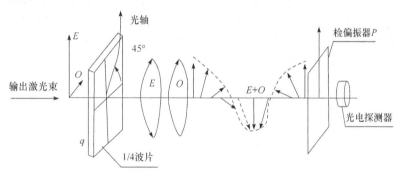

图 3.2.10　光测弹性效应激光加速度计测量原理图

两正交线偏振光 E 和 O，其频率差与加速度成正比，q 为1/4 波片，其光轴(快轴或慢轴)与进入的两个线偏振光的光矢量方向均成 45°。因此，经1/4 波片后，两束线偏振光分别成左旋偏振光与右旋偏振光。两个圆偏振光在沿光路传播的过程中，其光矢量端点做圆周运动，但旋转方向相反，并且由于它们的频率不同，旋转速度也不同，其旋转速度之差即为两个圆偏振光的频率差 $\Delta \nu$。两个旋转方向相反、频率不同的圆偏振光将合成为偏振平面在空间随时间而旋转的线偏振光，其旋转速率为两个圆偏振光频率差的1/2。通过检测偏振器的光束是间断的脉动光束，光电探测器输出的电信号也是随时间变化的脉冲信号，其频率与输入加速度成正比。

2) 外部反射器激光加速度计

外部反射器激光加速度计是在激光二极管 (半导体(二极管)激光器)的外部附加一个反射器，其原理图如图 3.2.11 所示。激光二极管作为相干光源，外部反射器与激光二极管一个端面紧密耦合，其间距 d 远小于 L (L 为激光二极管的腔长)，d 约为 $10\mu m$ 的数量级，外部反射器面积约为 $1mm^2$，安装在长约 4mm 的悬臂上，它又兼作感

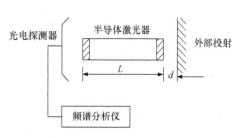

图 3.2.11　外部反射器激光加速度计原理图

受加速度的质量块。

在这种加速度计中，外部反射器把光馈入半导体二极管激光腔内，光的相位由距离 d 确定，当馈入光的相位与半导体二极管激光腔中的光同相时，相当于激光腔端面积和外部反射器的合成有效反射率最高，激光器输出光功率最大；不同相时，合成有效反射率最低，激光器输出光功率最低，调节距离 d 可以调节激光器光功率的输出。由于合成有效反射率随间距 d 按一定规律变化，故可由光电探测器探测这一输出功率。

4. 光纤加速度计

光纤加速度计是利用光纤传感技术测量敏感质量受到的惯性力或位移，进而测量载体受到的线加速度，它具有抗电磁干扰、环境适应能力强、动态范围宽、响应快、灵敏度高等优点。按工作原理来划分，光纤加速度计可分为光强调制型、相位调制型和波长调制型。

1) 光强调制型光纤加速度计

该类光纤加速度计的优点是结构简单，对光源、探测器等要求不高，技术较成熟，目前主要有透射式、反射式和偏振式 3 种，其基本原理是：由于受到被测加速度的调制，经投射、反射或偏振效应后，光纤接收到的光强发生变化，从而通过检测光强来测量加速度。

反射式光强调制型光纤加速度计是最基本的一种，它根据物体表面反射后被光纤接收到的光强信号的变化来探测反射物的角度、位移，进而确定物体的加速度，如图 3.2.12 所示。

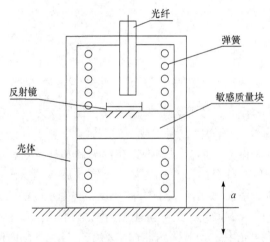

图 3.2.12　反射式光强调制型光纤加速度计原理图

反射式光强调制型光纤加速度计通常由光源、光纤传感探头和光探测器组成，光纤探头由发射光纤和接收光纤组成。上、下两根压紧的弹簧中间悬挂一个敏感质量块，其中心处固定一块反射镜，光纤垂直对准反射镜表面，外壳与被测物体表面紧密连接。输送光纤端面射出的呈圆锥形光束经反射镜反射后，中心部分光强进入接收光纤。当有加速度时，质量块相对传感器壳体运动，反射镜表面与光纤端面之间的距离也随着变化，从而光纤所接收到的光强发生变化，其变化规律能反映加速度的大小。

2) 相位调制型光纤加速度计

相位调制型光纤加速度计与光强调制型光纤加速度计相比，体积更小、动态范围更大、精度更高，可实现全光纤化。

相位调制型光纤加速度计的测量原理是：传感光纤受敏感质量块惯性力的作用，使通过它的光产生相位变化，相位变化量即代表被测加速度值。常采用马赫-曾德尔、迈克耳孙等干涉法来测量相位变化。马赫-曾德尔干涉式光纤加速度计原理图如图 3.2.13 所示。

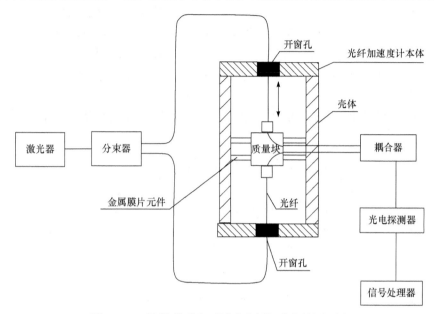

图 3.2.13　马赫-曾德尔干涉式光纤加速度计原理图

壳体中的上、下两光纤和在无张紧状态下穿过质量块，然后穿过壳体到耦合器。光纤是马赫-曾德尔干涉仪两臂的一部分，这两个臂伸至分束器，并与激光器相连，耦合器通过单根光纤把调制光纤导到光电探测器及信号处理器。耦合器接收到来自两根光纤的光为两束相干光束，这两束相干光束的相位差与加速度 a 成正比。

3) 波长调制型光纤加速度计

此类光纤加速度计主要是布拉格光栅加速度计，如图 3.2.14 所示。

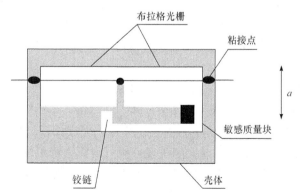

图 3.2.14　布拉格光栅加速度计原理图

它的原理是：设置敏感质量块，将布拉格光栅植入其中或固定在其表面，当载体受加速度作用时，将在敏感质量块上产生惯性力，并对布拉格光栅产生应力，从而对通过布拉格光栅的光的波长进行调制。使用光探测装置探测出光波长的变化量，即可获得所测的加速度值。

5. 微机电加速度计

微机电系统(MEMS)技术是 20 世纪 80 年代以来在微电子、微机械加工技术基础上发展起来的，它采用光刻和各向异性刻蚀等加工工艺，并利用半导体技术将处理电路和器件结构集成在一起，使之成为能够完成一定功能的微小型系统。微机电加速度计采用微机电技术制造，其工作原理与传统加速度计没有本质的改变，主要的不同之处在于结构加工方法和系统集成手段。

摆式硅微加速度计是微机电加速度计中技术较成熟、应用较广泛的一种，其典型结构如图 3.2.15 所示。

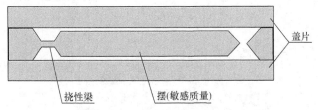

图 3.2.15　摆式硅微加速度计结构示意图

摆式硅微加速度计的中间层为加速度计摆片结构，它由硅材料刻蚀加工而成，其中的摆由 2 根挠性梁支承，上、下两层为 2 个盖片，由硅或玻璃材料加工而成，3 层结构经阳极键合工艺固定在一起。在上、下盖片与摆质量相对的表面装有电极，而摆质量作为另一电极，这样 3 层结构就组成了一个差动电容传感器。

摆式硅微加速度计工作原理为：当沿垂直于摆的方向有加速度时，摆质量在惯性力的作用下产生位移，电容传感器的中间极板位置就发生了变化，通过检测电容传感器电容的变化，就可以测量加速度的大小和方向。此外，差动电容器的极板还起到静电力矩器的作用，加速度计的伺服电路将电容传感器检测到的位移信号转换为一定的直流电压信号，并施加在相关的极板上，利用静电力将摆恢复至平衡位置，实现加速度计的闭环控制。

3.3　导弹目标运动参数测量装置——测角仪

测角仪是在测量坐标系中测定空间运动体(目标或导弹)在该坐标系中所处位置的仪器，它的输入量为被测量的目标(导弹)坐标变化的信息，它将输入量与测量坐标系的基准信号进行比较，并产生误差信号，经放大与转换之后，生成与角误差信号相对应的电信号。

根据用于测量的能量形式的不同，测角仪一般分为雷达测角仪、光电测角仪等。光电测角仪又分为可见光测角仪、电视测角仪、红外测角仪、激光测角仪。下面仅介绍红外测角仪和雷达测角仪。

3.3.1　红外测角仪

某导弹红外测角仪的主要作用：一是供射手瞄准目标，二是测量导弹偏离瞄准线的角偏差，向制导系统提供偏差信号，从而控制导弹沿瞄准线飞行。红外测角仪的原理框图如图 3.3.1 所示。

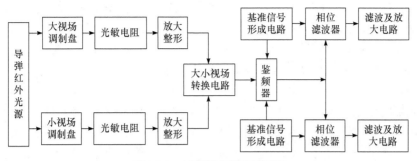

图 3.3.1　红外测角仪原理框图

测角仪有三个主光学系统和两个辅助光学系统。三个主光学系统分别是红外大视场、红外小视场和可见光瞄准镜，它们的光轴平行，且在同一平面内，三个主光学系统各自开一个入射窗口，两个辅助光学系统是大视场自检系统和小视场光轴校正系统。

红外大视场用于导弹飞行的初始段，便于导弹进入视场接受控制；红外小视场用于导弹飞行的中后段，其作用是远距离精确控制导弹。大、小视场成一定的比例，大视场是小视场的七倍；采用两个同样大小的视场光栏，用焦距比实现两个系统的视场比。短焦距的大视场用透射系统，长焦距的小视场用反射系统，将光线折转，从而压缩轴向尺寸。

红外光学系统将导弹接收的红外光源信号聚集在焦平面上。两个红外系统的焦平面是重合的，用两个相同的调制盘实现对信号的调制。调制盘等分为 $2N$ 个黑白相间的小扇形，黑色不透光，白色可透光，调制盘图案如图 3.3.2 所示。

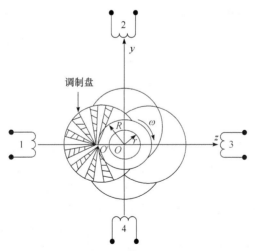

图 3.3.2　红外测角仪调制盘和基准信号线圈

测角仪系统观测目标时，调制盘做章动转动，即圆心 O' 以探测坐标系 yOz 的原点 O 为圆心，以角速度 ω 顺时针方向在焦平面上转动，转动半径为 O' 与 O 间的距离 R。这种运动的特点是调制盘上每一点的运动轨迹是一个圆，调制盘上每一条直线始终与它的初始状态平行，即调制盘不绕 O' 点自转只绕 O 点公转。

光轴是过原点 O 垂直 yOz 平面的直线，定义为 Ox 轴，其正方向垂直于纸面向里。图 3.3.2 中半径为 R 的圆是调制盘圆心 O' 的运动轨迹，半径为 r 的圆是调制盘轨迹圆弧相切所形成的圆，这个圆就是红外测角仪的视场圆。当红外光源经光学系统成像于这个视场圆内时，调制盘后面的光敏电阻将光信号转换成电信号，此信号经过放大、整形电路形成调频等幅脉冲信号。此信号送给大小视场转换电路，其功能是在视场转换程序信号作用下，由大视场工作状态转换到小视场工作状态，实现精确制导。视场转换电路输出的调频脉冲信号加到鉴频器，鉴频器输出正弦信号，其频率为调制盘的章动转动频率，幅值与导弹偏离测角仪光轴的偏差成正比，其相位则反映了导弹偏离测角仪光轴的方位。为了判定目标像点在测量坐标系中的位置，为误差信号提供相位基准，在 Oy、Oz 轴的两端配置了基准信号感应线圈，线圈顺序如图 3.3.2 所示。调制盘在章动过程中靠近线圈时，线圈被感应而输出一个脉冲，脉冲顺序与线圈顺序相同，如图 3.3.3(a)、(d)所示。用这种脉冲产生的高低角方向和方位角方向基准信号，如图 3.3.3(b)、(e)所示。

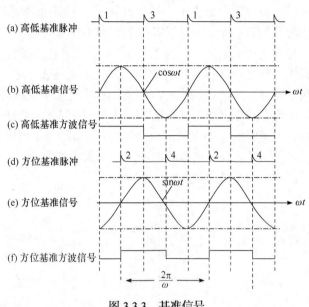

图 3.3.3　基准信号

调制盘顺时针方向转动。为了信号处理方便，定义 Oy 轴的正方向为基准信号起始轴，则高低角方向的基准信号为 $\cos\omega t$，方位角方向的基准信号为 $\sin\omega t$，ω 为调制盘章动转动频率。鉴频器输出的正弦信号输入到高低角和方位角方向的两个相位检波器的一个输入端，高低角方向的基准信号和方位角方向的基准信号分别输入两个相位检波器的另一个输入端，相位检波器输出高低角和方位角两个方向的偏差信号。根据相对运动原理，当目标成像于测角仪视场圆内时，调制盘在测量坐标系 yOz 内章动转动，并做切割目标像点的运动；当调制盘固定不动时，坐标系 yOz 的原点 O 以 O' 为圆心、R 为半径、ω 为角频率，沿逆时针方向章动转动时，目标像点做切割调制盘的运动，该运动与调制盘切割目标的运动像点的运动一样。原点 O' 的运动轨迹是一个半径为 R 的圆。假定目标像点与原点的位置固定不变，切割运动的轨迹在调制盘上也是一个半径为 R 的圆，称为像点圆，其圆心随目标像点在测量坐标系 yOz 中的位置不同而不同。

下面分别说明目标成像于不同位置时，产生误差信号的情况。

当目标成像于 yOz 坐标系原点 O 时，像点圆的圆心 O' 与该坐标系的原点 O 相重合，像点切割调制盘的轨迹如图 3.3.4 中的虚线圆所示。

由于像点转动过程中与调制盘圆心 O' 的距离 R 固定不变，因此调制盘输出的信号为等周期的脉冲信号，如图 3.3.5(c)所示。

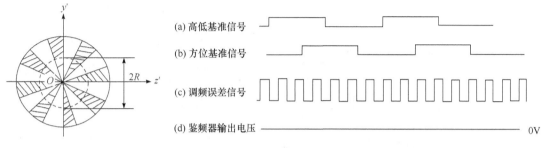

图 3.3.4　目标成像于光学系统　　　　图 3.3.5　目标成像于光轴的误差信号
　　　　　光轴

重复频率为 f，此频率与调制盘图案有关，是固定不变的。此信号输入鉴频器中，鉴频器的输出电压信号为零，如图 3.3.5(d)所示，此时高低角和方位角方向误差信号为零。

当目标成像于测量坐标系的上方，与 O 点距离为 ρ 时，像点切割调制盘的轨迹如图 3.3.6 中的虚线圆所示，像点切割调制盘产生的误差信号为调频脉冲信号，如图 3.3.7(c)所示。在像点靠近 O 点时，频率较高，在远离 O' 点时，频率较低，频率的重复周期为 $2\pi/\omega$。

此时调频误差信号的频率变化规律可用下式表示：

$$f(t) = f_0 + f_\rho \cos \omega t \qquad (3.3.1)$$

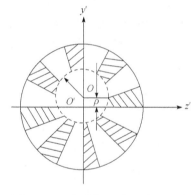

图 3.3.6　目标成像于测量坐标系上方

式中，f_0 是调制盘的调制频率，与调制盘的旋转角速度及调制盘图案扇形分割数目有关；f_ρ 正比于目标像点偏离坐标原点 O 的距离 ρ；ω 是章动角频率。

当目标成像于测量坐标系下方、左方和右方时，其调频误差信号的频率可分别表示如下。

目标成像于坐标系正下方：

$$f(t) = f_0 - f_\rho \cos \omega t \qquad (3.3.2)$$

目标成像于坐标系正左方：

$$f(t) = f_0 + f_\rho \sin \omega t \qquad (3.3.3)$$

目标成像于坐标系正右方：

$$f(t) = f_0 - f_\rho \sin \omega t \qquad (3.3.4)$$

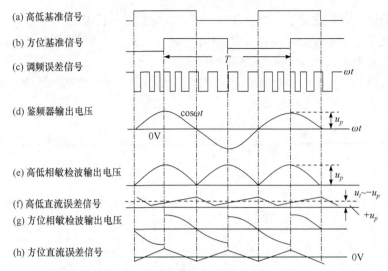

(a) 高低基准信号
(b) 方位基准信号
(c) 调频误差信号
(d) 鉴频器输出电压
(e) 高低相敏检波输出电压
(f) 高低直流误差信号
(g) 方位相敏检波输出电压
(h) 方位直流误差信号

图 3.3.7　目标成像于测量坐标系上方时的误差信号

分别把上述调频误差信号输入鉴频器中，输出低频的误差信号，其频率为调制盘的章动转动频率。此信号的幅值正比于目标像点偏离 O 点的距离，它与基准信号的相位关系则代表了像点在测量坐标系中的方位。鉴频器输出的误差信号经过相位检波器检波，再经过滤波处理，即得误差信号分解后的两个直流分量，一个是高低角方向的直流误差信号分量，另一个是方位方向的直流误差信号分量。

3.3.2　雷达测角仪

根据雷达波束扫描的方式不同，雷达测角仪可分为圆锥扫描雷达测角仪和线扫描雷达测角仪等。首先讨论线扫描雷达测角仪的工作原理。

雷达波束是由天线发出的。线扫描雷达测定目标角度坐标，主要利用波束扫描进行。波束扫描是由天线转动形成的，当天线不动时，波束也是固定不动的。为了增加雷达的作用距离和测角精度，雷达天线有很强的方向性。一般利用雷达天线的波瓣图来表示天线方向性。在波瓣图中心线方向，电磁波能量最强，中心线两边逐渐减弱，如图 3.3.8 所示。

测角仪的探测天线由高低角探测天线和方位角探测天线组成，它们的结构和工作原理完全相同，探测天线的波束形状都是扁平状的，其波瓣宽度为 10°，厚度为 2°，如图 3.3.9 所示。

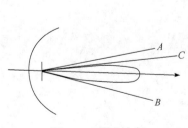

图 3.3.8　雷达波束

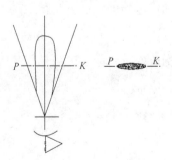

图 3.3.9　探测天线的波瓣形状

方位角探测天线的波束宽边与地面垂直，进行自左向右的扇形扫描；高低角探测天线的波束宽边与地面平行，进行自下而上的扇形扫描，两个波束的扫描在空间形成宽为 10° 的十字探测区，如图 3.3.10 所示。由于天线在高低角和方位角方向都有一定的转动范围，所以扫描雷达能在更大的范围内探测和跟踪目标，而不仅限于十字探测区。

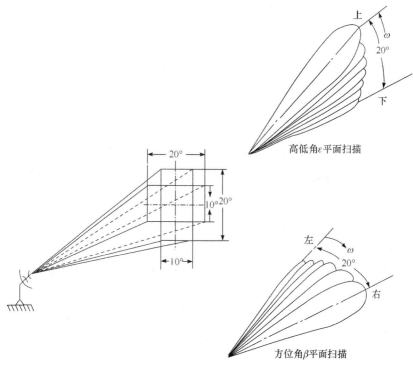

图 3.3.10　天线波束及扫描区域

目标的相对高低角和方位角是指目标相对于探测天线波束扫描起点的夹角，如图 3.3.11 所示，可利用探测天线波束作扇形单向等速扫描来测得。

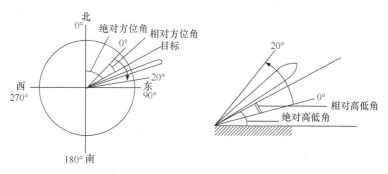

图 3.3.11　相对高低角与绝对高低角示意图

雷达测角原理图如图 3.3.12 所示。图中，扇形扫描波束从起点向终点扫完 20° 角度后，又从终点扫回起点，如此循环往复。在波束扫描过程中，只有波束扫到目标时才有目标回波脉冲，当波束中心对准目标时，回波信号最强，波束中心偏离目标时，回波信号减弱，波束完全离开目标时，不产生回波信号。因此波束每扫描一次，就可以得到一组中间大两边小的回波脉冲群，脉冲群的中心与空间目标位置相对应，目标回波脉冲群的中心与角度扫描起点的时间间隔的大小就代表了目标相对高低角和方位角的大小。

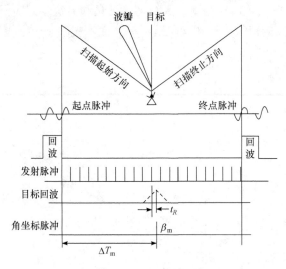

图 3.3.12　雷达测角原理图

3.4　导弹目标运动参数测量装置——雷达测距

测距功能是雷达导引头相比红外导引头的重要优势，这是因为获知弹目相对距离信息能有效提高制导系统的精度。下面主要介绍在雷达导引头中常用的脉冲测距和调频测距。

3.4.1　雷达脉冲测距

对于使用脉冲波形的雷达导引头来说，其回波信号是滞后于发射脉冲的回波脉冲。辐射的电磁波遇到目标后会产生反射，其滞后于发射脉冲的时间记为 t_R，称为回波到达时间。一般情况下 t_R 是很小的，将光速 $c = 3 \times 10^5 \, \mathrm{km/s}$ 代入距离公式后得到相对距离公式如下：

$$R = \frac{1}{2}ct_R = 0.15t_R \tag{3.4.1}$$

式中，回波到达时间 t_R 的单位为 μs；距离的 R 单位为 km。可以看出，测距的计时单位是微秒，测量这样量级的时间需要采用快速计时的方法。

回波到达时间 t_R 通常有两种定义测量方法：一种是以目标回波脉冲的前沿时刻作为回波到达时刻；另一种是以回波脉冲的中心(或最大值)时刻作为回波到达时刻。对于常见的点目标而言，两种定义所得的测量结果只相差一个固定值(约为 $\tau/2$)，可以通过距离校零予以消除。对于脉冲前沿的方法而言，实际上回波信号不是理想矩形脉冲而近似为钟形，因此可将回波信号与一比较电平相比较，把回波信号穿越比较电平的时刻作为其前沿。脉冲前沿方法的缺点是容易受回波大小及噪声的影响，比较电平不稳也会引起误差。

自动距离跟踪系统通常采用回波脉冲中心作为到达时刻,其原理方框图如图 3.4.1 所示。

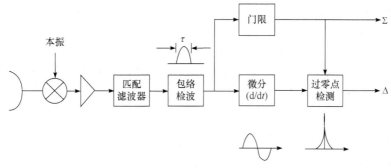

图 3.4.1　回波脉冲中心估计

由包络检波输出的回波信号分为两路：一路与门限电平在比较器里作比较，输出宽度为 τ 的矩形脉冲，该脉冲作为和支路的输出；另一路由微分电路和过零点检测器组成，当微分器输出经过零值时便产生一个窄脉冲，该脉冲时刻恰好对应回波脉冲信号的最大值，通常也是回波脉冲的中心。这个窄脉冲相对于等效发射脉冲的迟延时间可以用高速计数器或其他设备测得，并可转换成距离数据输出。

3.4.2　雷达调频测距

脉冲测距法原理简单，但是当雷达脉冲往返时间 t_R 小于脉冲宽度 τ 时将无法测距，此外，时间测量误差会降低距离测量精度。为了弥补脉冲测距法的不足，人们提出了调频测距法，其可以用于连续波雷达，也可以用于脉冲雷达。本节将分别讨论连续波和脉冲工作条件下调频测距的原理。

1. 调频连续波测距

调频连续波雷达的组成方框图如图 3.4.2 所示。发射机产生连续高频等幅波，其频率在时间上按三角形规律或正弦规律变化，目标回波和发射机直接耦合过来的信号相加后传输到接收机混频器内。

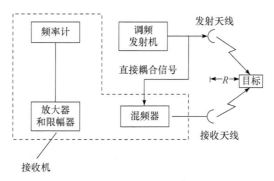

图 3.4.2　调频连续波雷达的组成方框图

在雷达波往返的时间内，发射机频率相比回波频率发生了变化，因此在混频器输出端会出现差频电压。该电压信号的频率与目标距离有关，可以通过频率计测量频率差算出目标距离。调频连续波雷达的优点是能测量近距离目标，一般可测到数米，而且测量精度较高；另外，雷达电路简单，系统体积小、重量轻，普遍应用于飞机高度表及微波引信等场合。但是，连续波不能像脉冲雷达那样可以分时共用天线收发，因此只能采用发射天线和接收天线分离的工作方式。此外，由于接收机无法区分多目标信号，所以调频连续波雷达多用于单一目标的测距。

目前常见的调频连续波雷达主要采用三角波调制和正弦波调制两种方式，这里只简单介绍正弦波调制方式的原理。用正弦波对连续载频进行调频时，发射信号可表示为

$$u_t = U_t \sin\left[2\pi f_0 t + \frac{\Delta f}{2f_m}\sin(2\pi f_m t)\right] \tag{3.4.2}$$

发射频率 f_t 为

$$f_t = \frac{\mathrm{d}\varphi_t}{\mathrm{d}t}\cdot\frac{1}{2\pi} = f_0 + \frac{\Delta f}{2}\cos(2\pi f_m t) \tag{3.4.3}$$

回波电压 u_r 可表示为

$$u_r = U_r \sin\left\{2\pi f_0(t-t_R) + \frac{\Delta f}{2f_m}\sin[2\pi f_m(t-t_R)]\right\} \tag{3.4.4}$$

式中，f_m 为调制频率；Δf 为频率偏移量。

如图 3.4.3 所示，接收信号与发射信号在混频器中作外差，取其差频电压为

$$u_b = kU_t U_r \sin\left\{\frac{\Delta f}{f_m}\sin(\pi f_m t_R)\cdot\cos\left[2\pi f_m\left(t-\frac{t_R}{2}\right)+2\pi f_0 t_R\right]\right\} \tag{3.4.5}$$

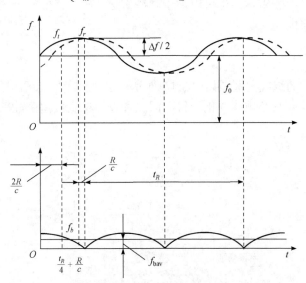

图 3.4.3　调频雷达发射波按正弦规律调频

一般情况下均满足 $t_R \ll 1/f_m$，则 $\sin(\pi f_m t_R) \approx \pi f_m t_R$，于是差频 $|f_b| = |f_t - f_r|$ 和目标距离 R 成比例且随时间呈余弦变化。

2. 脉冲调频测距

脉冲法测距时，脉冲重复频率过高会使得测距模糊，即远距离的回波脉冲与下一时刻

近距离的回波脉冲发生重叠。为了解决脉冲法的距离模糊问题,必须对周期发射的脉冲信号加上某些辨别标记,调频脉冲串就是一种给发射脉冲增加标记的方法。

脉冲调频时的发射信号频率如图3.4.4(a)中实线所示,共分为 A、B、C 三段,分别采用正斜率调频、负斜率调频和恒定频率发射。由于调频周期 T 远大于雷达重复周期 T_r,故在每个调频段均包含多个脉冲。图3.4.4(a)虚线所示为回波信号无多普勒频移时的频率变化,它相对于发射信号有固定延迟 t_d,即将发射信号的调频曲线向右平移 t_d 即可。

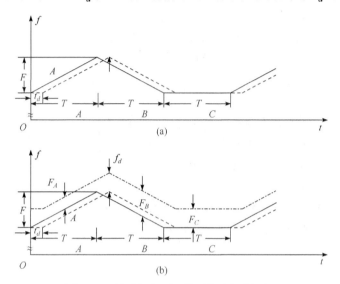

图 3.4.4　脉冲调频测距信号频率调制原理

当回波信号还有多普勒频移时,其回波频率如图3.4.4(b)中点画线所示(图中多普勒频移 f_d 为正值),即将虚线向上平移 f_d 得到。接收机混频器输入为连续振荡的发射信号和回波脉冲串,在其输出端可得到收发信号的差频信号。设发射信号的调频斜率为 $\mu = F/T$,如图3.4.4(b)所示。A、B、C 各段收发信号间的差频分别为

$$\begin{cases} F_A = f_d - \mu t_d = \dfrac{2v_r}{\lambda} - \mu\dfrac{2R}{c} \\ F_B = f_d + \mu t_d = \dfrac{2v_r}{\lambda} + \mu\dfrac{2R}{c} \\ F_C = f_d = \dfrac{2v_r}{\lambda} \end{cases} \qquad (3.4.6)$$

由式(3.4.6)可得

$$F_B - F_A = 4\mu\dfrac{R}{c} \qquad (3.4.7)$$

即

$$R = \dfrac{F_B - F_A}{4\mu}c \qquad (3.4.8)$$

$$v_r = \dfrac{\lambda F_C}{2} \qquad (3.4.9)$$

当发射信号的频率经历了 A、B、C 三段变化后，目标回波就对应三串不同中心频率的脉冲。这两个信号经过接收机混频后可分别得到差频 F_A、F_B 和 F_C，然后按式(3.4.8)和式(3.4.9)即可求得目标的径向距离 R 和径向速度 v_r。

用脉冲调频法时，选取较大的调频周期 T 可保证测距的单值性。这种测距方法的缺点是测量精度较差，因为发射信号的调频线性不容易保证，同时频率测量也不能十分精准。

前面简单介绍了雷达的测角测距基本原理，更为深入的讲述请参考有关雷达探测方面的资料。

思 考 题

1. 简述陀螺仪的工作原理。
2. 三自由度陀螺仪和二自由度陀螺仪有什么区别？
3. 几种新型陀螺仪有何优点？
4. 几种不同的加速度计原理有何异同？
5. 几种新型加速度计有何优点？
6. 红外测角仪和雷达测角仪的适用范围有什么不同？
7. 雷达测距有几种方式？基本原理是什么？

第 4 章　导弹操纵机构

4.1　操纵机构的基本概念与基本要求

导弹的制导控制不仅需要舵系统根据测量获得的导弹和目标运动信息按照一定的规律形成制导指令，还需要根据制导指令对导弹进行操纵控制，迫使导弹按照理想弹道飞行，最终命中目标。这就离不开操纵机构，而大气层中的飞行器主要靠舵系统进行气动操纵控制。因此导弹的操纵机构主要是指舵系统。

舵系统可大致定义为：控制导弹舵面或副翼偏转的伺服系统。舵系统的作用是通过驱动舵面偏转，使飞行器产生附加气动控制力或控制力矩，稳定飞行状态或者改变飞行轨迹。

4.1.1　舵系统的分类

舵系统是自动驾驶仪的一个重要环节，其特点是惯性大、功率强和非线性因素比较明显，对自动驾驶仪的性能有重大影响，是导弹自动驾驶仪设计中需要考虑的重要因素。

舵机是舵系统的主要部件，其他的均为辅助部件。因此对舵系统分类主要是根据舵机的不同来分类。下面将根据不同的分类原则对舵机进行分类。

1. 按工作原理分类

比例式舵机：又称线性舵机，一般是指其输出受输入信号连续成比例地控制的舵机。

继电式舵机：又称非线性舵机，对应于开/关输入信号，输出也是二位置的控制方式，舵翼的工作状态是在舵摆角的两个极限位置做往复运动，其在两个极限位置所停留时间的长短由指令信号控制，从而产生平均控制力以操纵导弹运动。

脉宽调制舵机：将输入模拟信号由脉宽调制器转换为宽度与输入量成正比的脉冲信号，使舵机的伺服机构工作在脉冲调宽状态，最后由一个低通滤波器将脉宽调制信号还原为模拟信号来控制舵面偏转。

2. 按采用能源分类

电动舵机：采用电能作为能源的舵机。按伺服控制元件类型，可分为电磁式和电动式两种。电磁式舵机实际上就是一个电磁机构，其特点是外形尺寸小、结构简单、快速性好，但这种舵机的功率小，一般用于小型导弹上；电动式舵机以交流、直流电动机作为动力源，它可以输出较大的功率，具有结构简单、制造方便的优点，但是快速性差，适合于中小功率、快速性要求不高的低速导弹。

气动舵机：采用压缩气体或热燃气作为能源的舵机。按伺服控制元件的类型，可分滑阀式、喷嘴-挡板式和射流管式三种。按气源种类，可分为冷气式和燃气式两种。冷气式舵机采用高压冷气瓶中储藏的高压空气或氦气作为气源来操纵舵面的运动；燃气式舵机采用固体燃料燃烧后所产生的气体作为气源来操纵舵面的运动。气动舵机的结构简单、重量较轻、力矩惯量比大、响应速度快，但效率低、工作时间短，多用于短时工作中的近程导弹。

液压舵机：采用高压液体作为能源的舵机。具有体积小、质量轻、功率大、响应速度快的优点，但加工精度要求高、能源复杂、成本较高，常用于中远程导弹。

4.1.2　舵系统的技术要求

不论是何种类型的舵系统，评价舵系统的技术指标主要有如下几方面。

1) 能使舵面产生足够的偏转角和角速度

不同的导弹对于舵偏角的要求不同，舵偏角的大小应当根据足够实现所需的飞行轨迹以及补偿所有外部干扰力矩来确定。导弹的舵偏角偏转范围不宜过大，也不宜过小，过大会增加阻力，过小则不能产生所需要的控制力。一般战术导弹的舵偏角以 15°～20°为宜，有些导弹偏转角可达 30°以上。

为了满足控制性能方面的要求，舵面要有足够的角速度，舵面对指令跟踪速度越高，则控制系统工作越精确。舵面偏转的角速度越高，则要求舵机的功率越大，例如，地空导弹舵面偏转角速度为 150°/s～200°/s。

2) 舵机能够产生足够大的输出力矩

舵机是用来操纵导弹控制舵面的，它产生的力矩必须能够克服作用在舵面上的气动铰链力矩、摩擦力矩和惯性力矩，即舵机的输出力矩应满足：

$$M \geqslant M_j + M_f + M_i$$

式中，M 为舵机输出的力矩；M_j 为舵面上的空气动力或燃气动力产生的铰链力矩；M_f 为传动部分摩擦力矩；M_i 为舵面及传动部分的惯性产生的力矩。

3) 舵系统应有足够的快速性

快速性是动态过程的一个指标，它是以过渡过程的时间来衡量的，也就是当舵回路输入一个阶跃信号时，舵回路由一种稳定状态过渡到另一种稳定状态所需的时间。舵机的快速性和其惯性的大小对舵回路的时间常数有很大的影响，舵回路的时间常数越大，过渡的时间也越长，过渡时间太长会降低控制系统的调节质量。

4) 舵系统的输入输出特性应尽量呈线性

在操纵导弹时，一般希望输出量与输入量之间呈线性关系，但在实际中由于舵回路中存在着一些非线性因素，如摩擦、磁滞、能源功率的限制等，因此在舵回路中总存在如非灵敏区、饱和等非线性情况，在设计舵机时，应尽量增大舵机的线性范围。

5) 其他的要求

设计舵系统时，首先需要满足对舵系统的一般要求：

(1) 应满足控制系统提出的最大舵偏角和空载最大舵偏角速度的要求。

(2) 应能输出足够大的操纵力和操纵力矩，以适应外界负载的变化。

(3) 在最大气动铰链力矩状态下，应具有一定的舵偏角速度对舵面的反操纵作用，应具有有效的制动能力，以满足弹上飞行控制系统的需要。

(4) 体积小、质量轻、比功率大、成本低、可靠性高及方便维护。

除满足一般要求外，根据导弹自动驾驶仪的不同，以及导弹的战术技术指标不同，舵系统设计中应考虑问题的侧重面也就不同。在具体设计中应有针对性，设计中常常会遇到下述需要解决的问题。

(1) 采用哪类舵系统最为有利? 这取决于导弹总体对舵系统的具体要求、弹上提供的能源类型、执行机构在弹上布局的空间大小、可供选择的执行元件系列、国内生产水平和工艺水准、产品的继承性等。一般针对中、远程导弹，通常采用液压或气压舵系统。对近程导弹，多采用电动舵系统或燃气舵系统。

(2) 舵系统采用的反馈形式，即反馈从什么地方引出。舵系统常采用的反馈方式有舵偏角(速度)反馈和气动铰链力矩反馈，或者舵面做成特殊形状，不用反馈，开路工作。反馈从何处引出比较合理，也是要考虑的重要因素。对中、远程导弹，操纵机构(包括舵面)惯量大、刚度低，属于阻尼很小、固有频率较低的二阶环节。同时还有明显的非线性(如间隙特性)，如果直接采用舵偏角反馈，则操纵机构这个环节包含在舵系统内，造成设计上的困难。如果采用舵机连杆位移作为位置反馈，操纵机构不包含在舵系统内，则能很方便地设计出性能良好的快速舵系统。

舵系统的性能主要取决于舵机的性能，舵系统的设计也主要是舵机的设计。下面主要以电动舵系统和液压舵系统为例，首先介绍电动舵机、液压舵机，然后介绍电动舵系统和液压舵系统。由于气压舵系统与液压舵系统非常相似，因此仅介绍气动舵机，而不再重复介绍气压舵系统的其他部分。

4.2　电动舵机与舵系统

4.2.1　电动舵机

电动舵机以电力为能源，通常由电机(直流或交流)、测速装置、位置传感器、齿轮传动装置和安全保护装置组成。伺服电机是电动舵机常用的核心部件，其控制方式可分为直接控制和间接控制。直接控制指伺服电机转子的机械运动直接受输入电流控制(可以是电枢控制，也可以是激磁控制)。在此，伺服电机既是功率部件又是受控对象。通用直流伺服电机，多采用电枢控制，且一般借助脉冲调宽原理控制电枢电流，直接控制式是应用较早的一种。一种典型的直接控制式电动舵机原理示意图如图 4.2.1 所示。

由于图 4.2.1 中的直接控制式电动舵机采用了蜗轮蜗杆，具有自锁特性，又称为自制式舵机。通常，这种电动舵机采用电枢控制。然而，普通的直流伺服电机存在电枢铁心和齿槽，导致其转动惯量和启动时间常数大、启动灵敏性差、换向火花严重等问题。为了克服上述缺点，近年来出现了采用印刷绕组的无槽直流伺服电机，同时还出现了非常低惯量的空心杯式直流电机等。

根据伺服电机的种类，直接控制式电动舵机又可以分为电磁式和永磁式两种。永磁式直流伺服电机与同功率的电磁式电机相比，具有尺寸小、结构简单、使用方便、线性度好等优点。图 4.2.2 为一种直接控制式永磁电动舵机的电路图。

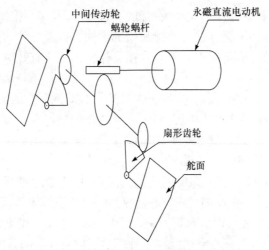

图 4.2.1　直接控制式电动舵机原理示意图

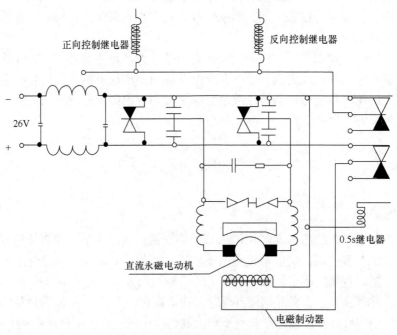

图 4.2.2　直接控制式永磁电动舵机

　　间接控制式电动舵机原理图如图 4.2.3 所示。图中的电机只起拖动作用，它以恒速驱动电磁离合器的主动端，电磁离合器作为控制元件。图中的离合器为螺旋弹簧摩擦离合器，亦称弹性离合器。这种离合器在磁轭中装有线圈，当线圈不通电时，主动盘通过扭簧带动衔铁一起在轴套上空转。线圈激磁后，衔铁被吸动，并和轴套上的凸缘盘相连接，使扭簧一端被制动，接着主动盘即带动扭簧使之受扭收缩，并箍紧在轴套上，最后使轴套随主动盘一起转动，传递转矩。这种离合器只适用于继电式工作方式，而采用磁粉离合器的舵机可用于线性工作方式。

　　图 4.2.4 为采用磁粉离合器间接控制式电动舵机的示意图。

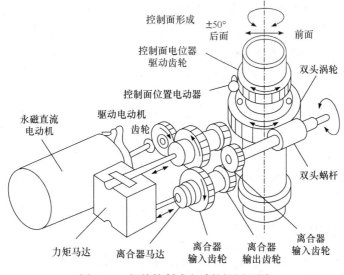

图 4.2.3　间接控制式电动舵机原理图

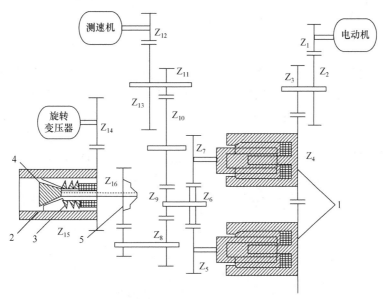

图 4.2.4　磁粉离合器间接控制式电动舵机示意图

1、3-磁粉离合器；2-鼓轮；4-衔铁与斜盘；5-金属摩擦离合器；$Z_1 \sim Z_{16}$-减速齿轮

　　如图 4.2.4 所示，磁粉离合器 1 是这种电动舵机的关键部件，由主动、从动和固定三部分组成。主动部分的壳体内有控制绕组和磁粉，壳体与减速齿轮 Z_4 的端面固连并随电机输出轴一起恒速旋转。从动部分的杯形转子与磁粉离合器输出减速齿轮 Z_5 一起转动。当电流流过磁粉离合器控制绕组时，主动部分壳体内的磁粉(铁钴合金粉)被磁化，按磁力线方向排成链状，链的一端与主动部分相连，另一端与从动部分相连。在磁力的作用下，磁粉与主、从动部分之间产生正比于控制电流的摩擦力矩，带动杯形转子和齿轮 Z_5 一起转动。

　　磁滞电机的输出轴经 Z_1 / Z_2 和 Z_3 / Z_4 两级减速，带动两个磁粉离合器的主动部分以相反的方向恒速转动。根据流过磁粉离合器控制绕组的电流极性，其中一个磁粉离合器工作，产生正比于控制电流的摩擦力矩，驱动其从动部分转动，经 Z_5/Z_6、Z_7/Z_8 和 Z_9/Z_{10} 的三级减速，金属摩擦离合器 5 带动鼓轮 2 恒速转动，输出正比于控制电流的力矩。当控制电流的极性相反时，另一磁粉离合器工作，鼓轮反向转动。

现行旋转变压器和测速发电机分别经过齿轮转动装置随鼓轮一起转动，各自输出相位取决于鼓轮的转向、大小正比于鼓轮转角和角速度的电信号。

电磁离合器 3 是鼓轮与输出齿轮 Z_{10} 的连接装置。自动控制时，电磁离合器的激磁绕组通电，电磁离合器吸合，输出齿轮 Z_{10} 与鼓轮连接，鼓轮随输出齿轮 Z_{10} 一起转动。金属摩擦离合器 5 利用金属片之间的摩擦力矩传动，是一种安全保护装置。当电磁离合器工作时，齿轮 Z_{10} 经金属摩擦离合器带动鼓轮转动，当负载力矩超过某值时，金属片打滑，从而限制舵机的最大输出力矩。

4.2.2　典型电动舵系统

由于电动舵系统具有结构简单、制造方便等优点，其应用越来越广泛。电动舵系统设计方法与液/气压舵系统类似，设计中主要应考虑结构形式、舵机的选择和控制方式及电动舵系统设计等问题。

1. 结构形式

电动舵系统通常采用一般负反馈形式。电动舵系统主要由控制器、驱动器(一般是 PWM 功率模块)、伺服电机(这里采用直流无刷电机)、传动机构(减速器)和角位置传感器(反馈电位器)等部分组成。控制器采集舵机指令和舵机反馈信号，经控制器综合、处理后生成控制信号，然后进行功率放大来驱动电机，直流伺服电机经减速器后带动舵面偏转，舵面偏转角度由电位器反馈给控制器构成控制闭环。电动舵系统工作原理图如图 4.2.5 所示。

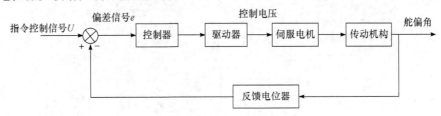

图 4.2.5　电动舵系统工作原理图

2. 舵机的选择

舵机的作用是驱动舵面偏转产生气动控制力矩，控制导弹的飞行姿态和弹道。随着导弹性能不断提高，对舵机系统的要求也越来越高，包括对舵机体积、质量、承载能力，以及对控制性能的要求。基于直流无刷电机(BLDCM)的舵机系统具有体积小、质量轻、输出力矩大、易维护等优点，逐步成为导弹舵系统中舵机的主要选择。

3. 控制方式

伺服电机是电动舵系统的核心部件，其控制方式可分为直接控制和间接控制。具体选用何种控制方式视具体设计任务而定。

4. 电动舵系统设计

电动舵系统设计的重点集中在减速器装置的机械传动机构的设计和舵系统中的控制器设计两方面。在机械传动机构部分，通常将电机输出经若干级减速放大后驱动舵轴偏转。常用减速方式有行星齿轮减速、谐波齿轮减速、蜗轮蜗杆机构减速、滚珠丝杠副减速等。其设计目的都是尽量在满足性能条件下，使执行机构体积更小、效率更高。

控制器的设计则主要考虑如何使设计的舵系统满足飞行控制系统提出的最大舵偏角和空载最大舵偏角速度的要求；能够输出足够大的操纵力和操纵力矩，以适应外界负载的变化；在最大气动铰链力矩状态下，应具有一定的舵偏角速度对舵面的反操纵作用，应具有有效的制动能力，以满足弹上飞行控制系统的需要。

早年的控制方法大都采用工业控制领域广泛应用的 PID 控制方法，随着导弹性能的迅速提高，飞行控制系统对舵系统的要求也越来越高，PID 控制已难以满足飞行控制系统对舵系统控制的需求。近些年，基于现代控制理论的控制方法，如鲁棒控制、最优控制、模糊控制、滑模变结构控制等已在舵系统设计中广泛应用。其中，滑模变结构控制以其快速响应、扰动不敏感、无须系统在线辨识、物理实现简单等优点，在电动舵系统控制器设计中具有独特的优势。

下面以图 4.2.5 所示的典型电动舵系统为对象，简单介绍电动舵系统的设计。

5. 舵系统性能指标

根据对舵系统的一般要求，设计的电动舵系统性能指标应达到表 4.2.1 的要求。

表 4.2.1　电动舵系统性能指标

额定转矩/(N·m)	传动比	额定转速/((°)/s)	带宽(幅值 2°)	最大滞后相角/(°)	超调量/%
4	≤200	≥200	≥15	10	≤8

6. 电机的选择

经分析计算，选用 Maxon 直流无刷电机 RE25-118752，该电机主要性能参数如下：电机电阻为 2.32Ω，堵转转矩为 243mN·m，额定转矩为 26.3mN·m，最大允许转速为 8330r/min，转矩常数为 23.3mN·m/A，速度常数为 408rpm/V，机械时间常数为 4.55ms，转子惯量为 $10.8\text{g}\cdot\text{cm}^2$。舵机传动机构采用谐波齿轮+锥齿轮，系统传动比取 $i=190$，效率 $\eta=0.6$。

直流无刷电机建模经过复杂推导，得出直流无刷电机的数学模型如图 4.2.6 所示。

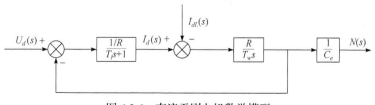

图 4.2.6　直流无刷电机数学模型

在电机模型中，$T_l = L / R \approx 0$，模型简化为

$$\frac{\theta(s)}{U_d(s)} = \frac{K^*}{s(\tau s + 1)} \qquad (4.2.1)$$

式中，$K^* = \dfrac{2\pi}{60C_e} - \dfrac{RT_l}{C_m U_d(s)} \cdot \dfrac{2\pi}{60C_e}$；$\tau = T_m = \dfrac{G_d D^2 R}{375 C_e C_m}$；$\theta$ 为电机转轴相对初始位置的转角，单位为弧度；U_d 为控制指令。

7. 传动机构的模型简化

在图 4.2.5 所示的典型电动舵系统中，驱动器将控制器输出的控制信号进行功率放大后，驱动直流无刷电机，在系统中是一个比例环节 K_1；减速器把直流电机输出的转角减速后带动舵片偏转，也是一个比例环节 K_2。这里，令 $K = K_1 K_2 K^*$。此外，角位置反馈电位器把舵片偏转位置转换成电信号给控制系统综合，也是比例环节，记作 K_f。简化后的典型电动舵系统原理结构图如图 4.2.7 所示。

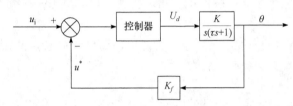

图 4.2.7　简化后的典型电动舵系统原理结构图

8. 控制器设计

面向简化后的典型电动舵系统，设计的任务是如何确定控制策略(算法)，使电动舵系统具有理想的性能。PID 控制是经典控制策略，由于算法简单、鲁棒性好和可靠性高，被广泛应用于过程控制和运动控制中。因此，对环境复杂、系统工作参数易变的电动舵系统，PID 控制方法也是可取的。其控制规律传递函数表示如下：

$$\frac{U(s)}{E(s)} = K_P + \frac{K_I}{s} + K_D s \qquad (4.2.2)$$

据此，可根据给定的技术指标选择合适的 K_P、K_I、K_D，从而设计性能优良、满足控制系统要求的舵系统。

然而，面对复杂的工作环境和负载特性，设计的 PID 舵系统往往会出现鲁棒性较差的情况。滑模变结构控制(Sliding Mode Control，SMC)是变结构控制系统的一种控制方法。该方法与常规控制的根本区别在于系统的"结构"并不固定，可以在动态过程中，根据系统当前的状态(如偏差及其各阶导数等)，迫使系统按照预定"滑动模态"的状态轨迹运动。SMC 控制系统在滑动模态下，其性能与系统参数、干扰输入等无关，也就是说，对系统参数变化、干扰输入等具有强鲁棒性。其已成为控制系统的一种普遍设计方法，适用于电动舵系统控制器的设计。

简化后的电动舵机传递函数可改写成时域中的微分方程形式：

$$\begin{cases} \tau \dfrac{\mathrm{d}^2\theta}{\mathrm{d}t} + \dfrac{\mathrm{d}\theta}{\mathrm{d}t} = KU(t) \\ U(t) = f(u_{\mathrm i} - u^*) = f(e) \end{cases} \tag{4.2.3}$$

根据前面选定的直流无刷电机性能参数和舵机设计指标要求，得出电动舵机理论模型参数：$K_{\max} = 39.21\mathrm{rad/(V \cdot s)}$，$K_{\min} = 19.60\mathrm{rad/(V \cdot s)}$，$\tau = 0.0046\mathrm s$。

面向式(4.2.3)所示的线性微分方程，定义跟踪误差 $e = u_{\mathrm i} - u^*$。

根据变结构控制理论，选取滑动模态为

$$s = ce + \dot e \tag{4.2.4}$$

其中，$c > 0$，则根据式(4.2.3)和式(4.2.4)有

$$\dot s = c(\dot u_{\mathrm i} - K_f\theta) + \ddot u_{\mathrm i} - K_f\left(-\frac{1}{\tau}\theta + \frac{K}{\tau}u_d\right) \tag{4.2.5}$$

为了保证系统状态能够达到滑动模态，而且在到达滑动模态的过程中有优良的特性，这里应用趋近律思想来设计变结构控制。选取滑模趋近律为

$$\dot s = -k_1 s - \varepsilon\,\mathrm{sgn}(s) \tag{4.2.6}$$

基于以上滑动模态和趋近律的选取，综合式(4.2.5)和式(4.2.6)，可求出滑模变结构控制律为

$$\begin{aligned} u_d &= \frac{\tau}{K_f K}\left[c(\dot u_{\mathrm i} - K_f\theta) + \ddot u_{\mathrm i} - \frac{K_f}{\tau}\theta + k_1 s + \varepsilon\,\mathrm{sgn}(s)\right] \\ &= \frac{\tau}{K_f K}\left[c(\dot u_{\mathrm i} - K_f\theta) + \ddot u_{\mathrm i} - \frac{K_f}{\tau}\theta + k_1 s\right] + \frac{\tau\varepsilon}{K_f K}\,\mathrm{sgn}(s) \end{aligned} \tag{4.2.7}$$

分析式(4.2.7)所示的变结构控制律不难看出，该变结构控制律由两部分组成：一部分是连续形式的；另一部分是开关形式的，正是开关形式的一项，使得滑模变结构控制律对于参数摄动与干扰具有很强的鲁棒性。

4.3　液压舵机和气动舵机

4.3.1　液压舵机和舵系统

首先介绍液压舵机。一种典型液压舵机原理结构如图 4.3.1 所示。

图 4.3.1 中的典型液压舵机主要由电液伺服阀、作动筒以及反馈电位器组成。其基本作用是将控制系统的电指令信号转换成液压信号，它是一个功率放大器，同时又是一个控制液体流量、方向的控制器。电液伺服阀中主要有带永久磁铁的极化式力矩电机，双喷嘴挡板构成前置放大级和采用力反馈式液压滑阀的二级放大器等，如图 4.3.2 所示。

力矩电机是将电控制信号转换成机械运动的一种电气机械转换装置。液压放大器由两级组成：第一级是喷嘴挡板式液压放大器，第二级是滑阀式液压放大器。

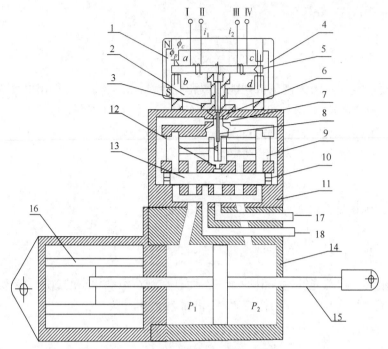

图 4.3.1 典型液压舵机原理结构图

1-控制线圈；2-导磁体；3-弹簧管；4-磁钢；5-衔铁；6-挡板；7-喷嘴；8-反馈杆；9-滑阀；10-固定节流孔；11-阀体；
12-油阻尼孔；13-油滤；14-作动筒；15-活塞杆(连杆)；16-反馈电位器；17-回油；18-进油

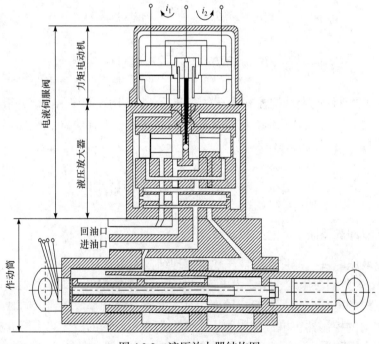

图 4.3.2 液压放大器结构图

喷嘴挡板放大器由喷嘴、挡板、两个固定节流孔、回油节流孔和两个喷嘴前腔组成。挡板与力矩电机衔铁和反馈杆一起构成衔铁挡板组件，由弹簧管支承。滑阀放大器由阀芯、阀套和通油管路组成。阀芯多为圆柱形,上面做有不同数量的凸肩,用以控制通油口面积的大小和液压油的流向。阀套上开有一定数量的通油口。没有控制信号时,挡板处在两喷嘴中间,阀芯保持中立位置不动,它的四个凸肩刚好把阀套的进油孔和回油孔全部盖住,使接通负载的油路不通。

若力矩电机中加有控制信号,使衔铁挡板组件向右偏转时,会使挡板与喷嘴间右边的间隙减小,左边的间隙加大,结果右喷嘴前腔的压力增大,左喷嘴前腔的压力减小,形成压力差,使滑阀阀芯向左移动,滑阀左腔将高压油与负载油路(与作动筒相通)的进油口接通,右腔与负载的回油口接通,从而推动负载运动。挡板的偏转角越大,阀芯两腔的压力差越大,阀芯移动速度越快。

阀芯向左移动时,将带动反馈杆一起移动,反馈杆产生形变。反馈杆形变以及管形弹簧将产生变形力矩,此力矩与控制力矩方向相反,当控制力矩与这个变形力矩达到平衡时,挡板偏转角也达到一个平衡位置,阀芯也不再移动。

作动筒,即液压筒(油缸),是舵机的施力机构,由筒体和运动活塞、活塞杆、密封圈等组成,活塞杆与舵面的摇臂相连,活塞的直线往复运动通过操纵机构变成舵面的旋转运动。作动筒采用双向作用的直线位移式作动筒,液体流量与作动筒活塞线速度成正比。

信号反馈装置,用来感受活塞的位置或速度的变化,并转换成相应的电信号,送给综合放大装置。反馈电位器装在作动筒内,电刷由舵机的活塞杆(以下称连杆)带动,与活塞线位移成正比的反馈电位器输出信号 u_f 在综合放大器中与输入信号 u_i 进行综合。

液压舵机的工作过程:当没有校正控制信号时,力矩电机的衔铁位于平衡位置,挡板处于两个喷嘴中间位置,高压油不能流进作动筒,活塞两边压力相等,活塞处于静止状态,舵面不发生偏转。当有校正控制信号时,力矩电机衔铁带动挡板组件偏转,致使阀芯偏离中间位置,如果向左移动一段距离,高压油进入作动筒内右腔,活塞就向左运动,推动作动筒左腔内的油回流到油箱,如果力矩电机带动阀芯右移,情况正好与此相反。活塞的左右移动,就带动舵面向不同的方向偏转。

下面简单介绍液压舵系统和舵系统的设计。不同舵系统的具体结构和控制方式各异,但工作原理大致相同。现以上面的液压舵机为核心部件组成一个典型的液压舵系统,并以此为例说明工作原理。典型液压舵系统原理方框图如图 4.3.3 所示。

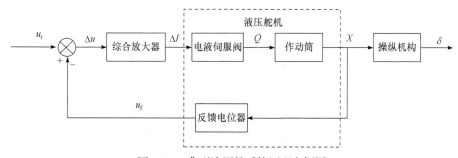

图 4.3.3　典型液压舵系统原理方框图

液压舵系统主要由综合放大器、液压舵机及反馈电路组成。其中综合放大器的作用是对输入信号 u_i 和反馈信号 u_f 进行比较,产生误差信号 Δu 并进行电压放大和功率放大,给电液伺服阀的力矩电机绕组输送差动电流 ΔI 。

液压舵机主要由电液伺服阀、作动筒以及反馈电位器组成(图 4.3.3)，是构成液压舵系统的核心部件，正确地建立其数学模型十分重要。同时要根据设计需要，对已建立的数学模型进行合理简化，以便抓住问题的本质，提高设计效率。

液压舵系统设计与电动舵系统设计过程相似，这里不再详细介绍，主要给出液压舵系统设计的一般要求：

(1) 应满足控制系统提出的最大舵偏角 $\delta_{\max}$ 和空载最大舵偏角速度 $\dot{\delta}_{\max}$ 的要求。

(2) 应能输出足够大的操纵力和操纵力矩，以适应外界负载的变化，并且在最大气动铰链力矩状态下，应具有一定的舵偏角速度对舵面的反操纵作用，应具有有效的制动能力，应具有足够的带宽，以满足弹上飞行控制系统的需要。体积小、质量轻、比功率大、成本低、可靠性高及方便维护。

除上述一般要求外，随着导弹自动驾驶仪的不同，以及导弹的战术技术指标不同，舵系统设计中应考虑问题的侧重面也不同。在具体液压系统设计中应针对导弹制导控制系统对舵系统的要求，重点考虑包括总体结构形式，采用的综合放大器、舵机、反馈装置以及舵面操纵机构等环节的参数选择与确定，以及环节间的信息交换关系等。

本节主要介绍了液压舵机与液压舵系统，并简单介绍了液压舵系统的设计。限于篇幅，与 4.2 节电动舵系统相比，本节没有涉及舵系统的详细设计过程。但总体来看，本节仍覆盖了液压舵系统涉及的主要环节，可为工程液压舵系统设计提供重要参考。

4.3.2　气动舵机

气动舵机与液压舵机工作原理相似，只是工作介质不同，由液体换成了气体。因此气压舵系统与液压舵系统也非常相似，本节只讲气动舵机，不再重复气动舵机系统及设计。

气动舵机原理图如图 4.3.4 所示。校正信号经放大器放大后，控制高压气体(液体)阀门，使高压气体(液体)推动作动装置，从而操纵舵面的运动。

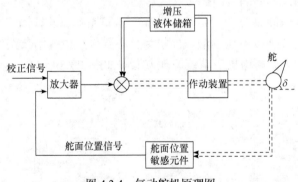

图 4.3.4　气动舵机原理图

气动舵机按其采用的放大器的类型不同，可以分为滑阀式放大器的气动舵机、射流管式放大器的气动舵机和喷嘴挡板式放大器的气动舵机三类。下面以应用最广的射流管式放大器的气动舵机为例，介绍气动舵机的工作原理。

1. 冷气式舵机

射流管式放大器的冷气式舵机结构原理图如图 4.3.5 所示。

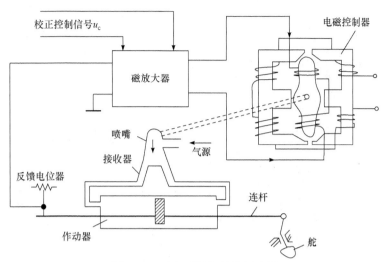

图 4.3.5　冷气式舵机结构原理图

它由电磁控制器、喷嘴、接收器、作动器、反馈电位器等组成。电磁控制器、喷嘴和接收器组成射流管放大器。电磁控制器是一个双臂的转动式极化电磁铁，它的山形铁心上绕有激磁线圈，由直流电压供电。

可转动的衔铁上绕有一对控制线圈，衔铁的轴与喷嘴固连，喷嘴随衔铁一起转动。接收器固定在作动器上，接收器的两个接收孔对着喷嘴，两个输出孔分别通过管路与作动器的两个腔相连。舵机的活塞杆一端连接舵轴，另一端与反馈电位器的电刷相连，控制信号与反馈电位器输出的电压都输入磁放大器中。当没有校正控制信号时，电磁控制器的衔铁位于两个磁极的中间，喷嘴的喷口遮盖两个接收孔的面积相同，经喷嘴进入作动器的两个腔内的气流量相同，活塞处于中间位置不动。有校正控制信号时，该信号经磁放大器放大加到控制绕组上，产生一个控制力矩，使电磁控制器的衔铁带动喷嘴偏转，偏转角度为 ξ，ξ 角与校正控制信号的强度成正比。喷嘴偏转 ξ 角后，进入作动器两个腔内的气流量不等，因而产生压力差，使舵机的活塞移动。活塞移动的方向由喷嘴偏转的方向决定，其移动的速度与喷嘴偏转角的大小有关。活塞移动时带动舵面偏转，从而产生操纵导弹飞行的控制力。活塞杆移动时带动反馈电位器的电刷，反馈电位器向磁放大器输送反馈电压，反馈电压的作用是改善执行装置的工作特性。

2. 燃气式舵机

1) 比例式燃气舵机

燃气式舵机的原理图如图 4.3.6 所示。

它主要由电气转换装置、气动放大器、传动装置、燃气发生器、磁放大器及反馈装置等几个部分组成。

电气转换装置包括活塞中的电磁线圈、喷嘴、挡板等，它的作用是将综合放大器输出的电信号转换成气压信号。

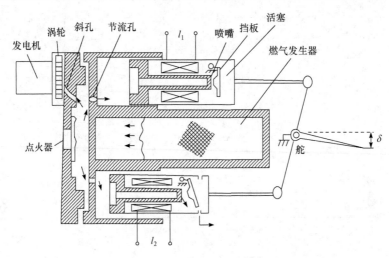

图 4.3.6　燃气式舵机原理图

气动放大器包括固定节流孔和喷嘴、挡板组成的可变节流孔。改变挡板与喷嘴之间的间隙，就可改变经过喷嘴的燃气量，从而改变作用在两个活塞上的压力。

传动装置由两个单向作用的作动筒、活塞、活塞杆、摇臂组成，活塞杆与摇臂相连，摇臂转动时带动舵面偏转。

燃气发生器的燃料在燃烧过程中向气动放大器输送高温高压的燃气。

综合放大器综合控制信号和反馈信号，然后将合成的信号送至活塞中的电磁线圈。

位置反馈和速度反馈装置分别产生与舵的角位移和角速度成比例的信号，并将它们输入综合放大器，从而改善执行装置的动态特性。

导弹发射后，点火装置点燃燃气发生器内的燃料，产生高温高压的燃气。燃气经过滤后，经气动分配腔、节流孔作用在两个活塞的底面上，再通过活塞铁心孔、喷嘴、挡板和铁心间的空隙以及活塞排气孔，排到大气中去。

控制信号经放大器放大后，输出控制电流 I_1、I_2，分别加到两个活塞铁心的线圈中使其产生对挡板的电磁吸力，此吸力与作用在挡板上的燃气推力平衡。

当没有校正控制信号时，两个挡板与喷嘴的间隙相同，从两个间隙中排出的燃气流量相等，这样两作动筒内的燃气压力相等，两个活塞处于平衡位置，舵面不转动。当有校正控制信号时，由于电磁力作用，两个挡板与喷嘴的间隙发生变化，间隙小的燃气流量减小，间隙大的燃气流量增大，这样，两个作动筒内的燃气压力一个上升一个下降，使两个活塞作用在摇臂上的力矩失去平衡，舵面就随摇臂转动。舵面逐渐发生偏转后，位置反馈装置输出的反馈信号增大，在位置反馈信号的作用下，输入电磁控制绕组的电流逐渐减小，作动筒内的压力就发生相应的变化，当两个作动筒内的燃气压力对舵的转动力矩与铰链力矩重新平衡时，舵面停止转动。

2) 脉冲调宽式燃气舵机

脉冲调宽式燃气舵机是一种继电式工作的系统，一般会通过引入一个线性化振荡信号，改变脉冲宽度，使脉冲宽度与控制信号大小成比例，变成等效线性系统。脉冲调宽式舵机需要一个脉宽调制信号发生器，产生脉冲调宽信号，送给舵机的动作装置。图 4.3.7 是脉冲调宽式燃气舵机的工作原理图。

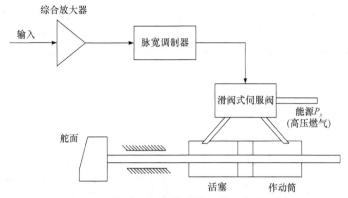

图 4.3.7　脉冲调宽式燃气舵机的工作原理图

脉宽调制器由电压脉冲变换器和功率放大器两部分组成。电压脉冲变换器包括正弦(或三角波)信号发生器及比较器。信号发生器产生正弦(或三角波)信号 u_2，同输入信号 u_1 相加后，输入比较器。

脉宽调制器的工作原理如下：当输入信号 $u_1 = 0$ 时，$u_1 + u_2 = u_2$，在一个周期 T_1 内，正弦信号正、负极性电压所占的时间相等，因此比较器输出一列幅值不变，正、负宽度相等的脉冲信号，操纵舵面从一个极限位置向另一个极限位置往复偏转，且在舵面两个极限位置停留时间相等，一个振荡周期内脉冲综合面积为零，平均控制力也为零，弹体响应的控制力是一个周期控制力的平均值，此时导弹进行无控飞行。

当输入信号 $u_1 \neq 0$ 时，正弦波 $(u_1 + u_2)$ 在一个周期 T_1 内，正弦信号正、负极性电压所占的时间比发生变化，因此比较器输出一列幅值不变，正、负宽度不同的脉冲信号，这种脉冲信号在一个周期内的脉冲综合面积，与输入信号 u_1 的大小成比例，其正负随输入信号的极性的不同而变化。此脉冲信号操纵舵面从一个极限位置向另一个极限位置往复偏转，但在舵面两个极限位置停留时间不相等，一个振荡周期内的平均控制力不为零。

图 4.3.8 是 $u_1 > 0$ 的情况，则比较器输出脉冲序列中，正脉冲较宽，负脉冲较窄，因而在一个周期内的综合面积大于零。由于输出脉冲幅值恒定，宽度随输入信号的大小和极性的不同而变化，这就是脉冲调宽原理。

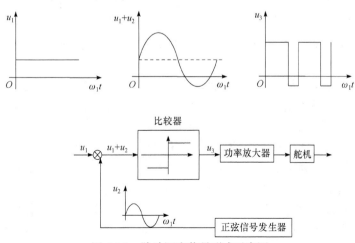

图 4.3.8　脉冲调宽信号形成示意图

由于脉冲的综合面积与输入信号的大小成正比，并与其极性相对应，这样就把继电特性线性化了。这一过程也叫振荡线性化。

下面以某典型滑阀式气动放大器的燃气舵机为例，说明燃气舵机的工作过程。该舵机主要由电磁铁、滑阀式气动放大器、活塞、作动筒、连杆舵面、开锁机构、燃气过滤器和燃气发生器等部件组成，如图4.3.9所示。

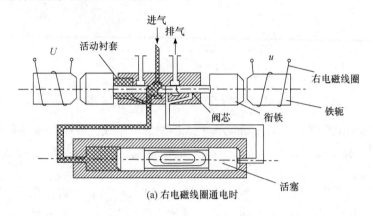

(a) 右电磁线圈通电时

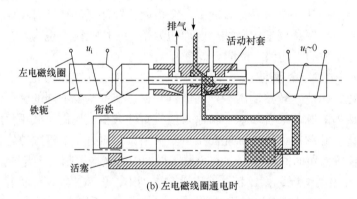

(b) 左电磁线圈通电时

图 4.3.9　典型滑阀式气动放大器的燃气舵机原理图

电磁铁和滑阀式气动放大器安装在阀座之中，由两个控制线圈、左右铁轭、阀芯、衔铁、阀套和反馈套等组成。由本体的气缸孔和气缸盖构成活塞与作动筒，由滤网、滤芯等构成燃气过滤器，通过本体将各部件、拨杆、舵轴和舵面装配在一起，组成滑阀式燃气舵机。

舵机靠燃气发生器的固体火药燃烧时产生的燃气工作。燃气通过过滤器沿管路进入分流滑阀阀芯，并沿本体上的管道进入活塞腔。当送入脉冲调宽信号时，电流依次进入两个电磁线圈。当电流通过右电磁线圈时，如图4.3.9(a)所示，带分流阀芯的衔铁被拉向该电磁铁线圈方向，使燃气进入气缸左腔的通道，在燃气压力作用下，活塞移动到右极限位置。

当活塞在气缸内移动时，相应地也使舵面偏转 δ 角。同时，燃气经过左侧固定节流孔进入靠近活动衬套的工作腔，燃气压力作用在活动衬套端面上，压力大小与活塞腔中的压力成正比。当阀芯从中间位置移动时，此燃气压力是以负反馈的方式作用在衔铁上的，力图使衔铁回到中立位置，但这个压力小于电磁线圈对衔铁的吸力，只要电流仍流过右电磁线圈，带衔铁的分流阀芯将保持在右边位置。

当电流通过左电磁线圈时，如图 4.3.9(b)所示，衔铁阀芯移向左边，并使燃气进入气缸右腔，同时燃气从右侧固定节流孔进入活动衬套的工作腔，同样形成燃气压力，作用在衔铁阀芯上回到中立位置。

当线圈内电流换向时，例如，左电磁线圈通电，右电磁线圈断电，此时，衔铁阀芯处在左极限位置。在换向瞬间，作用在衔铁阀芯上的燃气压力与线圈产生的电磁吸力同向，使阀芯从右极限位置加速往左边位置移动，此时，燃气压力作用在衔铁阀芯上的力成为正反馈，提高了换向动作的速度。

这里要特别指出的是，这个舵机系统的压力反馈是一种非线性(近似继电型)压力反馈。在阀芯从中立位置运动到极限位置过程中，由于燃气压力与电磁吸力方向相反，阀芯运动减速，此时燃气压力反馈属于负反馈；而在阀芯从极限位置向中立位置运动时，由于燃气压力与电磁吸力方向相同，阀芯运动加速，此时，燃气压力反馈属于正反馈。因此，在静态实现了电磁吸力与燃气压力反馈相平衡；在动态，即换向时刻，燃气压力起到快速动作的作用。因此非线性压力反馈相当于一个加速度的分段切换装置。当阀芯从左极限位置以最大加速度运动经过中立位置后，加速度减小至零或变到一定的负加速度，使之减速运动到右极限位置，然后又从右极限位置以最大加速度往左极限方向运动。作用在阀芯上的燃气压力与阀芯位移的关系，如图 4.3.10 所示。

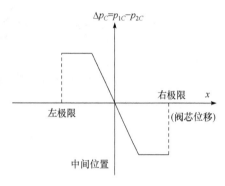

图 4.3.10 非线性压力反馈特性

4.4 推力矢量控制装置和直接力控制装置

4.4.1 推力矢量控制装置

推力矢量控制是一种利用改变发动机排出的气流方向来控制导弹飞行的方法。与空气动力控制装置相比，推力矢量控制装置的优点是：只要导弹处于推进阶段，即使在高空飞行和低速飞行段，它都能对导弹进行有效的控制，而且能获得很高的机动性能。推力矢量控制不依赖于大气的气动压力，但是当发动机燃烧停止后，它就不能操纵了。

下面举例说明推力矢量控制装置的工作原理。某型导弹采用改变续航发动机主推力矢量方向的方法来提供控制力，实现推力矢量控制，一种摆帽式推力矢量控制装置工作原理如图 4.4.1 所示。

推力矢量控制装置由燃气过滤器、燃气电磁开关阀、燃气作动筒和摆帽组件等部分组成。

为使结构简化，将续航发动机中一部分燃气过滤后作为舵机的气源。续航发动机燃烧室内的燃气是不干净的，夹杂有燃烧后的药渣和包覆层的碎渣等，而且温度很高，动能也很大，要想用它做舵机的气源，必须进行过滤、净化和降温，同时还要把燃气的动能尽量转化为舵机工作所需要的压力位能，即尽量使气流速度降低，把动压转化为静压，燃气过滤器就是用来完成这些任务的。

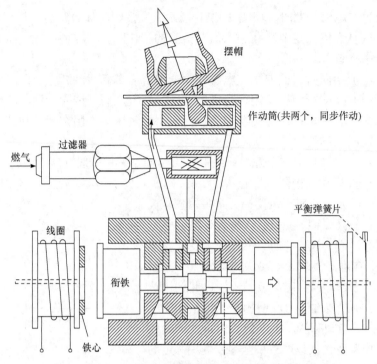

图 4.4.1　推力矢量控制装置工作原理图

　　燃气作动筒有两个，作动筒由气缸、活塞和壳体等组成。气缸的两端有两个腔，与进气流相通的为高压腔，与排气流相通的为低压腔，高低压腔是交替的。

　　燃气电磁开关阀只有开和关两种稳定的工作状态，不能稳定地停止在中间某一位置。燃气电磁开关阀的两个控制线圈通电流时产生磁场。当有电流通过某一控制线圈时，产生电磁力，阀芯在电磁力的作用下，从一个极限位置被吸到另一个极限位置。

　　燃气电磁开关阀同时是一个电-气能量转换装置。当右控制线圈通电时，阀芯右移到极限位置，左进气口被打开，排气口被关上，右排气口被打开，此时燃气经左进气口同时进入两个作动筒的左腔内,两个作动筒右腔的气体从右排气口排出(左为高压腔,右为低压腔)，这样就完成一次电-气能量转换。因此电磁开关阀将控制指令信号电流的正负交替变化转化成气流的开关交替变化，实现电-气能量转换。

　　摆帽组件由摆帽、摆杆和转轴组成。摆帽组件是使续航发动机的主气流偏摆的机构。摆帽套装在续航发动机喷管的端口，转轴固定在舵机壳体上，舵机固连在弹体上，摆杆与作动筒相连，活塞的移动可转化为摆帽的摆动，摆帽摆动时会使从续航发动机的喷管喷出的主燃气流也产生同步摆动，即使主推力矢量同步摆动，摆帽使主推力偏摆，从而产生控制力。

　　除了摆帽式推力矢量控制模式外，还有流体二次喷射、喷流偏转等模式。

1. 流体二次喷射

　　在这类系统中，流体通过吸管扩散段被注入发动机喷流。注入的流体在超声速的喷管气流中产生一个斜激波，引起压力分布不平衡，从而使气流偏斜。这一类主要有以下两种。

1) 液体二次喷射

高压液体喷入火箭发动机的扩散段，产生斜激波，从而引起喷流偏转。液体二次喷射推力矢量控制系统的主要特点是工作时所需的控制系统质量小、结构简单。因而在不需要很大喷流偏转角的场合，液体二次喷射具有很强的竞争力。

2) 热燃气二次喷射

在该推力矢量控制系统中，燃气直接取自发动机燃烧室或者燃气发生器，然后注入扩散段，由装在发动机喷管上的阀门实现控制，图 4.4.2 示出了其典型结构。

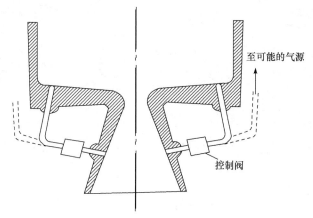

图 4.4.2　流体二次喷射的基本结构

2. 喷流偏转

在火箭发动机的喷流中设置障碍物的系统属于该类，主要有以下 5 种。

1) 燃气舵

燃气舵的基本结构是火箭发动机的喷管尾部对称地放置四个舵片。四个舵片的组合偏转可以产生要求的俯仰、偏航和滚转操纵力矩及侧向力。

燃气舵具有结构简单、致偏能力强、响应速度快的优点，但其在舵偏角为零时仍存在较大的推力损失。另外，由于燃气舵的工作环境比较恶劣，存在严重的冲刷烧蚀问题，不宜用于要求长时间工作的场合。图 4.4.3 示出了燃气舵的基本结构。

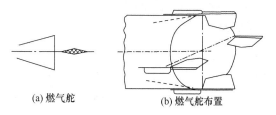

(a) 燃气舵　　　　　　　　(b) 燃气舵布置

图 4.4.3　燃气舵基本结构

2) 偏流环喷流偏转器

图 4.4.4 示出了偏流环喷流偏转器的基本结构。它基本上是发动机喷管的管状延长，可绕出口平面附近喷管轴线上的一点转动。偏流环偏转时扰动燃气，引起气流偏转。这个管状延伸件，或称偏流环，通常支撑在一个万向架上。伺服机构提供俯仰和偏航平面内的运动。

3) 轴向喷流偏转器

图 4.4.5 为轴向喷流偏转器的基本结构。在欠膨胀喷管的周围安置 4 个偏流叶片，叶片可沿轴向运动以插入或退出发动机尾喷流，形成激波而使喷流偏转。叶片受线性作动筒控制，靠滚球导轨支持在外套筒上。该方法最大可以获得 7° 的偏转角。

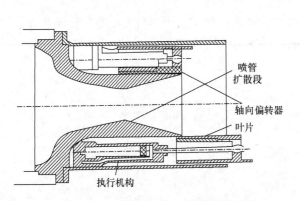

图 4.4.4　偏流环喷流偏转器的基本结构　　　　　图 4.4.5　轴向喷流偏转器的基本结构

4) 臂式扰流片

图 4.4.6 为典型的臂式扰流片系统的基本结构。在火箭发动机喷管出口平面上设置 4 个叶片，工作时可阻塞部分出口面积，最大偏转可达 20°。该系统可以应用于任何正常的发动机喷管，只有在桨叶插入时才产生推力损失，而且基本是线性的，喷流每偏转 1°，大约损失 1% 的推力。这种系统体积小、质量轻，只需要较小的伺服机构，对近距战术导弹是很有吸引力的。对于燃烧时间较长的导弹，由于高温高速的尾喷流会对扰流片造成烧蚀，使用这种系统是不合适的。

5) 导流罩式致偏器

图 4.4.7 所示的导流罩式致偏器基本上就是一个带圆孔的半球形拱帽，圆孔大小与喷管出口直径相等且位于喷管的出口平面上。拱帽可绕喷管轴线上的某一点转动，该点通常位于喉部上游。这种装置的功能和扰流片类似。当致偏器切入燃气流时，超声速气流形成主激波，从而引起喷流偏斜。与扰流片相比，能显著地减少推力损失。对于导流罩式致偏器，喷流偏角和轴向推力损失大体与喷口遮盖面积成正比。一般来说，喷口每遮盖 1%，将会产生 0.52° 的喷流偏转和 0.26% 的轴向推力损失。

　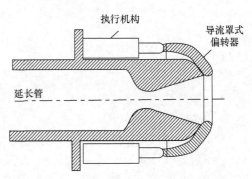

图 4.4.6　臂式扰流片系统的基本结构　　　　　图 4.4.7　导流罩式偏转器的基本结构

前面介绍了推力矢量操纵机构的主要实现方式，关于推力矢量控制如何在控制系统设计中应用将在后续章节中介绍。

4.4.2　直接力控制装置

直接力控制又称为直接侧向力控制或侧向喷流控制，直接力控制装置或直接侧向力控制装置是一种利用特殊的火箭发动机安装在垂直于导弹轴向的方向上，火箭发动机直接喷射燃气流，以燃气流的反作用力作为控制力，从而直接或间接改变导弹弹道的控制装置，有时也称为侧向喷流装置。

1. 直接力控制装置的操纵方式与配置方案

依据操纵原理的不同，直接力控制可分为力矩操纵方式和力操纵方式，分别如图 4.4.8 所示。

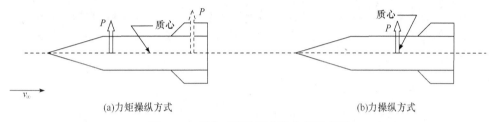

(a)力矩操纵方式　　　　　　　　　　　　(b)力操纵方式

图 4.4.8　侧向喷流装置安装位置示意图

因为两种操纵方式不同，在导弹上的安装位置不同，提高导弹控制力的动态响应速度的原理也不同。力操纵方式即直接力操纵方式，要求侧向喷流装置不产生力矩或产生的力矩足够小。为了产生要求的直接力控制量，通常要求侧向喷流装置具有较大的推力，希望将其放在重心位置或离重心较近的地方。因为力操纵方式中的控制力不是通过气动力产生的，所以控制力的动态滞后被大幅度地减小了。

为了利用侧向喷流装置实现力矩操纵和力操纵，直接力控制装置在导弹上的配置方案主要有三种：偏离质心配置方式(图 4.4.9)、质心配置方式(图 4.4.10)和前后配置方式(图 4.4.11)。

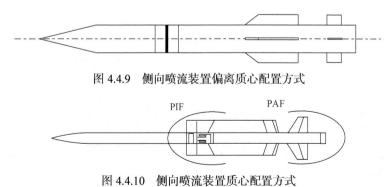

图 4.4.9　侧向喷流装置偏离质心配置方式

PIF　　　　　　PAF

图 4.4.10　侧向喷流装置质心配置方式

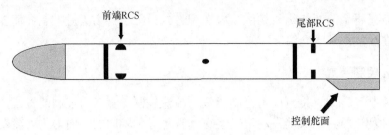

图 4.4.11　侧向喷流装置前后配置方式

偏离质心配置方式是将一套侧向喷流装置安放在偏离导弹质心的地方。它实现了导弹的力矩操纵方式。

质心配置方式是将一套侧向喷流装置安放在导弹的质心或接近质心的地方。它实现了导弹的力操纵方式。

前后配置方式是将两套侧向喷流装置分别安放在导弹的头部和尾部。前后配置方式在工程使用上具有最大的灵活性。当前后喷流装置同向工作时，可以进行直接力操纵；当前后喷流装置反向工作时，可以进行力矩操纵。该方案的主要缺陷是喷流装置复杂，结构重量大一些。

2. 直接力控制装置的工作模式

直接力控制装置通常由快速响应的小型火箭发动机组成，质心配置方式一般用于导弹的(轨)弹道控制，称为轨控发动机，通常呈十字形配置在导弹的质心位置，如图 4.4.12(a)所示，这 4 个小发动机依据数字处理机的指令点火，使武器能够进行上下和左右的机动。

偏离质心配置方式一般用于姿控系统，称为姿控发动机，通常由多个更小的快速响应火箭发动机组成，如图 4.4.12(b)所示。这些小发动机根据弹载计算机的指令点火，用以调整武器的俯仰、偏航和滚动运动，并保持武器的姿态稳定。

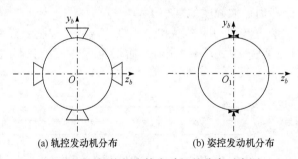

(a) 轨控发动机分布　　　　(b) 姿控发动机分布

图 4.4.12　轨控与姿控发动机的分布示意图

不论是轨控发动机还是姿控发动机，改变发动机输出推力的实现方式，也称为发动机的工作模式，主要有两种：

(1) 通过改变燃气的质量流量实现；

(2) 通过改变燃气在两个相反方向喷射的切换来实现，这种反向切换又有极限开关模式和脉宽调制(PWM)模式两种。

极限开关模式控制简单，但是存在着响应的滞后，只有在给定控制力大于某一个具体数值之后，阀门才会开或关；脉宽调制模式是在一个脉动周期内，通过改变阀门开或关位置上的停留时间来改变流经阀门的气体流量，从而达到改变总推力的效果。

对于极限开关模式，可以在制导指令的作用下直接控制姿控、轨控发动机的开关，如图 4.4.13 和图 4.4.14 所示，采用比例导引的导弹，根据导引头输出的视线角速度来形成制导指令，进而控制发动机以正负交替方式或继电器方式开关，输出直接力修正导弹的弹道。

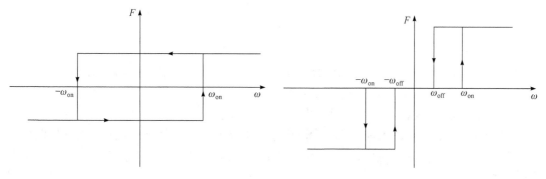

图 4.4.13 姿控、轨控发动机的交替工作模式   图 4.4.14 姿控、轨控发动机的继电工作模式

对于脉宽调制模式，一种方法是使用冲量等效的原则计算发动机的开机时刻和关机时刻，保证在一个制导周期内发动机的推力冲量最接近或者等于指令在一个周期的冲量，这样描述的发动机工作方式分为全开工作模式、梯形脉冲工作模式、三角形脉冲工作模式和小推力工作模式(分别对应图 4.4.15(a)～(d))。

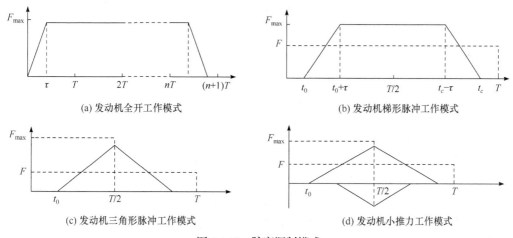

(a) 发动机全开工作模式   (b) 发动机梯形脉冲工作模式

(c) 发动机三角形脉冲工作模式   (d) 发动机小推力工作模式

图 4.4.15 脉宽调制模式

这种发动机控制模式针对要修正的视线角速度大小，采用分段函数来逼近连续时间的制导指令。

另一种方法是采用脉宽调制变推力的方式来离散连续的制导指令。通过使用脉宽频率(Pulse-Width Pulse-Frequency，PWPF)调节器对常值推力发动机的工作状态进行调制，构造出常规导引律所要求的"数字变推力"，如图 4.4.16 所示。

下面给出这种脉宽调制方式输出力的特点。

PWPF 调节器的整个工作过程可以总结为：假设初始时刻 $u(t)=0$，发动机关机，即 $y(t)=0$。当输入的指令 $u_c(t) > U_{on} > y$ 时，系统误差 $e(t) > 0$，$u(t)$ 在惯性环节的作用下逐

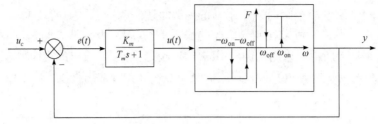

图 4.4.16　PWPF 调节器

渐增大，直到满足 $u(t) > U_{on}$ ，即达到开机条件，发动机开机；此后发动机输出为 $y(t) = U_m$ ，输入指令 $U_{off} < u_c(t) < y$ ，系统误差 $e(t) < 0$ ， $u(t)$ 在惯性环节的作用下逐渐减小，直到满足 $u(t) < U_{off}$ ，即达到关机条件，发动机关机，至此完成一个脉冲的输出。

　　设计中，需综合考虑 PWPF 调节器的线性工作区要求及脱靶量、燃料消耗量等制导系统的性能指标，经过适当的优化来设计调节器，以使发动机的开关机频率降低到一个合理的范围内。

　　另外，脉宽调制技术结构简单，易于实现，技术比较成熟，是一种目前工程上可以实现的姿控、轨控发动机控制模式。

　　工程上很难精确获取直接力控制装置的特性。导弹飞行在高空或稀薄大气条件下，直接力控制装置特性相对简单，这种方法不会带来多大的问题；而在低空或稠密大气条件下，直接力控制装置特性将十分复杂，并且会与弹体和气动舵面产生的气动力严重耦合、相互影响，设计导弹控制系统时需要考虑直接力控制特性、建模误差和作用机理，以及和气动控制的严重耦合，以提高设计的导弹控制系统的性能。

思 考 题

1. 舵系统有哪些分类方式？按照各个方式可以分为哪些类？
2. 舵系统的技术评价指标主要包括哪些？
3. 直接控制式电动舵机与间接控制式电动舵机的区别是什么？
4. 舵机的工作原理是什么？
5. 舵机包含哪些种类？各自有什么特点？
6. 矢量控制模式有哪些？请简述各个模式的工作原理。
7. 直接力控制装置有几种工作模式？请简述其工作原理。

第 5 章　经典导引方法与导引弹道

5.1　导引飞行与导引方法

习惯上将制导系统分为导引系统和控制系统两部分。一般导弹的控制系统都在弹上，工作原理也大体相同，而导引系统的设备可能全部放在弹上，也可能放在制导站上，或导引系统的主要设备放在制导站上。

根据导引系统的工作是否需要导弹以外的任何信息，制导系统可分为自主制导与非自主制导两大类。

自主制导包括方案制导与惯性制导等；非自主制导包括自动导引(自寻的制导)、遥控制导、天文制导与地图匹配制导等。为提高制导性能，将几种制导方式组合起来使用，称为复合制导系统。

相对于其他类型的制导系统，自主制导、自寻的(自动寻的)制导和遥控(遥远控制)制导的应用更为广泛，因此，也将自主制导、自寻的制导和遥控制导称为导弹制导系统的三种基本类型。

自主制导系统的工作不需要导弹以外的任何信息，导弹可以自主形成导引指令，但一般情况下导引指令比较简单，导引弹道更简单。

自寻的制导是由导引头(弹上敏感器)感受目标辐射或反射的能量，自动形成导引指令，控制导弹按照导引弹道飞向目标。其特点是机动灵活，击中目标的精度较高，但形成导引指令的方法较为复杂，导引弹道也较为复杂。

遥控制导是指由制导站测量、计算导弹-目标运动参数，形成导引指令，并通过某种介质传送给导弹，导弹接收指令后，通过弹上控制系统的作用控制导弹飞向目标。遥控制导的导引指令是在制导站上生成的，一般由一个导引指令形成装置来产生导引指令，然后通过特定的装置采用某种介质传送给导弹，导弹上安装有接收指令和执行指令的装置。因此，遥控制导的导引指令生成比较复杂，还必须配置导引指令传送装置，因此导引弹道也很复杂。

按制导系统工作方式的不同，导弹的飞行弹道分为方案弹道和导引弹道。与自主控制对应的方案弹道本章不作讨论，重点讨论导引方法和导引弹道。

5.1.1　导引方法

导引方法是指导弹制导系统根据得到的导弹和目标的运动信息，按照一定的规律形成导引指令的方法，"一定的规律"则称为导引律。导引弹道则是以某种导引方法将导弹导向目标的导弹质心运动轨迹。空-空导弹、地-空导弹、空-地导弹的弹道以及巡航导弹的末段弹道都是导引弹道。导引弹道的制导系统有自寻的导引弹道和遥控导引弹道两种类型，也有两种兼用的，称为复合导引弹道。

1. 导引方法的分类

根据导弹和目标的相对运动关系，导引方法可分为以下几种：

(1) 按导弹速度矢量与目标视线(又称视线，即导弹-目标连线)的相对位置分为追踪法(导弹速度矢量与视线重合，即导弹速度方向始终指向目标)和常值前置角法(导弹速度矢量超前视线一个常值角度)。

(2) 按目标视线在空间的变化规律分为平行接近法(目标视线在空间平行移动)和比例导引法(导弹速度矢量的转动角速度与目标视线的转动角速度成比例)。

(3) 按导弹纵轴与目标视线的相对位置分为直接法(两者重合)和常值方位角法(纵轴超前一个常值角度)。

(4) 按制导站-导弹连线和制导站-目标连线的相对位置分为三点法(两连线重合)和前置量法(又称角度法或矫直法，制导站-导弹连线超前制导站-目标连线一个角度)。

2. 导引弹道的研究方法

导引弹道的特性主要取决于导引方法和目标运动特性。对应某种确定的导引方法，导引弹道的主要参数包括需用过载、导弹飞行速度、飞行时间、射程和脱靶量等，这些参数将直接影响命中精度。

在导弹和制导系统初步设计阶段，为研究方便起见，通常采用运动学分析方法研究导引弹道。导引弹道的运动学分析基于以下假设：

(1) 将导弹、目标和制导站视为质点。

(2) 制导、控制系统理想工作。

(3) 导弹速度(大小)是已知函数。

(4) 目标和制导站的运动规律是已知的。

(5) 导弹、目标和制导站始终在同一个平面内运动，该平面称为攻击平面，它可能是水平面、铅垂平面或倾斜平面。

3. 导弹-目标相对运动方程

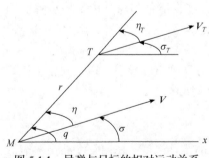

图 5.1.1　导弹与目标的相对运动关系

建立导弹-目标相对运动方程时，常采用极坐标形式来表示导弹和目标的相对运动关系，如图 5.1.1 所示。

r 表示导弹(Missile)与目标(Target)之间的相对距离，当导弹命中目标时，$r=0$。导弹和目标的连线 $\overline{MT}$ 称为目标瞄准线，简称目标视线或视线。

q 表示目标视线与攻击平面内某一基准线 $\overline{Mx}$ 之间的夹角，称为目标视线方位角(简称视线角)，从基准线逆时针转向目标视线为正。

σ、σ_T 分别表示导弹速度矢量、目标速度矢量与基准线之间的夹角，从基准线逆时针转向速度矢量为正。当攻击平面为铅垂平面时，σ 就是第 2 章的弹道倾角 θ，即导弹速度矢量与水平面之间的夹角；当攻击平面是水平面时，σ 就是第 2 章的弹道偏角 ψ_V，即导弹速度矢量在水平面的投影与地面系 Ox 轴之间的夹角。

η、η_T 分别表示导弹速度矢量、目标速度矢量与目标视线之间的夹角，称为导弹前置角和目标前置角。速度矢量逆时针转到目标视线时，前置角为正。

由图 5.1.1 可见，导弹速度矢量 V 在目标视线上的分量为 $V\cos\eta$，是指向目标的，它使相对距离 r 缩短；而目标速度矢量 V_T 在目标视线上的分量为 $V_T\cos\eta_T$，它使 r 增大。$\mathrm{d}r/\mathrm{d}t$ 为导弹到目标的距离变化率。显然，相对距离 r 的变化率 $\mathrm{d}r/\mathrm{d}t$ 等于目标速度矢量和导弹速度矢量在目标视线上分量的代数和，即

$$\frac{\mathrm{d}r}{\mathrm{d}t} = V_T\cos\eta_T - V\cos\eta$$

$\mathrm{d}q/\mathrm{d}t$ 表示目标视线的旋转角速度。显然，导弹速度矢量 V 在垂直于目标视线方向上的分量为 $V\sin\eta$，使目标视线逆时针旋转，q 角增大；而目标速度矢量 V_T 在垂直于目标视线方向上的分量为 $V_T\sin\eta_T$，使目标顺时针旋转，q 角减小。由理论力学知识可知，目标视线的旋转角速度 $\mathrm{d}q/\mathrm{d}t$ 等于导弹速度矢量和目标速度矢量在垂直于目标视线方向上分量的代数和除以相对距离 r，即

$$\frac{\mathrm{d}q}{\mathrm{d}t} = \frac{1}{r}(V\sin\eta - V_T\sin\eta_T)$$

再考虑图 5.5.1 所示的几何关系，可以列出自寻的制导系统的导弹-目标相对运动方程组为

$$\begin{cases} \dfrac{\mathrm{d}r}{\mathrm{d}t} = V_T\cos\eta_T - V\cos\eta \\[2mm] r\dfrac{\mathrm{d}q}{\mathrm{d}t} = V\sin\eta - V_T\sin\eta_T \\[2mm] q = \sigma + \eta \\[1mm] q = \sigma_T + \eta_T \\[1mm] \varepsilon = 0 \end{cases} \tag{5.1.1}$$

方程组(5.1.1)中包含 8 个参数：r、q、V、η、σ、V_T、η_T、σ_T。$\varepsilon = 0$ 是导引关系式，与导引方法有关，它反映出各种不同导引弹道的特点。本节研究的重点是如何确定 $\varepsilon = 0$ 这个导引关系式。

5.1.2　导引弹道

分析相对运动方程组(5.1.1)可以看出，导弹相对目标的运动特性由以下 3 个因素决定：

(1) 目标的运动特性，如飞行高度、速度及机动性能。

(2) 导弹飞行速度的变化规律。

(3) 导弹所采用的导引方法。

在导弹研制过程中，由于不能预先确定目标的运动特性，一般只能根据所要攻击的目标，在其性能范围内选择若干条典型航迹。例如，等速直线飞行或等速盘旋等。只要典型航迹选得合适，目标的运动特性大致可以估算出来。这样，在研究导弹的导引特性时，可以认为目标运动的特性是已知的。

导弹的飞行速度大小取决于发动机特性、结构参数和气动外形，需求解包括动力学方

程在内的导弹运动方程组。当需要简便地确定航迹特性以便选择导引方法时，一般采用比较简单的运动学方程。可以用近似计算方法，预先求出导弹速度的变化规律。因此，在研究导弹的相对运动特性时，速度可以作为时间的已知函数。这样，相对运动方程组中就可以不考虑动力学方程，而仅需单独求解相对运动方程组(5.1.1)。显然，该方程组与作用在导弹上的力无关，称为运动学方程组。单独求解该方程组所得的轨迹，称为运动学弹道。

导引弹道的求解可以采用数值积分法、解析法或图解法求解相对运动方程组(5.1.1)。数值积分法的优点是可以获得运动参数随时间变化的函数，求得任何飞行情况下的轨迹。它的局限性在于，只能是给定一组初始条件得到相应的一组特解，而得不到包含任意待定常数的一般解。高速计算机的出现，使数值解可以得到较高的计算精度，而且大大提高了计算效率。

解析法即用解析式表达的方法。满足一定初始条件的解析解，只有在特定条件下才能得到，其中最基本的假设是，导弹和目标在同一平面内运动，目标等速直线飞行，导弹的速度大小是已知的。这种解法可以提供导引方法的某些一般性能。

采用图解法可以得到任意飞行情况下的轨迹，图解法比较简单直观，但是精度不高。作图时，比例尺选得大些，细心些，就能得到较为满意的结果。图解法也是在目标运动特性和导弹速度大小已知的条件下进行的，它所得到的轨迹是给定初始条件 (r_0, q_0) 下的运动学弹道。例如，三点法导引弹道(图 5.1.2)的作图步骤如下。

首先取适当的时间间隔，把各瞬时目标的位置 0′,1′,2′,3′,⋯ 标注出来，然后作目标各瞬时位置与制导站的连线。按三点法的导引关系，制导系统应使导弹时刻处于制导站与目标的连线上。在初始时刻，导弹处于 0 点。经过 Δt 时间后，导弹飞经的距离为 $\overline{01} = V(t_0)\Delta t$，点 1 又必须在 $\overline{01'}$ 线段上，按照这两个条件确定点 1 的位置。类似地确定对应时刻导弹的位置 2,3,⋯。最后用光滑曲线连接 0,1,2,3,⋯各点，就得到三点法导引时的运动学弹道。导弹飞行速度的方向就是沿着轨迹各点的切线方向。

图 5.1.2 所示的弹道是导弹相对地面坐标系的运动轨迹，称为绝对弹道，而导弹相对于目标的运动轨迹，则称为相对弹道。或者说，相对弹道就是观察者在活动目标上所能看到的导弹运动轨迹。

相对弹道也可以用图解法作出。图 5.1.3 所示为目标等速直线飞行，按追踪法导引时的相对弹道。作图时，假设目标固定不动，按追踪法的导引关系，导弹速度矢量 V 应始终指

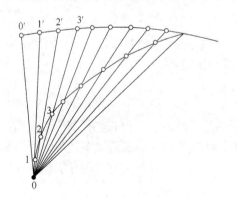

图 5.1.2　三点法导引弹道

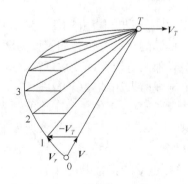

图 5.1.3　追踪法相对弹道

向目标。首先求出起始点 (r_0, q_0) 上导弹的相对速度 $V_r = V - V_T$，这样可以得到第一秒时导弹相对目标的位置 1。然后，依次确定瞬时导弹相对目标的位置 2,3,…。最后，光滑连接 0,1,2,3,… 各点，就得到追踪法导引时的相对弹道。显然，导弹相对速度的方向就是相对弹道的切线方向。

由图 5.1.3 看出，按追踪法导引时，导弹的相对速度总是落后于目标视线，而且总要绕到目标正后方去攻击，因而它的轨迹比较弯曲，要求导弹具有较高的机动性，不能实现全向攻击。

5.2　自寻的导引方法

5.2.1　追踪法

追踪法是指导弹在攻击目标的导引过程中，导弹的速度矢量始终指向目标的一种导引方法。这种方法要求导弹速度矢量的前置角 η 始终等于零。因此，追踪法导引关系式为 $\varepsilon = \eta = 0$。

1. 弹道方程

追踪法导引时，导弹与目标之间的相对运动由方程组(5.1.1)可得

$$\begin{cases} \dfrac{\mathrm{d}r}{\mathrm{d}t} = V_T \cos\eta_T - V \\ r\dfrac{\mathrm{d}q}{\mathrm{d}t} = -V_T \sin\eta_T \\ q = \sigma_T + \eta_T \end{cases} \tag{5.2.1}$$

若 V、V_T 和 σ_T 为已知的时间函数，则方程组(5.2.1)还包含 3 个未知参数：r、q 和 η_T。给出初始值 r_0、q_0 和 η_T，用数值积分法可以得到相应的特解。为了得到解析解，以便了解追踪法的一般特性，必须作以下假定：目标做等速直线运动，导弹做等速运动。

取基准线 $\overline{Ax}$ 平行于目标的运动轨迹，这时，$\sigma_T = 0$，$q = \eta_T$（由图 5.2.1 看出），则方程组(5.2.1)可改写为

$$\begin{cases} \dfrac{\mathrm{d}r}{\mathrm{d}t} = V_T \cos q - V \\ r\dfrac{\mathrm{d}q}{\mathrm{d}t} = -V_T \sin q \end{cases} \tag{5.2.2}$$

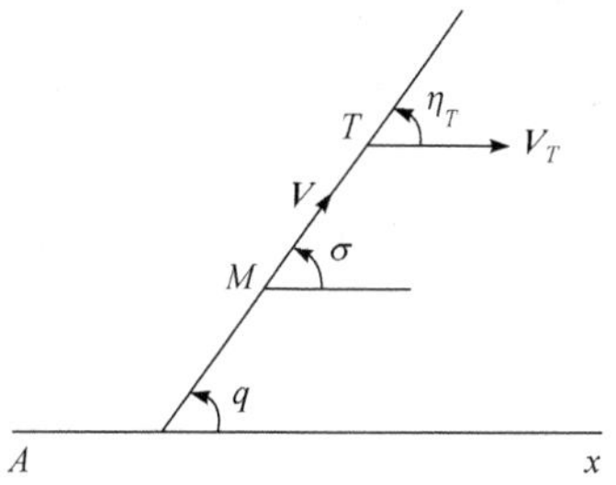

图 5.2.1　追踪法导引时导弹与目标的相对运动

由方程组(5.2.2)可以求出相对弹道方程 $r = f(q)$。
用方程组(5.2.2)的第 1 式除以第 2 式得

$$\frac{\mathrm{d}r}{r} = \frac{V_T \cos q - V}{-V_T \sin q}\mathrm{d}q \tag{5.2.3}$$

令 $p = V/V_T$，称为速度比。因假设导弹和目标做等速运动，所以 p 为一常值。于是有

$$\frac{\mathrm{d}r}{r} = \frac{-\cos q + p}{\sin q}\mathrm{d}q \tag{5.2.4}$$

积分得

$$r = r_0\frac{\tan^p\dfrac{q}{2}\sin q_0}{\tan^p\dfrac{q_0}{2}\sin q} \tag{5.2.5}$$

令

$$c = r_0\frac{\sin q_0}{\tan^p\dfrac{q_0}{2}} \tag{5.2.6}$$

式中，(r_0, q_0) 为开始导引瞬时导弹相对目标的位置。

最后得到以目标为原点的极坐标形式的导弹相对弹道方程为

$$r = c\frac{\tan^p\dfrac{q}{2}}{\sin q} = c\frac{\sin^{p-1}\dfrac{q}{2}}{2\cos^{p+1}\dfrac{q}{2}} \tag{5.2.7}$$

由式(5.2.7)即可画出追踪法导引的相对弹道(又称追踪曲线)。步骤如下：

(1) 求命中目标时的 q_f 值。命中目标时 $r_f = 0$，当 $p > 1$ 时，由式(5.2.7)得到 $q_f = 0$；

(2) 在 q_0 到 q_f 之间取一系列 q 值，由目标所在位置(T 点)相应引出射线；

(3) 将一系列 q 值分别代入式(5.2.7)中，可以求得相对应的 r 值，并在射线上截取相应线段长度，则可求得导弹的对应位置；

(4) 逐点描绘即可得到导弹的相对弹道。

2. 直接命中目标的条件

从方程组(5.2.2)的第 2 式可以看出：q 和 $\dot{q}$ 的符号总是相反的。这表明不管导弹开始追踪时的 q_0 为何值，导弹在整个导引过程中 $|q|$ 是不断减小的，即导弹总是绕到目标的正后方去命中目标。因此，$q \to 0$。

由式(5.2.7)可以得到：

(1) 若 $p > 1$，且 $q \to 0$，则 $r \to 0$；

(2) 若 $p = 1$，且 $q \to 0$，则 $r \to r_0\dfrac{\sin q_0}{2\tan\dfrac{q_0}{2}}$；

(3) 若 $p < 1$，且 $q \to 0$，则 $r \to \infty$。

显然，只有导弹的速度大于目标的速度才有可能直接命中目标；若导弹的速度等于或小于目标的速度，则导弹与目标最终将保持一定的距离或距离越来越远而不能直接命中目标。由此可见，导弹直接命中目标的必要条件是导弹的速度大于目标的速度(即 $p > 1$)。

3. 导弹命中目标需要的飞行时间

导弹命中目标所需的飞行时间直接关系到控制系统及弹体参数的选择，它是导弹武器系统设计的必要数据。

方程组(5.2.2)中的第 1 式和第 2 式分别乘以 $\cos q$ 和 $\sin q$ ，然后相减，经整理得

$$\frac{\mathrm{d}r}{\mathrm{d}t}\cos q - \frac{\mathrm{d}q}{\mathrm{d}t}r\sin q = V_T - V\cos q \tag{5.2.8}$$

方程组(5.2.2)中的第 1 式可改写为

$$\cos q = \left(\frac{\mathrm{d}r}{\mathrm{d}t} + V\right)\Big/ V_T$$

将其代入式(5.2.8)中，整理后得

$$\frac{\mathrm{d}r}{\mathrm{d}t}(p + \cos q) - \frac{\mathrm{d}q}{\mathrm{d}t}r\sin q = V_T - pV$$

将其写成全微分形式：

$$\mathrm{d}[r(p + \cos q)] = (V_T - pV)\mathrm{d}t$$

积分得

$$t = \frac{r_0(p + \cos q_0) - r(p + \cos q)}{pV - V_T} \tag{5.2.9}$$

将命中目标的条件(即 $r \to 0$ ， $q \to 0$)代入式(5.2.9)中，可得导弹从开始追踪至命中目标所需的飞行时间为

$$t_f = \frac{r_0(p + \cos q_0)}{pV - V_T} = \frac{r_0(p + \cos q_0)}{(V - V_T)(1 + p)} \tag{5.2.10}$$

由式(5.2.10)可以看出：

当迎面攻击 $(q_0 = \pi)$时， $t_f = \dfrac{r_0}{V + V_T}$ ；

当尾追攻击 $(q_0 = 0)$时， $t_f = \dfrac{r_0}{V - V_T}$ ；

当侧面攻击 $\left(q_0 = \dfrac{\pi}{2}\right)$时， $t_f = \dfrac{r_0 p}{(V - V_T)(1 + p)}$ 。

因此，在 r_0 、 V 和 V_T 相同的条件下， q_0 在 0～π 范围内，随着 q_0 的增加，命中目标所需的飞行时间将缩短。当迎面攻击($q_0 = \pi$)时，所需飞行时间最短。

4. 导弹的法向过载

导弹的过载特性是评定导引方法优劣的重要标志之一。过载的大小直接影响制导系统的工作条件和导引误差，也是计算导弹弹体结构强度的重要条件。沿导引弹道飞行的需用法向过载必须小于可用法向过载，否则，导弹的飞行将脱离追踪曲线并按照可用法向过载所决定的弹道曲线飞行，在这种情况下，直接命中目标是不可能的。

这里法向过载定义(与第 2 章中过载的定义不同)为作用在导弹上所有外力(包括重力)的

合力与导弹重力的比值，也就是法向加速度与重力加速度(大小)之比，即

$$n = \frac{a_{\mathrm{n}}}{g} \tag{5.2.11}$$

式中，a_{n} 为作用在导弹上所有外力(包括重力)的合力所产生的法向加速度。

追踪法导引导弹的法向加速度为

$$a_{\mathrm{n}} = V \frac{\mathrm{d}\sigma}{\mathrm{d}t} = V \frac{\mathrm{d}q}{\mathrm{d}t} = -\frac{VV_T \sin q}{r} \tag{5.2.12}$$

将式(5.2.5)代入式(5.2.12)得

$$a_{\mathrm{n}} = -\frac{VV_T \sin q}{r_0 \dfrac{\tan^p \dfrac{q}{2} \sin q_0}{\tan^p \dfrac{q_0}{2} \sin q}} = -\frac{VV_T \tan^p \dfrac{q_0}{2}}{r_0 \sin q_0} \frac{4\cos^p \dfrac{q}{2} \sin^2 \dfrac{q}{2} \cos^2 \dfrac{q}{2}}{\sin^p \dfrac{q}{2}} \tag{5.2.13}$$

$$= -\frac{4VV_T}{r_0} \frac{\tan^p \dfrac{q_0}{2}}{\sin q_0} \cos^{p+2} \frac{q}{2} \sin^{2-p} \frac{q}{2}$$

将式(5.2.13)代入式(5.2.11)中，且法向过载只考虑其绝对值，则过载可表示为

$$n = \frac{4VV_T}{gr_0} \left| \frac{\tan^p \dfrac{q_0}{2}}{\sin q_0} \cos^{p+2} \frac{q}{2} \sin^{2-p} \frac{q}{2} \right| \tag{5.2.14}$$

导弹命中目标时，$q \to 0$，由式(5.2.14)可以看出：

当 $p > 2$ 时，$\lim\limits_{q \to 0} n = \infty$；

当 $p = 2$ 时，$\lim\limits_{q \to 0} n = \frac{4VV_T}{gr_0} \left| \dfrac{\tan^p \dfrac{q}{2}}{\sin q_0} \right|$；

当 $p < 2$ 时，$\lim\limits_{q \to 0} n = 0$。

由此可见，对于追踪法导引，考虑到命中点的法向过载，只有当速度比满足 $1 < p \leqslant 2$ 时，导弹才有可能直接命中目标。

5. 允许攻击区

允许攻击区是指导弹在此区域内按追踪法导引飞行，其飞行弹道上的需用法向过载均不超过可用法向过载。

由式(5.2.12)得

$$r = -\frac{VV_T \sin q}{a_{\mathrm{n}}}$$

将式(5.2.11)代入上式，如果只考虑其绝对值，则上式可改写为

$$r = \frac{V V_T}{g n} |\sin q| \qquad (5.2.15)$$

在 V、V_T 和 n 给定的条件下，在由 r、q 所组成的极坐标系中，式(5.2.15)是一个圆的方程，即追踪曲线上过载相同点的连线(简称等过载曲线)是一个圆。圆心为$(V V_T / (2 g n), \pm \pi/2)$，圆的半径等于 $V V_T / (2 g n)$。当 V、V_T 一定时，给出不同的 n 值，就可以绘出圆心在 $q = \pm \pi/2$、半径大小不同的圆簇，且 n 越大，等过载圆半径越小。这簇圆正通过目标，与目标的速度相切，见图 5.2.2。

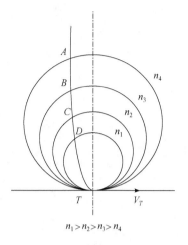

$$n_1 > n_2 > n_3 > n_4$$

图 5.2.2　等过载圆簇

假设可用法向过载为 n_p，相应地有一等过载圆。现在要确定追踪法导引起始时刻导弹-目标相对距离 r_0 为某一给定值的允许攻击区。

设导弹的初始位置分别为 M_{01}、M_{02}、M_{03} 点。各自对应的追踪曲线为 1、2、3(图 5.2.3)。追踪曲线 1 不与 n_p 决定的圆相交，因而追踪曲线 1 上任意一点的法向过载 $n < n_p$；追踪曲线 3 与 n_p 确定的圆相交，因而追踪曲线 3 上有一段的法向过载 $n > n_p$，显然，导弹从 M_{03} 点开始追踪导引是不允许的，因为它不能直接命中目标；追踪曲线 2 与 n_p 决定的圆正好相切，切点 E 的过载最大，且 $n = n_p$，追踪曲线 2 上任意一点均满足 $n \leqslant n_p$。因此，M_{02} 点是追踪法导引的极限初始位置，它由 r_0、q_0^* 确定。于是 r_0 值给定时，允许攻击区必须满足：

$$|q_0| \leqslant |q_0^*|$$

(r_0, q_0^*) 对应的追踪曲线 2 把攻击平面分成两个区域，$|q_0| \leqslant |q_0^*|$ 对应区域就是由导弹可用法向过载所决定的允许攻击区，如图 5.2.4 中阴影线所示的区域。因此，要确定允许攻击区，在 r_0 给定时，首先必须确定 q_0^*。

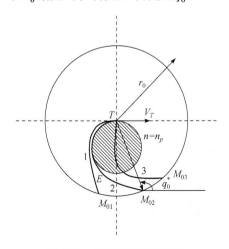

图 5.2.3　确定极限起始位置

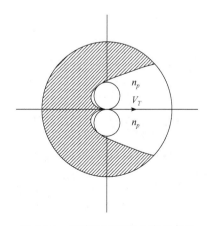

图 5.2.4　追踪法导引的允许攻击区

追踪曲线 2 上，E 点过载最大，此点所对应的坐标为 (r^*, q^*)。q^* 值可以由 $\mathrm{d}n / \mathrm{d}q = 0$ 求得。由式(5.2.14)可得

$$\frac{\mathrm{d}n}{\mathrm{d}q} = \frac{2VV_T}{r_0 g \dfrac{\sin q_0}{\tan^p \dfrac{q_0}{2}}} \left[(2-p)\sin^{1-p}\frac{q}{2}\cos^{p+3}\frac{q}{2} - (2+p)\sin^{3-p}\frac{q}{2}\cos^{p+1}\frac{q}{2} \right] = 0$$

即

$$\left[(2-p)\sin^{1-p}\frac{q}{2}\cos^{p+3}\frac{q}{2} - (2+p)\sin^{3-p}\frac{q}{2}\cos^{p+1}\frac{q}{2} \right] = 0$$

整理后得

$$(2-\mathrm{p})\cos^2\frac{q^*}{2} = (2+p)\sin^2\frac{q^*}{2}$$

又可写成

$$2\left(\cos^2\frac{q^*}{2} - \sin^2\frac{q^*}{2} \right) = p\left(\sin^2\frac{q^*}{2} + \cos^2\frac{q^*}{2} \right)$$

于是

$$\cos q^* = \frac{p}{2} \tag{5.2.16}$$

由式(5.2.16)可知，追踪曲线上法向过载最大的视线角 q^* 仅取决于速度比 p 的大小。

因 E 点在 n_p 的等过载圆上，且所对应的 r^* 值满足式(5.2.15)，于是有

$$r^* = \frac{VV_T}{gn_p}\left| \sin q^* \right| \tag{5.2.17}$$

因为

$$\sin q^* = \sqrt{1 - \frac{p^2}{4}}$$

所以

$$r^* = \frac{V V_T}{gn_p}\left(1 - \frac{p^2}{4} \right)^{\frac{1}{2}} \tag{5.2.18}$$

E 点在追踪曲线 2 上，所以 r^* 同时满足弹道方程(5.2.5)。

$$r^* = r_0 \frac{\tan^p \dfrac{q^*}{2}\sin q_0}{\tan^p \dfrac{q_0}{2}\sin q^*} = \frac{2(2-p)^{\frac{p-1}{2}} r_0 \sin q_0}{(2+p)^{\frac{p+1}{2}}\tan^p \dfrac{q_0}{2}} \tag{5.2.19}$$

显然，r^* 同时满足弹道方程(5.2.18)和方程(5.2.19)，于是有

$$\frac{V V_T}{g n_p}\left(1-\frac{p}{2}\right)^{\frac{1}{2}}\left(1+\frac{p}{2}\right)^{\frac{1}{2}}=\frac{2(2-p)^{\frac{p-1}{2}} r_0 \sin q_0^*}{(2+p)^{\frac{p+1}{2}} \tan^p \frac{q_0^*}{2}} \tag{5.2.20}$$

显然，当 V、V_T、n_p 和 r_0 给定时，由式(5.2.20)解出 q_0^* 值，那么，允许攻击区也就相应确定了。如果导弹从发射时刻就开始实现追踪法导引，那么 $|q_0| \leqslant |q_0^*|$ 所确定的范围也就是允许发射区。

追踪法是最早提出的一种导引方法，技术实现上比较简单。例如，只要在弹内装一个"风标"装置，再将目标位标器安装在风标上，使其轴线与风标指向平行，由于风标的指向始终沿着导弹速度矢量的方向，目标影像偏离了位标器轴线，这时，导弹速度矢量没有指向目标，制导系统就会形成控制指令以消除偏差，实现追踪法导引。由于追踪法导引在技术实施方面比较简单，早期的部分空-地导弹、激光制导炸弹采用了这种导引方法，但这种导引方法的弹道特性存在着严重的缺点。因为导弹的绝对速度始终指向目标，相对速度总是落后于目标视线，不管从哪个方向发射，导弹总是要绕到目标的后面去命中目标，这样导致导弹的弹道较弯曲(特别在命中点附近)，需用法向过载较大，要求导弹要有很高的机动性。由于受到可用法向过载的限制，导弹不能实现全向攻击。同时，考虑到追踪法导引命中点的法向过载，速度比受到严格的限制，$1 < p \leqslant 2$。因此，追踪法目前已很少应用。

5.2.2　平行接近法

5.2.1 节所讲的追踪法的根本缺点在于它总是让导弹的速度矢量指向目标，因而相对速度矢量总是落后于目标视线，这导致总要绕到目标正后方去攻击目标。为了弥补追踪法的这一缺点，人们又研究出了新的导引方法——平行接近法。

平行接近法是指在整个导引过程中，目标视线在空间保持平行移动的一种导引方法。其导引关系式(即理想操纵关系式)为

$$\varepsilon = \frac{\mathrm{d}q}{\mathrm{d}t} = 0 \quad \text{或} \quad \varepsilon = q - q_0 = 0 \tag{5.2.21}$$

下面为简便起见，记 $\dfrac{\mathrm{d}r}{\mathrm{d}t}$ 为 $\dot{r}$，记 $\dfrac{\mathrm{d}q}{\mathrm{d}t}$ 为 $\dot{q}$。将平行接近导引关系式 $\varepsilon = \dot{q} = 0$ 代入方程组(5.1.1)的第 2 式，可得

$$r\dot{q} = V \sin\eta - V_T \sin\eta_T = 0 \tag{5.2.22}$$

即

$$\sin\eta = \frac{V_T}{V} \sin\eta_T = \frac{1}{p} \sin\eta_T \tag{5.2.23}$$

式(5.2.22)表示，不管目标做何种机动飞行，导弹速度矢量 V 和目标速度矢量 V_T 在垂直于目标视线方向上的分量相等。因此，导弹的相对速度 V_r 正好在目标视线上，它的方向始终指向目标(图 5.2.5)。

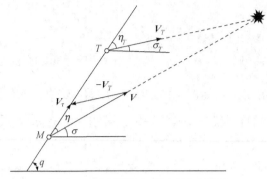

图 5.2.5　平行接近法相对运动关系

在铅垂平面内，按平行接近法导引时，导弹与目标的相对运动方程组为

$$\begin{cases} \dot{r} = V_T \cos\eta_T - V\cos\eta \\ r\dot{q} = V\sin\eta - V_T \sin\eta_T \\ q = \eta + \sigma \\ q = \eta_T + \theta_T \\ \varepsilon = \dot{q} = 0 \end{cases} \tag{5.2.24}$$

1. 直线弹道问题

按平行接近法导引时，在整个导引过程中，视线角 q 为常值，因此，如果导弹速度的前置角 η 保持不变，则导弹弹道倾角(或弹道偏角)为常值，导弹的飞行轨迹(绝对弹道)就是一条直线弹道。由式(5.2.23)可以看出，只要满足 p 和 η_T 为常值，η 就为常值，此时导弹就沿着直线弹道飞行。因此，对于平行接近法导引，在目标直线飞行情况下，只要速度比保持为常数，且 $p > 1$，那么导弹无论从什么方向攻击目标，它的飞行弹道都是直线弹道。

2. 导弹的法向过载

当目标做机动飞行，且导弹速度也不断变化时，如果速度比 $p = V / V_T = $ 常数，且 $p > 1$，那么导弹按平行接近法导引的需用法向过载总是比目标的过载小。证明如下：

将式(5.2.23)对时间求导，当 p 为常数时，有

$$\dot{\eta}\cos\eta = \frac{1}{p}\dot{\eta}_T \cos\eta_T \quad \text{或} \quad V\dot{\eta}\cos\eta = V_T\dot{\eta}_T\cos\eta_T \tag{5.2.25}$$

设攻击平面为铅垂面，则 $q = \eta + \sigma = \eta_T + \sigma_T = $ 常数。

因此，$\dot{\eta} = -\dot{\sigma}$，$\dot{\eta}_T = -\dot{\theta}_T$。用 $\dot{\sigma}$、$\dot{\sigma}_T$ 置换 $\dot{\eta}$、$\dot{\eta}_T$，改写式(5.2.25)得

$$\frac{V\dot{\sigma}}{V_T\dot{\sigma}_T} = \frac{\cos\eta_T}{\cos\eta} \tag{5.2.26}$$

因为有 $p > 1$，即 $V > V_T$，所以由式(5.2.23)可得 $\eta_T > \eta$，于是有

$$\cos\eta_T < \cos\eta$$

从式(5.2.26)显然可得

$$V\dot{\sigma}<V_T\dot{\sigma}_T \tag{5.2.27}$$

为了保持 q 值为某一常数，在 $\eta_T>\eta$ 时，必须有 $\sigma>\sigma_T$，因此有不等式：

$$\cos\sigma<\cos\sigma_T \tag{5.2.28}$$

导弹和目标的需用法向过载可表示为

$$\begin{cases} n_y=\dfrac{V\sigma}{g}+\cos\sigma \\ n_{yT}=\dfrac{V_T\sigma_T}{g}+\cos\sigma_T \end{cases} \tag{5.2.29}$$

注意到式(5.2.26)和式(5.2.27)，比较式(5.2.29)右端可知：

$$n_y<n_{yT} \tag{5.2.30}$$

由此可以得到以下结论：无论目标做何种机动飞行，采用平行接近法导引时，导弹的需用法向过载总是小于目标的法向过载，即导弹弹道的弯曲程度比目标航迹弯曲的程度小。因此，导弹的机动性就可以小于目标的机动性。

3. 平行接近法的图解法弹道

首先确定目标的位置 $0',1',2',3',\cdots$，导弹初始位置在 0 点。连接 $\overline{00'}$，就确定了目标视线方向。通过 $1',2',3',\cdots$ 引平行于 $\overline{00'}$ 的直线。导弹在第一个 Δt 内飞过的路程 $\overline{01}=V(t_0)\Delta t$。同时，点 1 必须处在对应的平行线上，按照这两个条件确定 1 点的位置。同样可以确定 $2,3,\cdots$，这样就得到导弹的飞行弹道(图 5.2.6)。

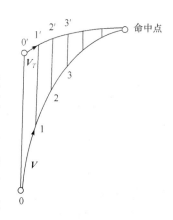

图 5.2.6　平行接近法图解弹道

由以上讨论可以看出，当目标机动时，按平行接近法导引的弹道需用过载将小于目标的机动过载。进一步分析表明，与其他导引方法相比，用平行接近法导引的弹道最为平直，还可实行全向攻击。因此，从这个意义上说，平行接近法是最好的导引方法。

然而，到目前为止，平行接近法并未得到广泛应用。其主要原因是，这种导引方法对制导系统提出了严格的要求，使制导系统复杂化。它要求制导系统在每一瞬时都要精确地测量目标及导弹的速度和前置角，并严格保持平行接近法的导引关系。实际上，由于发射偏差或干扰的存在，不可能绝对保证导弹的相对速度 V_r 始终指向目标，因此，平行接近法很难实现。

5.2.3　比例导引法

比例导引法是指导弹飞行过程中速度矢量的转动角速度与目标视线的转动角速度成比例的一种导引方法。其导引关系式为

$$\varepsilon=\frac{\mathrm{d}\sigma}{\mathrm{d}t}-K\frac{\mathrm{d}q}{\mathrm{d}t}=0,\quad \varepsilon=\dot{\sigma}-K\dot{q}=0 \tag{5.2.31}$$

式中，K 为比例系数，称为导航比，即

$$\dot{\sigma} = K\dot{q} \tag{5.2.32}$$

假定 K 为常数，对式(5.2.31)积分，可得比例导引关系式的另一种形式：

$$\varepsilon = (\sigma - \sigma_0) - K(q - q_0) = 0 \tag{5.2.33}$$

由式(5.2.33)不难看出：如果比例系数 $K=1$，且 $q_0 = \sigma_0$，即导弹前置角 $\eta = 0$，这就是追踪法；如果比例系数 $K=1$，且 $q_0 = \sigma_0 + \eta_0$，则 $q = \sigma + \eta_0$，即导弹前置角 $\eta = \eta_0 = $ 常值，这就是常值前置角法(显然，追踪法是常值前置角法的一个特例)。

当比例系数 $K \to \infty$ 时，由式(5.2.31)可知：$\dot{q} \to 0$，$q = q_0 = $ 常值，说明目标视线只是平行移动，这就是平行接近法。

由此不难得出结论：追踪法、常值前置角法和平行接近法都可看作比例导引法的特殊情况。由于比例导引法的比例系数 K 在$(1, \infty)$范围内，它是介于追踪法和平行接近法之间的一种导引方法。它的弹道性质，也介于追踪法和平行接近法的弹道性质之间。

按比例导引法导引时，导弹-目标的相对运动方程组为

$$\begin{cases} \dot{r} = V_T \cos\eta_T - V\cos\eta \\ r\dot{q} = V\sin\eta - V_T \sin\eta_T \\ q = \eta + \sigma \\ q = \eta_T + \sigma_T \\ \varepsilon = \dot{\sigma} - K\dot{q} = 0 \end{cases} \tag{5.2.34}$$

如果知道了 V、V_T、σ_T 的变化规律以及 3 个初始条件 r_0、q_0、σ_0 (或 η_0)，就可用数值积分法或图解法解算这组方程。采用解析法解此方程组则比较困难，只有当导航比 $K = 2$，且目标等速直线飞行、导弹等速飞行时，才能得到解析解。

1. 直线弹道

解算运动方程组(5.2.34)，可以获得导弹的运动特性。下面着重讨论采用比例导引法时，导弹的直线弹道和需用法向过载。

对导弹-目标的相对运动方程组(5.2.34)的第 3 式求导可得

$$\dot{q} = \dot{\eta} + \dot{\sigma}$$

将导引关系式代入上式得

$$\dot{\eta} = (1 - K)\dot{q} \tag{5.2.35}$$

直线弹道的条件是 $\dot{\sigma} = 0$，亦即

$$\dot{q} = \dot{\eta} \tag{5.2.36}$$

在 $K \neq (0, 1)$ 的条件下，式(5.2.35)和式(5.2.36)若要同时成立，必须满足：

$$\dot{q} = 0, \quad \dot{\eta} = 0 \tag{5.2.37}$$

亦即

$$q = q_0 = 常数, \quad \eta = \eta_0 = 常数 \tag{5.2.38}$$

考虑到相对运动方程组(5.2.34)中的第 2 式，导弹直线飞行条件也可写成：

$$\begin{cases} V\sin\eta - V_T\sin\eta_T = 0 \\ \eta_0 = \arcsin\left(\dfrac{V_T}{V}\sin\eta_T\right)\Bigg|_{t=t_0} \end{cases} \tag{5.2.39}$$

式(5.2.39)表明：导弹和目标的速度矢量在垂直于目标视线方向上的分量相等，即导弹的相对速度要始终指向目标。

直线弹道要求导弹速度矢量的前置角始终保持其初始值 η_0，而前置角的初始值 η_0 有两种情况：一种是导弹发射装置不能调整的情况，此时 η_0 为确定值；另一种是 η_0 可以调整的情况，发射装置可根据需要改变 η_0 的数值。

(1) 在第一种情况下（η_0 未定值），由直线弹道条件式(5.2.39)解得

$$\eta_T = \arcsin\frac{V\sin\eta_0}{V_T} \quad \text{或} \quad \eta_T = \pi - \arcsin\frac{V\sin\eta_0}{V_T} \tag{5.2.40}$$

将 $q_0 = \sigma_T + \eta_T$ 代入，可得发射时目标视线的方位角为

$$\begin{cases} q_{01} = \sigma_T + \arcsin\dfrac{V\sin\eta_0}{V_T} \\ q_{02} = \sigma_T + \pi - \arcsin\dfrac{V\sin\eta_0}{V_T} \end{cases} \tag{5.2.41}$$

式(5.2.41)表明，只有在两个方向发射才能得到直线弹道，即直线弹道只有两条。

(2) 在第二种情况下，η_0 可以根据 q_0 的大小加以调整，此时只要满足条件：

$$\eta_0 = \arcsin\frac{V_T\sin(q_0 - \sigma_T)}{V} \tag{5.2.42}$$

导弹沿任何方向发射都可以得到直线弹道。

当 $\eta_0 = \pi - \arcsin\dfrac{V_T\sin(q_0 - \sigma_T)}{V}$ 时，也可以满足式(5.2.39)，但此时 $|\eta_0| > 90°$ 表示导弹背向目标，因而没有实际意义。

2. 导引弹道需用法向过载

比例导引法要求导弹的转弯角速度 $\dot{\sigma}$ 与目标视线旋转角速度 $\dot{q}$ 成正比，因而导弹的需用法向过载也与 $\dot{q}$ 成正比，即

$$n = \frac{V}{g}\dot{\sigma} = \frac{VK}{g}\dot{q} \tag{5.2.43}$$

因此，要了解弹道上各点需用法向过载的变化规律，只需要讨论 $\dot{q}$ 的变化规律。

相对运动方程组(5.2.34)的第 2 式对时间求导，得

$$\dot{r}\dot{q} + r\ddot{q} = \dot{V}\sin\eta + V\dot{\eta}\cos\eta - \dot{V}_T\sin\eta_T - V_T\dot{\eta}_T\cos\eta_T$$

将 $\dot{\eta} = \dot{q} - \dot{\sigma} = (1-K)\dot{q}$，$\dot{\eta}_T = \dot{q} - \dot{\sigma}_T$，$\dot{r} = V_T\cos\eta_T - V\cos\eta$ 代入上式整理得

$$r\ddot{q} = -(KV\cos\eta + 2\dot{r})(\dot{q} - \dot{q}^*) \tag{5.2.44}$$

式中

$$\dot{q}^* = \frac{\dot{V}\sin\eta - \dot{V}_T\sin\eta_T + V_T\dot{\sigma}_T\cos\eta_T}{KV\cos\eta + 2\dot{r}} \tag{5.2.45}$$

现分两种情况讨论。

(1) 假设目标等速直线飞行，导弹等速飞行。

此时，由式(5.2.45)可知 $\dot{q}^* = 0$，于是式(5.2.44)可写成：

$$\ddot{q} = -\frac{1}{r}(KV\cos\eta + 2\dot{r})\dot{q} \tag{5.2.46}$$

由式(5.2.46)可知，如果 $KV\cos\eta + 2\dot{r} > 0$，那么 $\ddot{q}$ 的符号与 $\dot{q}$ 相反。当 $\dot{q} > 0$ 时，$\ddot{q} < 0$，即 $\dot{q}$ 值将减小；当 $\dot{q} < 0$ 时，$\ddot{q} > 0$，即 $\dot{q}$ 值将增大。总之，$|\dot{q}|$ 总是减小的(图 5.2.7)。$\dot{q}$ 随时间的变化规律是向横坐标接近，弹道的需用法向过载随 $|\dot{q}|$ 的不断减小而减小，弹道变得平直，这种情况称为 $\dot{q}$ "收敛"。

当 $KV\cos\eta + 2\dot{r} < 0$ 时，$\ddot{q}$ 与 $\dot{q}$ 同号，$|\dot{q}|$ 将不断增大，弹道上需用法向过载随 $|\dot{q}|$ 的不断增大而增大，弹道变得更加弯曲，这种情况称为 $\dot{q}$ "发散"(图 5.2.8)。

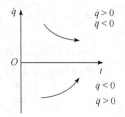
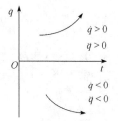

图 5.2.7　$KV\cos\eta + 2\dot{r} > 0$ 时 $\dot{q}$ 的变化趋势　　　　图 5.2.8　$KV\cos\eta + 2\dot{r} < 0$ 时 $\dot{q}$ 的变化趋势

显然，要使导弹转弯较为平缓，就必须使 $\dot{q}$ 收敛，这时应满足条件：

$$K > \frac{2|\dot{r}|}{V\cos\eta} \tag{5.2.47}$$

由此得出结论：只要比例系数 K 选得足够大，使其满足式(5.2.47)，$|\dot{q}|$ 就可逐渐减小而趋向于零；相反，如不能满足式(5.2.47)，则 $|\dot{q}|$ 将逐渐增大，在接近目标时，导弹要以无穷大的速率转弯，这实际上是无法实现的，最终将导致脱靶。

(2) 目标机动飞行，导弹变速飞行。

由式(5.2.45)可知：$\dot{q}^*$ 与目标的切向加速度 $\dot{V}_T$、法向加速度 $V_T\dot{\sigma}_T$ 和导弹的切向加速度 $\dot{V}$ 有关，$\dot{q}^*$ 不再为零。当 $KV\cos\eta + 2\dot{r} \neq 0$ 时，$\dot{q}^*$ 是有限值。

由式(5.2.44)可见：当 $KV\cos\eta + 2\dot{r} > 0$ 时，若 $\dot{q} < \dot{q}^*$，则 $\ddot{q} > 0$，这时 $\dot{q}$ 将不断增大；若 $\dot{q} > \dot{q}^*$，则 $\ddot{q} < 0$，此时 $\dot{q}$ 将不断减小。总之，$\dot{q}$ 有接近 $\dot{q}^*$ 的趋势。

当 $KV\cos\eta + 2\dot{r} < 0$ 时，$\dot{q}$ 有逐渐离开 $\dot{q}^*$ 的趋势，弹道变得弯曲。在接近目标时，导弹要以极大的速率转弯。

3. 命中点的需用法向过载

前面已经提到，如果 $KV\cos\eta + 2\dot{r} > 0$，那么，$\dot{q}^*$ 是有限值。由式(5.2.44)可以看出，在命中点，$r = 0$，因此

$$\dot{q}_f = \dot{q}_f^* = \frac{\dot{V}\sin\eta - \dot{V}_T\sin\eta_T + V_T\dot{\sigma}_T\cos\eta_T}{KV\cos\eta + 2\dot{r}}\bigg|_{t=t_f} \tag{5.2.48}$$

导弹的需用法向过载为

$$n_f = \frac{V_f\dot{\sigma}_f}{g} = \frac{KV_f\dot{q}_f}{g} = \frac{1}{g}\left[\frac{\dot{V}\sin\eta - \dot{V}_T\sin\eta_T + V_T\dot{\sigma}_T\cos\eta_T}{\cos\eta - \dfrac{2|\dot{r}|}{KV}}\right]_{t=t_f} \tag{5.2.49}$$

由式(5.2.49)可知，导弹命中目标时的需用法向过载与命中点的导弹速度 V_f 和导弹接近速度 $|\dot{r}|_f$ 有直接关系。如果命中点导弹的速度较小，则需用法向过载将增大。由于空-空导弹通常在被动段攻击目标，因此，很有可能出现上述情况。值得注意的是，导弹从不同方向攻击目标，$|\dot{r}|$ 的值是不同的。例如，迎面攻击时，$|\dot{r}| = V + V_T$；尾追攻击时，$|\dot{r}| = V - V_T$。

另外，从式(5.2.49)还可看出：目标机动($\dot{V}_T$，$\dot{\sigma}_T$)对命中点导弹的需用法向过载也是有影响的。

当 $KV\cos\eta + 2\dot{r} < 0$ 时，$\dot{q}$ 是发散的，$|\dot{q}|$ 不断增大，因此 $\dot{q}_f \to \infty$。

这意味着 K 较小时，在接近目标的瞬间，导弹要以无穷大的速率转弯，命中点的需用法向过载也趋于无穷大，这实际上是不可能的，所以，当 $K < 2|\dot{r}|/(V\cos\eta)$ 时，导弹就不能直接命中目标。

4. 比例系数 K 的选择

由上述讨论可知，比例系数 K，直接影响弹道特性，影响导弹能否命中目标。因此，如何选择合适的 K，是需要研究的一个重要问题。K 的选择不仅要考虑弹道特性，还要考虑导弹结构强度所允许承受的过载，以及制导系统能否稳定工作等因素。

1) $\dot{q}$ 收敛的限制

$\dot{q}$ 收敛使导弹在接近目标的过程中，目标视线的旋转角速度 $|\dot{q}|$ 不断减小，弹道各点的需用法向过载也不断减小，$\dot{q}$ 收敛的条件为

$$K > \frac{2|\dot{r}|}{V\cos\eta} \tag{5.2.50}$$

式(5.2.50)给出了 K 的下限。由于导弹从不同的方向攻击目标时，$|\dot{r}|$ 是不同的，因此，K 的下限也是变化的。这就要求根据具体情况选择适当的 K，使导弹从各个方向攻击的性能都能兼顾，不至于优劣悬殊；或者重点考虑导弹在主攻方向上的性能。

2) 可用过载的限制

式(5.2.50)限制了比例系数 K 的下限，但是，这并不是意味着 K 可以取任意大。如果 K 取得过大，则由 $n = VK\dot{q}/g$ 可知，即使 $\dot{q}$ 不大，也可能使需用法向过载值很大。导弹在飞行

中的可用过载受到最大舵偏角的限制，若需用过载超过可用过载，则导弹便不能沿比例导引弹道飞行。因此，可用过载限制了 K 的最大值(上限)。

3) 制导系统的要求

如果比例系数 K 选得过大，那么外界干扰信号的作用会被放大，这将影响导弹的正常飞行。由于 $\dot{q}$ 的微小变化将会引起 $\dot{\sigma}$ 的很大变化，因此，从制导系统稳定工作的角度出发，K 的上限也不能选得太大。

综合考虑上述因素，才能选择出一个合适的 K。它可以是一个常数，也可以是一个变数。一般认为，K 通常为 3～6。

5. 比例导引法的优点和缺点

比例导引法的优点是：可以得到较为平直的弹道；在满足 $K > 2|\dot{r}|/(V\cos\eta)$ 的条件下，$|\dot{q}|$ 逐渐减小，弹道前段较弯曲，充分利用了导弹的机动能力；弹道后段较为平直，导弹具有较充裕的机动能力；只要 K、η_0、q_0、p 等参数组合适当，就可以使全弹道上的需用过载均小于可用过载，从而实现全向攻击。另外，与平行接近法相比，它对发射瞄准时的初始条件要求不严，在技术实施上是可行的，因为只需测量 $\dot{q}$、$\dot{\sigma}$。因此，比例导引法得到了广泛的应用。

然而，比例导引法还存在明显的缺点，即命中点导弹需用法向过载受导弹速度和攻击方向的影响。这一点由式(5.2.49)不难发现。

为了弥补比例导引法的缺点，多年来，人们一直致力于比例导引法的改进，研究出了很多形式的比例导引方法。例如，需用法向过载与目标视线旋转角速度成比例的广义比例导引法，其导引关系式为

$$n = K_1\dot{q} \quad \text{或} \quad n = K_2|\dot{r}|\dot{q} \tag{5.2.51}$$

式中，K_1、K_2 为比例系数；$|\dot{r}|$ 为导弹接近速度。

5.2.4　比例导引的演化及其分析

制导指令实际上是导弹机动的法向加速度，所以也称为指令加速度，也是矢量。比例导引律只是表明法向加速度的大小与目标视线转动速率成比例，并没有说明指令加速度的方向指向何方。因此根据比例导引制导指令加速度作用方向的不同，比例导引演化出了纯比例导引(Pure Proportional Navigation，PPN)、真比例导引(True Proportional Navigation，TPN)方法、广义比例导引(Generalized Proportional Navigation，GPN)和理想比例导引(Ideal Proportional Navigation，IPN)等。这四种演化比例导引之所以不同，主要是因为指令加速度指向的参考方向不同。纯比例导引中指令加速度以导弹速度矢量为参考基准，作用在垂直于导弹速度的方向上；真比例导引中指令加速度以视线为参考基准，作用在垂直于视线的方向上；广义比例导引中，指令加速度也是以视线为参考基准，但作用在相对视线垂直方向具有一个固定偏角的方向上；理想比例导引中，指令加速度以导弹-目标的相对速度矢量为参考基准，作用在垂直于导弹-目标相对速度的方向上。

这里换一种方法描述导弹运动、目标运动和它们之间的相对运动关系，需要建立一个参考基准，为此，设原点位于目标 T，定义：

e_r 为沿视线方向的单位矢量；

e_k 为与目标速度矢量平面垂直的单位矢量；

e_q 为与 e_r、e_k 平面垂直的单位矢量，且符合右手定则。

惯性参考线取为目标的初始运动方向。

假定导弹在垂直平面内拦截目标，其他假设如前。图 5.2.9 示出了四种演化比例导引律的拦截几何图。

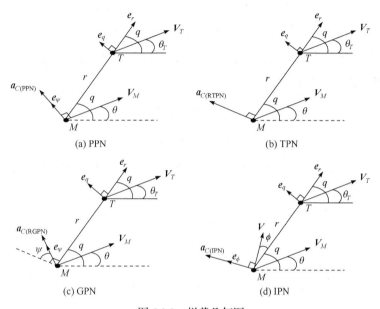

图 5.2.9　拦截几何图

图 5.2.9 中，q 为视线角；V_T 为目标速度矢量；V 为导弹速度矢量；r 为导弹与目标间的相对距离；r 为导弹与目标的相对矢量；θ 为导弹弹道倾角；θ_T 为目标弹道倾角；ϕ 为导弹前置角。ψ 为指令加速度偏离视线垂直方向固定角；e_ψ 为指令加速度偏离视线垂直方向的单位矢量。

参考图 5.2.9 所示的四种比例导引方法的拦截几何图，则(e_r、e_q、e_k)相对于惯性参考线的旋转矢量为

$$\boldsymbol{\Omega} = \dot{q}\boldsymbol{e}_k \tag{5.2.52}$$

在上述旋转结构下，由质点运动学可知：

$$\begin{cases} \boldsymbol{r} = r\boldsymbol{e}_r \\ \dot{\boldsymbol{r}} = \dot{r}\boldsymbol{e}_r + r\dot{q}\boldsymbol{e}_q \\ \ddot{\boldsymbol{r}} = (\ddot{r} - r\dot{q}^2)\boldsymbol{e}_r + (r\ddot{q} + 2\dot{r}\dot{q})\boldsymbol{e}_q \end{cases} \tag{5.2.53}$$

导弹和目标的速度矢量可分别分解为

$$\begin{cases} \boldsymbol{V} = V\cos(q - \theta)\boldsymbol{e}_r - V\sin(q - \theta)\boldsymbol{e}_q \\ \boldsymbol{V}_T = V_T\cos(q - \theta_T)\boldsymbol{e}_r - V_T\sin(q - \theta_T)\boldsymbol{e}_q \end{cases} \tag{5.2.54}$$

设导弹相对目标的相对速度矢量为

$$V_R = V_r e_r + V_q e_q = \mathrm{d}r / \mathrm{d}t = \dot{r} e_r + r\dot{q} e_q$$

相对速度矢量 V_r 与 V 和 V_T 的关系为

$$
\begin{aligned}
V_r = V_T - V = &[V_T \cos(q - \theta_T) - V\cos(q - \theta)]e_r \\
&+ [-V_T \sin(q - \theta_T) + V\sin(q - \theta)]e_q
\end{aligned}
\tag{5.2.55}
$$

则相对速度分量关系为

$$
\begin{cases}
V_r = \dot{r} = V_T \cos(q - \theta_T) - V\cos(q - \theta) \\
V_q = r\dot{q} = -V_T \sin(q - \theta_T) + V\sin(q - \theta)
\end{cases}
\tag{5.2.56}
$$

设导弹和目标加速度分别为 a 和 a_T，把它们沿视线方向 e_r 和视线垂直方向 e_q 分解，并且把 a 按照比例导引形式表示为

$$
\begin{cases}
a = k_r \dot{\theta} e_r + k_q \dot{q} e_q \\
a_T = a_{T_r} e_r + a_{T_q} e_q
\end{cases}
\tag{5.2.57}
$$

由基本运动学关系，有相对运动方程为 $\ddot{r} = a_T - a$，因此，相对运动方程的分量表达式为

$$
\begin{cases}
\ddot{r} - r\dot{q}^2 = a_{T_r} - k_r \dot{q} \\
r\ddot{q} + 2\dot{r}\dot{q} = a_{T_q} - k_q \dot{q}
\end{cases}
\tag{5.2.58}
$$

按照以上指令加速度的描述形式，以指令加速度不同作用方向定义的各种比例导引律实质上对应于比例系数 k_r 和 k_q 的不同组成参量，这种组成参量不同使得这些制导规律具有各自不同的特点和要求。下面来考察 PPN、TPN、GPN、IPN 这四种 PN 规律的指令加速度要求及特点。

1. 纯比例导引(PPN)

在纯比例导引中，指令加速度作用在导弹速度的垂直方向，幅值与视线旋转角速度成正比。设 e_v 为导弹速度方向的单位矢量，e_α 为速度垂直方向的单位矢量，根据纯比例导引 PPN 定义的指令加速度为

$$a_{C(\mathrm{PPN})} = NV\dot{\theta} e_\alpha \tag{5.2.59}$$

在对导弹与目标之间的相对运动学关系进行分析时，通常是按视线方向和视线垂直方向来分析的，因此需要把指令加速度沿 e_r 和 e_q 方向分解得

$$a_{C(\mathrm{PPN})} = NV\dot{q}[\cos(q - \theta)e_q + \sin(q - \theta)e_r] \tag{5.2.60}$$

因此，$k_r = NVq\sin(q - \theta)$，$k_q = NV\dot{q}\cos(q - \theta)$。

由 k_r 和 k_q 的关系式可知，求解这种导引律的闭合形式解析解是很困难的。

2. 真比例导引(TPN)

在真比例导引中，指令加速度作用在视线垂直方向，而幅值仅与视线角速率成正比。

当幅值与视线角速度和接近速度的乘积成正比时,称为实际真比例导引(RTPN)。由于 RTPN
更具有普遍意义,下面以这种定义为基础进行讨论。

$$a_{C(\text{RTPN})} = -NV_r\dot{q}e_\theta \tag{5.2.61}$$

因此,$k_r = 0$,$k_q = -NV_r$。

可以看到,由于比例系数 k_r 和 k_q 具有简单的变量组成形式,因而对于非机动目标或特
殊的机动目标形式,经过简单推导即可得到精确的闭合形式解。

把指令加速度沿 e_α 和 e_v 方向分解得

$$a_{C(\text{RTPN})} = -NV_r\dot{q}[\cos(q-\theta)e_\alpha + \sin(q-\theta)e_v] \tag{5.2.62}$$

因此,为了实现 RTPN,需要对这两个方向都进行控制。

3. 广义比例导引(GPN)

在广义比例导引中,指令加速度作用在偏离视线垂直方向固定角 ψ 的方向,设这个方
向的单位矢量为 e_ψ,其幅值也与视线角速率成正比。而在实际的广义比例导引(RGPN)中,
指令加速度幅值与视线角速率和接近速度的乘积成正比。由于 RGPN 更具一般性,下面讨
论 RGPN。

$$\begin{aligned}a_{C(\text{RGPN})} &= -NV_r\dot{q}e_\psi = -NV_r\dot{q}(\cos\psi e_q + \sin\psi e_r)\\&= -NV_r\dot{q}[\cos(\psi-q+\theta)e_\alpha + \sin(\psi-q+\theta)e_v]\end{aligned} \tag{5.2.63}$$

因此,$k_r = -NV_r\dot{q}\sin\psi$,$k_q = -NV_r\dot{q}\cos\psi$。

这种比例系数也存在闭合解。

为了实现 RGPN,需要对这两个方向都进行控制。寻的导弹比例导引的基本概念就是
尽快地用控制指令把导弹的前置角转到某一期望的方向,而控制指令与这个方向的旋转角
速率成正比。因此,需要寻找偏置角 ψ 的最优值。

4. 理想比例导引(IPN)

在理想比例导引中,指令加速度作用在相对速度的垂直方向,幅值和视线角速率与相
对速度的乘积成正比。设相对速度垂直方向的单位矢量为 e_ϕ,根据正理想比例导引定义的
指令加速度为

$$\begin{aligned}a_{C(\text{IPN})} &= NV_r\dot{q}e_\phi = -NV_r\dot{q}e_\theta - NV_q\dot{q}e_r\\&= NV_r\dot{q}[\cos(\phi+q-\theta)e_\alpha - \sin(\phi+q-\theta)e_v]\end{aligned} \tag{5.2.64}$$

因此,$k_r = NV_q$,$k_r = -NV_r$,$V = \sqrt{V_r^2 + V_q^2}$,$\phi = \arctan(V_q/V_r)$。

根据指令加速度组成的简单性,IPN 对于非机动或特殊的机动目标存在准确的闭合形
式解。为了实现这种规律,也需要对速度方向及其垂直方向施加控制。

前面分别介绍了 PPN、RTPN、RGPN 和 IPN 四种制导规律的新定义、指令加速度组成
及关于分析的控制的矢量分解。后三种规律对应的比例系数 k_r 和 k_q 组成参量的特殊性,使
得它们都有准确的闭合形式的解,即 $\dot{q}$、$\dot{r}$、q、r 等都有准确的解析表达式。根据这些解

析解，可以方便地分析这些制导规律的有关性能，而且由于指令加速度同时从两个方向作用，因此，具有较高的制导精度，但是由于 PPN 的比例系数具有完全不同的结构，很难求得精确的解析解，且因为这种区别，后三种导引律成熟的分析方法并不能应用在 PPN 中。

另外，后三种导引律需要从两个方向上对导弹施加控制。为了实现这些导引律，导弹必须相应提供这些指令加速度，也就是说，导弹必须提供速度方向和速度垂直方向的加速度。然而，对于在大气层内作战，由空气动力控制机动运动的战术导弹，作用在导弹速度方向的外力是很难调节的，而自动驾驶仪舵面只能根据控制指令要求进行适当偏转，以产生速度垂直方向的空气动力。这就是说，对导弹速度方向不能施加控制，而只能对速度的垂直方向进行控制。在这种情况下，只有 PPN 制导规律是可实现的。对于飞行在大气层外的空间拦截器，对这两个方向均可实行控制，但要以消耗能量为代价。

5.3　遥控导引方法

5.3.1　三点法导引

遥控制导与自寻的导引的不同点在于：导弹和目标的运动参数都由制导站来测量。在研究遥控弹道时，既要考虑导弹相对于目标的运动，又要考虑制导站运动对导弹运动的影响。制导站可以是活动的，如发射空-空导弹的载机；也可以是固定不动的，如设在地面的地-空导弹的遥控制导站。

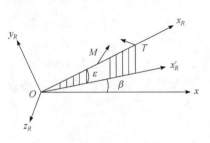

图 5.3.1　雷达坐标系

在讨论遥控弹道特性时，把导弹、目标、制导站都看成质点，并设目标、制导站的运动特性是已知的，导弹的速度 $V(t)$ 的变化规律也是已知的。

首先建立遥控制导常采用的坐标系——雷达坐标系 $Ox_R y_R z_R$，如图 5.3.1 所示。

取地面制导站为坐标原点；Ox_R 轴指向目标方向；Oy_R 轴位于铅垂平面内并与 Ox_R 轴相垂直；Oz_R 轴与 Ox_R 轴、Oy_R 轴组成右手直角坐标系。雷达坐标系与地面坐标系之间的关系由两个角度确定：高低角 ε-Ox_R 轴与地平面 xOz 的夹角；方位角 β-Ox_R 轴在地平面上的投影 Ox_R' 与地面坐标系 Ox 轴的夹角。以 Ox 逆时针转到 Ox_R' 为正。空间任一点的位置可以用 (x_R, y_R, z_R) 表示，也可用 (R, ε, β) 表示，其中，R 表示该点到坐标原点的距离，称为矢径。

1. 三点法导引关系式

三点法导引是指导弹在攻击目标过程中始终位于目标和制导站的连线上。如果观察者从制导站上看，目标和导弹的影像彼此重合，故三点法又称为目标覆盖法或重合法（图 5.3.2）。

由于导弹始终处于目标和制导站的连线上，故导弹与制导站连线的高低角 ε 和目标与制导站连线的高低角 ε_T 必须相等。因此，三点法的导引关系为

$$\varepsilon = \varepsilon_T \tag{5.3.1}$$

在技术上实施三点法比较容易。例如，可以用一根雷达波束跟踪目标，同时又控制导弹，使导弹在波束中心线上运动(图 5.3.3)。如果导弹偏离了波束中心线，则制导系统将发出指令控制导弹回到波束中心线上来。在本节中，用 θ 和 θ_T 代表导弹和目标的速度矢量与水平线的夹角。

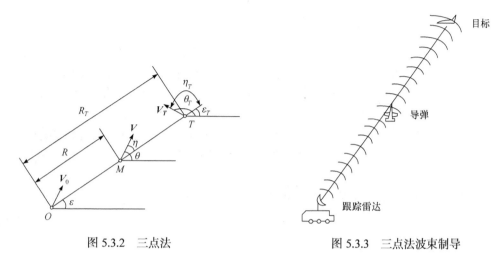

图 5.3.2　三点法　　　　　　　　　图 5.3.3　三点法波束制导

首先建立三点法导引的相对运动方程组。以地-空导弹为例，设导弹在铅垂平面内飞行，制导站固定不动(图 5.3.2)。三点法导引的相对运动方程组为

$$\begin{cases} \dot{R} = V\cos\eta \\ R\dot{\varepsilon} = -V\sin\eta \\ \varepsilon = \theta + \eta \\ \dot{R}_T = V_T\cos\eta_T \\ R_T\dot{\varepsilon}_T = -V_T\sin\eta_T \\ \varepsilon_T = \theta_T + \eta_T \\ \varepsilon = \varepsilon_T \end{cases} \tag{5.3.2}$$

方程组(5.3.2)中，目标运动参数 V_T、θ_T，以及导弹速度 V 的变化规律是已知的。方程组的求解可用数值积分法、图解法和解析法。在应用数值积分法解算方程组时，可先积分方程组中的第 4~6 式，求出目标运动参数 R_T、ε_T。然后积分其余方程，解出导弹运动参数 R、ε、η、θ 等。三点法弹道的图解法前面已做过介绍，此处不再赘述。在特定情况(目标水平等速直线飞行，导弹速度大小不变)下，可用解析法求出(推导过程从略)方程组(5.3.2)的解为

$$\begin{cases} y = \sqrt{\sin\theta}\left\{\dfrac{y_0}{\sqrt{\sin\theta_0}} + \dfrac{PH}{2}\left[F(\theta_0) - F(\theta)\right]\right\} \\ \cot\varepsilon = \cot\theta + \dfrac{y}{PH\sin\theta} \\ R = \dfrac{y}{\sin\varepsilon} \end{cases} \tag{5.3.3}$$

式中，y_0、θ_0 为导引开始的导弹飞行高度和弹道倾角；H 为目标飞行高度(图 5.3.4)；

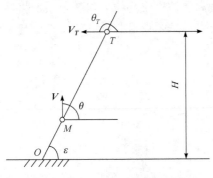

图 5.3.4　目标水平等速直线飞行

$F(\theta_0)$、$F(\theta)$ 为椭圆函数，可查表，计算公式为

$$F(\theta) = \int_{\theta}^{\pi/2} \frac{\mathrm{d}\theta}{\sin^{3/2}\theta}。$$

2. 导弹转弯速率

如果知道了导弹的转弯速率，就可获得需用法向过载在弹道各点的变化规律。因此，下面从研究导弹的转弯速率入手，分析三点法导引时的弹道特性。

1) 目标水平等速直线飞行

设目标作水平等速直线飞行，飞行高度为 H，导弹在铅垂平面内迎面拦截目标，导弹速度为常值，如图 5.3.4 所示。

这种情况下，将运动学方程组(5.3.2)中的第 3 式代入第 2 式，得

$$R\dot{\varepsilon} = V\sin(\theta - \varepsilon) \tag{5.3.4}$$

两端求导得

$$\dot{R}\dot{\varepsilon} + R\ddot{\varepsilon} = V(\dot{\theta} - \dot{\varepsilon})\cos(\theta - \varepsilon) \tag{5.3.5}$$

将方程组(5.3.2)中的第 1 式代入式(5.3.5)，整理后得

$$\dot{\theta} = 2\dot{\varepsilon} + \frac{R}{\dot{R}}\ddot{\varepsilon} \tag{5.3.6}$$

式(5.3.6)中的 $\dot{\varepsilon}$、$\ddot{\varepsilon}$ 可用已知量 V_T、H 来表示。根据导引关系 $\varepsilon = \varepsilon_T$，易知：

$$\dot{\varepsilon} = \dot{\varepsilon}_T$$

考虑到 $H = R_T\sin\varepsilon_T$，有

$$\dot{\varepsilon} = \dot{\varepsilon}_T = \frac{V_T}{R_T}\sin\varepsilon_T = \frac{V_T}{H}\sin^2\varepsilon_T \tag{5.3.7}$$

对时间求导，得

$$\ddot{\varepsilon} = \frac{V_T\dot{\varepsilon}_T}{H}\sin2\varepsilon_T \tag{5.3.8}$$

而

$$\dot{R} = V\cos\eta = V\sqrt{1 - \sin^2\eta} = V\sqrt{1 - \left(\frac{R\dot{\varepsilon}}{V}\right)^2} \tag{5.3.9}$$

将式(5.3.7)~式(5.3.9)代入式(5.3.6)，经整理后得

$$\dot{\theta} = \frac{V_T}{H}\left(2 + \frac{R\sin2\varepsilon_T}{\sqrt{p^2H^2 - R^2\sin^4\varepsilon_T}}\right)\sin^2\varepsilon_T \tag{5.3.10}$$

式(5.3.10)表明，在已知 V_T、V、H 的情况下，导弹按三点法飞行所需要的 $\dot{\theta}$ 完全取决

于导弹所处的位置 R 及 ε。在已知目标航迹和速度比 p 的情况下，$\dot\theta$ 是导弹矢径 R 与高低角 ε 的函数。

假如给定 $\dot\theta$ 为某一常值，则由式(5.3.10)得到一个只包含 ε_T(或 ε)与 R 的关系式为

$$f = (\varepsilon, R) = 0 \tag{5.3.11}$$

式(5.3.11)在极坐标系 (ε, R) 中表示一条曲线。在这条曲线上，各点的 $\dot\theta$ 为常数。在速度 V 为常值的情况下，该曲线上各点的法向加速度 a_n 也是常值。所以称这条曲线为等法向加速度曲线或等 $\dot\theta$ 曲线。如果给出一系列的 $\dot\theta$ 值，就可以在极坐标系中画出相应的等加速度曲线簇，如图 5.3.5 中实线所示。

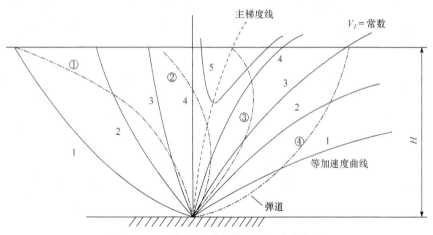

图 5.3.5 三点法弹道与等法向加速度曲线

图 5.3.5 中序号 $1,2,3,\cdots$ 表示曲线具有不同的 $\dot\theta$ 值，且 $\dot\theta_1 < \dot\theta_2 < \cdots$ 或 $a_{n1} < a_{n2} < \cdots$。图中虚线是等加速度曲线最低点的连线，它表示法向加速度的变化趋势。沿这条虚线越往上，法向加速度值越大。这条虚线称为主梯度线。

等法向加速度曲线是在已知 V_T、H、p 值下画出来的。当另给一组 V_T、H、p 值时，得到的将是与之对应的另一簇等法向加速度曲线，而曲线的形状是类似的。

现将各种不同初始条件 (ε_0, R_0) 下的弹道画在相应的等法向加速度曲线图上，如图 5.3.5 中的点划线所示。可以发现，所有的弹道按其相对于主梯度线的位置可以分成三组：一组在其右，一组在其左，另一组则与主梯度线相交。在主梯度线左边的弹道(见图 5.3.5 中的弹道①)，首先与 $\dot\theta$ 较大的等法向加速度曲线相交，然后与 $\dot\theta$ 较小的等法向加速度曲线相交，此时弹道的法向加速度随矢径 R 增大而递减，在发射点的法向加速度最大，命中点的法向加速度最小。初始发射高低角 $\varepsilon_0 \geqslant \dfrac{\pi}{2}$。从式(5.3.10)可以求出弹道上的最大法向加速度(发生在导引弹道的始端)为

$$a_{n\,\max} = \frac{2VV_T \sin^2 \varepsilon_0}{H} = 2V\dot\varepsilon_0$$

式中，$\dot\varepsilon_0$ 表示按三点法导引初始高低角的变化率，其绝对值与目标速度成正比，与目标飞行高度成反比。当目标速度与高度为定值时，$\dot\varepsilon_0$ 取决于矢径的高低角。越接近正顶上空，

其值越大。因此，这一组弹道中，最大的法向加速度发生在初始高低角 $\varepsilon_0 = \dfrac{\pi}{2}$ 时，即可得

$$(a_{\mathrm{n\,max}})_{\mathrm{max}} = \frac{2VV_T}{H}$$

这种情况相当于目标飞临正顶上空时才发射导弹。

前面讨论的这组弹道对应于尾追攻击的情况。

在主梯度线右边的弹道(见图 5.3.5 中的弹道③和④)，首先与 $\dot{\theta}$ 较小的等法向加速度曲线相交，然后与 $\dot{\theta}$ 较大的等法向加速度曲线相交。此时弹道的法向加速度随矢径 R 的增大而增大，在命中点，法向加速度最大。弹道各点的高低角 $\varepsilon < \dfrac{\pi}{2}$ ，$\sin 2\varepsilon > 0$。由式(5.3.10)得到命中点的法向加速度为

$$a_{\mathrm{n\,max}} = \frac{VV_T}{H}\left(2 + \frac{R_f \sin^2 \varepsilon_f}{\sqrt{p^2 H^2 - R_f^2 \sin^4 \varepsilon_f}}\right)\sin^2 \varepsilon_f \tag{5.3.12}$$

式中，ε_f、R_f 为命中点的高低角和矢径。

这组弹道相当于迎击的情况，即目标尚未飞到制导站顶空时，便将其击落。在这组弹道中，末段都比较弯曲。其中，以弹道③的法向加速度最大，它与主梯度线正好在命中点相会。与主梯度线相交的弹道(见图 5.3.5 弹道②)介于以上两组弹道之间，最大法向加速度出现在弹道中段的某一点上。这组弹道的法向加速度沿弹道非单调地变化。

2) 目标机动飞行

实战中，目标为了逃脱导弹对它的攻击，要不断做机动飞行。另外，导弹飞行速度在整个导引过程中往往变化也比较大。因此，下面研究目标在铅垂平面内做机动飞行，导弹速度不是常值的情况下，导弹的转弯速率。将方程组(5.3.2)的第 2 式和第 5 式改写为

$$\sin(\theta - \varepsilon) = \frac{R}{V}\dot{\varepsilon} \tag{5.3.13}$$

$$\dot{\varepsilon}_T = \frac{V_T}{R_T}\sin(\theta_T - \varepsilon) \tag{5.3.14}$$

考虑到 $\dot{\varepsilon} = \dot{\varepsilon}_T$ ，于是由式(5.3.13)、式(5.3.14)得到

$$\sin(\theta - \varepsilon) = \frac{V_T}{V}\frac{R}{R_T}\sin(\theta_T - \varepsilon) \tag{5.3.15}$$

改写成：

$$VR_T \sin(\theta - \varepsilon) = V_T R \sin(\theta_T - \varepsilon)$$

将上式两边对时间求导，有

$$(\dot{\theta} - \dot{\varepsilon})VR_T \cos(\theta - \varepsilon) + \dot{V}R_T \sin(\theta - \varepsilon) + V\dot{R}_T \sin(\theta - \varepsilon)$$

$$= (\dot{\theta}_T - \dot{\varepsilon})V_T R \cos(\theta_T - \varepsilon) + \dot{V}_T R \sin(\theta_T - \varepsilon) + V_T \dot{R} \sin(\theta_T - \varepsilon)$$

再将运动学关系式：

$$\cos(\theta-\varepsilon)=\frac{\dot{R}}{V}, \quad \cos(\theta_T-\varepsilon)=\frac{\dot{R}_T}{V_T}, \quad \sin(\theta-\varepsilon)=\frac{R\dot{\varepsilon}}{V}, \quad \sin(\theta_T-\varepsilon)=\frac{R_T\dot{\varepsilon}}{V_T}$$

代入上式，并整理后得

$$\dot{\theta}=\frac{R\dot{R}_T}{R_T\dot{R}}\dot{\theta}_T+\left(2-\frac{2R\dot{R}_T}{R_T\dot{R}}-\frac{R\dot{V}}{\dot{R}V}\right)\dot{\varepsilon}+\frac{\dot{V}_T}{V_T}\tan(\theta-\varepsilon)$$

或

$$\dot{\theta}=\frac{R\dot{R}_T}{R_T\dot{R}}\dot{\theta}_T+\left(2-\frac{2R\dot{R}_T}{R_T\dot{R}}-\frac{R\dot{V}}{\dot{R}V}\right)\dot{\varepsilon}_T+\frac{\dot{V}_T}{V_T}\tan(\theta-\varepsilon_T) \tag{5.3.16}$$

当命中目标时，有 $R=R_T$ ，此时导弹的转弯速率为

$$\dot{\theta}_f=\left[\frac{\dot{R}_T}{\dot{R}}\dot{\theta}_T+\left(2-\frac{2\dot{R}_T}{\dot{R}}-\frac{R\dot{V}}{\dot{R}V}\right)\dot{\varepsilon}_T+\frac{\dot{V}_T}{V_T}\tan(\theta-\varepsilon_T)\right]_{t=t_f} \tag{5.3.17}$$

由此可以看出，导弹按三点法导引时，弹道受目标机动($\dot{V}_T,\dot{\theta}_T$)的影响很大，尤其在命中点附近将造成相当大的导引误差。

3. 攻击禁区

攻击禁区是指在此区域内导弹的需用法向过载将超过可用法向过载，导弹无法沿要求的导引弹道飞行，因而不能命中目标。

影响导弹攻击目标的因素很多，其中导弹的法向过载是基本因素之一。如果导弹的需用过载超过了可用过载，导弹就不能沿理想弹道飞行，从而大大减小其击毁目标的可能性，甚至不能击毁目标。下面以地-空导弹为例，讨论按三点法导引时的攻击禁区。

如果知道了导弹的可用法向过载以后，就可以算出相应的法向加速度 a_n 或转弯速率 $\dot{\theta}$ 。然后按式(5.3.10)，在已知 $\dot{\theta}$ 时求出各组对应的 ε 和 R 值，作出等法向加速度曲线，如图 5.3.6 所示。

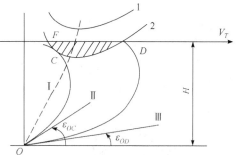

图 5.3.6   由可用法向过载决定的攻击禁区

如果由导弹可用过载决定的等法向加速度曲线为曲线 2，设目标航迹与该曲线在 D、F 两点相交，则存在由法向加速度决定的攻击禁区，即图 5.3.6 中的阴影部分。现在来考察阴影区边界外的两条弹道：一条为 OD，与阴影区交于 D 点；另一条 OC，与阴影区相切于 C 点。于是，攻击平面被这两条弹道分割成 Ⅰ、Ⅱ、Ⅲ 三个部分。可以看出，位于 Ⅰ、Ⅲ 区域内的任一条弹道都不会与曲线 2 相交，即理想弹道所要求的法向加速度值都小于导弹可用法向加速度值。此区域称为允许发射区。位于 Ⅱ 区域内的任一条弹道，在命中目标之前，必然要与等法向加速度曲线相交，这表示需用法向过载将超过可用法向过载。因此，应禁止导弹进入阴影区。把通过 C、D 两点的弹道称为极限弹道。显然，应当这样来选择初始发射角 ε_0，使它比 OC 弹道所要求的大或者比 OD 弹道所要求的小。如果用 ε_{OC}、ε_{OD} 分别表示 OC、OD 两条弹道的初始高低角，则应有

$$\varepsilon_0 \leqslant \varepsilon_{OD} \quad 或 \quad \varepsilon_0 \geqslant \varepsilon_{OC}$$

对于地-空导弹来说，为了阻止目标进入阴影区，总是尽可能地迎击目标，所以这时就要选择小于 ε_{OD} 的初始发射高低角，即

$$\varepsilon_0 \leqslant \varepsilon_{OD}$$

以上讨论的是等法向加速度曲线与目标航迹相交的情况。如果 a_0 相当大，它与目标航迹不相交(见图 5.3.6 曲线 1)，这说明以任何一个初始高低角发射，弹道各点的需用法向过载都将小于可用法向过载。从过载角度上说，这种情况下就不存在攻击禁区。

4. 三点法的优缺点

三点法最显著的优点就是技术实施简单，抗干扰性能好，但它也存在明显的缺点：

(1) 弹道比较弯曲。当迎击目标时，越是接近目标，弹道越弯曲，且命中点的需用法向过载较大。这对攻击高空目标非常不利，因为随着高度增加，空气密度迅速减小，由空气动力所提供的法向力也大大下降，导弹的可用过载减小。这样，在接近目标时，可能出现导弹的可用法向过载小于需用法向过载的情况，从而导致导弹脱靶。

(2) 动态误差难以补偿。动态误差是指制导系统在过渡响应过程中复现输入时的误差。由于目标机动、外界干扰以及制导系统的惯性等影响，制导回路很难达到稳定状态，因此，导弹实际上不可能严格地沿理想弹道飞行，即存在动态误差，而且，理想弹道越弯曲，相应的动态误差就越大。为了消除误差，必须在指令信号中加入补偿信号，这需要测量目标机动时的位置坐标及其一阶和二阶导数。由于来自目标的反射信号有起伏误差，以及接收机存在干扰等，制导站测量的坐标不准确；如果再引入坐标的一阶、二阶导数，就会出现更大的误差，致使形成的补偿信号不准确，甚至很难形成补偿信号。因此，对于三点法导引，由目标机动引起的动态误差难以补偿，往往会形成偏离波束中心线十几米的动态误差。

(3) 弹道下沉现象。按三点法导引迎击低空目标时，导弹的发射角很小，导弹离轨时的飞行速度也很小，操纵舵面产生的法向力也较小，因此，导弹离轨后可能会出现下沉现象。若导弹下沉太大，则有可能碰到地面。为了弥补这一缺点，某些地-空导弹采用了小高度三点法，其目的主要是提高初始段弹道高度。小高度三点法是指在三点法的基础上，加入一项前置偏差量，其导引关系式为

$$\varepsilon = \varepsilon_T + \Delta\varepsilon$$

式中，$\Delta\varepsilon$ 为前置偏差量，随时间衰减，当导弹接近目标时，趋于零。$\Delta\varepsilon$ 具体表示形式为

$$\Delta\varepsilon = \frac{h\varepsilon}{R}\mathrm{e}^{\frac{t-t_f}{\tau}} \quad \Delta\varepsilon = \Delta\varepsilon_0 \mathrm{e}^{-k\left(1 - \frac{R}{R_T}\right)}$$

式中，h_ε、τ、k 为对应给定弹道的常值($k > 0$)；$\Delta\varepsilon_0$ 为初始前置偏差量；t_0 为导弹进入波束时间；t 为导弹飞行时间；t_f 为导弹进入波束的时间。

5.3.2　前置量法导引

5.3.1 节已经分析过，三点法的弹道比较弯曲，需用法向过载较大。为了改善遥控制导导弹的弹道特性，必须研究能使弹道(特别是弹道末段)变得比较平直的导引方法。前置量法

就是根据这个要求提出来的。

前置量法也称角度法或矫直法，采用这种导引方法导引导弹时，在整个飞行过程中，导弹与制导站的连线始终提前于目标与制导站连线，而两条连线之间的夹角 $\Delta\varepsilon = \varepsilon - \varepsilon_T$ 则按某种规律变化。

实现角度法导引一般采用双波束制导，一根波束用于跟踪目标，测量目标位置；另一根波束用于跟踪和控制导弹，测量导弹的位置。

1. 前置量法导引关系式

按前置量法导引时，导弹的高低角 ε 和方位角 β 应分别超前目标的高低角 ε_T 和方位角 β_T 一个角度。下面研究攻击平面为铅垂面的情况。

根据前置量法的定义有

$$\varepsilon = \varepsilon_T + \Delta\varepsilon \tag{5.3.18}$$

式中，$\Delta\varepsilon$ 为前置角。必须注意，遥控中的前置角是指导弹的位置矢径与目标矢径的夹角，而自寻的制导中的前置角是指导弹速度矢量与目标视线的夹角。

根据命中点的条件，当 R_T 与 R 之差 $\Delta R = R_T - R = 0$ 时，$\Delta\varepsilon$ 也应等于零。因此，如果令 $\Delta\varepsilon$ 与 ΔR 成比例关系变化，则可以达到这一目的，即

$$\Delta\varepsilon = F(\varepsilon,t)\Delta R \tag{5.3.19}$$

式中，$F(\varepsilon,t)$ 为与 ε、t 有关的函数。

将式(5.3.19)代入式(5.3.18)，得

$$\varepsilon = \varepsilon_T + F(\varepsilon,t)\Delta R \tag{5.3.20}$$

显然，当式(5.3.20)中的函数 $F(\varepsilon,t) = 0$ 时，它就是三点法的导引关系式。

前置量法中，$F(\varepsilon,t)$ 的选择应尽量使得弹道平直。若导弹高低角的变化率 $\dot\varepsilon$ 为零，则弹道是一条直线弹道。当然，要求整条弹道上 $\dot\varepsilon \equiv 0$ 是不现实的，只能要求导弹在接近目标时 $\dot\varepsilon \to 0$，使得弹道末段平直一些。下面根据这一要求确定 $F(\varepsilon,t)$ 的表达式。

式(5.3.20)对时间求一阶导数，得

$$\dot\varepsilon = \dot\varepsilon_T + \dot F(\varepsilon,t)\Delta R + F(\varepsilon,t)\Delta\dot R$$

在命中点，$\Delta R = 0$，要求使 $\dot\varepsilon = 0$，代入上式后得到

$$F(\varepsilon,t) = -\frac{\dot\varepsilon_T}{\Delta\dot R} \tag{5.3.21}$$

将式(5.3.21)代入式(5.3.20)，就得到前置量法的导引关系式：

$$\varepsilon = \varepsilon_T - \frac{\dot\varepsilon_T}{\Delta\dot R}\Delta R \tag{5.3.22}$$

由于前置量法能使飞行弹道的末段变得较为平直，所以它又称为矫直法。

前面已指出，按三点法导引时，导弹在命中点的过载受目标机动的影响。那么，按前置量法导引时，导弹命中点过载是否也受目标机动的影响呢？

式(5.3.13)对时间求一阶导数，得

$$\dot{R}\dot{\varepsilon} + R\ddot{\varepsilon} = \dot{V}\sin(\theta - \varepsilon) + V(\dot{\theta} - \dot{\varepsilon})\cos(\theta - \varepsilon) \tag{5.3.23}$$

将 $\sin(\theta - \varepsilon) = \dfrac{R\dot{\varepsilon}}{V}$，$V\cos(\theta - \varepsilon) = \dot{R}$ 代入式(5.3.23)得

$$\dot{\theta} = \left(2 - \frac{\dot{V}R}{V\dot{R}}\right)\dot{\varepsilon} + \frac{R}{\dot{R}}\ddot{\varepsilon} \tag{5.3.24}$$

可见 $\dot{\theta}$ 不仅与 $\dot{\varepsilon}$ 有关，还与 $\ddot{\varepsilon}$ 有关。令 $\dot{\varepsilon} = 0$，可得导弹按前置量法导引时，在命中点的转弯速率为

$$\dot{\theta} = \left(\frac{R}{\dot{R}}\ddot{\varepsilon}\right)_{t=t_f} \tag{5.3.25}$$

为了比较前置量法与三点法在命中点的法向过载，对式(5.3.22)所表示的导引关系求二阶导数，再把式(5.3.2)中的第 5 式对时间求一阶导数，然后一并代入式(5.3.25)，同时考虑到在命中点 $\Delta R = 0, \varepsilon = \varepsilon_T, \dot{\varepsilon} = 0$，经整理后可得

$$\ddot{\varepsilon}_f = \left(-\ddot{\varepsilon}_T + \frac{\ddot{\varepsilon}_T \Delta \ddot{R}}{\dot{R}}\right)_{t=t_f} \tag{5.3.26}$$

$$\ddot{\varepsilon}_{Tf} = \frac{1}{R_T}\left(-2\dot{R}_T\dot{\varepsilon}_T + \frac{\dot{V}_T R_T}{V_T}\dot{\varepsilon}_T + \dot{R}_T\dot{\theta}_T\right)_{t=t_f} \tag{5.3.27}$$

将式(5.3.26)与式(5.3.27)代入式(5.3.25)，得

$$\dot{\theta}_f = \left[\left(2\frac{\dot{R}_T}{R} + \frac{R\Delta\ddot{R}}{\dot{R}\Delta\dot{R}}\right)\dot{\varepsilon}_T - \frac{\dot{V}}{\dot{R}}\sin(\theta_T - \varepsilon_T) - \frac{R_T}{R}\dot{\theta}_T\right]_{t=t_f} \tag{5.3.28}$$

由式(5.3.28)可见，按前置量法导引时，导弹在命中点的法向过载仍受目标机动的影响，这是不利的。因为目标机动参数 $\dot{V}_T$、$\dot{\theta}_T$ 不易测量，难以形成补偿信号来修正弹道，从而引起动态误差，特别是 $\dot{\theta}_T$ 的影响较大。它与三点法比较，所不同的是，同样的目标机动动作，即同样的 $\dot{\theta}_T$，在三点法中造成的影响与前置量法中造成的影响刚好相反。

通过比较式(5.3.17)和式(5.3.28)不难发现，同样的机动动作，即同样的 $\dot{\theta}_T$、$\dot{V}_T$ 值对导弹命中点的转弯速率的影响在三点法和前置量法中刚好相反，若在三点法中为正，则在前置量法中为负。这就说明，在三点法和前置量法之间，还存在着另一种导引方法，按此导引方法，目标机动对导弹命中点的转弯速率的影响正好是零，它就是半前置量法。

2. 半前置量法

三点法和前置量法的导引关系式可以写成通式，即

$$\varepsilon = \varepsilon_T + \Delta\varepsilon = \varepsilon_T - C_\varepsilon \frac{\dot{\varepsilon}_T}{\Delta\dot{R}}\Delta R \tag{5.3.29}$$

显然，当 $C_\varepsilon = 0$ 时，式(5.3.29)就是三点法；而当 $C_\varepsilon = 1$ 时，它就是前置量法。半前置量法介于三点法与前置量法之间，其系数 C_ε 也应介于 0 与 1 之间。

为求出 C_ε，将式(5.3.29)对时间求二阶导数，并代入式(5.3.24)，得

$$\dot{\theta}_f = \left\{ \left(2 - \frac{\dot{V}R}{V\dot{R}}\right)(1-C_\varepsilon)\dot{\varepsilon}_T + \frac{R}{\dot{R}}\left[(1-2C_\varepsilon)\ddot{\varepsilon}_T + C_\varepsilon \frac{\Delta\ddot{R}}{\Delta\dot{R}}\dot{\varepsilon}_T\right]\right\}_{t=t_f} \tag{5.3.30}$$

由式(5.3.27)可知，目标机动参数 $\dot{\theta}_T$、$\dot{V}_T$ 影响着 $\ddot{\varepsilon}_{Tf}$，为使 $\dot{\theta}_T$、$\dot{V}_T$ 不影响命中点过载，可令式(5.3.30)中与 $\dot{\theta}_T$、$\dot{V}_T$ 有关的系数 $1-2C_\varepsilon$ 等于零，即 $C_\varepsilon = \dfrac{1}{2}$。于是，半前置量法的导引关系式为

$$\varepsilon = \varepsilon_T - \frac{1}{2}\frac{\dot{\varepsilon}_T}{\Delta\dot{R}}\Delta R \tag{5.3.31}$$

其命中点的转弯速率为

$$\dot{\theta}_f = \left[\left(1 - \frac{R\dot{V}}{2\dot{R}V} + \frac{R\Delta\ddot{R}}{2\dot{R}\Delta\dot{R}}\right)\dot{\varepsilon}_T\right]_{t=t_f} \tag{5.3.32}$$

将式(5.3.32)与前置量法的式(5.3.28)相比较，可以看到，在半前置量法中，不包含影响导弹命中点法向过载的目标机动参数 $\dot{\theta}_T$、$\dot{V}_T$，这就减小了动态误差，提高了导引精度。所以从理论上来说，半前置量法是一种比较好的导引方法。

综上所述，半前置量法的主要优点是，命中点过载不受目标机动的影响，但是要实现这种导引方法，就必须不断地测量导弹和目标的位置矢径 R、R_T，高低角 ε、ε_T，及其导数 $\dot{R}$、$\dot{R}_T$、$\dot{\varepsilon}_T$ 等参数，以便不断形成制导指令信号。这就使得制导系统的结构比较复杂，技术实施比较困难。在目标发出积极干扰、造成假象的情况下，导弹的抗干扰性能较差，甚至可能造成很大的起伏误差。

5.4　导引方法的应用

本章讨论了包括自寻的制导和遥控制导在内的几种常见的经典导引方法以及相应的弹道特性。显然，导弹的弹道特性与选用的导引方法密切相关。如果导引方法选择得合适，就能改善导弹的飞行特性，充分发挥导弹武器系统的作战性能。因此，选择合适的导引方法，改进现有导引方法或研究新的导引方法是导弹设计的重要课题之一。

1. 选择导引方法的基本原则

每种导引方法都有它产生和发展的过程，同时也具有一定的优点和缺点。在实际应用中，一般需要综合考虑导弹的飞行性能、作战空域、技术实施、制导精度、制导设备、战术使用等方面的要求进行设计。

(1) 弹道需用法向过载要小，变化要均匀，特别是在与目标相遇区，需用法向过载应趋近于零。需用法向过载小，一方面，可以提高制导精度、缩短导弹攻击目标的航程和飞行时间，进而扩大导弹的作战空域；另一方面，可用法向过载可以相应减小，从而降低对导弹结构强度、控制系统的设计要求。

(2) 作战空域尽可能大。空中活动目标的飞行高度和速度可在相当大的范围内变化，因此，在选择导引方法时，应考虑目标运动参数的可能变化范围，尽量使导弹在较大的作战

空域内攻击目标。对于空-空导弹来说，所选导引方法应使导弹具有全向攻击能力；对于地-空导弹来说，不仅能迎击目标，而且还能尾追或侧击目标。

(3) 目标机动对导弹弹道(特别是末段)的影响要小。例如，半前置量法的命中点法向过载就不受目标机动的影响，这将有利于提高导弹的命中精度。

(4) 抗干扰能力要强。空中目标为了逃避导弹的攻击，常常施放干扰来破坏导弹对目标的跟踪，因此，所选导引方法应能保证在目标施放干扰的情况下，使导弹能顺利攻击目标。例如，(半)前置量法抗干扰性能就不如三点法好，当目标发出积极干扰时应转而选用三点法来制导。

(5) 技术实施要简单可行。导引方法即使再理想，如果无法实施，还是无用。从这个意义上说，比例导引法就比平行接近法好。遥控制导中的三点法，技术实施比较容易，而且可靠，目前被广泛应用。

总之，各种导引方法都有它自己的优缺点，只有根据武器系统的主要矛盾综合考虑各种因素，灵活机动地予以取舍，才能克敌制胜。例如，现在采用较多的方法就是根据导弹特点实行复合制导。

2. 复合制导

每一种导引律都有自己独特的优点和缺点，如遥远控制的无线电指令制导和无线电波束制导，作用距离较远，但制导精度较差；自寻的制导，无论采用红外导引头，还是雷达导引头或电视导引头，其作用距离太近，但命中精度较高。因此，为了弥补单一导引方法的缺点，并满足战术技术要求，提高导弹的命中准确度，在攻击较远距离的活动目标时，常把各种导引规律组合起来应用，这就是多种导引规律的复合制导。复合制导又分为串联复合制导和并联复合制导。

串联复合制导就是在一段弹道上利用一种导引方法，而在另一段弹道上利用另一种导引方法，包括初制导、中制导和末制导。相应的弹道可分为 4 段：发射起飞段、巡航段(中制导)、过渡段和攻击段(末制导段)。例如，遥控中制导+自寻的末制导，自主中制导+自寻的末制导等。

并联复合制导一般指导引头的复合，即同时采用两种导引头的信号进行处理，从而获得目标信息。

到目前为止，应用最多的是串联复合制导，例如，"萨姆-4"采用"无线电指令+雷达半主动自寻的"方式；"飞鱼"采用"自主制导+雷达主动自寻的"方式。关于复合制导的弹道特性研究，主要是不同导引弹道的转接问题，如弹道平滑过渡、目标截获、制导误差补偿等。

思 考 题

1. 导引弹道运动学分析的假设条件是什么？
2. 导引弹道的特点是什么？
3. 写出自寻的导弹相对目标运动的方程组。
4. 何谓相对弹道、绝对弹道？

5. 要保持导弹-目标视线在空间的方位不变，应满足什么条件?

6. 什么是平行接近法? 它有哪些优缺点?

7. 目标做等速直线飞行，已知导弹的相对弹道，能否作出其绝对弹道?

8. 写出铅垂平面内比例导引法的导弹-目标相对运动方程组。

9. 采用比例导引法，q 的变化对过载有什么影响?

10. 比例导引法中的比例系数与制导系统有什么关系? 应如何选取比例系数?

11. 选择比例系数需要考虑哪些问题? 为什么?

12. 如何用雷达坐标系确定导弹在空间的位置?

13. 什么是三点法导引的等加速度曲线? 如何用等加速度曲线分析弹道特性?

14. 目标机动飞行是如何影响三点法导引弹道的?

15. 什么是攻击禁区? 攻击禁区与哪些因素有关?

16. 试以三点法为例，画出相对弹道与绝对弹道。

17. 写出三点法、前置量法和半前置量法的导引关系式。

18. 试比较三点法、前置量法和半前置量法的优缺点。

19. 选择导引方法的基本原则是什么?

第 6 章　现代导引方法

前面讨论的导引方法都是经典导引方法。一般而言，经典导引律需要的信息量少，结构简单，易于实现。因此，现役的战术导弹大多数使用经典导引律或其改进形式，但是对于高性能的大机动目标，尤其在目标采用各种干扰措施的情况下，经典的导引律就不太适用了。随着计算机技术的迅速发展，基于现代控制理论的现代导引律(如最优导引律、微分对策导引律、自适应导引律、微分几何导引律、反馈线性化导引律、神经网络导引律、H_∞导引律等)得到迅速发展。与经典导引律相比，现代导引律有许多优点，如脱靶量小，导弹命中目标时姿态角满足特定要求，对抗目标机动和干扰能力强，弹道平直，弹道需用法向过载分布合理，作战空域增大等。因此，用现代导引律制导的导弹截击未来战场上出现的高速度、大机动、有施放干扰能力的目标是非常有效的，但是，现代导引律结构复杂，需要测量的参数较多，给导引律的实现带来了困难。不过，随着微型计算机的不断发展，现代导引律在工程当中的应用为期不远。

相对于经典导引方法，现代导引方法还不是十分成熟。因此，本书中只介绍相对比较成熟的最优导引方法和变结构导引方法。另外，由于经典导引律，特别是自寻的比例导引律需要的信息量少，结构简单，易于工程实现，其仍是现役的大多数战术导弹使用的导引律。只是在应对高速大机动目标时，尤其在目标采用各种干扰措施的情况下，人们研究了如何在比例导引的基础上，利用现代控制理论和方法对比例导引律加以改进，使改进的比例导引律能够应对高速大机动目标。这一类的导引律不仅具有良好的性能，而且易于工程实现，目前已在工程实践中发挥了良好的作用。本章也将简要介绍这类导引律的设计与相应的导引弹道分析。

6.1　最优导引法

现代导引律有多种形式，其中研究最多的就是最优导引律。最优导引律的优点是它可以考虑导弹-目标的动力学问题，并可考虑起点或终点的约束条件或其他约束条件，根据给出的性能指标寻求最优导引律。根据具体要求性能指标可以有不同的形式，战术导弹考虑的性能指标主要是导弹在飞行中的总的法向过载最小、终端脱靶量最小、控制能量最小、拦截时间最短、导弹-目标的交会角满足要求等。但是，因为导弹的导引律是一个变参数并受到随机干扰的非线性问题，求解非常困难，所以通常只好把导弹拦截目标的过程做线性化处理，这样可以获得近似最优解，在工程上也易于实现，并且在性能上接近最优导引律。下面首先介绍二次型线性最优导引律。

6.1.1　导弹-目标相对运动状态方程

在前面几节经典导引方法的讨论中，建立导弹-目标(简称弹-目)相对运动模型时，大都采用了极坐标系。这里改变一下导弹、目标运动模型的描述形式，采用直角坐标系形式。

视导弹、目标为质点，并假设导弹和目标在同一个平面内运动(图 6.1.1)。

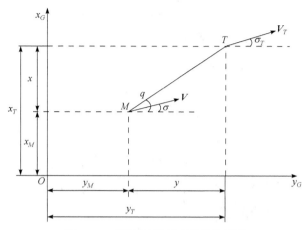

图 6.1.1　导弹-目标相对运动关系图

在导弹和目标运动的平面内任选坐标系 Ox_Gy_G，导弹速度矢量 V 与 Oy_G 轴的夹角为 σ，目标速度矢量 V_T 与 Oy_G 轴的夹角为 σ_T，导弹与目标的连线 $\overline{MT}$ 与 Oy_G 轴的夹角为 q。

设 σ、σ_T 和 q 都比较小，并且假定导弹和目标都做等速飞行，即设导弹与目标在 Ox_G 轴、Oy_G 轴方向上的距离偏差分别为

$$\begin{cases} x = x_T - x_M \\ y = y_T - y_M \end{cases} \tag{6.1.1}$$

式中，V、V_T 是常值。

式(6.1.1)对时间 t 求导，并根据导弹相对目标运动关系得

$$\begin{cases} \dot{x} = \dot{x}_T - \dot{x}_M = V_T \sin \sigma_T - V \sin \sigma \\ \dot{y} = \dot{y}_T - \dot{y}_M = V_T \cos \sigma_T - V \cos \sigma \end{cases} \tag{6.1.2}$$

由于 σ、σ_T 很小，因此 $\sin \sigma \approx \sigma$、$\sin \sigma_T \approx \sigma_T$、$\cos \sigma \approx 1$、$\cos \sigma_T \approx 1$，于是

$$\begin{cases} \dot{x} = V_T \sigma_T - V \sigma \\ \dot{y} = V_T - V \end{cases} \tag{6.1.3}$$

令 $x_1 = x, x_2 = \dot{x}$，则

$$\begin{cases} \dot{x}_1 = x_2 \\ \dot{x}_2 = \ddot{x} = V_T \dot{\sigma}_T - V \dot{\sigma} \end{cases} \tag{6.1.4}$$

式中，$V_T \dot{\sigma}_T$、$V \dot{\sigma}$ 分别为目标、导弹的法向加速度，以 a_T、a 表示，则有

$$\dot{x}_2 = a_T - a \tag{6.1.5}$$

导弹的法向加速度 a 作为控制量，一般作为控制信号加给舵机，舵面偏转后产生攻角 α，而后产生法向过载。如果忽略舵机的惯性及弹体的惯性，设控制量的量纲与加速度的量纲相同，则可用控制量 u 来表示 $-a$，即令 $u = -a$，于是式(6.1.5)变为

$$\dot{x}_2 = u + a_T \tag{6.1.6}$$

这样可得导弹运动的状态方程为

$$\begin{cases} \dot{x}_1 = x_2 \\ \dot{x}_2 = u + a_T \end{cases} \tag{6.1.7}$$

先假设目标不机动，即 $a_T = 0$，则弹-目相对运动的状态方程可化为

$$\begin{cases} \dot{x}_1 = x_2 \\ \dot{x}_2 = u \end{cases} \tag{6.1.8}$$

可用矩阵简明地表示为

$$\begin{bmatrix} \dot{x}_1 \\ \dot{x}_2 \end{bmatrix} = \begin{bmatrix} 0 & 1 \\ 0 & 0 \end{bmatrix} \begin{bmatrix} x_1 \\ x_2 \end{bmatrix} + \begin{bmatrix} 0 \\ 1 \end{bmatrix} u \tag{6.1.9}$$

令 $x = [x_1 \ x_2]^{\mathrm{T}}$，$A = \begin{bmatrix} 0 & 1 \\ 0 & 0 \end{bmatrix}$，$B = [0 \ 1]^{\mathrm{T}}$，则以 x_1、x_2 为状态变量，u 为控制变量的弹-目相对运动的状态方程为

$$\dot{x} = Ax + Bu \tag{6.1.10}$$

6.1.2 基于二次型的最优导引律

对于自寻的制导系统，通常选用二次型性能指标。下面讨论基于二次型性能指标的最优导引律。

将弹-目相对运动关系式(6.1.2)的第 2 式改写为

$$\dot{y} = -(V - V_T) = -V_C$$

式中，V_C 为导弹对目标的接近速度，$V_C = V - V_T$。

设 t_f 为导弹与目标的遭遇时刻(在此时刻导弹与目标相碰撞或两者间距离为最小)，则在某一瞬时 t，导弹与目标在 Oy 轴方向上的距离偏差为 $y = V_C(t_f - t) = (V - V_T)(t_f - t)$。

如果性能指标选为二次型，它应首先含有制导误差的平方项，还要含有控制所需的能量项。对任何制导系统，最重要的是希望导弹与目标遭遇时刻 t_f 的脱靶量(即制导误差的终值)极小。对于二次型性能指标，应以脱靶量的平方表示，即

$$\left[x_T(t_f) - x(t_f) \right]^2 + \left[y_T(t_f) - y(t_f) \right]^2$$

为简化分析，通常选用 $y = 0$ 时的 x 值作为脱靶量。于是，要求 t_f 时 x 值越小越好。由于舵偏角受限制，导弹的可用过载有限，导弹结构能承受的最大载荷也受到限制，所以控制量 u 也应受到约束。因此，选择下列形式的二次型性能指标函数：

$$J = \frac{1}{2} x^{\mathrm{T}}(t_f) C x(t_f) + \frac{1}{2} \int_{t_0}^{t_f} (x^{\mathrm{T}} Q x + u^{\mathrm{T}} R u) \mathrm{d}t \tag{6.1.11}$$

式中，C、Q、R 为正数对角线矩阵，它保证了指标为正数，在多维情况下还保证了性能指标为二次型。例如，对于讨论的二维情况，则有

$$C = \begin{bmatrix} c_1 & 0 \\ 0 & c_2 \end{bmatrix}$$

此时，性能指标函数中含有 $c_1 x_1^2(t_f)$ 和 $c_2 x_2^2(t_f)$。如果不考虑导弹相对运动速度项 $x_2(t_f)$，则令 $c_2 = 0$，$c_1 x_1^2(t_f)$ 便表示了脱靶量。积分项中 $u^T R u$ 为控制能量项，对控制矢量为一维的情况，则可表示为 Ru^2。R 根据对过载限制的大小来选择。R 小时，对导弹过载的限制小，过载就可能较大，但是计算出来的最大过载不能超过导弹的可用过载；R 大时，对导弹过载的限制大，过载就可能较小，但为了充分发挥导弹的机动性，过载也不能太小。因此，应按导弹的最大过载恰好与可用过载相等这个条件来选择 R。积分项中的 $x^T Q x$ 为误差项。由于主要是考虑脱靶量 $x(t_f)$ 和控制量 u，因此，该误差项不予考虑，即 $Q = 0$。这样，用于制导系统的二次型性能指标函数可简化为

$$J = \frac{1}{2} x^T(t_f) C x(t_f) + \frac{1}{2} \int_{t_0}^{t_f} R u^2 \mathrm{d}t \tag{6.1.12}$$

当给定弹-目相对运动的状态方程为

$$\dot{x} = Ax + Bu$$

时，应用最优控制理论，可得最优导引律为

$$u = -R^{-1} B^T P x \tag{6.1.13}$$

其中，P 由里卡蒂(Riccati)微分方程

$$A^T P + PA - PBR^{-1}B^T P + Q = \dot{P}$$

求解得到。终端条件为

$$P(t_f) = C$$

在不考虑速度项 $x_2(t_f)$，即 $c_2 = 0$，且控制矢量为一维的情况下，最优导引律为

$$u = -\frac{(t_f - t)x_1 + (t_f - t)^2 x_2}{\dfrac{R}{c_1} + \dfrac{(t_f - t)^3}{3}} \tag{6.1.14}$$

为了使脱靶量最小，应选取 $c_1 \to \infty$，则

$$u = -3\left[\frac{x_1}{(t_f - t)^2} + \frac{x_2}{t_f - t}\right] \tag{6.1.15}$$

从图 6.1.1 可得

$$\tan q = \frac{x}{y} = \frac{x_1}{V_C(t_f - t)}$$

当 q 比较小时，$\tan q \approx q$，则

$$q = \frac{x_1}{V_C(t_f - t)} \tag{6.1.16}$$

$$\dot{q} = \frac{x_1 + (t_f - t)\dot{x}_1}{V_C(t_f - t)^2} = \frac{1}{V_C}\left[\frac{x_1}{(t_f - t)^2} + \frac{x_2}{t_f - t}\right] \tag{6.1.17}$$

将式(6.1.15)代入式(6.1.17)中，可得

$$u = -3V_C\dot{q} \tag{6.1.18}$$

考虑到 $u = -a = -V\dot{\sigma}$，故

$$\dot{\sigma} = -\frac{3V_C}{V}\dot{q} \tag{6.1.19}$$

由此看出，当不考虑弹体惯性时，自寻的制导的最优导引律也就是比例导引律，其比例系数为 $K = -\dfrac{3V_C}{V}$。这也说明，比例导引法是一种很好的导引方法。

随着计算机技术和现代控制理论的发展，最优导引律的研究也越来越受到重视，国内外研究成果很多，这里给出两种最优导引律。

(1) 考虑目标机动过载的最优导引律：

$$n = K\frac{r + \dot{r}t_{\text{go}}}{t_{\text{go}}^2} + \frac{K}{2}n_T \tag{6.1.20}$$

式中，n 为导弹过载；K 为比例系数；$\dot{r}$ 为导弹接近目标的速度；$t_{\text{go}} = t_f - t$ 为导弹剩余飞行时间；n_T 为目标机动过载。

(2) 考虑目标加速度的最优导引律：

$$n = K\dot{r}(\dot{q} + t_{\text{go}}\ddot{q}/2) + K\dot{V}_T(q - \sigma_T)/2 \tag{6.1.21}$$

式中，$\dot{q}$、$\ddot{q}$ 为视线角对时间的一阶、二阶导数；$\dot{V}_T$ 为目标加速度；σ_T 为目标方位角。

6.1.3 以视线角速率为变量的最优导引律

前面给出了直角坐标系下的弹-目相对运动模型，并据此利用最优控制理论求出了最优导引律。下面给出另一种弹-目相对运动模型的描述方法：以视线角速率为状态变量的状态方程，在此基础上求出以视线角速率为变量的最优导引律。

以垂直平面内情况为例，弹-目相对运动关系仍在极坐标系中描述，如图 6.1.1 所示，所有变量如前定义。其弹-目相对运动方程为

$$\begin{cases} \dot{r} = V_T\cos\eta_T - V\cos\eta = V_T\cos(q - \sigma_T) - V\cos(q - \sigma) \\ r\dot{q} = V\sin\eta - V_T\sin\eta_T = -V_T\sin(q - \sigma_T) + V\sin(q - \sigma) \\ q = \sigma + \eta = \sigma_T + \eta_T \end{cases} \tag{6.1.22}$$

取 $a = V\dot{\sigma}$、$a_T = V_T\dot{\sigma}_T$ 分别为导弹与目标的法向加速度。式(6.1.22)中第 1 式对时间求导，并将第 2、3 式代入可得

$$\begin{aligned} r\ddot{q} + \dot{r}\dot{q} &= \dot{V}\sin\eta + \dot{\eta}V\cos\eta - \dot{V}_T\sin\eta_T - \dot{\eta}_T V_T\cos\eta_T \\ &= \dot{V}\sin\eta + (\dot{q} - \dot{\theta})V\cos\eta - \dot{V}_T\sin\eta_T - (\dot{q} - \dot{\theta}_T)V_T\cos\eta_T \\ &= \dot{V}\sin\eta - \dot{V}_T\sin\eta_T + \dot{q}(V\cos\eta - V_T\cos\eta_T) - \dot{\theta}V\cos\eta + \dot{\theta}_T V_T\cos\eta_T \\ &= \dot{V}\sin\eta - \dot{V}_T\sin\eta_T - \dot{r}\dot{q} - a\cos\eta + a_T\cos\eta_T \end{aligned} \tag{6.1.23}$$

由式(6.1.23)可以整理得到以 $\dot{q}$ 为变量的微分方程：

$$\ddot{q} = \frac{1}{r}(-2\dot{r}\dot{q} + \dot{V}\sin\eta - a\cos\eta + a_T\cos\eta_T - \dot{V}_T\sin\eta_T)$$

$$= \frac{1}{r}(-2\dot{r}\dot{q} + \dot{V}\sin\eta - u + d_T)$$

(6.1.24)

式中，$u = a\cos\eta$ 为导弹加速度垂直于视线方向的分量，可以认为是控制输入量；$d_T = a_T\cos\eta_T - \dot{V}_T\sin\eta_T$ 为目标机动加速度项垂直于视线方向的分量，此处暂做外部干扰处理；$\dot{V}\sin\eta$ 为导弹的切向加速度在视线方向上的分量，由于在末制导阶段，导弹切向运动往往是不受控的，因此可以近似认为 $\dot{V}\sin\eta = 0$，则式(6.1.24)可写为

$$\ddot{q} = \frac{1}{r}(-2\dot{r}\dot{q} - u + d_T)$$

(6.1.25)

取状态变量 $x = \dot{q}$，则式(6.1.25)可以化作一个以视线角速率为变量的一阶线性时变微分方程：

$$\dot{x} = -\frac{2\dot{r}}{r}x - \frac{1}{r}u + \frac{1}{r}d_T$$

(6.1.26)

式中，u 为控制量；d_T 为干扰量。

显然，式(6.1.26)是一个线性时变微分方程。若令

$$a(t) = -2\dot{r}(t)/r(t), \quad b(t) = -1/r(t)$$

(6.1.27)

则

$$\dot{x} = a(t)x + b(t)u + b(t)d_T$$

(6.1.28)

暂先假设式(6.1.28)的干扰量 $d_T = 0$，也就是说，先考虑目标不机动情形，则式(6.1.28)可写成：

$$\dot{x} = a(t)x + b(t)u$$

(6.1.29)

下面将面向式(6.1.29)所描述的线性时变系统，利用最优控制理论设计其最优制导律。

同前，首先选取如下线性二次型性能指标：

$$J(u) = cx(t_f)^2 + \int_{t_0}^{t_f}[q_1(t)x^2 + r_1(t)u^2]\mathrm{d}t$$

(6.1.30)

式中，$q_1(t) \geqslant 0$；$r_1(t) > 0$；$c = \text{const} > 0$ 为加权因子。

为保证制导精度，令 $c \to \infty$，因为当 $c \to \infty$ 时，$x(t_f) \to 0$，t_0、t_f 分别代表末制导的起始时刻和终止时刻。实际上，导弹上的目标探测器进入盲区或导弹控制能量耗尽后，制导过程终止，随后导弹依惯性继续飞向目标。

众所周知，令 $J(u)$ 取极小值的最优控制为

$$u^* = -r_1^{-1}(t)b(t)p(t)x$$

(6.1.31)

式中，$p(t)$ 满足 Riccati 方程：

$$\dot{p}(t) + 2a(t)p(t) - r_1^{-1}(t)b^2(t)p(t)^2 + q_1(t) = 0$$
$$p(t_f) = c \to \infty$$

(6.1.32)

令 $\omega(t) = p^{-1}(t)$，代入式(6.1.32)得

$$\dot{\omega}(t) - 2a(t)\omega(t) + r_1^{-1}(t)b^2(t) - \omega^2(t)q_1(t) = 0$$
$$\omega(t_f) = c^{-1} = 0 \tag{6.1.33}$$

为了使燃料消耗最小(在拦截等问题中很重要，因为导弹所携带的控制是有限的)，不妨取 $q_1(t) = 0$，则式(6.1.33)化作一个时变的一阶线性微分方程：

$$\dot{\omega}(t) - 2a(t)\omega(t) + r_1^{-1}(t)b^2(t) = 0 \tag{6.1.34}$$

考虑到终端条件(6.1.33)，方程(6.1.34)的解析解为

$$\omega(t) = e^{\int_{t_0}^{t} 2a(\tau)d\tau} \left[\int_{t}^{t_f} e^{-\int_{t_0}^{\eta} 2a(\tau_2)d\tau_2} r_1^{-1}(\tau_1)b^2(\tau_1)d\tau_1 \right] \tag{6.1.35}$$

将 $a(t) = -2\dot{r}(t)/r(t)$，$b(t) = -1/r(t)$ 代入式(6.1.35)得到

$$\omega(t) = \frac{1}{r^4(t)} \left[\int_{t}^{t_f} r_1^{-1}(\tau_1) \frac{r^2(\tau_1)}{\dot{r}(\tau_1)} dr(\tau_1) \right] \tag{6.1.36}$$

注意到 $\dot{r}(t) < 0$，选择 $r_1(t) = -1/\dot{r}(t)$，则式(6.1.36)化为

$$\omega(t) = \frac{1}{3r^4(t)} \left[r^3(t) - r^3(t_f) \right] \tag{6.1.37}$$

把式(6.1.37)和 $b(t) = -1/r(t)$ 代入式(6.1.31)，同时把式(6.1.37)再转换回 $p^{-1}(t) = \omega(t)$ 并代入式(6.1.31)，得到最优控制：

$$u^* = N(t)x = \frac{3r^3(t)\dot{r}(t)}{r^3(t_f) - r^3(t)}x \tag{6.1.38}$$

式(6.1.38)可写为

$$u^* = N(t)\dot{q} \tag{6.1.39}$$

其中

$$\dot{q} = x$$

$$N(t) = \frac{3r^3(t)\dot{r}(t)}{r^3(t_f) - r^3(t)} \tag{6.1.40}$$

以视线角速率为变量，利用最优控制理论求得的最优导引律实质上是一个变导航比的比例导引律，和前面得出的结论是相同的。式(6.1.40)即变导航比的表达式，其工程实现问题将在下面简单讨论。

上面的最优导引律是在假设干扰量 $d_T = 0$ 且不考虑目标机动情况下，利用最优控制理论求得的。这种最优导引律的抗干扰性能较差，只适合攻击非机动目标。在攻击机动目标时，它不能保证视线角速率趋于零。6.2 节将滑模变结构控制和最优控制相结合，设计可攻击机动目标的滑模变结构导引律和最优滑模导引律。

6.2 滑模变结构导引方法

6.2.1 滑模变结构控制基本理论

滑模变结构控制本质上是一类特殊的非线性控制，该思想主要源于二阶系统的相平面分析，其非线性表现为控制的不连续性。这种控制策略与其他控制的不同之处在于系统的"结构"并不固定，而是在动态过程中，根据系统当前的状态有目的地不断变化，迫使系统按照预定"滑动模态"的状态轨迹运动，所以又常称变结构控制为滑动模态控制(Sliding Mode Control，SMC)，或称滑模变结构控制。由于滑动模态可以进行设计且与对象参数以及扰动无关，这就使得变结构控制具有快速响应、对参数变化及扰动不灵敏、无须系统在线辨识、物理实现简单等优点。滑模变结构控制已形成了一个相对独立的控制分支，成为一种有效的控制方法，并在实际工程中逐渐得到了推广。正是由于变结构控制响应快速、结构简单，参数和外界对系统造成的摄动具有较强的不变性，滑模变结构控制在导弹控制系统设计中才得到了重视与广泛应用。

考虑一般系统的状态方程为

$$\dot{x} = f(x, u, t), \quad x \in \mathrm{R}^n, \quad u \in \mathrm{R}^m \tag{6.2.1}$$

式中，u 为控制量；t 为时间。

在状态变量构成的空间中，存在一个切换面：

$$s(x) = s(x_1, x_2, \cdots, x_n) = 0 \tag{6.2.2}$$

它将状态空间分为 $s < 0$ 及 $s > 0$ 两部分，在切换面上的运动点有三种情况，如图 6.2.1 所示。

通常点(点 A)：系统运动点运动到切换面 $s = 0$ 附近时，穿越此点而过。

起始点(点 B)：系统运动点到达切换面 $s = 0$ 附近时，从切换面的两边离开该点。

终止点(点 C)：系统运动点到切换面 $s = 0$ 附近时，从切换面的两边趋向于该点。

在滑模变结构中，通常点与起始点无特别的意义，而终止点却有特殊的意义。因为如果在切换面上某一区域内所有的运动点都是终止

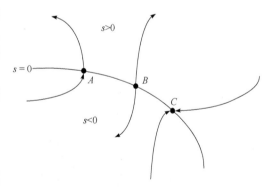

图 6.2.1 切换面上三种点的特性

点，那么一旦运动点趋近于该区域，它就会被"吸引"到该区域内运动。此时，称在切换面 $s = 0$ 上所有的运动点都是终止点的区域为"滑动模态"区，简称"滑模"区。系统在滑模区中的运动就称为"滑模运动"。

按照滑动模态区的运动点都必须是终止点这一要求，当运动点到达切换面 $s = 0$ 附近时，必有

$$\lim_{s \to 0^+} \dot{s} \leqslant 0 \quad \text{或} \quad \lim_{s \to 0^-} \dot{s} \geqslant 0 \tag{6.2.3}$$

或者

$$\lim_{s \to 0^+} \dot{s} \leqslant 0 \leqslant \lim_{s \to 0^-} \dot{s} \tag{6.2.4}$$

经过变换，式(6.2.4)也可写为

$$\lim_{s \to 0} s\dot{s} \leqslant 0 \tag{6.2.5}$$

此不等式对系统提出了一个形如

$$v(x_1, x_2, \cdots, x_n) = \left[s(x_1, x_2, \cdots, x_n)\right]^2 \tag{6.2.6}$$

的李雅普诺夫(Lyapunov)函数的必要条件。由于在切换面邻域内函数式(6.2.6)是正定的，而按照式(6.2.5)，s^2 的导数是负半定的，也就是说在 $s = 0$ 附近，v 是一个非增函数，因此，如果满足条件式(6.2.5)，则式(6.2.6)是系统的一个条件李雅普诺夫函数。系统本身也就稳定于条件 $s = 0$。

滑模变结构控制系统的设计可归结为如下问题。

对式(6.2.1)所描述的系统，需要确定切换函数：

$$s(x), \quad s \in \mathrm{R}^m \tag{6.2.7}$$

求解控制函数：

$$u = \begin{cases} u^+(x), & s(x) > 0 \\ u^-(x), & s(x) < 0 \end{cases} \tag{6.2.8}$$

其中

$$u^+(x) \neq u^-(x) \tag{6.2.9}$$

使得：

(1) 滑动模态存在，即式(6.2.8)成立；

(2) 满足可达性条件，在切换面 $s = 0$ 以外的运动点都将于有限时间内到达切换面；

(3) 保证滑模运动的稳定性；

(4) 能够满足控制系统的动态品质要求。

前三点即滑模变结构控制设计中的三个基本问题。

滑模变结构控制包括趋近运动和滑模运动两个过程。系统从任意初始状态趋向切换面，直到到达切换面的运动称为趋近运动，即趋近运动为 $s \to 0$ 的过程。根据滑模变结构原理，滑模可达性条件仅保证由状态空间任意位置运动点在有限时间内到达切换面的要求，而对于趋近运动的具体轨迹未作任何限制，采用趋近律的方法可以改善趋近运动的动态品质。

几种典型的趋近律如下。

(1) 等速趋近律：

$$\dot{s} = -\varepsilon \operatorname{sgn}(s), \quad \varepsilon > 0 \tag{6.2.10}$$

式中，常数 ε 表示系统的运动点趋近切换面 $s = 0$ 的速度。当 ε 较小时，趋近速度慢；当 ε 较大时，运动点到达切换面时将具有较大的速度，引起的抖振也较大。

(2) 指数趋近律：

$$\dot{s} = -\varepsilon \operatorname{sgn}(s) - ks, \quad \varepsilon > 0, \quad k > 0 \tag{6.2.11}$$

式中，$\dot{s} = -ks$ 是指数趋近项，其解为 $s = s(0)\mathrm{e}^{-kt}$。

指数趋近中，趋近速度从一大值逐步减小到零，不仅缩短了趋近时间，而且使运动点到达切换面时的速度很小。对单纯的指数趋近，运动点逼近切换面是一个渐近的过程，不能保证有限时间内到达，切换面上也就不存在滑动模态了，所以要增加一个等速趋近项 $\dot{s} = -\varepsilon \operatorname{sgn}(s)$，使当 s 接近零时，趋近速度是 ε 而不是零，可以保证有限时间到达。

在指数趋近律中，为了保证快速趋近的同时削弱抖振，应在增大 k 的同时减小 ε。

(3) 幂次趋近律：

$$\dot{s} = -k|s|^{\alpha} \operatorname{sgn}(s), \quad k > 0, \quad 1 > \alpha > 0 \tag{6.2.12}$$

(4) 一般趋近律：

$$\dot{s} = -\varepsilon \operatorname{sgn}(s) - f(s), \quad \varepsilon > 0 \tag{6.2.13}$$

式中，$f(0) = 0$，当 $s \neq 0$ 时，$sf(s) > 0$。

显然，上述四种趋近律都满足滑模到达条件 $s\dot{s} < 0$。

6.2.2　滑模变结构导引律

将滑模变结构控制理论引入导引律设计过程中，可以得到对于参数摄动和干扰具有鲁棒性的滑模变结构导引律。

面向式(6.1.29)所示的线性时变微分方程，根据变结构控制理论，选取滑动模态为

$$s = kx = r\dot{q} \tag{6.2.14}$$

为了保证系统状态能够达到滑动模态，而且在到达滑动模态的过程中有优良的特性，这里应用趋近律思想来设计滑模变结构导引律。

首先假设系统的干扰量 $\omega_q = 0$，选取滑模趋近律为

$$\dot{s} = -k_1 \frac{|\dot{r}(t)|}{r(t)} s - k_2 \operatorname{sgn}(s) \tag{6.2.15}$$

之所以选取这种形式的趋近律，其物理意义在于：当 $r(t)$ 较大时，也就是导弹离目标较远时，可适当放慢趋近滑动模态的速度；当 $r(t)$ 较小时，也就是导弹离目标较近时，甚至 $r(t) \to 0$ 时，使趋近速度迅速增加，这样就可以使 $\dot{q}$ 尽量小，确保 $\dot{q}$ 不发散，从而使导弹具有较高的命中精度。

基于以上滑动模态和趋近律的选取，经过复杂推导，可求出滑模变结构导引律为

$$u_v = (k_1 + 1)|\dot{r}|\dot{q} + k_2 \operatorname{sgn}(s) \tag{6.2.16}$$

下面进行滑模变结构导引律的稳定性分析。

选取如下形式的 Lyapunov 函数：

$$v = \frac{1}{2}s^2 \tag{6.2.17}$$

式(6.2.17)两端对时间求导，得到

$$\dot{v} = s\dot{s} \tag{6.2.18}$$

将式(6.2.15)代入式(6.2.18)并整理，得到

$$\dot{v} = s\left[-k_1\frac{|\dot{r}(t)|}{r(t)}s - k_2\,\mathrm{sgn}(s)\right] = -k_1\frac{|\dot{r}(t)|}{r(t)}s^2 - k_2 s\,\mathrm{sgn}(s) \tag{6.2.19}$$

在式(6.2.16)中，$|\dot{r}(t)| > 0$，$r(t) > 0$，$s\,\mathrm{sgn}(s) = |s| > 0$，因此当参数 $k_1 > 0$，$k_2 > 0$ 选取适当时，有 $\dot{v} \leqslant 0$。根据 Lyapunov 稳定性理论可知，系统中加入形如式(6.2.16)的控制输入时，可以保证系统状态是稳定的，即只要参数选取适当，滑模变结构导引律可保证视线角速率 $\dot{q} \to 0$。

式(6.2.19)所示的滑模变结构导引律：

$$u_v = (k_1 + 1)|\dot{r}|\dot{q} + k_2\,\mathrm{sgn}(s) = u_{ep} + u_{cm} \tag{6.2.20}$$

不难看出，该变结构导引律由两部分组成：一部分是连续形式的，$u_{ep} = (k_1 + 1)|\dot{r}|\dot{q}$，从形式上看相当于扩展比例导引律；另一部分是开关形式的，$u_{cm} = k_2\,\mathrm{sgn}(s)$，相当于是利用变结构控制对扩展比例导引的补偿，但这种补偿是在不增加任何新的制导信息的前提下即可完成的。对扩展比例导引进行有效的补偿，才使得滑模变结构导引律对于参数摄动与干扰具有很强的鲁棒性。

6.2.3　最优滑模导引方法

最优导引律的优点是它可以考虑导弹、目标的动力学特性，并可考虑起点或终点的约束条件或其他约束条件，根据给出的性能指标寻求最优导引律。根据具体要求，性能指标中可以不同的形式考虑导弹的性能指标，如导弹在飞行中的总的法向过载最小、终端脱靶量最小、控制能量最小、拦截时间最短、导弹目标的交会角满足要求等。故研究最优导引律的设计方法有重要的工程应用意义。

由 6.2.2 节的研究结果可以看出，滑模变结构导引律由两部分组成：一部分相当于扩展比例导引律；另一部分是一非线性开关控制项，正是这一非线性开关控制项对扩展比例导引具有良好的补偿作用，使得滑模变结构导引律对于参数摄动与干扰具有很强的鲁棒性。下面将最优控制与滑模变结构控制结合起来，设计一种对目标机动有良好鲁棒性的最优滑模导引律，而同时又保留最优制导动态性能好、节省能量等优点。

对如式(6.1.29)所示的以视线角速度为变量的弹-目相对运动方程，选取开关函数(即切换面)

$$s = x = \dot{q}(t) \tag{6.2.21}$$

为了保证状态 x 在到达滑动模态 $s = 0$ 的过程中具有好的动态性能，此处采用指数趋近律来设计导引律。在构造指数趋近律时，利用最优导引律的解析表达式确定趋近律中的设计项。把式(6.1.39)的最优导引律以及式(6.1.27)中关于 $a(t)$ 和 $b(t)$ 的定义代入式(6.1.29)，整理得到滑动模态外的最优运动：

$$\dot{x} = \left[-\frac{2\dot{r}(t)}{r(t)} - \frac{N(t)}{r(t)}\right]x \tag{6.2.22}$$

按照指数趋近律构造最优趋近律：

$$\dot{s} = -K(t)s - E(t)\mathrm{sgn}(s) \tag{6.2.23}$$

式中，$K(t) = \dfrac{2\dot{r}(t)}{r(t)} + \dfrac{N(t)}{r(t)}$；$E(t) = \dfrac{\varepsilon}{r(t)}$，$\varepsilon = \mathrm{const} > 0$。

把式(6.2.21)和式(6.1.29)代入式(6.2.23)得到最优滑模导引律：

$$u^* = N(t)x + \varepsilon\,\mathrm{sgn}(x) \tag{6.2.24}$$

式中，$N(t) = \dfrac{3r^3(t)\dot{r}(t)}{r^3(t_f) - r^3(t)}$；$x = \dot{q}$。

最优滑模导引律由两项组成：第一项相当于最优导引律，第二项相当于滑模变结构补偿项。由于这个补偿项的存在，最优滑模导引律才具有较强的鲁棒性。

最优滑模导引律的鲁棒性首先体现在对目标机动等干扰不敏感，也就是说，在目标机动时，最优滑模导引律仍可以保证系统状态 $x \to 0$，也就是 $x = \dot{q} \to 0$。

考虑目标机动情况，针对式(6.1.26)选取 Lyapunov 函数：

$$v = \frac{1}{2}x^2 \tag{6.2.25}$$

将式(6.2.25)中的 v 对时间微分并考虑到式(6.1.25)得到

$$\dot{v} = x\left[-\frac{\dot{r}(t)}{r(t)}x - \frac{u}{r(t)} + \frac{d_T}{r(t)} \right] \tag{6.2.26}$$

将最优滑模导引律式(6.2.24)代入式(6.2.26)，整理得到

$$\dot{v} = -K(t)x^2 - \frac{\varepsilon\,\mathrm{sgn}(x) - d_T}{r(t)}x \tag{6.2.27}$$

由式(6.1.26)并注意 $\dot{r}(t) < 0$，$r(t) > 0$，得到

$$K(t) = \frac{\dot{r}(t)[2r^3(t_f) + r^3(t)]}{r(t)[r^3(t_f) - r^3(t)]} > 0 \tag{6.2.28}$$

则式(6.2.27)中等号右边第一项为负。显然，如果 $\varepsilon > |d_T|$，那么式(6.2.27)中等号右边第二项也为负。这样，$\dot{v} < 0$ 成立。设 $\dot{r}(t) \leqslant -\beta_1 < 0$，$0 < r(t) < \beta_2$，$2r^3(t_f) + r^3(t) \geqslant \beta_3 > 0$，$-\beta_4 \leqslant r^3(t_f) - r^3(t) < 0$，而 $\varepsilon > |\omega|$，其中 β_1、β_2、β_3、β_4 是常数，则

$$\dot{v} = -K(t)x^2 - \frac{\varepsilon\,\mathrm{sgn}\,x - \omega}{r(t)}x \leqslant -2\frac{\beta_1\beta_3}{\beta_2\beta_4}V = -2\beta v\left(\beta = \frac{\beta_1\beta_3}{\beta_2\beta_4} \right) \tag{6.2.29}$$

$$\Rightarrow V(t) \leqslant v_0 e^{-2\beta t} \Rightarrow v(t) \to 0, t \to \infty \Rightarrow x \to 0, t \to \infty$$

上面说明最优滑模导引律在系统受到干扰，也就是目标机动情况下，仍可以保证 $x = \dot{q} \to 0$，则最优滑模导引律对系统干扰(目标机动)具有鲁棒性。

下面简单讨论最优滑模导引律的工程实现问题。严格地讲，实现式(6.2.24)所示的最优

滑模导引律，需要已知 $\dot{r}(t)$、$r(t)$ 和 $r(t_f)$。只有 $t \to t_f$ 时，$r(t) \to r(t_f)$，$N(t) \to \infty$，但这种现象只发生在 $r(t)$ 非常接近 $r(t_f)$ 的一段很短的时间内。在制导过程的绝大部分时间内，$r(t) \gg r(t_f)$，因此 $N(t) \approx -3\dot{r}(t)$。特别地，如果 $r(t_f) \to 0$，那么 $N(t) \to -3\dot{r}(t)$，这意味着 $N(t)x$ 可视为比例导引项。

在实际应用中，$r(t_f)$ 难以实时获得或验前估计出来，所以可选 $N(t) \approx -3\dot{r}(t)$。在整个制导过程中，$\dot{r}(t)$ 变化不大，几乎是一个常数。另外，由于最优滑模导引律对参数摄动有鲁棒性，所以在式(6.2.24)中可以使用 $\dot{r}(t)$ 的近似估计值，如可取其为 $\hat{\dot{r}}(0) = \mathrm{const}$（$\hat{\dot{r}}(0)$ 代表 $\hat{\dot{r}}(t)$ 在末制导初始时刻的估计值）。

这样，在实际应用中，最优滑模导引律可以简化为

$$u^* = -3\hat{\dot{r}}(0)x + \varepsilon \,\mathrm{sgn}(x) \tag{6.2.30}$$

在实际应用中，由于最优滑模导引律中像一般的滑模变结构控制一样存在不连续控制项 $\mathrm{sgn}(x)$，往往系统会发生"抖振"现象。为了削弱抖振，通常用一个连续函数 $x/(|x|+\delta)$ 代替符号函数 $\mathrm{sgn}(x)$。因而，最优滑模导引律可写作：

$$u = -3\hat{\dot{r}}(0)x + \varepsilon \frac{x}{|x| + \delta} \tag{6.2.31}$$

式中，δ 是一个小的正实数，这样，只要可测得视线角速率 $\dot{q}(t)$，从工程上可以实现式(6.2.24)所示的最优滑模导引律。工程上，$\dot{q}(t)$ 的测量是较容易做到的。

6.3　基于鲁棒控制的导引方法

6.3.1　L_2 鲁棒控制理论

在控制系统的设计中，通常要求控制器不改变系统的参数和结构，并且在系统扰动，即系统参数变化或受到任何不确定因素影响时，依旧能满足给定的性能要求。因此，需要设计一种具有良好抑制系统扰动能力的控制器。鲁棒控制理论是设计这种控制器的得力工具。下面介绍一种 L_2 鲁棒控制器，并将其应用于鲁棒导引律的设计。

考虑如下非线性系统：

$$\dot{x}(t) = f(x) + g_1(x)u(t) + g_2(x)w(t) \tag{6.3.1}$$

式中，$x \in \mathrm{R}^n, u \in \mathrm{R}^m$ 分别为系统的状态和输入向量；$w(t) \in \mathrm{R}^p$ 为系统扰动；$f(x)$、$g_1(x)$、$g_2(x)$ 为具有相应维数的非线性矩阵函数。

此时，要求设计反馈控制器 $u(t) = k(x)$ 满足：

(1) 当 $w(t) = 0$ 时，闭环系统是渐近稳定的；

(2) 当 $w(t) \neq 0$ 时，闭环系统的状态应该能始终接近 0，或者尽可能接近平衡点。

为使设计的控制器满足以上两点，需要引入一个能够表征系统抗扰能力的量。一般用 L_2 范数来表示。

对于任意的信号 $w(t)$，其 L_2 范数可以表示为

$$\|w(t)\|_2 = \left\{\int_0^\infty w^{\mathrm{T}}(t)w(t)\mathrm{d}t\right\}^{\frac{1}{2}} \tag{6.3.2}$$

在大多数情况下，上面定义的 L_2 范数可以理解为信号具有的能量。

设系统的反馈控制器为 $u(t)=k(x)$，则式(6.3.1)所示的系统可改写为

$$\dot{x} = f_k(x) + g_2(x)w(t) \tag{6.3.3}$$

式中，$f_k(x)=f(x)+g_1(x)k(x)$。

为了对系统的抗干扰性能进行评价，引入系统的评价信号：

$$z = h(x,t) \tag{6.3.4}$$

当系统受到干扰信号 $w(t)$ 的作用时，可以通过评价信号 $z(t)$ 的 L_2 范数的大小来判断系统的抗干扰能力。如果 $z(t)$ 的 L_2 范数比较小，表示扰动对系统的影响就小，那么系统的抗扰能力就比较强。因此，为更为准确地描述系统对干扰信号 $w(t)$ 的抗扰性能可以用 $z(t)$ 的 L_2 范数和 $w(t)$ 的 L_2 范数的比值来衡量：

$$J = \sup_{\|w\|\neq 0}\frac{\|z\|_2}{\|w\|_2} \tag{6.3.5}$$

式(6.3.5)表示在系统受到扰动影响最大时的 $z(t)$ 的 L_2 范数和 $w(t)$ 的 L_2 范数的比值。如果 J 的值小，那么 $w(t)$ 对应的 $\|z\|_2$ 值就小，也就是 $w(t)$ 对系统的影响就小，系统的抗扰能力就比较强。因此，J 就是系统抗扰性能的表征。实际上，J 描述了系统从输入 $w(t)$ 到输出 $z(t)$ 的 L_2 增益，故 J 也称为 L_2 增益。

考虑了表征系统抗扰性能 $z(t)$ 的系统可写成：

$$\begin{cases}\dot{x}(t) = f_k(x) + g_2(x)w(t)\\ z = h(x)\end{cases} \tag{6.3.6}$$

对于系统(6.3.6)，其 L_2 增益鲁棒控制器定义为：给定被控对象 $\sum$ 和一个正数 $\varepsilon>0$，若存在反馈控制器 $k(x)$，使得闭环系统满足

(1) 当 $w(t)=0$ 时，该控制器保证系统在 $x=0$ 处是渐近稳定的；

(2) 对任何一个给定的正数 $T>0$ 都能保证式(6.3.7)成立：

$$\int_0^T \|z(t)\|^2 \,\mathrm{d}t \leqslant \frac{1}{2}\varepsilon^2\int_0^T\|w(t)\|^2\mathrm{d}t,\ \forall w \tag{6.3.7}$$

则称控制器 $u=k(x)$ 为系统的 L_2 增益鲁棒控制器。

L_2 增益鲁棒控制器的设计问题：设计 L_2 增益鲁棒控制器就是要使得 L_2 增益 J 尽量小，就能让整个系统渐近稳定。这就等价于求解一个基于 Lyapunov 稳定性理论的耗散不等式问题。在对系统进行稳定性证明时，常常需要构造一个 Lyapunov 函数，而存在一个可微函数 $v(x)>0$ 满足耗散不等式的充分必要条件是：$v(x)>0$ 满足 HJI (Hamilton-Jacobi Inequality)。

对于 $v(x)>0$ 如何满足 HJI 可简单描述为：对一个正数 $\varepsilon>0$，ε 称作干扰抑制水平因子，如果存在一个正定且可微函数 $v(x)>0$，使得 HJI 不等式

$$H = \dot{v} - \frac{1}{2} \left[\varepsilon^2 \|w(t)\|^2 - \|z(t)\|^2 \right], \quad \forall \tau < 0 \tag{6.3.8}$$

成立，则 L_2 增益 $J > \varepsilon$，即表示整个系统渐近稳定。

要找到满足 HJI 不等式的函数 $v(x) > 0$，往往需要求解偏微分方程，然而一般的非线性系统 HJI 偏微分方程或不等式的求解过程是非常困难。故有两种思路来解决 L_2 增益鲁棒控制器的设计问题。

(1) 常用 Lyapunov 递推函数的思想来构造系统的存储函数 $v(x) > 0$，其基本思路是将复杂的非线性系统分解成不超过系统阶数的子系统，然后为每个子系统分别设计 Lyapunov 函数(也称储能函数)和中间虚拟控制量，一直后退到整个系统，直到完成整个控制器的设计，并最终证明 $\dot{v}(x) < 0$ 是负定的，从而使得系统稳定。

(2) 对于具体的系统，特别是较为简单的线性系统，往往可根据系统的物理特性和设计者的经验，直接构造 $v(x) > 0$，求取 $\dot{v}(x)$，通过探寻使 $\dot{v}(x) < 0$ 的条件，进而求得系统的 L_2 增益鲁棒控制器。

下面采用第二种思路来设计系统的 L_2 增益鲁棒控制器。

6.3.2　基于 L_2 鲁棒控制理论的鲁棒导引律

如前所述，在攻击平面内导弹-目标的相对运动方程可描述为以视线角速率为状态变量的一阶时变线性状态方程，即式(6.1.26)：

$$\dot{x} = -\frac{2\dot{r}}{r} x - \frac{1}{r} u + \frac{1}{r} d_T$$

式中，$x = \dot{q}$ 为状态变量。

令 $a(t) = -2\dot{r}(t)/r(t)$, $b(t) = -1/r(t)$, $w = d_T$，则式(6.1.26)还可写成：

$$\dot{x} = a(t)x + b(t)u + b(t)w \tag{6.3.9}$$

不难看出，式(6.3.9)是一个时变参数系统。特别是在高速大机动飞行条件下，状态方程中参数变化和参数误差将严重影响制导精度。一般要求设计的导引律对参数误差、参数变化和外部干扰等系统扰动具有较强的鲁棒性。

式(6.3.9)中的各参数是与状态变量 x 相关的，不妨假设 $a(x,t) = a_0(x,t) + \Delta a(x,t)$，$b(x,t) = b_0(x,t) + \Delta b(x,t)$，其中，$a_0(x,t)$、$b_0(x,t)$ 为标称参数，$\Delta a(x,t)$、$\Delta b(x,t)$ 分别代表 $a_0(x,t)$ 与 $b_0(x,t)$ 相对于真值的误差。综上，式(6.3.9)也可写为

$$\dot{x} = a_0(x,t)x - b_0(x,t)u + \Delta(x,t) + b_0(x,t)w \tag{6.3.10}$$

式中，$\Delta(x,t) = \Delta a(x,t)x + \Delta b(x,t)(w - u)$。

定义评价函数：

$$z(t) = h(x) = \gamma(t)x(t) \tag{6.3.11}$$

$$\begin{cases} \dot{x}(t) = f_k(x) + g_2(x)w(t) \\ z = h(x) \end{cases} \tag{6.3.12}$$

式中，$f_k(x) = a_0(x,t)x - b_0(x,t)u + \Delta(x,t)$；$g_2(x) = b_0(x,t)$；$h(x) = \gamma(t)x(t)$。

下面研究基于 L_2 增益性能指标的鲁棒控制理论来设计鲁棒导引律。

首先作如下假设。

假设一：存在正有界函数 $\delta(x,t)$，使得 $|\Delta x(x,t)| \leqslant \delta(x,t)$，$\forall x, \forall t$。

假设二：目标加速度干扰项 w 界限未知，但是对任意给定的时刻 $t_f > 0$，存在 $\int_0^{t_f} w^2 \mathrm{d}t < \infty$，即 $w \in L_2[0, t_f]$。

采用 L_2 增益鲁棒控制理论来设计导引律就是对于 $\forall \varepsilon > 0$ 都可以找到 $u = c(x,t)$，使得对于 $\forall \Delta(x,t)$ 和 $w(t)$ 都有以下性质：

(1) 当 $w(t) = 0$ 时，$x(t) \to 0$；

(2) 当 $w(t) \neq 0$ 时，有

$$\int_0^{t_f} z^2(t)\mathrm{d}t \leqslant \varepsilon^2 \int_0^{t_f} w^2(t)\mathrm{d}t + Q(x_0, t_f), \quad \forall w(t) \tag{6.3.13}$$

式中，$z(t) = \gamma(t)x(t)$ 类似一种惩罚函数的评价函数，$\gamma(t) \geqslant 0$；$Q(x_0, t_f)$ 是关于 x_0 和终端时间 t_f 的正函数。

对于式(6.3.12)所示的系统，为了满足 L_2 增益鲁棒控制性能要求，令

$$u_r = \frac{a_0(x,t)}{b_0(x,t)} x - \upsilon \tag{6.3.14}$$

式中，υ 为待定辅助信号。将式(6.3.14)代入式(6.3.10)中，可以得到

$$\dot{x} = b_0(x,t)(\upsilon + w) + \Delta(x,t) \tag{6.3.15}$$

根据以上假设，选择 Lyapunov 函数 $v = \frac{1}{2}x^2$，则

$$\dot{v} = x\dot{x} = b_0(x,t)x\upsilon + b_0(x,t)xw + \Delta(x,t)x$$

$$= -\frac{1}{2}z^2 + \frac{1}{2}\gamma^2(t)x^2 + b_0(x,t)x\upsilon + \frac{b_0^2(x,t)}{2\varepsilon^2}x^2 + \frac{\varepsilon^2}{2}w^2 - \frac{1}{2}\left[\frac{b_0(x,t)}{\varepsilon}x - \varepsilon w\right]^2 + \Delta(x,t)x$$

$$\leqslant -\frac{1}{2}k_1 x^2 - \frac{1}{2}z^2 + \frac{\varepsilon^2}{2}w^2 + x\left[\frac{\gamma^2(t)}{2}x + \frac{k_1}{2}x + b_0(x,t)\upsilon + \frac{b_0^2(x,t)}{2\varepsilon^2}x\right] + |x|\delta(x,t)$$

$$\tag{6.3.16}$$

式中，$z = \gamma(t)x$ 为评价函数输出信号，$\gamma(t) > 0$；$\varepsilon = \text{const} > 0$；$k_1 = \text{const} \geqslant 0$。

令

$$\upsilon = -\frac{1}{b_0(x,t)}\left[\frac{\gamma^2(t)}{2}x + \frac{k_1}{2}x + \frac{b_0^2(x,t)}{2\varepsilon^2}x\right] - \frac{x\delta^2(x,t)}{b_0 x, t\left[|x|\delta(x,t) + \varepsilon_0 \mathrm{e}^{-\beta t}\right]} \tag{6.3.17}$$

式中，$\varepsilon_0 = \text{const} \geqslant 0$；$\beta = \text{const} \geqslant 0$。

将式(6.3.17)代入式(6.3.16)，整理可得

$$\dot{v} \leqslant -\frac{1}{2}k_1 x^2 - \frac{1}{2}z^2 + \frac{\varepsilon^2}{2}w^2 + \varepsilon_0 \mathrm{e}^{-\beta t} \tag{6.3.18}$$

若令

$$Q(x_0) = x_0^2 + 2\int_0^{t_f} \varepsilon_0 e^{-\beta t} dt \geq 0 \tag{6.3.19}$$

其中，t_f 为末制导结束时刻，则有

$$\int_0^{t_f} z^2 dt \leq \varepsilon^2 \int_0^{t_f} w^2 dt + Q(x_0) \tag{6.3.20}$$

成立。

将式(6.3.20)代入式(6.3.18)中通过推导可知：$\dot{v} \leq 0$，即当 $t \to \infty$ 时，$x \to 0$。也就是说，采用式(6.3.14)所示的控制器，可使整个闭环系统稳定。

上面的结果表明，所设计的导引律结果满足 L_2 增益理论的性能要求，它意味着在任何有界的参数摄动和有界的干扰下，加权视线角速度被约束在一个期望的界限内，从而使得系统动态和末端幅值足够小，制导精度便可得到有效保证。

把式(6.3.17)代入式(6.3.14)中，并考虑 $a_0(x,t) = -2\dot{r}/r$ 和 $b_0(x,t) = 1/r$，得到导引律的控制量表达式为

$$u_r = \left[-2\dot{r} + \frac{\gamma^2(t)}{2}r + \frac{k_1}{2}r + \frac{1}{2\varepsilon^2 r}\right]x + \frac{rx\delta^2(x,t)}{|x|\delta(x,t) + \varepsilon_0 e^{-\beta t}} \tag{6.3.21}$$

令 $\gamma(t) = \sqrt{-k_2\dot{r}/r}$，其中 $k_2 = \text{const} > 0$，得到

$$\begin{aligned} u_r &= \left[\left(-2 - \frac{k_2}{2}\right)\dot{r} + \frac{k_1}{2}r + \frac{1}{2\varepsilon^2 r}\right]x + \frac{rx\delta^2(x,t)}{|x|\delta(x,t) + \varepsilon_0 e^{-\beta t}} \\ &= \left[\left(-2 - \frac{k_2}{2}\right)\dot{r} + \frac{k_1}{2}r + \frac{1}{2\varepsilon^2 r}\right]\dot{q} + \frac{r\dot{q}\delta^2(x,t)}{|\dot{q}|\delta(x,t) + \varepsilon_0 e^{-\beta t}} \end{aligned} \tag{6.3.22}$$

显然，式(6.3.22)中的导引律可分为两部分：第一部分与比例导引相似，中括号内的各项构成一个时变的有效导航比。其中，第一项由一个常数乘以相对速度构成；第二项由常数乘以相对距离构成；第三项是二倍 ε^2 与相对距离相乘后取倒数。第二部分可视为鲁棒控制项，用来抑制系统中的不确定性和外部干扰。这一项类似于滑模控制器中加了抖振抑制的开关函数。

若令

$$K_P(x,t) = \left[\left(-2 - \frac{k_2}{2}\right)\dot{r} + \frac{k_1}{2}r + \frac{1}{2\varepsilon^2 r}\right], \quad K_R(x,t) = r \tag{6.3.23}$$

则式(6.3.22)可近似为

$$\begin{aligned} u_r &\approx K_P(x,t)x + K_R(x,t)\text{sgn}(x) \\ &\approx K_P(x,t)\dot{q} + K_R(x,t)\text{sgn}(\dot{q}) \end{aligned} \tag{6.3.24}$$

因此，这种鲁棒导引律也可以分成两部分，并且一部分是连续形式，另一部分是开关形式。

因为这种鲁棒导引规律也可近似地分为连续控制和开关控制两部分，和基于滑模变结构控制理论设计的变结构导引律有类似的结构，这种鲁棒导引律对于存在制导参数误差的情况也表现出很强的鲁棒性。

6.4　目标运动信息辅助的智能导引方法

制导过程可分为初始段、中制导段与末制导段。在末制导段，导弹采用自寻的制导。此段弹目距离较小，剩余飞行时间非常短，在实际攻防中，目标通常都会选择在此阶段进行大机动或智能机动逃逸。这就要求导弹一方面要具有在较短时间内产生较大可用过载的能力；另一方面，由于目标智能机动的突然性和随机性，在利用导引头测量的制导信息形成导引指令时，最好能够包含(显式或隐式)目标机动信息。而对于传统的制导导弹，目前尚没有能力直接测量获得目标的机动信息。

目前世界各国装备的自寻的导弹大都采用二轴稳定或三轴稳定的导引头，导引律则采用传统的比例导引以及扩展、改进的比例导引，使得导弹制导系统具有结构简单、可靠性高和攻击匀速目标时制导精度高等特点。但是，比例导引法在命中点附近，导弹需用法向过载除了受导弹速度变化和攻击方向的影响外，更重要的是还会受目标机动加速度的影响。为了消除这些影响，多年来人们一直致力于比例导引法的改进，研究并改进了多种比例导引方法。例如，需用法向过载与目标视线旋转角速度成比例的广义比例导引法，其导引关系式为

$$a_c = k|\dot{r}|\dot{q} \tag{6.4.1}$$

比例导引法的另一个缺点是在应对大机动目标，特别是智能机动目标时，由于导引指令不包含目标运动，特别是目标机动信息，制导精度较低，许多情况下容易脱靶。本节将针对比例导引的缺点，利用目标跟踪技术估计得到目标运动信息，用于辅助构造新的导引指令，以提高对大机动目标，特别是智能机动目标的命中精度。

6.4.1　目标加速度信息辅助的比例导引方法

下面仍假设导弹在纵平面内攻击目标，简单介绍目标运动信息辅助的比例导引方法。

在弹-目相对运动方程组中，$\varepsilon = 0$ 为导引关系式，也就是导引律的描述。对于自寻的导弹，一般采用比例导引，即导弹速度方向旋转的加速度 $\dot{\theta}$ 与目标视线旋转角速度成比例，其导引律可描述为

$$\dot{\theta} = -K\dot{q} \tag{6.4.2}$$

式中，K 称为导航比。转换为导弹的法向加速度指令：

$$a_c = -KV\dot{q} \tag{6.4.3}$$

为了能够应对机动目标，特别是打击高速大机动目标，采用如下改进的比例导引律：

$$a_c = [1 + K/\cos\eta]V\dot{q} + a_T/\cos\eta \tag{6.4.4}$$

式中，a_T 为垂直于目标视线的目标法向加速度；η 为导弹速度前置角，是导弹速度向量与目标视线的夹角。

一般情况下，对目前普遍采用的常平架导引头来讲，η 不可直接测量。如果导引头瞄准误差角和导弹攻角都很小，那么 η 可以用导引头框架角 η_g (导引头天线轴与导弹纵轴之间

的夹角)来近似，即 $\eta \approx \eta_g$ 。两个角度的关系如图 6.4.1 所示。

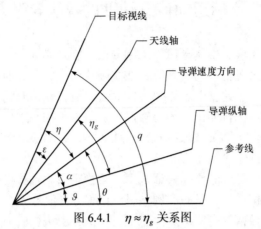

图 6.4.1　　$\eta \approx \eta_g$ 关系图

ε -导引头瞄准误差角；α -导弹攻角；η -导弹速度前置角；η_g -导引头框架角；θ -弹道倾角；ϑ -俯仰角；q -视线角

从工程实现上来讲，导引头框架角 η_g 更容易测量。因此，可用导引头框架角 η_g 来近似代替导弹的前置角 η ，则式(6.4.4)变为

$$a_c = [1 + K / \cos\eta_g]V\dot{q} + a_T / \cos\eta_g \tag{6.4.5}$$

由式(6.4.5)不难看出，式中等号右边第二项包含目标机动加速度信息，可以认为是利用目标机动加速度信息对比例导引律的补偿。然而，目标机动加速度信息是很难直接测量获得的。有一种解决问题的思路是：采用合适的估计方法对目标机动加速度进行估计，得到其估计值 $\hat{a}_T$ ，然后用 $\hat{a}_T$ 代替式(6.4.5)中的 a_T 求得导引指令。但大多数情况下估计误差太大，甚至估计不稳定，导致这种目标机动加速度辅助的导引律在工程应用上受到一定的制约。

研究发现，视线角加速度信号中包含目标机动加速度信息。

对式(6.1.22)中的第二式两边求导，有

$$r\ddot{q} + \dot{r}\dot{q} = -\dot{V}_T \sin(\sigma_T - q) - V_T \cos(\sigma_T - q)(\dot{\sigma}_T - \dot{q})$$
$$+ \dot{V} \sin(\sigma - q) + V \cos(\sigma - q)(\dot{\sigma} - \dot{q})$$

将式(6.1.22)中的第二式代入上式并整理可得

$$r\ddot{q} = -\dot{V}_T \sin(\sigma_T - q) - V_T \cos(\sigma_T - q)\dot{\sigma}_T$$
$$+ \dot{V} \sin(\sigma - q) + V \cos(\sigma - q)\dot{\sigma} \tag{6.4.6}$$

不失一般性，假设导弹和目标速度的大小恒定，式(6.4.6)简化为

$$r\ddot{q} = -V_T \cos(\sigma_T - q)\dot{\sigma}_T + V \cos(\sigma - q)\dot{\sigma}$$
$$\ddot{q} = \frac{1}{r}[-V_T \cos(\sigma_T - q)\dot{\sigma}_T + V \cos(\sigma - q)\dot{\sigma}] \tag{6.4.7}$$

由式(6.4.7)可知，$\ddot{q}$ 中包含目标机动信息 $\dot{\sigma}_T$ ，若能利用某种手段获取视线角加速度信号 $\ddot{q}$ ，相当于间接地知道了目标机动信息。将视线角加速度 $\ddot{q}$ 作为辅助信号构成新的导引律，要比直接将目标机动加速度作为辅助信号构造导引律更易于工程实现。

基于这种思路改进一种比例导引方法。通过引入视线角加速度作为辅助信号，从而形

成比例+微分导引律。其设计思路如下：比例+微分导引律是在扩展比例导引律的基础上实现的。利用非线性信息估计器提取视线角加速度信号，并将其加入导引律设计中实现。比例+微分导引律的基本形式如下：

$$a_c(t) = K_P V_r \dot{q}(t) + K_D V_r \ddot{q}(t) t_{\text{go}} \tag{6.4.8}$$

式中，$a_c(t)$ 为导引指令；K_P 为比例导引的导航比系数；K_D 为视线角加速度辅助项的系数，视线角加速度是视线角速度的微分，故 K_D 也称为微分导引系数；V_r 为导弹与目标的接近速度；$\dot{q}(t)$ 为视线角速度；$\ddot{q}(t)$ 为视线角加速度；t_{go} 为导弹的剩余飞行时间。

6.4.2　目标加速度信息的获取

式(6.4.8)中 $\ddot{q}(t)$ 为视线角加速度，可由视线角速度的微分而得到，但直接微分视线角速度会使视线角速度信号中的噪声过分放大，因此，可考虑利用跟踪微分器来对 $\ddot{q}(t)$ 进行估计得到 $\hat{\ddot{q}}(t)$。跟踪微分器可由下面的引理导出。

引理：设二阶非线性系统

$$\begin{cases} \dot{x}_1 = x_2 \\ \dot{x}_2 = -g(x_1, x_2) \end{cases} \tag{6.4.9}$$

在原点渐近稳定，则以有界可测信号 $v(t)$ 为输入的二阶非线性系统

$$\begin{cases} \dot{\hat{x}}_1 = \hat{x}_2 \\ \dot{\hat{x}}_2 = -Kg\left[\hat{x}_1 - v(t), \hat{x}_2/\sqrt{K}\right] \end{cases} \tag{6.4.10}$$

的解 $\hat{x}_1(t)$ 对任意 $T>0$ 满足：

$$\lim_{K\to\infty} \int_0^T |\hat{x}_1(t) - v(t)| \mathrm{d}t = 0 \tag{6.4.11}$$

该引理说明，只要 K 选择适当，由式(6.4.11)说明 $\hat{x}_1(t)$ 将以一定的精度跟踪 $v(t)$，若将 $v(t)$ 视为广义函数，由式(6.4.11)可推出 $\hat{x}_2(t)$ 弱收敛于 $\hat{x}_1(t)$ 的广义导数，亦即 $\hat{x}_2(t)$ 可视为 $v(t)$ 的近似微分。K 越大，近似精度越高；只要 K 选得足够大，上面的引理就可以看作给出了一种跟踪微分器的形式。

令 $\hat{\dot{q}}(t)$ 和 $\hat{\ddot{q}}(t)$ 分别为 $\dot{q}(t)$ 和 $\ddot{q}(t)$ 的估计值。取估计状态量 $x_1 = \hat{\dot{q}}(t)$，$x_2 = \hat{\ddot{q}}(t)$，则设计的跟踪微分器为

$$\begin{cases} \dot{x}_1 = x_2 \\ \dot{x}_2 = -Kg\left[x_1 - v(t), x_2/\sqrt{K}\right] \end{cases} \tag{6.4.12}$$

式中，$v(t)$ 为估计器的输入量，$v(t) = \dot{q}(t)$；函数 $g(x_1, x_2)$ 取为 $g(x_1, x_2) = \operatorname{sgn}(x_1 + |x_2|x_2/2)$；$K$ 为滤波系数，且 $K>0$。

$g(x_1, x_2)$ 和 K 对于视线角加速度的估计值 $\hat{\ddot{q}}(t)$ 的相位滞后以及估计精度影响较大。K 值越大，$\hat{\ddot{q}}(t)$ 的估计精度就越高，$g(x_1, x_2)$ 会有效减少 $\hat{\ddot{q}}(t)$ 的相位滞后，但会使得 $\hat{\ddot{q}}(t)$ 包含高频抖动噪声分量；相反，K 值越小，$\hat{\ddot{q}}(t)$ 的估计精度就越低，$g(x_1, x_2)$ 会增加 $\hat{\ddot{q}}(t)$ 的相位

滞后，但会减弱高频抖动噪声分量对 $\hat{q}(t)$ 的影响。因此 K 的选择是关键，将影响跟踪微分器的性能，进而影响比例+微分导引律的导引效果。与此同时，可以设计滤波器来减少噪声对于估计精度的影响。

设计二阶低通滤波器：

$$\frac{\hat{\ddot{q}}_f(s)}{\hat{\ddot{q}}(s)}=\frac{1}{T_f^2 s^2+2\xi_f T_f s+1} \tag{6.4.13}$$

式中，$\hat{\ddot{q}}_f(s)$ 为滤波估计的视线角加速度；T_f 为滤波器的时间常数；ξ_f 为滤波器的阻尼比。

另外，在制导过程的初始阶段和末段还存在着跟踪微分器给出的视线角加速度估计值 $\hat{\ddot{q}}(t)$ 超调过大的问题。这也会大大增加非线性跟踪微分器的误差，因此必须对跟踪微分器输出做一定的限幅处理。

综上，综合视线角加速度估计以及滤波处理的跟踪微分器如下：

$$\begin{cases} \dot{x}_1=x_2 \\ \dot{x}_2=-K\,\mathrm{sgn}\left[x_1-\dot{q}+|x_2|x_2/(2K)\right] \\ \dot{x}_3=x_4 \\ \dot{x}_4=(\bar{\bar{q}}-2\xi_f T_f x_4-x_3)/T_f^2 \end{cases} \tag{6.4.14}$$

式中，$\bar{\bar{q}}$ 为 $\hat{\ddot{q}}(t)$ 的限幅控制。假设 $\hat{\ddot{q}}(t)$ 的限幅最大值为 $\ddot{q}_{max}$，则限幅器的方程如下：

$$\bar{\bar{q}}=\begin{cases} \hat{\ddot{q}}, & |\hat{\ddot{q}}|\leqslant\ddot{q}_{max} \\ \ddot{q}_{max}\,\mathrm{sgn}(\hat{\ddot{q}}), & |\hat{\ddot{q}}|>\ddot{q}_{max} \end{cases} \tag{6.4.15}$$

最终的滤波器输出方程为

$$\begin{cases} \hat{q}=x_1 \\ \hat{\dot{q}}=x_2 \\ \hat{\ddot{q}}_f=x_3 \end{cases} \tag{6.4.16}$$

比例+微分导引律式(6.4.8)中，所用的视线角加速度信息为滤波器最终的输出信息 $\hat{\ddot{q}}_f$ 而并不是估计值 $\hat{\ddot{q}}(t)$。

比例+微分导引律利用跟踪微分器获取视线角加速度信息，并将其引入导引律设计中，主要利用了视线角加速度对于目标机动比较敏感的特性，加入微分项后可有效抑制目标机动带来的影响。另外，跟踪微分器毕竟是一个微分器，对输入信号，亦即视线角速度信号中包含的高频噪声具有放大作用。因此滤波器的设计可有效抑制高频噪声对于制导系统带来的影响，从而形成了一种制导效果良好的导引律，并且保证了系统的稳定性。

6.4.3　比例+微分导引律分析

在比例+微分导引律中，引入了视线角加速度信号，其依据是视线角加速度信号中包含目标机动信息，利用视线角加速度信号也可以应对机动目标。下面以平面制导问题为例给出简单分析。

导弹与目标的相对运动关系和相对运动方程如式(6.1.22)所示。对式(6.1.22)中第二式求微分，并将结果代入第一式和第三式可得

$$r\ddot{q} + 2\dot{r}\dot{q} = \dot{V}\sin(\dot{q} - \dot{\theta}) - \dot{V}_T \sin(\dot{q} - \dot{\theta}_t) \\ + V_T \dot{\theta}_T \cos(\dot{q} - \dot{\theta}_T) - V\dot{\theta}\cos(\dot{q} - \dot{\theta}_m) \tag{6.4.17}$$

整理可得

$$r\ddot{q} = -2\dot{r}\dot{q} + a_T \cos\eta_T - a\cos\eta \tag{6.4.18}$$

采用形如式(6.4.8)所示的导引律，将式(6.4.18)中的 $\ddot{q}$ 代入导引律表达式中：

$$a_c = K_P V_r \dot{q} + K_D V_r t_{\text{go}} \frac{1}{r}(-2\dot{r}\dot{q} + a_T \cos\eta_T - a\cos\eta) \\ = \left(K_P - \frac{2}{r}K_D t_{\text{go}}\dot{r}\right)V_r\dot{q} + K_D V_r t_{\text{go}}\frac{1}{r}(a_T\cos\eta_T - a\cos\eta) \tag{6.4.19}$$

假设剩余飞行时间由 $t_{\text{go}} = \dfrac{r}{V_r}$ 估算，则

$$a_c = \left(K_P - \frac{2}{r}K_D\frac{r}{V_r}\dot{r}\right)V_r\dot{q} + K_D V_r\frac{1}{r}(a_T\cos\eta_T - a\cos\eta)\frac{r}{V_r} \\ = (K_P V_r - 2K_D\dot{r})\dot{q} + K_D(a_T\cos\eta_T - a\cos\eta) \tag{6.4.20}$$

从式(6.4.20)可以看出，在比例+微分导引律中，由于视线角速度的微分，即视线角加速度相的引入，一方面使得比例项的导航比系数由 $K_P V_r$ 变为 $K_P V_r - 2K_D\dot{r}$。一般讲，$\dot{r} < 0$，$(K_P V_r - 2K_D\dot{r}) > K_P V_r$，这就是说，视线角加速度项的引入有增大导航比系数的作用，但又不是直接增大导航比系数，在目标不机动或不是大机动情况下，导航比系数增大幅度较小，这样更有利于保证制导系统的稳定性。

视线角加速度项的引入，另一方面使得导引指令中增加了 $K_D(a_T\cos\eta_T - a\cos\eta)$ 项，实质上是对导弹机动加速度和目标机动加速度的补偿项。当目标机动，特别是大机动时，这一项将对目标机动起到良好的补偿作用，大大削弱目标机动对导引精度的影响，同时也可以改善导引弹道特性。

暂不考虑导弹的动力学特性，可近似认为 $a = a_c$。将导引律(6.4.20)代入式(6.4.17)中可得

$$r\ddot{q} + 2\dot{r}\dot{q} = a_T\cos\eta_T - \cos\eta(K_P V_r\dot{q} + K_D V_r\ddot{q}t_{\text{go}}) \\ = a_T\cos\eta_T - K_P V_r\dot{q}\cos\eta - K_D V_r\ddot{q}t_{\text{go}}\cos\eta \tag{6.4.21}$$

整理可得

$$(r + K_D V_r t_{\text{go}}\cos\eta)\ddot{q} + (2\dot{r} + K_P V_r\cos\eta)\dot{q} = a_T\cos\eta_T \tag{6.4.22}$$

$$\frac{r + K_D V_r t_{\text{go}}\cos\eta}{2\dot{r} + K_P V_r\cos\eta}\ddot{q} + \dot{q} = \frac{a_T\cos\eta_T}{2\dot{r} + K_P V_r\cos\eta} \tag{6.4.23}$$

若取 $K_D = 0$，则导引律变为扩展比例导引，此时有

$$\frac{r}{2\dot{r} + K_P V_r\cos\eta}\ddot{q} + \dot{q} = \frac{a_T\cos\eta_T}{2\dot{r} + K_P V_r\cos\eta} \tag{6.4.24}$$

比较式(6.4.23)和式(6.4.24)中 $\ddot{q}$ 项的系数(决定系统时间常数):

$$T_{PD} \propto \frac{r+K_D V_r t_{go}\cos\eta}{2\dot{r}+K_P V_r\cos\eta}, \quad T_P \propto \frac{r}{2\dot{r}+K_P V_r\cos\eta} \tag{6.4.25}$$

可知 $T_{PD}>T_P$。也就是说，引入视线角加速度后的比例+微分导引律导引弹道上视线角速度对目标加速度的响应更加平稳，导引弹道更加平直，进而使得其导引效果更好。

在比例+微分导引律中，由于视线角加速度项的引入，一方面，有增大导航比系数的作用，但又不是直接增大导航比系数，更有利于保证制导系统的稳定性；另一方面，视线角加速度项的引入，是对目标机动加速度的有效补偿。当目标机动，特别是大机动时，补偿项将大大削弱目标机动对导引精度的影响，同时也可以改善导引弹道特性。目前，视线角加速度的获取大都利用跟踪微分器来对 $\ddot{q}(t)$ 进行估计得到，但跟踪微分器毕竟是一个微分器，对输入信号-视线角速度信号中包含的高频噪声具有放大作用，不仅影响导引精度，严重时还会影响制导系统的稳定性。为了弥补这一缺陷，还可以利用分数阶微积分理论来设计比例+微分导引律，只不过这里引入的视线角速度的微分项不是一般意义上的微分，而是视线角速度的分数阶微分。利用分数阶微分设计的导引律中下一时刻视线角速度的微分信号不仅与当前时刻的视线角速度值有关，而且与之前时刻的视线角速度值有关。也就是说，分数阶微积分控制器本身就是一个滤波器，并且表现出一定的"记忆"特性。分数阶微分导引律具有更好的滤波特性，对噪声更加不敏感，因而系统拥有更好的抗干扰性。由于篇幅限制，这里不再详细介绍分数阶微分导引律。

思　考　题

1. 直角坐标系下推导的导弹-目标相对运动方程合理吗？

2. 极坐标系下以视线旋转角速度为变量的导弹-目标相对运动方程与直角坐标系下推导的导弹-目标相对运动方程有何区别？哪个精度更高些？

3. 采用两种坐标系下导弹-目标相对运动方程求出的最优导引律有何异同？

4. 分析滑模变结构导引律的优缺点。

5. 滑模变结构导引律对于参数摄动与干扰的鲁棒性是如何体现出来的？

6. 滑模变结构导引律和最优滑模导引律有何异同？

7. 分析鲁棒导引律的优缺点。

8. 目标加速度信息辅助的比例导引方法有何特点？

第7章 遥控制导原理

不同类型的导弹可采用不同类型的制导模式，不同的制导模式其制导原理也不同。由于方案制导系统并不复杂，原理非常简单，故下面只是简单介绍方案制导原理，而本章重点介绍遥控制导原理，第8章介绍自寻的制导原理。

7.1 方案制导系统及原理

方案制导中的"方案"就是根据导弹飞向目标的既定航迹拟制的一种飞行计划。方案制导是导引导弹按这种预先拟制好的"方案"飞行，导弹在飞行中的导引指令是根据导弹的实际运动参量值与预定值的偏差形成的。方案制导实际上是一种程序制导，常被地-地弹道导弹所采用，导弹利用预装在导弹内的制导方案(程序)，按一定规律发出控制指令使导弹沿预定航迹飞行，也是自主制导的一种。其显著特点是制导指令的形成与弹外设备无关，既不必探测目标信息，也不必受外界控制。

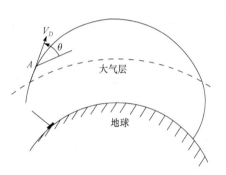

图 7.1.1 地-地弹道导弹的典型弹道

地-地弹道导弹典型弹道见图 7.1.1，分为主动段和被动段。

主动段：包括从发射台垂直上升和以较慢的恒定角速度转弯，当导弹速度方向与水平线构成预定角度，且位于一定的空间坐标时，发动机熄火。此后导弹像炮弹一样抛射出去，开始被动段飞行。

被动段：大部分处于稠密大气层之外，且占据射程的绝大部分。鉴于控制困难又不是十分必要，被动段一般不进行控制，因而弹道式导弹命中精度在很大程度上取决于主动段的控制精度，归结为控制发动机关车点参数(速度大小 V_D、速度方与水平线的夹角 θ、纵向位移 X、高度 Y、侧向位移 Z)。关车点参数既是形成导弹弹道的初始条件，也是决定导弹命中精度的关键。关车点参数对命中误差的影响见图 7.1.2。

图 7.1.2 中，Ⅰ、Ⅲ 为希望关车点和命中点；Ⅱ、Ⅳ 为实际关车点和命中点；x_0、y_0、z_0、V_D、θ_{D0} 为期望关车点坐标、速度大小和方向；$x_0 + \Delta x$、$y_0 + \Delta y$、$z_0 + \Delta z$、$V_D + \Delta V_D$、$\theta_D + \Delta \theta_D$ 为实际关车点坐标、速度大小和方向；Δx、Δz 为命中误差。

一种方案制导系统的结构图如图 7.1.3 所示。

通过俯仰、偏航、滚动三个通道对导弹进行控制和稳定。俯仰程序机构(如采用同步器)给出程序信号 θ_0，控制导弹由垂直状态向预定投射方向转弯，使导弹俯仰运动重演程序弹

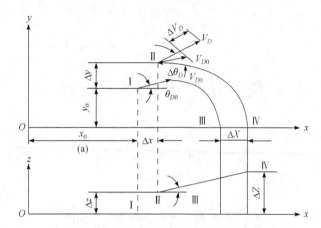

图 7.1.2　关车点参数对命中误差的影响

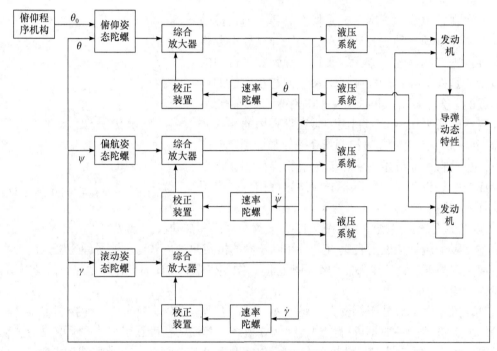

图 7.1.3　一种方案制导系统的结构图

道。偏航角 ψ 及滚动角 γ 稳定系统保证干扰作用下角度为零以维持正确航向、减少通道间的交叉耦合。两个发动机安装于俯仰平面中，通过摇摆提供所需控制力矩，同向偏转时提供俯仰或偏航控制力矩，反向偏转时提供滚动控制力矩。

　　三个通道中均设有速率陀螺，提供刚性弹体运动的阻尼。在俯仰和偏航通道中设有增益变化装置，以适应弹体参数的变化。俯仰通道还设有一个线加速度计，经二次积分及有关计算，当达到预定高度时，触发发动机关车。三个综合放大器中设有积分校正装置以提高干扰作用下的精度。速率陀螺后的校正网络用以改善动态品质。

　　以上结构不能消除侧向位移。为消除侧向位移，需附加侧向位移控制通道，它与偏航角稳定系统协同工作。一种侧向位移校正系统的结构图如图 7.1.4 所示。

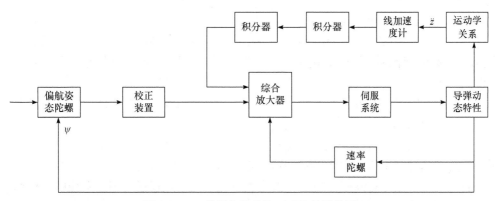

图 7.1.4　一种侧向位移校正系统的结构图

图 7.1.4 中，$\ddot{z}$ 为与射击平面垂直的侧向加速度；ψ 为实际偏航角，导弹位于射击平面内飞行时，给定偏航角为 $\psi_0 = 0$。

线加速度计测得与射击平面垂直的线加速度，它可能由推力偏心、风、气动不对称、外形不对称等原因形成，经二次积分可得对射击平面的线性偏离，它作为指令输往偏航通道伺服系统，直至线性偏离消除为止。

前面简要介绍了典型方案制导系统，制导原理比较简单，加之主要应用于弹道导弹，故此处不再花费较大篇幅介绍。下面将详细介绍应用较为广泛的遥控制导系统和遥控制导原理。

7.2　遥控制导系统及原理

7.2.1　遥控制导系统

遥控制导是指在制导站向导弹发出导引信息，将导弹引向目标的制导技术。遥控制导系统主要由目标/导弹观测跟踪装置、导引指令形成装置、导引指令发射装置(波束制导系统中没有此设备)、指令接收装置和弹上控制系统等组成。

遥控制导分为两类：一类是遥控指令制导，另一类是遥控波束制导，如图 7.2.1 所示。

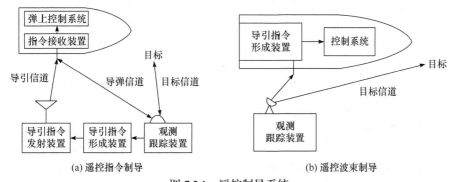

(a) 遥控指令制导　　　　(b) 遥控波束制导

图 7.2.1　遥控制导系统

1. 遥控指令制导

遥控指令制导是指从制导站向导弹发出导引指令信号，发送给弹上控制系统，把导弹引向目标的一种遥控制导方式。

遥控指令制导设备分为制导站导引设备和弹上控制设备两部分。制导站设备有目标/导弹观测跟踪装置、导引指令形成装置、导引指令发射装置等。弹上设备包括指令接收装置、弹上控制系统。

根据指令传输形式的不同，遥控指令制导分为有线指令制导和无线电指令制导两类。

1) 有线指令制导

最典型的有线指令制导是光学跟踪有线指令制导，该方式多用于反坦克导弹。有线指令制导系统中制导指令是通过连接制导站和导弹的指令线传送的。

下面以某光学跟踪有线指令制导导弹为例来说明光学跟踪指令制导系统的工作原理。

光学跟踪有线指令制导系统由制导站导引设备和弹上控制设备两部分组成。制导站导引设备包括光学观测跟踪装置、指令形成装置和指令发射装置等；弹上控制设备有指令接收装置和控制系统。光学观测跟踪装置跟踪目标和导弹，根据导弹相对目标的偏差形成指令，控制导弹飞行。

在手动跟踪情况下，光学观测装置是一个瞄准仪，导弹发射后，射手可以在瞄准仪中看到导弹的影像，如果导弹影像偏离十字线的中心，就意味着导弹偏离目标和制导站的连线，射手将根据导弹偏离目标视线的大小和方向移动操纵杆，操纵杆与两个电位计相连，一个是俯仰电位计，另一个是偏航电位计，分别对操纵杆的上下偏摆量和左右偏摆量敏感，形成俯仰和偏航两个方向的导引指令，指令通过制导站和导弹间的传输线传向导弹，弹上控制系统根据导引指令操纵导弹，使导弹沿着目标视线飞行，直到导弹的影像重新与目标视线重合。手动跟踪的缺点是飞行速度必须很低，以便射手在发觉导弹偏离时有足够的反应时间来操纵制导设备，发出控制指令。

在半自动跟踪的情况下，光学跟踪装置包括目标跟踪仪和导弹测角仪(红外)。它们装在同一个操纵台上，同步转动，射手根据目标的方位角向左或向右转动操纵台，根据目标的高低角向上或向下转动目标跟踪仪，使目标跟踪仪对准目标。当目标跟踪仪的轴线对准目标时，目标的影像便位于目标跟踪仪的十字线中心。由于导弹测角仪和目标跟踪仪同步转动，所以当目标跟踪仪的轴线对准目标时，目标的影像也落在导弹测角仪的十字线中心。红外测角仪光轴平行于目标跟踪仪的瞄准线，它能够自动地连续测量导弹偏离目标瞄准线的偏差角，并把这个偏差角传送给计算装置，形成控制指令，再通过传输线传给导弹，控制导弹飞行。由于导弹瞄准仪和目标跟踪仪在同一个操纵台上，可以同步转动，因此这种制导系统只能采用三点导引法。

半自动跟踪有线指令制导与手动跟踪有线指令制导相比，有了很大的改进，射手工作量减少，导弹速度可提高一倍左右，实际上导弹速度仅受传输线释放速度等因素的限制。传输线的线圈一般可装在导弹上，导弹飞行时，线圈自动放线。

有线指令制导系统抗干扰能力强，弹上控制设备简单，导弹成本较低，但由于连接导弹和制导站间传输线的存在，导弹飞行速度和射程的进一步增大受到一定的限制，导弹速度一般不高于 200m/s，最大射程一般不超过 4000m。

2) 无线电指令制导

与有线指令制导不同，无线电指令制导系统中导引指令是通过指令发射装置以无线电的方式传送给导弹的。无线电指令制导包括雷达指令制导、电视指令制导等。

(1) 雷达指令制导。

利用雷达跟踪目标、导弹，测定目标、导弹的运动参数的指令制导系统，称为雷达指令制导系统。根据使用雷达的数量不同，雷达指令制导可分为单雷达指令制导和双雷达指令制导。

① 单雷达指令制导。

单雷达指令制导系统，只用一部雷达观测导弹或目标，或者同时观测导弹和目标，获取相应数据，以形成指令信号。因此，单雷达指令制导系统分为跟踪目标的指令制导系统，跟踪导弹的指令制导系统和同时跟踪目标、导弹的指令制导系统。

(a) 跟踪目标的单雷达指令制导。

这种制导方式可用于地对空导弹。在导弹发射之前，目标跟踪雷达不断跟踪目标，并测出目标的位置、速度等运动参数，将其输入指令计算机，计算机根据这些数据及其变化情况，用统计方法计算出目标的预计航线，并根据导弹的速度(可从导弹的设计和试验过程中得知)算出导弹和目标相遇的时间和地点，以此来确定导弹发射的方向和时间。

导弹发射后，雷达继续跟踪目标，将测得的目标数据输入指令计算机。计算机将这些数据与预计的目标航线数据进行比较，如果目标的实际航线和预计航线一致，导弹便沿着预计弹道飞行，如果目标的实际航线和预计航线之间有偏差，计算机将根据偏差的情况形成指令信号，指令信号由指令发射机发射给导弹，导弹根据这个指令信号改变飞行方向。

因为导弹的速度不能估计得十分准确，这种制导系统的缺点是在计算出的导弹发射时间下的目标遭遇时间与真实的目标遭遇时间存在误差，由于存在这种误差，导弹发射以后，即使目标的实际航线和预计的航线完全一致，导弹沿预计弹道飞行，也不能保证导弹与目标相遇；此外，导弹的指令信号只是根据目标实际航线相对于预计航线的偏差形成的，没有计算导弹相对于预计弹道的飞行偏差。因此，当导弹在飞行过程中受到气流扰动或其他干扰影响而偏离预计弹道时，制导系统不能对这种飞行偏差进行纠正，所以这种制导系统的制导准确度较低。

(b) 跟踪导弹的单雷达指令制导。

这种制导方式用于地对地导弹，攻击的目标是固定的，而且可以预先知道其精确位置。由于目标位置和导弹的发射点是已知的，导弹的飞行轨迹可以预先计算出来。导弹发射之后，导引雷达不断跟踪导弹，测出导弹的瞬时运动参数，将这些数据输入指令计算机，与预先计算出的弹道数据进行比较，算出导弹的飞行偏差，并根据飞行偏差形成指令信号，由指令发射机发射给导弹，弹上指令接收装置收到指令信号后，将指令信号传送给弹上控制系统，控制系统即按指令信号改变导弹飞行方向，使其沿预计的弹道飞向目标。

雷达在跟踪导弹的过程中，不断接收导弹的回波，但因导弹的有效反射面积很小，导弹对雷达电波的反射很弱，雷达接收的信号就很弱，于是限制了雷达对导弹的导引距离。要想增大雷达的导引距离，可在导弹上安装应答机，应答机是一台外触发式雷达发射机。当导弹接收到指令发射机发出的询问信号以后，弹上接收机便将询问信号送给应答机，应答机在询问信号的触发下，向导弹跟踪雷达发射无线电波。应答机的振荡频率在导弹跟踪雷达接收机的工作频率范围内，应答信号比导弹的反射信号要强几千倍，因此，雷达对导弹的导引距离便可大大增加。

这种制导方式，由于攻击固定目标，可以在发射导弹以前精确计算导弹的预计弹道，因而具有一定的准确度，但是，导弹跟踪雷达观测导弹的距离受到地球曲率的影响，不可能很远，所以这种制导系统，只能制导近程地对地导弹。

(c) 跟踪目标、导弹的单雷达指令制导系统。

同时跟踪目标、导弹的单雷达指令制导系统，用于地对空导弹。要使跟踪雷达同时跟踪两个目标，这个雷达必须装有两部独立的接收机，分别用来接收来自目标和导弹的信号，将跟踪雷达所获得的目标和导弹的数据输入指令计算机，计算机根据这些数据算出导弹偏离预定弹道的偏差，并且形成相应的指令信号，利用指令发射机把指令信号发送到导弹上。

② 双雷达指令制导。

在双雷达跟踪指令制导系统中，两部雷达分别跟踪目标和导弹，目标跟踪雷达不断跟踪目标，测出目标的运动参数，并将这些参数输入指令计算机；导弹跟踪雷达用来跟踪导弹，测出导弹的位置、速度等运动参数，并将这些参数输入指令计算机。在双雷达跟踪指令制导系统中，指令信号的形成和传送与跟踪目标、导弹的单雷达指令制导系统的情况基本相同。不同之处是，目标跟踪雷达的波束和导弹跟踪雷达的波束是分开的，它们可以采用不同的扫描方式。在制导过程中，由于导弹跟踪雷达的波束扫描区域是跟随导弹移动的，导弹就无须限制在目标跟踪雷达的波束扫描区域内飞行，因而制导系统可以采用弹道较理想的导引方法来进行导引，从而提高制导的准确度。因此这种制导系统用于制导攻击高速运动目标的导弹效果比较好。

由于雷达观测导弹的距离受地球曲率的影响，不能长距离地跟踪导弹，所以这种制导系统只能用来制导地对空导弹和近程的地对地导弹。

(2) 电视指令制导。

电视指令制导是利用目标反射的可见光信息对目标进行捕获、定位、追踪和导引的制导系统，它是光电制导的一种。

电视制导的优点是：

① 分辨率高，可提供清晰的目标景象，便于鉴别真假目标，工作可靠；

② 制导精度高；

③ 采用被动方式工作，制导系统本身不发射电波，攻击隐蔽性好；

④ 工作于可见光波段。

电视制导的缺点是：

① 只能在白天作战，受气象条件影响较大；

② 在有烟、尘、雾等能见度较低的情况下，作战效能降低；

③ 不能测距；

④ 弹上设备比较复杂，制导系统成本较高。

目前装备和发展的电视制导武器的制导方式有两种：电视寻的制导和电视指令制导。

电视指令制导系统由导弹上的电视设备观察目标，主要用来制导射程较近的导弹，制导系统由弹上设备和制导站两部分组成，如图7.2.2所示。

弹上设备包括摄像管、电视发射机、指令接收机和弹体等。制导站上有电视接收机、指令形成装置和指令发射机等。

导弹发射以后，电视摄像管不断地摄下目标及其周围的景物图像，通过电视发射机发给制导站。操纵员从电视接收机的荧光屏上可以看到目标及其周围的景象。当导弹对准目标飞行时，目标的影像正好在荧光屏的中心，如果导弹飞行方向发生偏差，荧光屏上的目

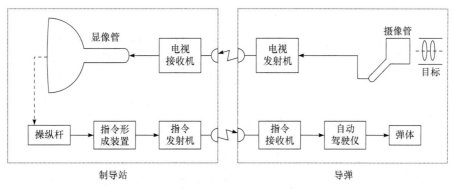

图 7.2.2　电视指令制导系统

标影像就偏向一边。操纵员根据目标影像偏离情况移动操纵杆，形成指令，由指令发射机将指令发送给导弹，导弹上的指令接收机将收到的指令传给弹上控制系统，使其操纵导弹，纠正导弹的飞行方向。这是早期发展的手动电视制导方式。这种电视制导系统包含两条无线电传输线路：一条是从导弹到制导站的目标图像传输线路，另一条是从制导站到导弹的遥控线路。这样就有两个缺点：一个是传输线容易受到敌方的电子干扰，另一个是制导系统复杂、成本高。

在电视跟踪无线电指令制导系统中，电视跟踪器安装在制导站，导弹尾部装有曳光管。当目标和导弹均在电视跟踪器视场内出现时，电视跟踪器探测曳光管的闪光，自动测量导弹飞行方向与电视跟踪器瞄准轴的偏离情况，并把这些测量值送给计算机，计算机经计算形成制导指令，由无线电指令发射机向导弹发出控制信号；同时电视自动跟踪电路根据目标与背景的对比度对目标信号进行处理，实现自动跟踪。

电视跟踪通常与雷达跟踪系统复合运用，电视摄像机与雷达天线瞄准轴保持一致，在制导中相互补充，夜间和能见度差时用雷达跟踪系统，雷达受干扰时用电视跟踪系统，从而提高制导系统总的作战性能。

2. 遥控波束制导

在遥控波束制导系统中，由制导站发出导引波束，导弹在导引波束中飞行，由弹上制导系统感受其在波束中的位置并形成导引指令，最终将导弹引向目标，这种遥控制导也称为驾束制导。目前应用较广的是雷达波束制导和激光波束制导。

雷达波束制导中，导引雷达主要有单脉冲雷达和圆锥扫描雷达。当采用圆锥扫描雷达时，雷达天线辐射器辐射"笔状"波束，使波束的最强方向偏离天线轴线一个小角度，当波束在空间绕天线光轴旋转时，在波束旋转的中心线上(天线光轴)各点的信号强度不随波束的旋转而改变，这个中心线称为波束的等强信号线。

在雷达波束制导过程中，导弹的飞行偏差也就是导弹相对于波束等强信号线的偏差，偏差信号是根据导弹偏离等强信号线的角度形成的。导弹偏离等强信号线的方向是参照基准信号来确定的。将导弹的偏差信号与基准信号进行比较，即可形成控制指令信号，并将该信号送给控制回路，通过执行装置操纵导弹，使其沿等强信号线飞向目标。

雷达波束制导分为单雷达波束制导和双雷达波束制导。

1) 单雷达波束制导

单雷达波束制导由一部雷达同时完成跟踪目标和导引导弹的任务, 如图 7.2.3 所示。在制导过程中, 雷达向目标发射无线电波, 目标回波被雷达天线接收, 通过天线收发开关送入接收机, 接收机输出信号, 直接送给目标角跟踪装置, 目标角跟踪装置驱动天线转动, 使波束的等强信号线跟踪目标转动。

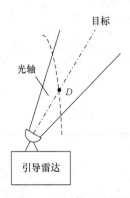

图 7.2.3　单雷达波束制导

如果导弹沿波束中的等强信号线飞行, 在波束旋转一个周期内, 导弹接收到的信号幅值不变, 如果导弹飞行偏离等强信号线, 导弹接收到的信号幅值随波束的旋转而发生周期性变化, 这种幅值变化的信号就是调幅信号。导弹接收到调幅信号后, 经解调装置解调, 并与基准信号进行比较, 在指令形成装置中形成控制指令信号, 控制回路根据指令信号的要求操纵导弹, 纠正导弹的飞行偏差, 使其沿波束的等强信号线飞行。

为了能比较准确地将导弹引向目标, 对发射天线及其特性以及发射机的稳定性有较高的要求。在发射天线的一个旋转周期内, 为了使发射机发射出的信号强度在等强信号线上保持不变, 则要求天线必须形成精确形状的波束, 而且发射机的功率必须保持固定不变。

在雷达波束制导系统中, 制导准确度随导弹离开雷达的距离增加而减小。在导弹飞离雷达站较远时, 为了保证较高的导引准确度, 就必须使波束尽可能窄, 所以在这种导引系统中, 应采用窄波束。但采用窄波束的同时会产生另外一些问题, 如导弹发射装置很难把导弹射入窄波束中, 并且由于目标的剧烈机动, 波束做快速变化时, 导弹飞出波束的可能性随之增大。

为保证将导弹射入波束中, 可以让导引雷达采用高低不同的两个频率工作, 使一部天线产生波束中心线相同的窄波束和宽波束, 宽波束用来导引导弹进入波束, 窄波束用来做波束制导。

采用单雷达波束制导时, 由于采用一部雷达制导导弹并跟踪目标, 设备比较简单, 但这种波束制导系统只能用三点法导引导弹, 不能采用前置点法, 因而导弹的弹道比较弯曲, 制导误差较大。

2) 双雷达波束制导

双雷达波束制导系统, 也是由制导站和弹上设备两部分组成的。制导站通常包括目标跟踪雷达、导引雷达和计算机, 如图 7.2.4 所示。弹上设备包括接收机、信号处理装置、基准信号形成装置、控制指令信号形成装置和控制回路等。

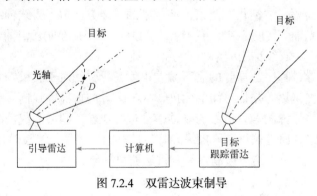

图 7.2.4　双雷达波束制导

双雷达波束制导，可以采用三点法导引，也可以采用前置点法。采用三点法导引时，目标跟踪雷达不断地测定目标的高低角、方位角等数据，并将这些数据输入计算机，计算机进行视差补偿计算，即计算由导引雷达和目标跟踪雷达不在同一位置而引起的测定目标角坐标的误差进行补偿。在计算机输出信号的作用下，导引雷达的动力传动装置带动天线转动，使波束等强信号线始终指向目标；采用前置点法导引时，目标跟踪雷达不断地测定目标的高低角、方位角和距离等数据，并将这些数据输入计算机。计算机根据目标和导弹的运动数据，算出前置点坐标，并进行视差补偿。在计算机输出信号的作用下，制导雷达的动力传动装置带动天线转动，使波束的等强信号始终指向导弹与目标相遇的前置点。不论采用三点法还是采用前置点法导引导弹，弹上设备都是控制导弹沿波束的等强信号线飞行，弹上设备的工作情况都是一样的。

双雷达的波束制导系统虽然能用三点法和前置点法导引导弹，但这种系统必须有测距装置，设备较单雷达制导系统复杂。

在双雷达波束制导系统中，一部雷达跟踪目标，另一部雷达导引导弹，这时雷达波束不需要加宽，如果导引雷达的波束较窄，必须采用专门的计算装置，该装置根据自动跟踪目标雷达提供的数据，不仅计算出导弹与目标相碰时的弹着点，而且产生相应于导引雷达波束运动的程序，这种程序用来消除窄波束在空间过快的变化。

不论单雷达波束制导，还是双雷达波束制导，把导弹引向目标的导引准确度在很大程度上取决于跟踪目标的准确度，而跟踪目标的准确度不仅与波束宽度和发射机稳定性有关，而且也与反射信号的起伏有关。雷达在跟踪运动目标时，跟踪雷达的接收装置的输出端产生反射信号的起伏，反射信号的起伏与目标的类型、大小及其运动的特性有关。为了减小起伏干扰的影响，最好将波束在不同位置时所接收到的信号迅速做比较，也就是让波束快速旋转。

跟踪目标的准确度主要受到在频率上接近波束旋转频率的起伏分量及其谐波分量的限制。而这些分量的大小与跟踪回路的通频带成正比，因此要求把通频带减小到目标运动特性允许的最低程度。跟踪地面和海面上运动较慢目标的雷达应采用较窄的通频带，而跟踪空中运动速度越大的目标采用的频带越宽。

由于雷达波束制导系统相对来说比较简单，有较高的导引可靠性，因此它广泛应用于地对空、空对空和空对地导弹，也可以用于导引地对地弹道式导弹在弹道初始段的飞行。

雷达波束制导系统的作用距离主要取决于跟踪目标雷达和导弹导引雷达的作用距离，而受气象条件影响很小，其优点是，沿同一波束同时可以制导多枚导弹，但由于在导弹飞行的全部时间中，跟踪目标的雷达波束必须连续不断地指向目标，在结束对某一个目标的攻击之前，不可能把导弹引向其他目标。雷达波束制导系统的缺点是，导弹离开导引雷达的距离越大，也就是导弹越接近目标时，导引的准确度越低，而此时正是要求提高准确度的时候，为了解决这一问题，在导弹攻击远距离目标时，可以采用波束制导与指令制导、半主动寻的制导组合的复合制导系统。

此外，由于在雷达波束制导系统中，制导雷达在导弹整个飞行过程中需要不间断地跟踪目标，容易受到反辐射导弹的攻击，且缺乏同时应对多个目标的能力。

7.2.2　遥控制导指令生成原理

遥控指令制导系统中，制导指令是根据导弹和目标的运动参数，按所选定的导引方法进行变换、运算、综合形成的。形成导引指令时，导弹与目标视线(目标与制导站之间的连线)间的偏差信号是最基本最重要的因素。

为改善系统的控制性能，可采取一些校正和补偿措施，在必要时还要进行相应的坐标转换。导引指令形成后送给弹上控制系统，操纵导弹飞向目标，所以导引指令的产生和发射是十分重要的问题。

以直角坐标控制的导弹为例，导弹、目标观测跟踪装置可以测量导弹偏离目标视线的偏差。导弹的偏差一般在观测跟踪装置的测量坐标系中表示，如图 7.2.5 所示，某时刻当导弹位于 D 点(两虚线的交点)时，过 D 点作垂直测量坐标系 Ox 轴的平面，称为偏差平面，偏差平面交 Ox 轴于 D' 点，则 DD' 就是导弹偏离目标视线的线偏差，将测量坐标系的 Oy 轴、Oz 轴移到偏差平面内，DD' 在 Oy 轴、Oz 轴上的投影，就是线偏差在俯仰(高低角 ε)方向和偏航(方位角 β)方向的线偏差分量。这样，如果知道了线偏差在 ε、β 方向的分量，就知道了线偏差 DD'。而偏差在 ε、β 方向的分量，可以根据观测跟踪装置在其测量坐标系中测得的目标、导弹运动参数经计算得到。

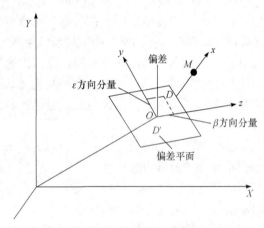

图 7.2.5　导弹的偏差

1. 导引指令的组成

遥控指令制导中导引指令由误差信号、校正信号和补偿信号等组成。

1) 误差信号

误差信号由线偏差信号、距离角误差信号等组成。误差信号的组成随制导系统采用的导引方法和雷达工作体制的不同，以及有无外界干扰因素的存在而变化。

(1) 线偏差信号。

线偏差信号的物理意义是某时刻导弹的位置与目标视线的垂直距离，该偏差在 ε 平面(图 7.2.6)和 β 平面的分量分别表示为 $h_{\Delta\varepsilon}$、$h_{\Delta\beta}$、$h_{\Delta\varepsilon}$。

导弹在飞行过程中，经常受到各种干扰(如外部环境和内部仪器误差的扰动)，加上制导设备的工作惯性及目标机动等原因，常常会偏离理想弹道而产生飞行偏差。

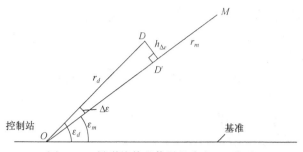

图 7.2.6 导弹线偏差信号的含义(ε 平面)

观测装置测出的是目标的高低角 ε_T、方位角 β_T、导弹高低角 ε、方位角 β，由此可算出角偏差信号。在形成导引指令时一般不采用角偏差信号，而采用导弹偏离目标视线的线偏差信号。

因为在角偏差信号相同的情况下，如果导弹的斜距(导弹与制导站间的距离)不同，导弹偏离目标视线的距离就不同，为提高制导精度，在形成导引指令时应当采用线偏差信号。如果采用角偏差信号作为误差信号，控制系统产生与角偏差相对应的法向控制力，当导弹的斜距比较小时，这个控制力能够产生足够的法向加速度，纠正飞行偏差；随着导弹斜距的增大，同样的角偏差对应的线偏差也不断增大，上述控制力就不能提供足够大的法向加速度，因此，为保证导弹准确命中目标，需要不断地根据线偏差来纠正飞行偏差。

导弹的角偏差可分解为在高低角方向和方位角方向的两个分量，在这两个方向上的导弹相对于目标视线的角偏差分别为

$$\Delta\varepsilon = \varepsilon_T - \varepsilon$$

$$\Delta\beta = \beta_T - \beta$$

同样，导弹的线偏差也可分解为在高低角方向和方位角方向的两个分量，在这两个方向上导弹相对于目标视线的线偏差为

$$h_{\Delta\varepsilon} = r\sin\Delta\varepsilon$$

$$h_{\Delta\beta} = r\sin\Delta\beta$$

导弹的角偏差一般是小的量，小角度的弧度值接近其正弦函数值，即 $\sin\Delta\varepsilon \approx \Delta\varepsilon$，$\sin\Delta\beta \approx \Delta\beta$，所以线偏差信号可以近似写成：

$$h_{\Delta\varepsilon} \approx r\Delta\varepsilon$$

$$h_{\Delta\beta} \approx r\Delta\beta$$

式中，r 为导弹斜距。一般情况下，假定导弹的速度变化规律已知，因此导弹斜距随时间的变化规律也是已知的。由上述两式可看出线偏差信号是否精确，主要取决于角偏差的测量准确度。而 $\Delta\varepsilon = \varepsilon_T - \varepsilon$，即取决于目标和导弹的角坐标测量的准确性，而偏差信号是误差信号中一个主要分量，所以 ε_T 和 ε 的测量精度将直接影响制导精度。

(2) 距离角误差信号。

如果制导站的制导雷达工作在扫描体制下，由于目标回波和导弹应答信号受天线波瓣方向性调制的次数不同，制导雷达存在测角误差，因而指令计算装置计算出的角偏差信号

与实际的偏差值是有区别的。因为在扫描体制下，制导雷达对目标回波信号进行发射和接收两次调制，而对导弹应答信号只进行一次接收调制，这样就会产生测角误差，其误差角随着距离的增大而增大，故称距离角误差。

　　下面说明距离角误差产生的原因。假定导弹和目标重合在一起，并且固定不动。导弹的应答机发射的高频脉冲是等幅的，此等幅的应答信号传到雷达天线，天线接收到的应答信号能量的大小取决于每一个接收瞬时波束对准导弹的程度，因此天线接收到的应答信号不是等幅的，是经过天线方向性调制过一次的调幅信号，但是导弹应答信号只经过天线波瓣方向性接收时的一次调制，制导站的观测系统所测定的导弹角度是以天线波瓣扫描的起始位置和导弹应答信号脉冲群包络的最大值之间的间隔来表示的，t_β 为波瓣从扫描起始位置到波瓣最大值对准导弹所需的扫描时间，如图 7.2.7 所示。

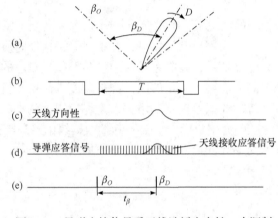

图 7.2.7　导弹应答信号受天线波瓣方向性一次调制

　　观测系统用这种方法测定的导弹角度不存在测角误差，即 t_β 就代表了导弹在空中的实际相对角位置。

　　由于假定目标和导弹重合，制导站测出的目标角位置应该与导弹的角位置相同，但实际的测量结果并不是这样。在扫描体制下，测量目标角位置所需高频探测脉冲是由扫描天线向空中辐射的，由于扫描天线具有一定的方向性，如图 7.2.8(b)所示，因此向目标方向发射的高频脉冲是被发射天线波瓣的方向性调制了一次的，称为不等幅脉冲序列，如图 7.2.8(c)所示。此调幅脉冲序列被目标反射后，再由天线接收，与相应的发射脉冲相比滞后了一个时间段 Δt_0，此时间段就是电磁波从制导站到目标的来回时间。目标反射回来的信号，在接收的过程中，又被天线波瓣的方向性调制了一次，所以目标回波信号经过发射和接收两次调制，调制的结果是目标回波脉冲群包络的最大值，与代表空中目标实际角位置的天线方向性最大值之间的时间差为 $\Delta t_0 / 2$，如图 7.2.8 (f)所示。观测系统测定的目标角位置，也是用波瓣扫描起始位置和被天线接收的目标回路脉冲群的包络最大值之间的时间间隔 $t'_{\beta M}$ 表示的，如图 7.2.8(f)所示。

　　$t'_{\beta M}$ 落后于代表空间目标实际角位置的时间间隔为 $\Delta t_0 / 2$，由于已假定目标和导弹是重合的(如果都是一次调制，则 $t_\beta = t_{\beta M}$)，实际测出的代表目标角位置的时间间隔 $t'_{\beta M}$ 比代表导弹角位置的 t_β 落后 $\Delta t_0 / 2$，这个量就是测量误差，$\Delta t_0 / 2$ 所对应的空间误差角度为

$\Delta \beta_{ij}$，则

$$\Delta \beta_{ij} = \omega \cdot \frac{\Delta t_0}{2} = \omega \cdot \frac{r_T}{c} \qquad (7.2.1)$$

式中，ω 为波瓣扫描的角速度；c 为电磁波传播速度；r_T 为制导站到目标的距离。

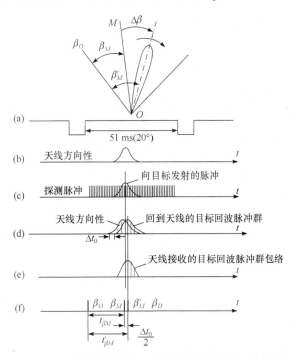

图 7.2.8 导弹应答信号经过天线波瓣方向性一次调制

再把距离角误差 $\Delta \beta_{ij}$ 换算成线偏差，即用角误差乘以导弹斜距可得

$$h'_{ij} = \omega \cdot \frac{r_T}{c} r \qquad (7.2.2)$$

这时形成的偏差信号应当是两项之和，一项是真正的偏差信号，另一项是由于距离角误差引起的偏差信号，即

$$h_{\Delta\beta} = \Delta\beta \cdot r + \Delta\beta_{ij} r \qquad (7.2.3)$$

为了消除距离角误差对制导精度的影响，可以利用补偿的方法。为此引入补偿信号 h_{ij}，与 h'_{ij} 应当是大小相等、符号相反的，在遭遇点上 $r_T = r$，如果 r 用斜距函数信号 $r(t)$ 代替，可得

$$h_{ij} = -h'_{ij} = -\frac{\omega}{c} r^2(t) \qquad (7.2.4)$$

式(7.2.4)实质上是从偏差信号中减去距离角偏差，这样就得到了相对于目标视线的真实的偏差信号。

因为 ω、C 都是常数，所以 h_{ij} 只与 $r(t)$ 有关，在不影响制导精度的情况下，为了简化

补偿机构，将 h_{ij} 的变化规律用三段折线来代替，折线的数学表示式为

$$h_{ij} = \begin{cases} b_1\omega, & 0 < t \leqslant t_1 \\ b_1\omega - b_2\omega(t - t_1), & t_1 < t \leqslant t_2 \\ -b_3\omega - b_4\omega(t - t_2), & t_2 < t \leqslant t_3 \end{cases} \tag{7.2.5}$$

用三段折线表示的 h_{ij} 变化规律如图 7.2.9 所示。

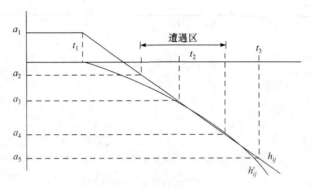

图 7.2.9　距离角误差补偿信号

图 7.2.9 中，斜率 b_2(m/s)和 b_4(m/s)的选取依据是保证在遭遇区内折线和理想的曲线尽量接近。h_{ij} 开始一段为正，在这段时间内，它不但不能消除误差，反而增大了误差，但开始一段不在遭遇区，所以虽然误差大些，对命中精度影响不大。

如果制导雷达是照射工作体制，探测脉冲是由照射天线发射的，它不进行扫描，故辐射到目标上的高频脉冲不受天线波瓣方向性的发射调制，因此接收到的目标回波信号和导弹应答信号，都只经过天线波瓣方向性调制一次，所以不存在距离角误差。

(3) 不同导引方法的误差信号。

误差信号是导引指令信号的主要组成部分，它是指导弹飞行过程中实际弹道与理想弹道之间的偏差。

① 三点法导引时的误差信号。

三点法是在控制导弹飞向目标的过程中，使导弹保持在目标视线上飞行的导引方法，因此采用三点法导引时，导弹与目标视线之间的线偏差就是导弹偏离理想弹道的线偏差，所以采用三点法导引时误差信号为

$$h_{\Delta\varepsilon} \approx r\,\Delta\varepsilon\,, \quad h_{\Delta\beta} \approx r\Delta\beta \tag{7.2.6}$$

② 前置角法导引时的误差信号。

采用前置角法导引时，在导弹飞向目标的过程中，导弹视线超前目标视线一个角度(前置角)。前置角信号的物理意义为前置角对应的线距离。

采用前置角法导引时，前置角为

$$\varepsilon_q = \frac{\dot{\varepsilon}_T}{\Delta\dot{r}}\Delta r\,, \quad \beta_q = \frac{\dot{\beta}_T}{\Delta\dot{r}}\Delta r \tag{7.2.7}$$

由于制导站指令天线的波瓣宽度有限，用前置角法导引时，前置角太大容易使导弹超出波瓣而失去控制，所以有的制导系统不采用全前置角法，而采用半前置角法导引，半前

置角法的前置角为

$$\varepsilon_q = \frac{\dot{\varepsilon}_T}{2\Delta\dot{r}}\Delta r, \quad \beta_q = \frac{\dot{\beta}_T}{2\Delta\dot{r}}\Delta r \tag{7.2.8}$$

则前置信号为

$$h_{q\varepsilon} = \frac{\dot{\varepsilon}_T}{2\Delta\dot{r}}\Delta rr, \quad h_{q\beta} = \frac{\dot{\beta}_T}{2\Delta\dot{r}}\Delta rr \tag{7.2.9}$$

式中，Δr 为目标与导弹之间的距离。前置信号的极性由目标的角速度信号 $\dot{\varepsilon}_T$、$\dot{\beta}_T$ 的极性决定，遭遇时 $\Delta r \to 0$，$h_{q\varepsilon} = h_{q\beta} = 0$，保证了导弹与目标相遇。

半前置角法导引时的误差信号为

$$h_\varepsilon = h_{\Delta\varepsilon} + h_{q\varepsilon}, \quad h_\beta = h_{\Delta\beta} + h_{q\beta} \tag{7.2.10}$$

2) 校正信号与补偿信号

导弹的实际飞行情况比理想的情况要复杂得多，如果仅仅把误差信号送到弹上去直接控制导弹，并不能使导弹准确地沿理想弹道飞行。导弹的飞行受到很多因素的影响，下面是其中主要的几种。

(1) 运动惯性。由于导弹存在一定的运动惯性，再加上制导回路中的很多环节会出现滞后等原因，当导弹接收到误差信号后，不能立即改变飞行方向，从收到误差信号到导弹获得足够大的控制力以产生所要求的法向加速度需要经过一个过渡过程。

(2) 目标机动。攻击机动目标的导弹的理想弹道曲率较大，当导弹沿曲线弹道飞行时，由控制系统产生的法向控制力不能满足所需法向加速度的要求，从而使导弹离开理想弹道，造成动态误差。

(3) 误差信号过大。如果误差信号过大，控制系统将产生很大的控制力，引起弹体剧烈振动，弹体恢复稳定飞行状态所需时间较长，这样就增加了导弹的过渡过程时间，情况严重时可能造成导弹失控。

(4) 重力因素。在俯仰控制方向，由于导弹自身的重力，导弹在飞行过程中会产生下沉现象，导弹的实际飞行弹道将偏在理想弹道下方，造成重力误差。

如果只根据导弹偏离理想弹道的线偏差产生控制指令，那么随着线偏差的减小，控制力也将减小，但只要存在控制力，导弹逼近理想弹道的速度就会增加，在导弹处于理想弹道上的瞬间，控制力消失，速度达到最大，导弹将向理想弹道的另一边偏离，制导站将发送相反方向的控制指令信号，在这个指令信号的作用下，导弹开始减速，而后接近理想弹道。由于导弹具有惯性，在进入理想弹道的瞬间，尽管控制指令为零，导弹仍出现某一攻角，控制力的影响将延续，因而法向速度也将增大，最大法向速度将出现在偏离理想弹道的某段距离上，因此导弹必须进行减速使其接近理想弹道。由此可见，导弹的质心绕理想弹道振荡，如果这个振荡得不到适当的阻尼，制导系统将是不稳定的。

为了使导弹在制导过程的运动是平稳的，必须预知导弹的可能运动，也就是在形成控制指令时要考虑到导弹偏离理想弹道线偏差的速度和加速度。

导弹线偏差信号对时间的一次微分可得到其速度，两次微分可得到其加速度。在线偏差信号中，由于存在来自目标信号的起伏干扰和随机误差分量，不宜直接用偏差信号的两次微分量求得加速度信号来形成控制指令。

在形成控制指令时，只采用导弹的线偏差信号 h_ε 和 h_β 及线偏差信号的变化率 $\dot{h}_\varepsilon$ 和 $\dot{h}_\beta$，而加到回路中的加速度，是利用弹上控制系统中的加速度计来取得的，弹上加速度计的安装应使其敏感轴与相应的导弹横轴重合。

在遥控指令制导系统中，形成控制指令时，除考虑目标和导弹运动参数以及导引方法外，为了得到导弹飞向目标所要求的制导精度，还要考虑各种补偿。最典型的补偿有动态误差补偿、重力误差补偿和仪器误差补偿等。

下面介绍几种常用的校正和补偿方法。

(1) 微分校正。

在指令制导回路中一般串联如下微分校正环节：

$$1+\frac{T_1 s}{1+T_2 s} \tag{7.2.11}$$

式中，T_1 为微分校正环节的放大系数；T_2 为时间常数。一般情况下，$T_1 \gg T_2$，则误差信号 h_ε、h_β 经校正环节后，输出信号近似为

$$h_\varepsilon + T_1 \dot{h}_\varepsilon, \quad h_\beta + T_1 \dot{h}_\beta \tag{7.2.12}$$

这样导引指令中不仅有误差信息，而且有误差的变化速度信息，它起到超前控制的作用，可以改善导弹的运动特性。

(2) 动态误差补偿信号。

导弹实际飞行的弹道称为动态弹道，动态弹道与理想弹道之间的线偏差称为动态误差。动态误差是由理想弹道的曲率、导弹本身及制导系统的惯性等原因造成的，其中最主要的因素是理想弹道的曲率。下面简要说明动态误差产生的原因。

设目标、导弹在铅垂平面内运动，导弹飞行的理想弹道如图 7.2.10 所示。假设某时刻导弹位于理想弹道上的 D_0 点，则此时的误差信号为零，如果不考虑来自外部环境和制导回路内部的各种干扰，那么形成的指令信号为零，弹上控制系统不产生控制力，导弹速度方向不变，导弹继续沿速度矢量方向飞行。但由于理想弹道是弯曲的，此时导弹实际飞行轨迹与理想弹道相切，所以导弹会立即飞出理想弹道，出现弹道偏差。理想弹道曲率越大，造成的偏差也越大。由于制导系统的惯性对偏差的响应有一定的延迟，直到导弹飞到 D_1 点，才形成导引指令，产生足够的控制力，但此时的偏差与形成导引指令时的偏差不同，所以导弹不能在每时每刻都产生相应的控制力，导弹飞行的实际弹道与理想弹道时刻都有偏差。

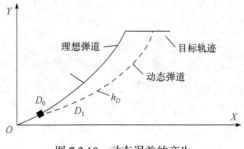

图 7.2.10　动态误差的产生

由此可见，理想弹道的曲率越大，动态误差也越大，理想弹道是直线时，不会出现动态误差。

前面提到制导回路放大系数有限等因素会造成系统的动态误差。那么，在没有引入动态误差补偿信号的情况下，如果制导系统的工作是理想的，导弹的飞行还有没有动态误差呢？当理想弹道是直线弹道时，制导系统如果没有误差，导弹的飞行就不会产生动态误差；当理想弹道是曲线弹道时，必须不断改变导弹的飞行方向，也就是必须不断改变导弹飞行速度方向，这就要求不断产生法向加速度，而为了产生法向加速度，必须有导引指令信号，只有导弹飞行偏离理想弹道，才能产生导引指令所需的偏差信号，所以要使导弹沿曲线弹道飞行，导弹必须偏离理想弹道，利用偏差形成导引指令信号，产生法向加速度，改变导弹飞行方向，使导弹沿着曲线弹道飞行。因此当理想弹道是曲线弹道时，即使制导系统工作没有误差，导弹也只能沿与理想弹道曲率相同的弹道飞行，攻击目标时，仍存在偏差。

为消除动态误差，可以采用动态误差补偿的方法产生所要求的法向加速度，使导弹沿理想弹道飞行。

动态误差与理想弹道的曲率有关，理想弹道的曲率越大，动态误差也越大，理想弹道的曲率与下列因素有关：

① 目标的机动性。目标相对导弹的横向加速度越大，理想弹道的曲率越大。

② 导引方法。三点法导引时，理想弹道的曲率较大，前置角法导引时，理想弹道的曲率较小。

③ 导弹的速度。导弹的速度越大，理想弹道的曲率越小。

对动态误差，通常采用的补偿方法有两种，即制导回路中引入局部补偿回路的方法及由制导回路外加入给定规律的补偿信号的方法。目前广泛应用的是后一种方法，例如，在导引指令中加入一个与动态误差相等的补偿信号，如图 7.2.11 所示。

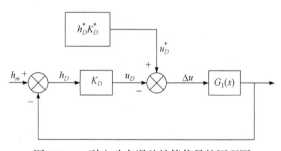

图 7.2.11　引入动态误差补偿信号的原理图

由制导回路外的动态误差补偿信号形成电路产生补偿信号，加到制导回路的某点上，由控制系统产生使导弹沿理想弹道飞行所需要的法向加速度。通常 h_D 变化缓慢，略去信号 u_D^* 引入点前环节的惯性，用放大环节 K_D 表示，$G_1(s)$ 为制导回路其余部分的开环传递函数。当 $K_D^* h_D^* - K_D h_D = 0$ 时，动态误差补偿信号 h_D^* 正好等于导弹沿着理想弹道飞行时所需的动态误差信号，动态误差便被消除。然而满足这一条件是有困难的，一般只能近似补偿，不能完全补偿，因此总会有剩余动态误差。

动态误差补偿信号是根据动态误差的变化规律引入的，一般采用三点法时的动态误差补偿信号为

$$h_{D\varepsilon} = x(t)\dot{\varepsilon} , \quad h_{D\beta} = x(t)\dot{\beta}\cos\varepsilon \tag{7.2.13}$$

式中, $x(t)$ 是引入的函数 $x(t) = x_0 + xt$, 由时间机构产生。

采用前置角法时,动态误差补偿信号为

$$h_{D\varepsilon} = x_0\dot{\varepsilon} , \quad h_{D\beta} = x_0\dot{\beta}\cos\varepsilon \tag{7.2.14}$$

(3) 重力误差补偿信号。

导弹的重力会给制导回路造成扰动,使导弹偏离理想弹道而下沉,从而产生重力误差。为消除这种误差,可在指令信号中引入重力误差补偿信号。

弹体本身的重力 mg 可分解成两个分量, $mg\sin\theta$ 分量与导弹速度 V 的方向相反,它仅影响 V 的大小,消耗发动机的一部分推力,不会改变导弹的飞行方向; $mg\cos\theta$ 分量与导弹速度 V 垂直,它产生的重力(法向)加速度分量 $g\cos\theta$ 使导弹偏离理想弹道,如图 7.2.12 所示,此偏差称为重力误差,用线偏差 h_G 表示, h_G 与 $g\cos\theta$ 成比例, $h_G = g\cos\theta / K_0$ (K_0 为制导回路的开环放大系数)。要使导弹沿理想弹道飞行,必须产生与 $g\cos\theta$ 方向相反的法向加速 $-g\cos\theta$,以此来抵消重力加速度分量。为此,可引入与重力误差相等的补偿信号 h_G^* ,如果 h_G^* 与 $g\cos\theta / K_0$ 相等,则重力误差完全被补偿,导弹将沿理想弹道飞行。

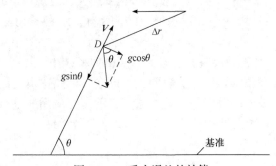

图 7.2.12 重力误差的补偿

因为在导弹飞行过程中弹体的质量与飞行轨迹是变化的,所以完全补偿重力误差是有困难的。为了简化补偿装置,可以把重力误差补偿信号取为常数,在形成指令时取 θ 为常数,并把导弹的质量当作常数,这时 h_G 也就成为常数。考虑重力误差比较小,一般只要求保证在遭遇区有较准确的补偿,而在遭遇区, θ 大约为 $45°$,重力误差补偿信号可取为

$$h_G^* = \frac{g\cos 45°}{K_0} \tag{7.2.15}$$

重力误差补偿信号只在俯仰方向指令中引入。

2. 导引指令的形成

在制导回路中串联微分校正环节之后,制导系统的频带加宽,将使导引起伏误差增大,为使导弹稳定飞行,消除干扰的影响,可以引入积分校正环节。

综合上述几种信号,最后得到的俯仰和偏航两个方向的导引指令信号为

$$K_\alpha = \left(h_\varepsilon + \frac{T_1 s}{1+T_2 s} h_\varepsilon + h_{D\varepsilon} + h_G \right) \frac{1+T_3 s}{1+T_4 s}$$

$$K_\beta = \left(h_\beta + \frac{T_1 s}{1+T_2 s} h_\beta + h_{D\beta} \right) \frac{1+T_3 s}{1+T_4 s}$$

(7.2.16)

应该指出，上述导引指令信号是在测量坐标系形成的。遥控指令制导的导弹控制系统一般都有滚动位置控制回路，控制弹体不绕纵轴转动。如果导弹采用 "+" 字舵面布局，可以认为导弹的控制坐标系和观测跟踪装置的测量坐标系是一致的，则不需要进行坐标转换，导引指令信号直接作为控制信号，控制导弹在俯仰和偏航两个方向的运动。若是按 "×" 字舵面布局，导弹的控制坐标系和观测跟踪装置的测量坐标系成 45° 角，如图 7.2.13 与图 7.2.14 所示，必须进行坐标变换。

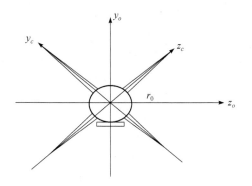

图 7.2.13　导弹按 "×" 字舵面布局

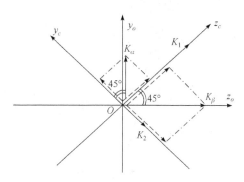

图 7.2.14　导引指令的坐标转换

图中 $Ox_o y_o z_o$ 为地面测量坐标系，$Ox_c y_c z_c$ 为弹上控制坐标系。坐标转换的作用是把测量坐标系的导引指令信号变换成导弹控制坐标系的控制信号。K_1 是沿 Oz_c 轴方向的控制信号，即导引指令 K_α、K_β 在 Oz_c 轴上的投影；K_2 是 Oy_c 轴上的控制信号，是导引指令 K_α、K_β 在 Oy_c 轴上的投影，由图 7.2.14 可得

$$K_1 = K_\alpha \sin 45° + K_\beta \cos 45°$$

$$K_2 = K_\alpha \cos 45° - K_\beta \sin 45°$$

(7.2.17)

或写成矩阵形式：

$$\begin{bmatrix} K_1 \\ K_2 \end{bmatrix} = \begin{bmatrix} \sin 45° & \cos 45° \\ \cos 45° & -\sin 45° \end{bmatrix} \begin{bmatrix} K_\alpha \\ K_\beta \end{bmatrix}$$

(7.2.18)

由于遥控指令制导的导弹控制系统，一般有滚动位置控制回路，控制弹体不绕纵轴转动，所以控制坐标系方位不变，但当观测跟踪装置的光轴跟踪目标时，其测量坐标系的 Ox_o 轴可能随目标绕地面坐标系的 Oy 轴转动，高低角和方位角平面也绕 Oy 轴转动，故导弹飞行过程中，测量坐标系和控制坐标系不是始终保持原定的角度关系，而是随时在变化，如图 7.2.15 所示。两坐标系之间在原定角度上增加或减少了一个扭转角 γ，γ 的正负取决于测量坐标系的转动方向。

如图 7.2.16 所示，观测跟踪装置跟踪目标时，设目标的方位角速度为 $\dot{\beta}$，则测量坐标

系绕 Oy_o 轴转动的角速度也为 $\dot{\beta}$(略去跟踪误差)，则 $\dot{\beta}$ 在测量坐标系 Ox_1 轴上的投影 $\dot{\beta}\sin\varepsilon$ (ε 为俯仰方向角偏差)就是 Oy_o、Oz_o 轴绕 Ox_o 轴扭转的角速度，则

$$\dot{\gamma} = \dot{\beta}\sin\varepsilon, \quad \gamma = \int_0^t \dot{\beta}\sin\varepsilon\,\mathrm{d}t \tag{7.2.19}$$

这时，弹上控制坐标系中的控制信号为

$$\begin{bmatrix} K_1 \\ K_2 \end{bmatrix} = \begin{bmatrix} \cos(45° - \gamma) & -\sin(45° - \gamma) \\ \sin(45° - \gamma) & \cos(45° - \gamma) \end{bmatrix} \begin{bmatrix} K_\alpha \\ K_\beta \end{bmatrix} \tag{7.2.20}$$

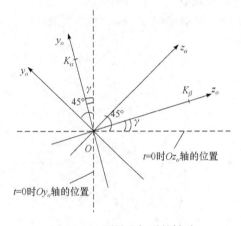
图 7.2.15　测量坐标系的转动

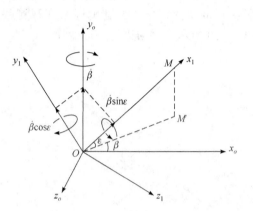
图 7.2.16　测量坐标系的扭转

7.2.3　雷达波束制导指令

1. 导弹的偏差信号

雷达按工作波形可分为连续波雷达和脉冲波雷达，这里仅以脉冲体制的圆锥扫描雷达为例来说明导弹偏差信号的形成。

在雷达波束制导系统中，偏差信号表示导弹偏离导引雷达等强信号线的情况。偏差信号是在导弹上形成的，导弹在波束中飞行，波束做圆锥扫描时，弹上接收机的输出信号受到幅度调制，调幅信号反映偏差情况。

当导弹沿旋转波束在等强信号线上飞行时，无论波束旋转到哪一个位置，弹上接收机输出信号的强度总是相等的，信号的幅度与波束转过的角度(此角度以 Oy 轴为起点)无关，也就是弹上收到的信号是等幅脉冲序列。

波束做圆锥扫描时，弹上接收机输出信号的情况如图 7.2.17 所示。当导弹偏在 y_z 轴上方 D_1 点时，如果波束处于 y_z 轴上方(此时的相角 φ 为 $0, 2\pi, \cdots$)，弹上接收机的输出信号最强，其值与导弹偏离等强信号线的偏差角 Δ 成正比，当波束沿顺时针方向转到 y_z 轴下方(此时的相角 φ 为 $\pi, 3\pi, \cdots$)时，弹上接收机的输出信号最弱，其值与导弹偏离等强信号线的偏差角 Δ 成反比。在波束旋转一周的过程中，弹上接收机输出信号的强度变化情况如图 7.2.17(b)中的 U_{d1} 所示。

如果导弹偏在 Oy_z 轴右方 D_2 点，当波束沿顺时针方向从 Oy_z 轴上转过 90° 时(此时的相

角 φ 为 $\pi/2$, $5\pi/2$, $\cdots$), 弹上接收机输出信号最强, 当波束转过 $270°$ 时(此时的相角 φ 为 $3\pi/2$, $7\pi/2$, $\cdots$), 弹上接收机输出信号最弱, 在波束旋转一周过程中, 弹上接收机输出信号强度变化情况如图 7.2.17(b)中的 U_{d2} 所示。

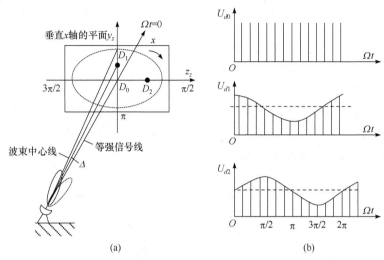

图 7.2.17　圆锥扫描雷达波束制导时弹上收到的信号

由此可见, 当导弹偏离波束等强信号线时, 弹上接收机的输出信号为调幅脉冲信号, 调制信号的频率等于波束的旋转频率, 调制的深度和导弹偏离等强信号线的偏差角成正比, 调制信号的相位取决于导弹偏离等强信号线的方向。

弹上接收机输出信号的调幅信号脉冲包络可表示为

$$U_m(t) = u_{m\Delta}\left[1 + m\cos(\Omega t - \varphi)\right] \qquad (7.2.21)$$

式中, $u_{m\Delta}$ 为未调制脉冲的幅度; m 为调制度; φ 为导弹偏离方位角, 即导弹与等强信号线的连线与 Oy_z 轴的夹角。

在偏差角不大的情况下, 调制度的数值与导弹相对于等强信号线的偏差角 Δ 成正比, 如图 7.2.18 所示。

$$m = \xi_m\Delta$$

式中, ξ_m 为比例系数, 称为灵敏度。

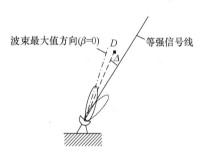

图 7.2.18　调制度与偏差角的关系图

因此, 弹上接收机输出的低频(脉冲信号的包络)信号就是导弹的偏差信号, 低频信号的调制度与导弹飞行角偏差成正比, 相位与导弹偏离等强信号线的方位相对应。

2. 基准信号及其传递

在雷达波束制导中, 要确定导弹偏离等强信号线的方向, 就需要测定偏差信号的相位。为了测定偏差信号的相位, 需要有一个基准。在导弹上如果没有相位基准信号, 就无法确定弹上接收机输出信号的相位, 也就无法确定导弹偏离等强信号线的方向。

导弹上的基准信号应该与波束的圆锥扫描完全同步, 以便和偏差信号的相位进行比较。

根据两个信号的相位关系,才能确定偏差信号的相位,并由此确定出导弹偏离等强信号线的方向。

基准信号一般由制导站波束扫描电动机带动天线辐射器和基准信号产生器的发电机同步旋转,这样基准信号发生器输出的基准信号与波束的圆锥扫描同步。基准信号形成装置的示意图如图 7.2.19 所示。

图 7.2.19 中,基准信号产生器是发电机。制导站波束扫描电动机通过减速器带动天线辐射器和基准信号产生器的发电机转子同步旋转,因而,基准信号产生器输出的基准信号与波束的圆锥扫描同步。

产生基准信号的发电机是输出功率很小的微型电机,电机的转子是一块永久磁铁,定子上绕有两对绕组,如图 7.2.20 所示。当转子旋转时,绕组便感应出相位相差90°的两个正弦电压,这两个正弦电压便可作为基准信号。

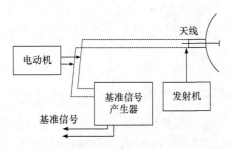

图 7.2.19 基准信号形成装置示意图

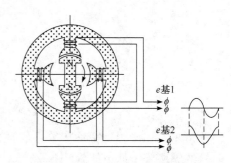

图 7.2.20 基准信号电机示意图

向导弹传递基准信号时,通常不用单独的基准信号发射机,而是利用导引波束的雷达发射机,这样既不额外增加制导设备,又能减小受干扰的可能性。利用导引波束雷达传递基准信号有两种基本方法:一种是利用基准信号对雷达脉冲进行频率调制的方法;另一种是利用脉冲编码的方法。

1) 利用基准信号对雷达脉冲进行频率调制的方法传递基准信号

利用脉冲频率调制传递基准信号的方框图如图 7.2.21 所示。

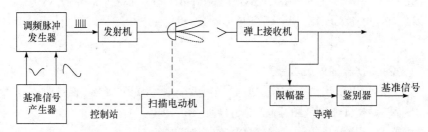

图 7.2.21 利用脉冲频率调制传递基准信号的方框图

天线辐射器和基准信号产生器由扫描电动机带动,二者同步旋转。基准信号产生器输出的基准电压波形如图 7.2.22(a)所示。基准电压控制脉冲发生器的振荡频率,因此,脉冲发生器的输出脉冲是调频脉冲,其波形如图 7.2.22(b)所示,调频脉冲经发射机由圆锥扫描天线发射出去。

导弹在等强信号线上飞行时,弹上接收机的输出信号为等幅的调频脉冲信号,如

图 7.2.22(b)所示。当导弹偏离等强信号线时，弹上接收机的输出信号则是既调幅又调频的脉冲信号，如图 7.2.22(c)所示。输出信号的幅度调制反映导弹偏离等强信号线的情况，输出信号的频率调制代表相位基准。

为了从既调幅又调频的脉冲信号中分离出基准信号，弹上装有基准信号选择装置，它是这样工作的：由限幅器对调制的脉冲信号限幅，输出等幅的调频脉冲，加到频率鉴别器上，频率鉴别器输出的信号就是基准信号。基准信号经过整形电路后，送入控制信号形成装置。

2) 利用脉冲编码传递基准信号

利用脉冲编码的方法传递基准信号，是当雷达天线的波瓣中心转到 y_m 轴或 z_m 轴上时，对发射脉冲进行编码，形成基准信号的射频脉冲码，如图 7.2.23 所示。

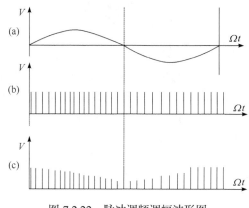

图 7.2.22　脉冲调频调幅波形图

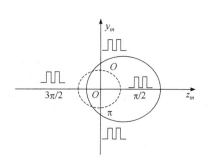

图 7.2.23　发射脉冲码时波瓣的位置

当波瓣中心在 Oy_mz_m 平面上转到 y_m 轴或 z_m 轴上时，基准信号的相位等于 0、$\pi/2$、π、$3\pi/2$。因此，弹上接收机输出的脉冲码的相位与基准信号的四个特殊相位 0、$\pi/2$、π、$3\pi/2$ 相对应，如图 7.2.24 所示。

采用这种方法传递基准信号时，不是直接传递正弦波基准信号的全部电压，而是在正弦基准信号的四个特殊的相位上传递脉冲码。弹上接收机接收这四个特殊相位点上的脉冲，便可将其作为偏差信号的相位基准或时间基准。

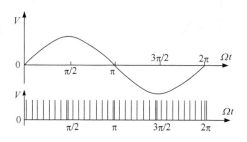

图 7.2.24　脉冲码和基准信号的相位关系

如果只在一个基准点(如 0 相位点)上，或只在两个基准点(0，$\pi/2$ 相位点)上传递脉冲码，弹上接收机也能形成基准电压。但当导弹进入间歇照射区或遇到干扰时，就很容易丢失仅有的一组或两组脉冲码，从而中断基准信号的传递。为了可靠地传递基准信号，通常是在前面提到的四个特殊相位点上传递脉冲码。

7.2.4　激光波束制导原理

用激光波束跟踪目标，导弹飞行在激光波束中，弹上设备感受导弹在光束中的位置，形成导引指令，使导弹飞向目标的制导技术，称为激光波束制导。由于其制导设备轻，制导精度高，激光波束制导在各国都受到重视，并且已经在地对空和反坦克等类型的导弹中得到实际应用。

1. 激光波束制导的特点和制导系统组成

典型激光波束制导系统的组成，如图 7.2.25 所示。

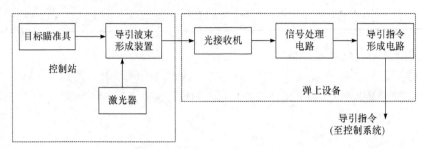

图 7.2.25　典型激光波束制导系统的组成

激光波束形成装置发射含有方位信息的光束，光束中心指向目标或前置点。导弹沿制导站和目标之间的瞄准线发射并进入光束。导弹尾部的接收装置把光束内的方位信息转变为导弹的飞行控制信号。光束形成装置的焦距是可变的，它是导弹射程的函数，随着导弹飞离制导站，光束形成装置的焦距不断变大，以便使导弹在整个飞行过程中始终处于一个大小不变的光束截面中。目标瞄准具一般是光学望远镜，以手控或自动跟踪方式使激光波束光轴对准目标。激光器是一个强功率的激光源，一般采用固体或气体激光器，工作在脉冲波或连续波状态。

导引波束形成装置将激光器产生的强功率激光变为导引波束。激光波束形成装置中的调制器是激光波束制导的核心，其作用是进行激光波束空间位置编码，使飞行在光束中的导弹根据弹上激光接收器收到的光束编码信息判断其在光束中的位置，从而确定导弹的飞行偏差。实现激光编码的方法有很多种，如激光空间偏振编码、激光条形光束空间扫描编码和激光空间频率编码等。激光接收机接收激光信息，并将其变为电信号送给信号处理电路。

2. 激光波束制导原理

下面以某旋转-正交扫描激光波束制导系统为例，说明激光波束制导原理。

制导站依次产生四个扁平状的扫描激光束，如图 7.2.26 所示。先产生光束 1，并由其起点扫到终点，马上又产生光束 2，也由其起点扫到终点；间隔 Δt 时间后，产生光束 3，由其起点扫到终点，马上又产生光束 4，也由其起点扫到终点，接着又产生光束 1，如此循环重复。令与光束 1、2 扫描相对应的是 $Oy_{j1}z_{j1}$ 坐标系，与光束 3、4 扫描相对应的是 $Oy_{j2}z_{j2}$ 坐标系。它们相对观测器固连坐标系 Oyz 旋转 β、$-\beta$ 角。这样光束 1～光束 4 的运动便形成旋转-正交扫描激光波束。

设四个光束的扫描速度和扫过的长度 L_0 相等，且各光束扫描范围中心与目标瞄准具的光轴重合。当导弹位于图 7.2.26 中的 D 点时，光束 1、2 扫过导弹时，导弹接收到两组脉冲信号 S_1、S_2，两脉冲组的时间间隔为 Δt_1，T_0 为激光波束扫描周期。这里只对 S_1、S_2 的间隔感兴趣，所以可将 Oy_{j1} 轴、Oz_{j1} 轴按扫描方向连接起来，如图 7.2.27 所示。

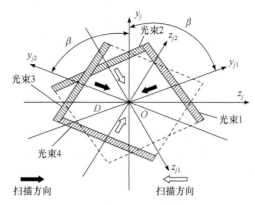

图 7.2.26 旋转-正交扫描激光波束

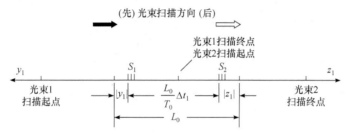

图 7.2.27 扫描光束 1、2 扫过导弹时弹上的脉冲信号

由图 7.2.27 可得

$$L_0 + y_1 + z_1 = \frac{L_0}{T_0}\Delta t_1 \tag{7.2.22}$$

式中，y_1、z_1 是 D 点在坐标系 $Oy_{j1}z_{j1}$ 的坐标值(含有符号)。

同理，光束 3、4 扫过导弹时，导弹接收到两组脉冲信号 S_3、S_4，S_3、S_4 的时间间隔为 Δt_2，则有

$$L_0 + y_2 + z_2 = \frac{L_0}{T_0}\Delta t_2 \tag{7.2.23}$$

式中，y_2、z_2 是 D 点在坐标系 $Oy_{j2}z_{j2}$ 的坐标值(含有符号)。

由式(7.2.22)和式(7.2.23)可看出，时间间隔 Δt_1、Δt_2 中含有导弹在 Oy_1z_1、Oy_2z_2 两个坐标系中所在位置的信息。由坐标系 $Oy_{j1}z_{j1}$、$Oy_{j2}z_{j2}$ 与坐标系 Oy_jz_j 的转换关系便可得到导弹在观测坐标系中位置的信息。

坐标系 $Oy_{j1}z_{j1}$、$Oy_{j2}z_{j2}$ 与坐标系 Oy_jz_j 的转换矩阵为

$$\begin{bmatrix} y_1 \\ z_1 \end{bmatrix} = \begin{bmatrix} \cos\beta & \sin\beta \\ -\sin\beta & \cos\beta \end{bmatrix} \begin{bmatrix} y \\ z \end{bmatrix} \tag{7.2.24}$$

$$\begin{bmatrix} y_2 \\ z_2 \end{bmatrix} = \begin{bmatrix} \cos\beta & -\sin\beta \\ \sin\beta & \cos\beta \end{bmatrix} \begin{bmatrix} y \\ z \end{bmatrix} \tag{7.2.25}$$

将式(7.2.22)与式(7.2.23)表示为矩阵形式为

$$
\begin{bmatrix} y_1 + z_1 \\ y_2 + z_2 \end{bmatrix} = \begin{bmatrix} \left(\dfrac{\Delta t_1}{T_0} - 1\right) L_0 \\ \left(\dfrac{\Delta t_2}{T_0} - 1\right) L_0 \end{bmatrix} \tag{7.2.26}
$$

将式(7.2.24)与式(7.2.25)变换为

$$
\begin{bmatrix} y_1 + z_1 \\ y_2 + z_2 \end{bmatrix} = \begin{bmatrix} \cos\beta - \sin\beta & \cos\beta + \sin\beta \\ \cos\beta + \sin\beta & \cos\beta - \sin\beta \end{bmatrix} \begin{bmatrix} y \\ z \end{bmatrix} \tag{7.2.27}
$$

由式(7.2.26)和式(7.2.27)可得

$$
\begin{bmatrix} y \\ z \end{bmatrix} = -\frac{1}{2\sin 2\beta} \begin{bmatrix} \dfrac{\Delta t_1}{T_0} L_0(\cos\beta - \sin\beta) - \dfrac{\Delta t_2}{T_0} L_0(\cos\beta + \sin\beta) + 2L_0\sin\beta \\ -\dfrac{\Delta t_1}{T_0} L_0(\cos\beta + \sin\beta) + \dfrac{\Delta t_2}{T_0} L_0(\cos\beta - \sin\beta) + 2L_0\sin\beta \end{bmatrix}
$$

当 $\beta = 60°$，上式可化简为

$$
\begin{bmatrix} y \\ z \end{bmatrix} = \begin{bmatrix} \dfrac{0.2113\Delta t_1 + 0.7887\Delta t_2}{k} - L_0 \\ \dfrac{0.7887\Delta t_1 + 0.2113\Delta t_2}{k} - L_0 \end{bmatrix} \tag{7.2.28}
$$

式中，$k = T_0/L_0$。

由式(7.2.28)便可根据光束1、2与光束3、4扫描，以及弹上接收到的两个脉冲组信号的时间间隔 Δt_1、Δt_2，确定导弹在观测器固连坐标系中的坐标值，它们分别是高低角与方位角方向的偏差，弹上设备根据此偏差形成导引指令，控制导弹沿光束扫描中心飞行。

前面简单介绍了一种典型激光波束制导系统组成和制导指令形成原理，工程应用中还有其他形式的激光制导系统，此处不再一一介绍。

思 考 题

1. 根据导引指令形成的位置不同，遥控制导系统一般分为哪几种？各有何特点？
2. 遥控指令制导系统中，当采用三点法和前置角法时，误差信号有何不同？
3. 遥控指令制导系统中，形成导引指令时为什么要用线偏差而不是角偏差？
4. 遥控指令制导系统中，形成导引指令时为什么要引入微分、积分校正？
5. 微分校正有什么作用？它的输出信号和输入信号的关系是什么？
6. 积分校正有什么作用？它的输出信号和输入信号的关系是什么？
7. 动态误差是如何形成的？如何对其进行补偿？
8. 为什么在制导回路中串联超前校正环节能改善制导回路的品质？
9. 简述旋转-正交扫描激光波束制导原理。
10. 旋转-正交扫描激光波束制导的激光波束应满足什么要求？导弹的偏差信号用什么

表示？

11. 简述圆锥扫描雷达波束制导原理。弹上接收机接收的信号中导弹的偏差信号是如何表示的？

12. 红外非成像自寻的制导与红外成像自寻的制导各有何特点？

13. 自寻的制导回路与遥控制导回路有何相同与不同？

14. 微波雷达寻的制导与毫米波雷达寻的制导各有何特点？

第8章　自寻的制导原理

遥控制导的导弹虽然可以攻击移动目标，但是制导精度随着导弹接近目标而下降，所以人们要寻求一种随着导弹、目标间距离的缩短而提高制导准确度的方法，这样就有了自寻的制导，也称寻的制导，或称自动导引。根据有无目标照射源及照射源所在位置的不同，可将自寻的制导分成主动式、半主动式和被动式三种自寻的制导方式。

根据目标辐射或反射能量的形式不同，可将自动导引分为光学自寻的制导、无线电自寻的制导、声学自寻的制导三类。光学自动导引主要有红外自寻的制导、激光自寻的制导、电视自寻的制导等；无线电自寻的制导主要有微波雷达自寻的制导、毫米波雷达自寻的制导等。声学自寻的制导主要用于水下作战的制导鱼雷，这里不做介绍。下面主要介绍光学自寻的制导中的红外自寻的制导、无线电自寻的制导中的雷达自寻的制导。

8.1　自寻的制导介绍

8.1.1　红外自寻的制导

安装在导引头上的探测装置利用目标辐射的红外能量来探测目标运动信息，从而按一定规律形成导引指令，导引导弹命中目标的制导方式称为红外自寻的制导，属于被动式自寻的制导。根据导引头获得的目标信息的形式又可分为红外非成像自寻的制导系统和红外成像自寻的制导系统。

1. 红外非成像自寻的制导

红外非成像自寻的制导是发展较早的一种制导技术(一般简称红外自寻的制导)，20世纪50年代已产生了第一代红外自寻的制导的空-空导弹。

红外线是一种热辐射，是物质内分子热振动产生的电磁波，其波长为$0.76\sim1000\mu m$，在整个电磁波谱中位于可见光与无线电波之间。任何热力学温度在华氏温度零度以上的物体都能辐射红外线，红外辐射能量随温度的上升而迅速增加，物体的温度与其辐射能量的波长成反比关系。

人体和地面背景温度为300K左右，相对应最大辐射波长为$9.7\mu m$，涡轮喷气发动机热尾管的有效温度为900K，其最大辐射波长为$3.2\mu m$。红外自寻的制导系统正是根据目标和背景红外辐射能量不同，从而把目标和背景区别开来，以达到导引的目的。

红外自寻的制导系统广泛应用于空对空、地对空导弹，也应用于某些反舰和空对地武器。其优点是：

(1) 制导精度高。由于红外制导是利用红外探测器捕获和跟踪目标本身所辐射的红外能量来实现寻的制导的，其角分辨率高，且不受无线电干扰的影响。

(2) 可发射后不管。武器发射系统发射后即可离开，由于采用被动寻的工作方式，导弹本身不辐射用于制导的能量，也不需要其他的照射能源，攻击隐蔽性好。

(3) 弹上制导设备简单、体积小、质量轻、成本低、工作可靠。

红外自寻的制导的缺点是：

(1) 受气候影响大。不能全天候作战，雨、雾天气时红外辐射被大气吸收和衰减的现象很严重，在烟尘、雾、霾的地面背景中，其有效性也大为下降。

(2) 容易受到激光、阳光、红外诱饵等干扰和其他热源的诱骗，偏离和丢失目标。

(3) 作用距离有限。一般用于近程导弹的制导系统或远程导弹的末制导系统。

为解决鉴别假目标和应对红外干扰问题，20 世纪 80 年代初开始发展双色红外探测器，使用两种具有不同敏感波段的探测器来提高鉴别假目标的能力。例如，某末制导反坦克炮弹双色红外探测器分别采用硒化铅和硫化铅两种探测器。硒化铅敏感波段为1～4μm，阳光、火焰等构成的假目标红外辐射在2μm波段较强，在4μm波段较弱，而地面战车的红外辐射在 4μm 波段较强，2μm 波段较弱。硫化铅敏感波段为2～3μm，对 4μm 波段不敏感，它所探测到的信号反映了假目标信号，把两种探测器得到的信号在信号处理设备中进行比较，可提取地面战车的信号特征，从而提高鉴别假目标的能力。

正在发展的红外成像自寻的制导系统与红外非成像自寻的制导系统相比，有更强的对地面目标的探测和识别能力，但成本是红外非成像自寻的制导系统的几倍，从今后的发展来看，红外非成像自寻的制导系统作为一种低成本制导手段仍是可取的。

红外自寻的制导系统一般由红外导引头、弹上控制系统、弹体及导弹目标相对运动学环节等组成。红外导引头用来接收目标辐射的红外能量，确定目标的位置及角运动特性，形成相应的跟踪和导引指令。

2. 红外成像自寻的制导

红外成像自寻的制导系统利用红外探测器探测目标的红外辐射，获取背景与目标红外图像进行目标捕获与跟踪，并将导弹引向目标。

在红外非成像自寻的系统中，光学系统将目标聚成像点，成像于焦平面上，所以也称为红外点源自寻的系统。红外点源自寻的系统从目标获得的信息量太少，它只有一个点的角位置信号，没有区分多目标的能力，而人为的红外干扰技术有了新的发展，因此，点源系统已不能适应先进制导系统发展的要求，于是开始将红外成像技术用于制导系统的研究。

红外成像又称热成像，红外成像技术就是把物体表面温度的空间分布情况变为按时间顺序排列的电信号，并以可见光的形式显示出来，或将其数字化存储在存储器中，为数字机提供输入，用数字信号处理方法来分析这种图像，从而得到制导信息。它探测的是目标和背景间微小的温差或辐射频率差引起的热辐射分布图像。

实现红外成像的途径很多，目前正在使用的红外成像自寻的制导武器主要采用两种方式：一种是以美国"幼畜"空对地导弹为代表的多元红外探测器线阵扫描成像制导系统，采用红外光机扫描成像导引头；另一种是以美国"坦克破坏者"反坦克导弹和"地狱之火"空对地导弹为代表的多元红外探测器平面阵的非扫描成像制导系统，采用红外凝视成像导引头。这两种方式都是多元阵红外成像系统，与单元探测器扫描式系统相比，它有视场大、响应速度快、探测能力强、作用距离远和全天候能力强等优点。

红外成像导引头的突出特点是命中精度高，它能使导弹直接命中目标或目标的要害部位。红外成像自寻的制导技术是一种高效费比的导引技术，它在精确制导领域占有十分重要的地位，目前已在许多型号的导弹上得到应用。

红外成像自寻的制导技术是一种自主"智能"导引技术，它代表了当代红外导引技术的发展趋势。红外成像导引头一般采用中、长波红外实时成像器，以3～5μm 和8～14μm 波段红外成像器为主，可以提供二维红外图像信息，利用计算机图像信息处理技术和模式识别技术，对目标的图像进行自动处理，模拟人的识别功能，实现寻的制导系统的智能化。

红外成像自寻的制导系统主要有以下特点：

(1) 抗干扰能力强。红外成像自寻的制导系统探测目标和背景间微小的温差或辐射率差引起的热辐射分布图像，制导信号源是热图像，有目标识别能力，可以在复杂干扰背景下探测、识别目标，因此，干扰红外成像自寻的制导系统比较困难。

(2) 空间分辨率和灵敏度较高。红外成像自寻的制导系统一般用二维扫描，它比一维扫描的分辨率和灵敏度高，很适合探测远程小目标的需求。

(3) 探测距离远，具有准全天候功能。与可见光成像相比，红外成像系统工作在3～5μm 和8～14μm 红外波段(特别是 8～14μm 红外波段)，该波段能穿透雾、烟尘等，其探测距离比电视自寻的制导远3～6 倍，而且它弥补了电视自寻的制导系统难以在夜间和低能见度下工作的缺点，昼夜都可以工作，是一种能在恶劣气候条件下工作的准全天候探测的导引系统。

(4) 制导精确度高。该类导引头的空间分辨率很高，ω为0.2～0.3mrad 。它把探测器与微机处理结合起来，不仅能进行信号探测，而且能进行复杂的信息处理，如果将其与模式识别装置结合起来，就完全能自动从图像信号中识别目标，多目标鉴别能力强。

(5) 具有很强的适应性。红外成像导引头可以装在各种型号的导弹上使用，只是识别跟踪的软件不同。美国的"幼畜"导弹的导引头，可以用于空-地、空-舰、空-空三型导弹上。

红外成像导引头的基本组成与红外非成像导引头稍有区别。红外成像导引头分为实时红外成像器和视频信号处理器两部分，一般由红外摄像头、图像处理电路、图像识别电路、跟踪处理器和摄像头跟踪系统等部分组成，如图8.1.1 所示。

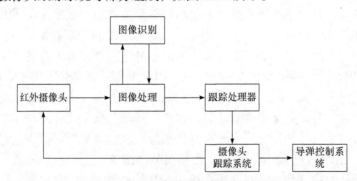

图 8.1.1　红外成像导引头的基本组成

实时红外成像器用来获取和输出目标与背景的红外图像信息，它必须有实时性；视频信号处理器用来对视频信号进行分析、鉴别，排除混杂在信号中的背景噪声和人为干扰，对背景中可能存在的目标，完成探测、识别和定位。

实时红外成像器包括红外光学系统、扫描器、稳速装置、探测器、制冷器、信号放大器、信号处理器和扫描变换器等几部分。

红外光学系统主要用来聚焦来自目标和背景的红外辐射。

目前用于导引头红外成像器中的扫描器多数是光学和机械扫描的组合体。光学部分由机械驱动完成两个方向(水平和垂直)的扫描，实现快速摄取被测目标的各部分信号，分为物方扫描和像方扫描两类，物方扫描是指扫描器在成像透镜前面的扫描方式，像方扫描是指扫描器在成像透镜后面的扫描方式。

红外探测器是实时红外成像器的核心。目前用于红外成像导引头的探测器主要工作于3～5μm 波段和8～14μm 波段，主要是锑化铟器件和碲镉汞器件。

制冷器用于对红外探测器降温，因为锑化铟器件和碲镉汞器件都需要 77K 的工作温度才能得到所要求的高灵敏度。

稳速装置用于稳定扫描器的运动速度，以保证红外成像器的质量。

信号放大器用于放大来自红外探测器的微弱信号，信号处理器用于提高视频信噪比和对获得的图像进行各种变换处理。

扫描变换器将各种非电视标准扫描获得的视频信号，通过电信号处理变换成通用电视标准的视频信号，将一般光机扫描的红外成像系统与标准电视兼容。

视频信号处理器实际上是一台专用的数字图像处理系统，其基本功能包括图像预处理、图像识别、跟踪处理、显示和稳像处理等。

在图像跟踪系统中，图像预处理主要是指把目标与背景分离，为后面的目标识别和定位跟踪打基础。图像识别首先要确定在成像器视频信号内有没有目标，在视频信号中包含目标信号的情况下，给出目标的最初位置，以便使跟踪环节开始捕获。跟踪处理中，需要计算出目标在每一帧图像中的位置，并将每一帧图像中的目标位置信号输出，从而实现序列图像中的目标跟踪。

显示是为操作人员参与提供的电路，为操作人员提供清晰的画面，结合手控装置和跟踪窗口可以完成人工识别和捕获。

稳定处理器的功能是，依据红外成像器内的陀螺所提供的成像器姿态变化的数据，将存于图像存储器内被扰乱的图像进行调整，以保证图像的清晰。

在导弹发射之前，由制导站的红外前视装置搜索和捕获目标，根据视场内各种物体热辐射的差别在制导站显示器上显示出图像。目标的位置确定之后，导引头便跟踪目标。导弹发射后，摄像头摄取目标的红外图像，并进行处理，得到数字化的目标图像，经过图像处理和图像识别，区分出目标、背景信号，识别出真假目标并抑制假目标。跟踪装置按预定的跟踪方式跟踪目标，并送出摄像头的瞄准指令和制导系统的导引指令，导引导弹飞向预定的目标。

8.1.2　雷达自寻的制导

1. 微波雷达自寻的制导

微波雷达是应用最广泛的探测设备。按其工作方式可分为主动式雷达、半主动式雷达和被动式雷达。据此，以微波雷达为探测设备的自寻的制导也分为主动式雷达自寻的制导、半主动式雷达自寻的制导和被动式雷达自寻的制导。

1) 主动式雷达自寻的制导

主动式雷达自寻的制导导弹在弹体内装有雷达发射机和接收机，可以独立地捕获和跟踪目标，具有发射后不管的能力。由于采用自寻的制导方式，导弹越接近目标，对目标的角位置分辨能力越强，因而有较高的制导精度，但主动式雷达导引头的发射机功率有限，易受噪声干扰的影响。

由于弹上设备允许的体积和质量有限，弹载雷达发射机功率有限，作用距离较近，因而微波主动式雷达自寻的制导通常作为导弹飞行末段制导系统，而用微波雷达指令制导、波束制导以及半主动式寻的制导作为中段制导。现装备的微波主动式自寻的制导导弹所用的主动雷达导引头工作频率通常为8~16GHz。

2) 半主动式雷达自寻的制导

半主动式雷达自寻的制导系统中有用于跟踪和照射的两部雷达，如图8.1.2所示。导弹上的雷达接收机用前部天线接收目标反射的雷达波束能量，用后部天线接收雷达直接照射信号，提取目标的角位置和距离信息，弹上计算机计算出飞行偏差，控制导弹击中目标。

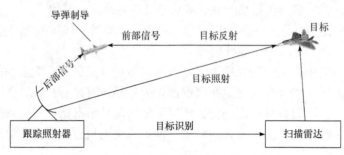

图 8.1.2　半主动式雷达自寻的制导示意图

半主动式雷达自寻的制导系统有制导精度高、全天候能力强、作用距离远的优点。与主动式雷达自寻的制导相比，其弹上设备较简单，体积较小，成本较低，但由于依赖外部雷达对目标进行照射，增加了受干扰的可能性，而且在整个制导过程中，照射雷达波束始终要对准目标，使照射雷达本身易暴露，易受对方反辐射导弹的打击。

半主动式雷达导引头整个结构较为简单、应用较广，但抗地物杂波和噪声干扰的能力较差，因而对低空目标缺乏打击能力。

3) 被动式雷达自寻的制导

被动式雷达自寻的制导系统中，弹上载有高灵敏度的宽频带接收机，利用目标雷达、通信设备和干扰机等辐射的微波波束能量及其寄生辐射电波作为信号源，捕获、跟踪目标，提取目标角位置信号，使导弹命中目标。被动式自寻的制导导弹以微波辐射源，特别是雷达作为主要攻击对象，因而常称为反辐射导弹和反雷达导弹。

被动式雷达自寻的导弹由于本身不发射雷达波，也不用照射雷达对目标进行照射，因而攻击隐蔽性很好，对敌方的雷达、通信设备及其载体有很大的威胁和压制能力，是电子战中最有效的武器之一，有很强的生命力。

被动式雷达自寻的导弹制导精度取决于工作波长和天线尺寸，由于弹体直径有限，天线不能做得太大，因而这种导弹在攻击较高频段的雷达目标时有较高的精确度，在攻击较低频段的雷达目标时精度较低。

2. 毫米波雷达自寻的制导

毫米波雷达自寻的制导是目前正在发展的一种比较有前途的制导技术，多用于精确制导武器。

毫米波通常是指波长为 1~10mm 的电磁波，其对应的频率为 30~300GHz，毫米波的波长和频率介于微波与红外波段之间，兼有这两个波段固有的特性，是高性能制导系统比较理想的选择波段。

毫米波雷达自寻的制导具有如下特点：

(1) 穿透大气的损失较小。红外、激光、可见光在大气中的衰减比较大，在光电波段的某些区域内，通过大气的衰减量可达到每千米 40~100dB，也就是说通过 1km 后信号强度只剩下 1%~10%。如果能见度在 2km 以下，红外、电视等光电制导武器的制导性能就急剧下降，而在雨、雾等气候条件下，这些武器难以发挥其正常的效能，但毫米波段有四个窗口频段在大气中传播衰减较小，它们的中心频率为 35GHz、94GHz、140GHz、220GHz。在这四个窗口内，毫米波透过大气的损失比较小，而且毫米波穿透战场烟尘的能力也比较强。相对于光电制导来说，毫米波制导系统克服了全天候作战能力较差的弱点，且具有较高的制导精度和抗干扰能力，但是毫米波在大气中尤其在降雨时其传播衰减比微波大，因而作用距离还是有限，不像微波那样有全天候作战能力，只具备有限的全天候作战能力。

(2) 制导设备体积小、质量轻。微波、毫米波的元器件的大小基本上与波长成一定比例，所以毫米波元器件的尺寸比微波的小。

(3) 测量精度高、分辨能力强。雷达分辨目标的能力取决于天线波束宽度，波束越窄，分辨率越高，天线波束宽度(波束主瓣半功率点波宽)为

$$\theta = K\frac{\lambda}{D}$$

式中，K 为与天线照射函数有关的常数，一般为 0.8~1.3；λ 为波长；D 为天线直径。

例如，直径为 12cm 的天线，对于 10GHz 的微波波束宽度约为 18°，而对于 94GHz 的毫米波其宽度约为 1.8°，所以，当天线尺寸一定时，毫米波导引头的波束宽度比微波的要窄得多。因此，毫米波导引头能提供很高的测角精度和角分辨率，当然，毫米波的分辨力比不上光电制导的分辨力，但在实际运用中，它足以分辨出坦克、装甲车等目标。

(4) 抗干扰能力强。毫米波相应于 35GHz、94GHz、140GHz、220GHz 的四个大气窗口的频带宽度分别为 16GHz、23GHz、26GHz、70GHz，这说明它的每一个窗口所占频带很宽，这样选择工作频率的范围较大，有利于避开干扰。由于毫米波工作频率高，绝对通频带宽，故可以用窄脉冲探测，使距离分辨力提高，脉冲宽度可达数十微秒，雷达的距离分辨力可达 1~2cm。

(5) 鉴别金属目标能力强。被动式毫米波导引头是依靠目标和背景辐射的毫米波能量的差别来鉴别目标的。物体辐射毫米波能量的能力取决于其本身的温度和物体在毫米波段的辐射率，它可以用亮度温度 T_B 来表示：

$$T_B = xT$$

式中，T 为物体本身的热力学温度；x 为物体的辐射率。由公式可见，即使处于同一温度的不同物体也会因不同辐射率而有不同的辐射能量，当然，物体本身的温度直接影响辐射能

量，处于热平衡状态的物体其辐射率为

$$x = \alpha = 1 - \rho$$

式中，α 代表物体的吸收率；ρ 代表物体的反射率。

电导率大的物质如金属、水、人体等对毫米波的反射率大，因而辐射率小；电导率小的物质如土壤、沥青等对毫米波的反射率小，因而辐射率大。根据不同物质的不同辐射率就可以对物质做出鉴别。钢在 3mm 波段的辐射率为零，与其他物质在该波段下的辐射率有明显的差异；而在 10μm 和 4μm 的红外波段上，钢和其他物质的辐射率差别不大。因此，从利用辐射率的不同来鉴别金属目标和其他物质的能力上来看，毫米波比红外波要好，从毫米波辐射计可以明显地看出，如果是金属目标，其亮度温度显然比非金属目标的亮度温度低得多。即使在物质热力学温度相同的情况下，辐射计也可以明确地区分出金属目标和非金属目标。

毫米波雷达自寻的制导的主要缺点是，探测目标的距离短，即使在晴朗的天气，导引头所能达到的探测距离也很有限。

毫米波雷达自寻的制导与微波雷达自寻的制导一样，也有五种工作方式：指令制导、波束制导、主动式自寻的制导、被动式自寻的制导和半主动式寻的制导。

由于雷达波的发散性，指令制导和波束制导在目标距离较远时，制导精确度下降，这时，最好选用较高的毫米波频段，如 94GHz、140GHz、220GHz。指令制导、波束制导和半主动式寻的制导系统在导弹飞行过程中都必须有雷达对其连续跟踪和照射，因而生存能力较差。

应用领域最广、最灵活的毫米波雷达自寻的制导方式是主动式和被动式两种，这两种方式不仅可以用于近程导弹的制导系统，也可以用于各种远程导弹的末制导系统。如果采用复合制导方式，把主动式自寻的制导与被动式自寻的制导结合运用，可以达到更好的效果。即用主动自寻的模式解决远距离目标捕获问题，弥补被动自寻的在远距离时易被干扰的弱点，在接近目标时转换为被动自寻的模式，以避免目标对主动自寻的雷达波束能量反射呈现多个散射中心引起的目标闪烁不定问题，从而可以保证系统有较高的制导精度。

以主动式毫米波雷达自寻的制导为例。主动式毫米波导引头实际上是一部毫米波雷达。毫米波导引头一般由天线罩、装在万向支架上的天线、发射机、接收机及信号处理电路等部分组成。系统工作原理与微波雷达导引头系统类似。雷达发射机发射毫米波段的无线电波，接收目标反射的回波，从而测出目标的方位，并据此进行跟踪和导引。

导弹自寻的制导，虽然根据接收目标辐射或反射的能量形式不同分为光学自寻的制导、无线电自寻的制导和声学自寻的制导三类，但是由于探测装置都要装在导引头上，故从自寻的制导系统的组成和工作原理来看，它们之间除了在目标辐射或反射能量的接收和转换上有差别之外，系统其余部分的组成和工作原理基本上是相同的。另外，根据第 2 章讲的自寻的导引律主要有追踪导引律、比例导引律和平行接近导引律，但目前绝大部分自寻的导弹上采用的都是比例导引律，或在比例导引律基础上改进的比例导引律。形成比例导引律所需要的制导信息仅为目标视线转率。因此，下面首先介绍如何利用导引头产生目标视线转率，然后简单介绍自寻的制导的工作模式和特点。

8.2　导　引　头

导引头是一种安装在导弹上的目标探测跟踪装置，它的作用是测量导弹偏离理想运动弹道的失调参数，利用失调参数形成控制指令，送给弹上控制系统去操纵导弹飞行。采用不同的导引方法所要求测量的失调参数的类型不同。采用直接导引法时，失调参数是导弹的纵轴与目标视线之间的夹角；采用追踪导引法时，失调参数是导弹的速度矢量方向与目标视线之间的夹角；采用比例导引法时，失调参数是目标视线转动的角速率。

8.2.1　导引头的基本原理与分类

导引头接收目标辐射或反射的能量，确定导弹与目标的相对位置及运动特性，形成导引指令。按导引头所接收能量的能源位置不同，导引头可分为：主动式导引头，接收目标反射的能量，照射能源在导引头内；半主动式导引头，接收目标反射的能量，照射能源不在导引头内；被动式导引头，接收目标辐射的能量。

导引头按接收能量的物理性质不同可分为雷达导引头和光电导引头。光电导引头又分为电视导引头、红外导引头和激光导引头。

导引头按测量坐标系相对于弹体坐标系是静止还是运动的关系，可分为固定式导引头和活动式导引头。固定式导引头现在已很少见，这里不再介绍。导引头坐标系与弹体坐标系的相对方位能够变化的导引头称为活动式导引头，其一般分为活动式非跟踪导引头和活动式跟踪导引头两种。

1) 活动式非跟踪导引头

活动式非跟踪导引头可以改变导引头坐标系与弹体坐标系的相对方位，使导引头坐标轴瞄准目标，然后固定导引头坐标系相对弹体速度矢量的位置，可直接实现追踪法，不跟踪目标视线。这种导引头可用于追踪法导引的导弹。活动式非跟踪导引头目前已很少应用，这里也不再介绍。

2) 活动式跟踪导引头

使导引头坐标系 Ox 轴连续跟踪目标视线的导引头，称为活动跟踪式导引头。下面主要以跟踪天线安装在陀螺稳定平台上的雷达导引头为例，说明活动式跟踪导引头的工作原理。

跟踪天线安装在陀螺稳定平台上的导引头工作原理如图 8.2.1 所示。图中的天线与稳定平台固连，稳定平台根据偏差方向做相应的转动，使天线对准目标方向。当天线中心线偏离目标视线时，接收机输出误差信号，该信号包含偏差的大小和方向信息，误差信号经放

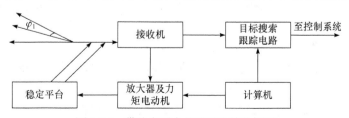

图 8.2.1　带稳定平台的导引头简化框图

大后，驱动力矩电动机，使平台转动，直至误差信号为零。因此，导引头跟踪系统能够保证天线跟踪目标。

由于天线始终跟踪目标转动，因而天线转动的角速度就是目标视线的转动角速度，而天线的转动角速度是可以测量的，因此活动式跟踪导引头的输出信号与目标视线角速度成比例，故这种导引头可方便地用于比例导引法。

目前，除活动式跟踪导引头之外的其他几种导引头基本上已不再使用，下面将主要介绍活动式跟踪导引头的原理和功能。为了叙述方便，将活动式跟踪导引头简称为导引头。

8.2.2　导引头的工作状态与基本功能

导引头作为自寻的制导系统的核心部件，主要功能是搜索、发现、识别和跟踪目标，测量目标相对于导弹的视线角、视线角速率以及弹目距离和速度等信息。导弹在实际飞行过程中，弹体在外部气流扰动和内部控制系统的作用下，姿态会不断发生变化。这种变化会引起导引头测量基准的变化，如光轴(光学系统的中心轴)或电轴(雷达天线的测量中心轴)的指向变化。测量基准的变化轻则会影响导引头的测量精度或成像清晰度，重则可能使导引头丢失目标而无法工作。为了保证导引头的测量基准稳定，多数导引头都需要具有空间稳定功能。

另外，对于机动性较强的目标，导引头在发现目标前不能确保目标一定在导引头视场内，因此导引头需要能够在一定角度范围内搜索目标。与此类似的是，为了能够连续跟踪和测量机动目标，导引头也要求能够连续和快速地改变探测视场的指向角度。

导引头通常由探测系统、信息处理系统、稳定与跟踪系统组成一套特定系统，以实现对光轴的稳定和对目标的搜索与跟踪功能。通常把这套特定系统称为导引头稳定平台(有时也把稳定平台和上面的探测器合称为位标器)，本章将对导引头及稳定平台的功能和结构进行简要介绍。

在实际使用过程中，导引头将经历以下四种工作状态：

(1) 角度预定(装订)状态，将导引头光轴或电轴设定在目标最有可能出现的方向上，这种状态通常应用于导弹发射前或者发射后导引头尚未开机阶段。

(2) 角度搜索状态，使导引头光轴或电轴在空间指向上按照某种规则进行扫描，以期在扫描过程中发现和捕获目标。这种状态通常应用在导引头开机后未捕获目标或者跟踪阶段丢失目标后。

(3) 角度稳定状态，使导引头测量基准(光轴或电轴)相对于惯性空间角度稳定，隔离弹体姿态运动对测量的影响。

(4) 角度跟踪状态，导引头跟踪目标，输出弹目相对运动信息。该状态通常应用在导引头捕获目标后，是制导过程中最主要的工作状态。

根据导引头的工作状态，导引头的功能主要包括：

(1) 隔离弹体的姿态角运动，稳定光轴或天线电轴，为弹目视线信息的提取提供稳定测量参考。

(2) 在视线稳定的基础上完成对目标的搜索、识别和跟踪功能。

(3) 输出制导律所需的弹目相对运动信息，如弹目视线角或视线角速率以及弹目距离和弹目相对速度。

(4) 实现导引头角度预定(装订)、搜索、稳定和跟踪四种工作状态,并能够在各种状态之间相互切换。

8.2.3 导引头稳定平台

导引头的角稳定功能是导引头的基本功能,是实现其他功能的基础和保证,一般需要由稳定平台来实现。目前能够保证在惯性空间指向保持不变的器件主要是以陀螺仪为主的惯性角度敏感器件。通过将陀螺仪作为平台角度敏感器件,并结合精密的伺服系统控制平台的转动,即可实现平台测量基准相对惯性空间的稳定,因此这种稳定平台也称为陀螺稳定系统。

不同的导弹由于其总体设计约束不同,其采取的平台稳定方式也不同。目前导引头平台稳定方式可以分为动力陀螺稳定方式、积分陀螺稳定方式、速率陀螺稳定方式和捷联稳定方式。下面简单介绍最常用的动力陀螺稳定方式、速率陀螺稳定方式和捷联稳定方式。

1. 动力陀螺稳定方式

动力陀螺是一个可控的三自由度陀螺,当不加控制信号时,陀螺转子轴会稳定在惯性空间的某个方向;当加一控制信号后,通过力矩电机可以使陀螺转子轴运动而改变方向。动力陀螺稳定方案在结构上就是将导引头的探测器光学系统与陀螺转子固连在一起旋转,用陀螺转子的定轴性实现光学系统光轴与弹体姿态的隔离。其原理简图如图 8.2.2 所示。

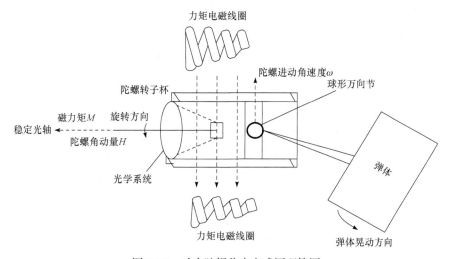

图 8.2.2 动力陀螺稳定方式原理简图

动力陀螺稳定方式是利用陀螺定轴性来实现光轴稳定,同时也利用陀螺的进动性来实现光轴转动。图 8.2.2 中,陀螺转子杯用磁性材料制作,在转子四周利用磁力线圈产生强磁场,磁性陀螺转子受到电磁力将产生逆时针旋转的磁力矩 M。根据陀螺的进动性(即右手定则 $M = \omega \times H$),陀螺转子的角动量轴 H 会产生转动角速度为 ω 的进动,从而实现光轴的定向偏转。其进动角速率可由电磁力矩控制,这样就实现了对目标的跟踪和搜索。这种万向支架位于转子里面,通过转子四周弹体上安装的电磁线圈控制陀螺转子进动的结构形式称为内框式陀螺稳定系统,其结构紧凑、体积和重量小,特别适用于小型战术导弹。

与内框式陀螺稳定系统对应的是外框式陀螺稳定系统,它是将陀螺转子安装在框架的里面,通过控制内外框架的力矩电动机实现陀螺轴的进动。这种方式下的框架体积和质量都比较大,多应用于尺寸较大的导弹中。

总之,无论是内框式或外框式陀螺稳定系统,两者都是依靠陀螺的定轴性实现测量基准对惯性空间的稳定,并利用陀螺的进动性实现对目标的跟踪。然而在陀螺最高转速限定的情况下,提高陀螺定轴性需要增加陀螺的转动惯量,而这与进动的快速性要求之间存在矛盾。此外,动力陀螺平台的探测器光学系统与陀螺固连旋转,光学系统的质量和尺寸受到限制,这些都造成了动力陀螺稳定方式在目标快速跟踪和成像清晰度方面的不足。

2. 速率陀螺稳定方式

速率陀螺稳定方式是利用速率陀螺测量平台相对惯性空间的角速率,然后控制平台伺服系统产生相反方向的角速率进行补偿,从而保证平台相对于惯性空间的角速率为零。由于大多数导弹采用滚转通道稳定方式,因此速率陀螺稳定方式主要利用两个速率陀螺分别敏感俯仰和偏航两个方向的角速率,然后控制平台两个方向的框架力矩电机,确保俯仰和偏航方向的平台角速率为零。

如图 8.2.3 所示的速率陀螺稳定系统原理图,采用两个旋转框架构成俯仰和偏航伺服平台,并由两个控制电机控制转动。平台上分别装有俯仰和偏航两个通道的速率陀螺,当弹体在俯仰通道上产生角速率 ω_b 时,俯仰速率陀螺将测量到这个角速率,并送到平台控制器驱动平台的俯仰运动。俯仰控制电机转动平台使其产生反向角速率 $\omega_p = -\omega_b$,从而抵消姿态角速率的变化,使得测量基准(光轴 $O\xi$)的转动角速率近似为零。

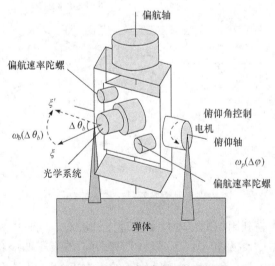

图 8.2.3　速率陀螺稳定系统原理图

如果将平台上的两个速率陀螺换成积分陀螺,则其可测量两个通道的角度变化量。例如,弹体俯仰通道引起的平台角度变化为 $\Delta\theta_b$,俯仰积分陀螺对这个变化角的变化很敏感,从而控制俯仰通道电动机反向旋转 $\Delta\varphi = -\Delta\theta_b$,使得测量基准(光轴 $O\xi$)的转动角近似为零,这种方式称为积分陀螺稳定方式。积分陀螺稳定方式稳态精度较高,动态特性稍差。而速率陀螺稳定方式的稳定精度略低于积分陀螺稳定方式，但是对于一般战术导弹来说，平台的高动态特性更为重要，因此速率陀螺稳定方式被广泛地应用于跟踪机动目标的导弹中。

3. 捷联稳定方式

捷联稳定方式分为全捷联和半捷联两种形式，半捷联方式保留了平台伺服系统，但平台上没有惯性测量器件；全捷联方式取消平台硬件，而将探测系统与弹体直接固连。这两种方式都是利用弹体上的惯性导航设备测量弹体姿态的角速率或者角度变化，从而控制平台转动修正或者通过数学解耦矩阵消除弹体姿态变化的影响。下面以俯仰通道为例介绍全捷联稳定方式的基本原理。

如图 8.2.4 所示，弹体纵轴 Ox_b 与导引头光轴 $O\xi$ 重合且固连。假设目标不动，当弹体姿态角由 ϑ 变化到 ϑ' 时，导引头测量目标的失调角由零变为 $\Delta q = \vartheta' - \vartheta = \Delta\vartheta$。此时惯导测量的是弹体角速率 $\dot\vartheta$ 或者角度变化量 $\Delta\vartheta$，导引头测量的是弹目视线角速率 $\dot q$ 或者失调角 Δq。全捷联导引头的解耦算法会从导引头的测量信息中剔除弹体姿态变化引入的干扰量，从而保证解耦后的弹目视线角速率 $\dot q = 0$ 或者失调角 $\Delta q = 0$，这样就相当于在数学上实现了测量基准的惯性稳定，即隔离了弹体姿态运动的影响。捷联稳定方式的优点是取消了导引头上的惯性测量设备，并复用了弹上惯性导航系统的信息。这样不仅可以降低导引头结构的复杂性，同时还能实现导引头与制导控制系统的一体化设计。但这种方式的缺点是视线稳定的精度不高，所引起的测量噪声也较大，因此这种方式主要适用于小型短程战术导弹。

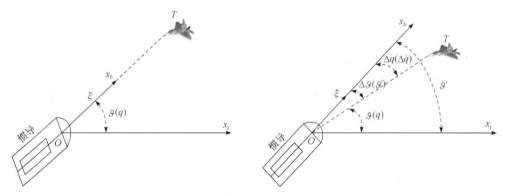

图 8.2.4　全捷联稳定方式原理图

8.2.4　导引头功能实现原理

下面以活动式跟踪导引头为例，介绍导引头中光学探测系统、稳定平台与弹体姿态运动及飞行轨迹控制之间的相互关系，也就是导引头的工作原理。这些关系在诸如雷达、红外、激光等类型的导引头中都适用。

为简化问题，此处只在铅垂面内研究导引头获取目标视线角速率过程中的各种角度关系。导引头中光学探测系统、稳定平台与弹体姿态运动及飞行轨迹控制之间的相互关系如图 8.2.5 所示。

图 8.2.5 中导弹主要由制导系统(1)、控制系统(2)、执行机构(3)和舵面(4)等构成。导弹纵轴 Ox_1 与水平基准参考线 Ox_i 的夹角称为弹体姿态角 ϑ；导引头的光学系统光轴 $O\xi$ 与弹

体纵轴 Ox_1 的夹角为 φ。

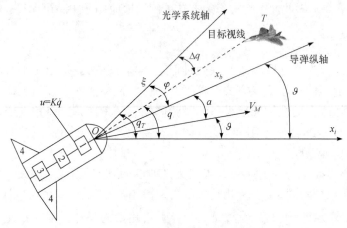

图 8.2.5　导引头测量相关矢量关系

由于光学系统光轴通常与弹体通过一个伺服稳定平台连接，因此夹角 φ 可以由伺服稳定平台的测角机构测量，故夹角 φ 也称为平台转角。导引头在跟踪状态时，光轴 $O\xi$ 应尽量对准目标，但不会始终对准目标，因此将光轴 $O\xi$ 与弹目视线 OT 之间的夹角 Δq 称为失调角。弹目视线 OT 与水平基准参考线 Ox_i 的夹角称为弹目视线角 q，其可以由弹体姿态角 ϑ、平台转角 φ 和失调角 Δq 计算得到；而比例导引法要获取的弹目视线角速率 $\dot{q}$ 理论上可以由 q 微分获得。

由此可以看出，当导引头处于预定(装订)和搜索状态时，是通过控制平台转角 φ 实现光轴 $O\xi$ 在空间上的任意指向；当导引头处于稳定状态时，是根据姿态角 ϑ 的变化控制平台转角 φ 实现对光轴 $O\xi$ 在空间惯性系的稳定；当导引头处于跟踪状态时，将根据弹目失调角 Δq 控制平台转角 φ 使光轴 $O\xi$ 在空间上对准目标。下面分别介绍不同状态下导引头的功能实现原理。

1. 导引头角稳定状态下的功能实现

为了克服弹体姿态变化对导引头测量的影响，通常需要在惯性空间上对导引头测量基准 (光轴)进行稳定，称为导引头的角稳定功能。

将图 8.2.5 简化为图 8.2.6。假设导弹与目标均静止，且光学系统光轴 $O\xi$ 和弹体纵轴 Ox_b 重合，此时光轴 $O\xi$ 已经对准目标，即弹目失调角 $\Delta q = 0$。那么弹目视线角 $q = \vartheta$ 保持恒定不变，即视线角速率 $\dot{q} = 0$，如图 8.2.6(a)所示。

若弹体姿态发生变化而目标位置仍然保持不变，则弹体姿态角从 ϑ 变化到 $\vartheta' = \vartheta + \Delta\vartheta$，变化过程中的姿态角速率为 $\dot{\vartheta}$，而真实的弹目视线角 q 在惯性空间中依然为 ϑ，如图 8.2.6(b)所示。如果光学系统光轴不进行稳定控制，则光轴将随着弹体一起转动，即弹目失调角 Δq 从 0 变为 $-\Delta\vartheta$。若导引头以弹体纵轴 Ox_b 为参考基准，则认为弹目失调角 Δq 的变化是由目标的机动造成的，即提取出弹目视线角速率 $\dot{q} = -\Delta\vartheta$，这显然不是真实的弹目视线角速率。导引头的稳定功能主要通过对光学系统光轴的指向进行稳定，使其不受弹体姿态运动的影响。如图 8.2.6(c)所示，若将光学系统安装在一个相对惯性空间稳定的平台上，那么就可以

保证光轴 $O\xi$ 指向不随弹体姿态角变化。这样弹目失调角在弹体姿态变化后仍保持 $\Delta q=0$，同时弹目视线角速率也保持 $\dot q=0$，即可实现导引头的稳定功能。

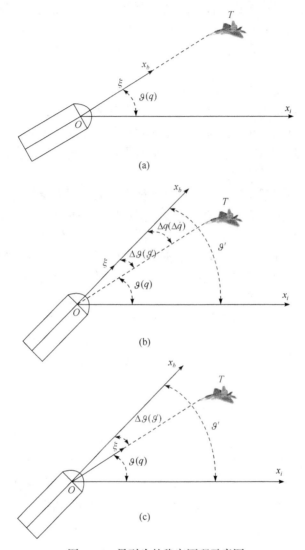

图 8.2.6　导引头的稳定原理示意图

工程上主要利用陀螺的定轴性来保持惯性空间中的指向不变，此外还可利用角度/角速率测量器件测量出弹体姿态角变化，然后驱动稳定平台转角机构反向消除这个姿态角运动，从而实现光轴在空间的稳定。也可以改变光轴的指向，而在弹目视线测量解算时扣除姿态角的变化，即随后介绍的间接稳定方法。

一般来说，导引头视线的空间稳定方法根据惯性传感器的安装位置和稳定方式不同，可分为直接视线稳定方式和间接视线稳定方式。

1) 直接视线稳定方式

直接视线稳定方式也称为机械稳定方式，这种方式是在导引头结构上增加一套能隔离弹体偏航、俯仰和滚转三个方向姿态变化的稳定平台。常用的方法是在稳定平台上安装角度/角速率测量装置，测量出稳定平台上光轴相对于惯性空间的角度或角速率变化，然后通过控制稳定平台转角机构修正弹体姿态引起的角度或角速率变化，从而保持光轴在惯性空间中的指向稳定。这种稳定方式直接稳定光轴指向，且角度/角速率传感器安装在稳定平台上，姿态变化的测量精度和稳定指向的精度都较高。其不足之处是增加了导引头的复杂度和成本，另外，由于平台负载较大，其跟踪能力和动态特性较差。

2) 间接视线稳定方式

间接视线稳定方式也称为数学稳定或捷联稳定方式。间接视线稳定方式中的惯性测量器件不是直接安装在稳定平台上，而是捷联安装在弹体上，或者可以直接利用控制系统的惯性测量信息。间接视线稳定方式通过数字解耦补偿弹体姿态角变化，或者驱动平台机构修正姿态变化，从而达到稳定光轴的目的。根据是否具有真实的平台机构，间接视线稳定方式可分为半捷联和全捷联两种。

全捷联稳定方式将光学系统完全固连在弹体上，惯性测量器件测量弹体姿态变化，并通过数学解耦和补偿来消除光学测量中的姿态变化项。这种全捷联方式在结构上取消了平台伺服机构，降低了导引头的复杂性、成本、体积和重量，但其光学系统的光轴实际上随着弹体姿态一同变化，这样就会影响成像质量并降低测量精度。同时为了保证弹体姿态变化时，目标不会偏出导引头视场，全捷联稳定方式的导引头视场范围要求很大，或者要限定弹体姿态的变化范围，一般用于小型近程导弹的制导系统中。

半捷联稳定方式具有真实的平台伺服机构，但平台上不安装角度/角速率测量器件，因此其稳定平台负载较小，动态特性较好。此外，半捷联稳定方式对光轴实现真实的惯性空间稳定，能够保留直接视线稳定方式成像清晰、跟踪范围大的优点，因此是目前导引头稳定平台的发展趋势。

2. 角跟踪状态下的功能实现

导引头的角稳定功能是实现导引头制导信息提取的基础，但是随着目标和导弹的相对运动，目标偏离导引头稳定光轴的角度会越来越大。如果此时导引头的光轴不具备跟随目标转动的能力，那么目标就会偏出导引头的瞬时视场(探测器的探测角度范围)，如图 8.2.7 所示。因此，这就需要导引头光轴具备对目标运动的角跟踪功能。

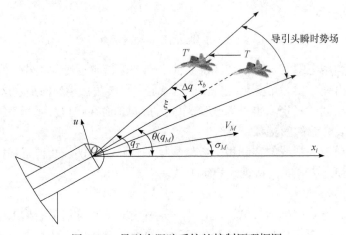

图 8.2.7　导引头跟踪系统的控制原理框图

从图 8.2.7 中可以看出，当目标 T 位于光轴上，即弹目失调角 $\Delta q = 0$ 时，导引头探测系统没有误差信号输出；而当目标运动使目标 T' 偏离光轴，即 $\Delta q \neq 0$ 时，导引头探测系统将输出相应的控制信号。该控制信号送入导引头平台跟踪系统，跟踪系统的转角机构(平台伺服机构)驱动平台使光轴向着减小失调角 Δq 的方向运动。这样跟踪系统就可以实现光轴对目标的自动跟踪。其控制原理如图 8.2.8 所示。

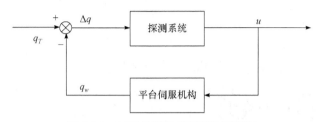

图 8.2.8　导引头跟踪控制系统原理图

W_1 是导引头探测系统的传递函数，W_2 为平台伺服机构的传递函数。通常导引头探测系统可以等效为失调角 Δq 与控制信号 u 成正比的放大环节，即

$$W_1 = \frac{u}{\Delta q} = K_1 \tag{8.2.1}$$

式中，K_1 为比例系数。

平台伺服机构的控制信号为 u，输出信号为角度 q_w，这一环节可以等效为一个积分环节：

$$W_2 = \frac{q_w}{u} = \frac{K_2}{s} \tag{8.2.2}$$

式中，K_2 为比例系数。

以 Δq 为输入，u 为输出量，可解闭环传递函数如下：

$$W_c(s) = \frac{u}{\Delta q} = \frac{W_1}{1 + W_1 W_2} = \frac{K_1}{1 + K_1 \dfrac{K_2}{s}} = \frac{K_1 s}{s + K_1 K_2} = \frac{Ks}{Ts + 1} \tag{8.2.3}$$

式中，$T = \dfrac{1}{K_1 K_2}$；$K = \dfrac{1}{K_2}$。

可见，稳定平台跟踪系统可视为一个微分环节和一个惯性环节的组合环节。将式(8.2.3)变换为

$$u = \frac{Ks}{Ts + 1} \Delta q = \frac{K}{Ts + 1} \Delta \dot{q} \tag{8.2.4}$$

在跟踪过程实施之前，由于光轴已经稳定，即 $\Delta \dot{q} = \dot{q}$。同时考虑到系数 K_1 通常较大，因此可近似认为控制信号 u 与目标视线角速率 $\dot{q}$ 成正比，即

$$u = \frac{1}{K_2} \dot{q} = K \dot{q} \tag{8.2.5}$$

如果用信号 μ 去控制导弹舵机等执行机构，使舵面偏转的角度与 u 成正比，而航面偏

转后会形成垂直于速度 V 方向的法向过载 n，一般可以近似认为法向过载 n 与信号 u 成正比，即与 $\dot{q}$ 成正比。

$$n = K'u = K'K\dot{q} \tag{8.2.6}$$

法向过载 n 与弹道倾角 θ 的关系满足 $n = \dfrac{V\dot{\theta}}{g}$，那么可得

$$\dot{\theta} = \frac{K'Kg}{V}\dot{q} = K_M\dot{q} \tag{8.2.7}$$

可见导弹速度的转动角速率 $\dot{\theta}$ 与弹目视线角速率 $\dot{q}$ 成正比，这正是比例导引规律的导引公式。

此外，由式(8.2.1)还可以得到

$$u = W_1\Delta q = K_1\Delta q \tag{8.2.8}$$

比较式(8.2.5)和式(8.2.8)可知，对于具有持续视线角速率运动的目标，导引头光轴要稳定跟踪目标，就必然存在一定的失调角 Δq 与之对应。也就是说，采用导引头平台稳定跟踪目标时，尽管想使得光轴 $O\xi$ 精确指向和跟踪目标，但是导引头跟踪控制系统只能保证光轴 $O\xi$ 的转动角速率与弹目视线角速率一致，这样光轴 $O\xi$ 与弹目视线 OT 之间总会存在一定的角位置误差 Δq。这个误差角度只有当目标相对于导弹没有视线角速率时才可能被消除。

3. 角度预定和角度搜索状态下的功能实现

角稳定和角跟踪功能也是导引头的主要工作模式，但其前提是导引头已经发现和锁定目标。在实际中，一些射程较远的导弹在发射前并未发现或锁定目标，而是在发射后的飞行过程中才去搜索目标，这种导引头就需要具备角度预定和角度搜索功能。

1) 角度预定

导引头的角度预定功能是指导弹在发射前按照某种预测规律设定最有可能发现目标的平台偏角，从而保证导引头开机时能以最大概率发现目标。

2) 角度搜索

角度搜索功能是导引头发现目标和识别目标的前提，由于导引头在开机时无法保证目标恰好在瞬时视场内，因此需要导引头平台进行搜索，在搜索的区域中发现和识别目标。发现和识别目标通常需要满足两个条件：一是弹目距离小于导引头的有效作用距离；二是目标位于导引头的瞬时视场中。在导弹飞向目标的过程中，弹目距离总是缩小的，因此距离条件通常能满足，但是导引头为了提高测角精度，通常使瞬时视场较小，因此一般都采用扫描搜索的方式来扩大对目标的探测范围。

导引头常见的扫描搜索方式有矩形扫描、六边形扫描、圆形扫描、行扫描("一"字形)、圆锥扫描、平行线扫描("口"字形或"日"字形)等，如图 8.2.9 所示。

导引头采用行扫描方式，由于导弹飞行速度的影响，实际的搜索区域呈"Z"字形向前延伸，且导弹飞行速度越快，导引头搜索幅度越宽，就越有可能出现扫描盲区。由图 8.2.9 可知，如果导弹的水平飞行速度为 V_M，瞬时视场照射到地面区域的直径为 $2r$，导引头完成一次行扫描的周期为 T，扫描范围内出现盲区的最大宽度为

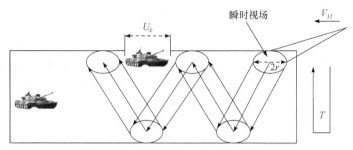

图 8.2.9　导引头角度搜索原理图

$$D_b = V_M T - 2r \tag{8.2.9}$$

如果想避免扫描盲区，则需要保证 $V_M T \leqslant 2r$，写成扫描频率的形式为

$$f \geqslant V_M / (2r) \tag{8.2.10}$$

实现该条件的途径有三种：

一是降低导弹水平飞行速度，这种方法受到导弹技战术指标的约束，调整范围非常有限。

二是增大瞬时视场照射区域半径，这需要增大瞬时视场角或者飞行高度，而这受到导引头光学系统和探测距离的限制。

三是提高扫描速度(频率)或减小扫描周期，这种方法要求导引头平台的扫描速度较高，而高速扫描会使得探测系统信噪比下降。

因此，导引头的角度搜索扫描策略需要综合权衡导弹弹道总体、导引头平台指标以及信号提取等多方面因素的影响，才能在各种约束之间取得折中方案。

8.3　光学自寻的制导原理

导引头是自寻的制导系统的核心设备，主要由探测器、跟踪器和伺服机构组成，用来完成对目标的搜索、识别与跟踪。在跟踪状态下，探测器光轴将稳定指向目标，光轴与目标视线重合。一旦目标视线与光轴(电轴)不重合，跟踪回路就会自动转动光轴重新指向目标。这样，可近似认为光轴的转动就是目标视线的转动，光轴转动速率就是目标视线转动角速率。

下面针对光学自寻的制导，主要介绍点源红外自寻的制导、红外成像自寻的制导、激光自寻的制导和电视自寻的制导的制导原理。

8.3.1　点源红外自寻的制导原理

下面以某红外点源探测导引头(以下简称红外导引头)工作于跟踪状态时为例来说明其工作原理。红外导引头通常由光学系统、调制器、红外探测器、制冷器、陀螺伺服系统以及电子线路等组成。其中，光学系统、调制器、红外探测器、制冷器和陀螺伺服系统所组成的光电机械系统又叫位标器，所以从结构上来看，红外导引头即由红外位标器和电子线路(舱)组成。其原理如图 8.3.1 所示。

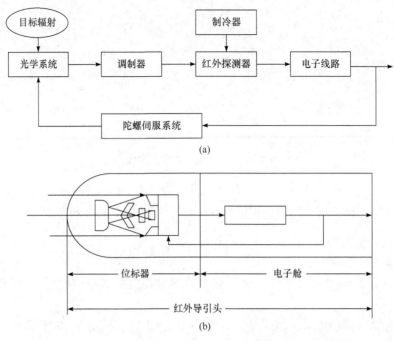

图 8.3.1　红外导引头原理图

目前广泛使用的红外点源导引头扫描方式或者说调制方式可分成五类：旋转扫描导引头、圆锥扫描导引头、四象限探测导引头、玫瑰线扫描导引头和十字形探测器阵列导引头。

1. 旋转扫描导引头

旋转扫描导引头通常由一个同心扫描光学系统和置于光学系统焦平面上的调制盘组成。经典的旋转扫描调制盘(旭日升型调制盘)如图 8.3.2(a)所示。调制盘的一半刻有半圆环，其透射比为 50%(灰体区)，以提供目标方位的相位调制。目标像点在调制盘上呈一弥散圆，它的大小大致与某一半径处的调制盘辐条宽度相匹配，这样既能有效地调制，又能滤除大面积的背景干扰。图 8.3.2(b)为一个点源目标像点经调制后的波形。

调制盘多数设计成调制后为调幅信号，调制度表示目标的偏差大小，相位表示目标的方位，经信息处理电路将目标的偏差大小和相位解调出来，使导弹跟踪目标，即使目标像点接近调制盘中心。

旋转扫描导引头的典型静态增益曲线(目标相对于导引头光轴的偏离角与输出信号的关系)见图 8.3.3。调制盘盲区是系统所固有的，直接影响系统对目标的跟踪精度。

线性区是调制曲线的关键区域，其范围由系统跟踪误差所确定，在这一区域，目标对光轴的偏离角与调制盘输出电压成正比。

饱和区为不稳定区，它对系统的固定误差和随机误差起缓冲调节作用，对稳态误差不起作用；边缘区需要考虑到捕获目标的需要，从调制盘中心到边缘区最边沿处构成系统的捕获视场。

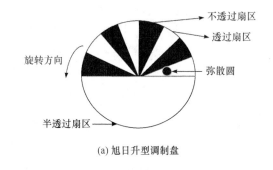

(a) 旭日升型调制盘

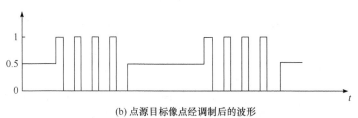

(b) 点源目标像点经调制后的波形

图 8.3.2 旭日升型调制盘和调制后的波形

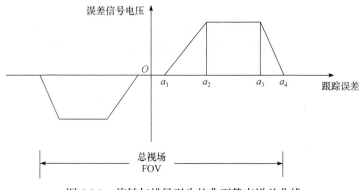

图 8.3.3 旋转扫描导引头的典型静态增益曲线

2. 圆锥扫描导引头

在圆锥扫描系统中,调制盘是静止的,目标像点随着陀螺仪扫描的锁子或倾斜的反射镜在调制盘上章动。典型的调制盘做成一个辐条轮或类似的变体,如图 8.3.4 所示。

当目标像点落在视场中心时,产生一个频率不变的载频信号;当目标像点偏离视场中心时,产生脉冲信号的脉宽和频率均发生变化,根据此变化可将目标的偏差大小和相位解调出来。圆锥扫描导引头典型的静态增益曲线见图 8.3.4(d)。

和旋转扫描导引头相比,在零跟踪误差时圆锥扫描导引头产生一个常幅载频,使自动增益控制工作和跟踪更稳定。

3. 四象限探测导引头

此类导引头使用 4 个分布在四个象限上的探测器,目标被聚焦后,在探测器单元上形成一个弥散圆,如图 8.3.5(a)所示。

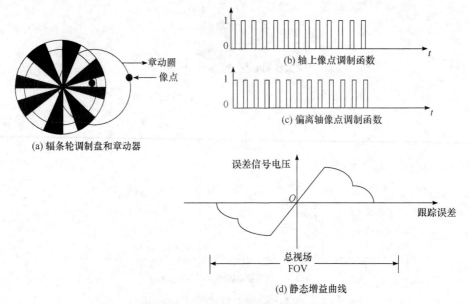

(a) 辐条轮调制盘和章动器

(b) 轴上像点调制函数

(c) 偏离轴像点调制函数

(d) 静态增益曲线

图 8.3.4　圆锥扫描调制盘系统示意图

　　每个单元探测器探测到的信号强弱正比于弥散圆在其上的大小。通过计算 4 单元探测器的信号来获得跟踪误差。跟踪误差是弥散圆的偏移量的函数，如图 8.3.5(b)所示。

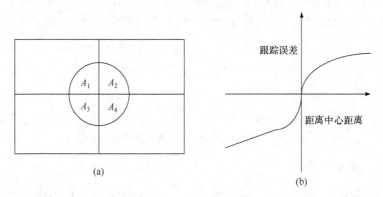

(a)

(b)

图 8.3.5　四象限探测器

　　垂直方向上的跟踪误差为

$$\varepsilon_{nd} = \frac{(s_1 + s_2) - (s_3 + s_4)}{\sum_{i=1}^{4} s_i}$$

式中，s_i 是第 i 象限元素所探测到的信号。

　　水平方向上的跟踪误差为

$$\varepsilon_{rl} = \frac{(s_3 + s_4) - (s_1 + s_2)}{\sum_{i=1}^{4} s_i}$$

　　与圆锥扫描导引头类似，由于没有使用调制盘，四象限导引头也易于将背景同目标相混淆。

4. 玫瑰线扫描导引头

玫瑰线扫描导引头以玫瑰图案扫描目标空间。玫瑰图案由许多闭合线(或称玫瑰花瓣)组成，如图 8.3.6 所示。

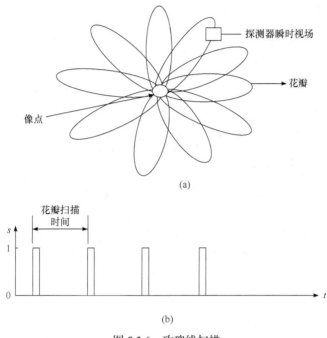

(a)

(b)

图 8.3.6　玫瑰线扫描

图 8.3.6 中的玫瑰线图案可通过 2 个反向旋转的光学元件(斜劈或反射镜)来实现。如果 2 个元件的旋转频率比率合理，图案是闭合的。这种图案的一个突出特点是每次扫描一个花瓣，每扫描一个花瓣通过一次中心。实际上，这种图案可以认为是在中心跟踪目标像的信息，每扫描一次，更新一次。时间门可以优化为规定图案半径以内的跟踪信号。因为它的瞬时扫描视场很小，玫瑰线扫描导引头能够解决总视场内的多目标问题。

5. 十字形探测器阵列导引头

这种导引头采用 4 个正交成十字形的探测器，置于光学系统焦平面上，光学系统采用圆锥扫描方式。图 8.3.7 示出了十字形探测器阵列及跟踪误差信号形成示意图。

无论采用何种扫描方式，探测器总是能够给出一个跟踪误差，这个跟踪误差实质上是目标视线和导引头光轴(灵敏轴)之间的误差，也就是可测得失调角 Δq。

导引头在跟踪状态时，导引头光轴总是力图对准目标，但不会始终对准目标，因此导引头光轴与弹目视线之间就会产生一个失调角 Δq，而导引头的跟踪系统又会自动消除这个跟踪误差，使目标视线和导引头光轴(灵敏轴)重合，消除这个失调角 Δq。导引头的跟踪状态就是一个不断出现"失调角"，又不断消除"失调角"的过程。在这个过程中，导引头可以输出与目标视线角速率 $\dot q$ 成正比的信号，这个目标视线角速率信号便可以利用比例导引律或改进的比例导引律形成制导指令。这就是自寻的制导的基本原理。

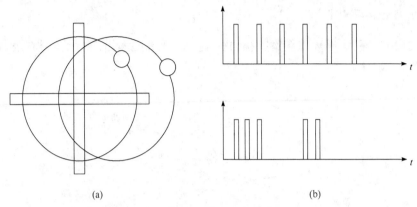

图 8.3.7　十字形探测器阵列及跟踪误差信号形成示意图

8.3.2　红外成像自寻的制导原理

红外成像自寻的制导系统可实时处理目标的红外辐射所形成的红外图像，从而能在复杂的背景和干扰中发现和识别目标。这种制导方式能够区分目标的红外辐射分布和形状，因此相对红外非成像自寻的制导系统，具有更强的目标识别和抗干扰能力，已经成为现代制导武器常使用的一种制导方式。相比之前的点源红外自寻的制导，红外成像自寻的制导具有更高的抗干扰能力和真正意义上的全向攻击能力，以及"发射后不管"的能力，因此，它具有很高的命中精度，并可精确选择命中部位，可实施"外科手术式"的精确攻击。

本节主要简述红外成像自寻的制导系统的基本原理和组成、红外成像的方式、图像处理方法等。

1. 红外成像制导系统的组成

红外成像导引头根据是否制冷可分为制冷或非制冷两种类型，制冷型探测的灵敏度很高，多用于远红外波段的常温目标探测；非制冷型探测的灵敏度较低，多用于中远红外波段的较高温目标探测。

此外，成像导引头为了保证成像质量的清晰，大都采用具有稳定伺服机构的稳定平台或半捷联平台。无论这些成像导引头的结构如何，其组成功能基本相似，都是由整流罩、光学系统、成像探测器、图像处理系统和制导控制计算机构成的，有些还有稳定平台和制冷器，如图 8.3.8 所示。

图 8.3.8 中红外成像系统的光学系统和成像探测器针对成像功能进行设计，光学系统多为能够不改变目标形状特性的透镜系统，成像探测器多为阵列式探测器或者通过扫描方式成像的探测器。图像处理单元是成像制导系统特有的处理单元，也是区别于红外非成像制导系统的主要特征。其主要功能是将原始采集的图像进行适当的处理，提高信噪比，并区分出目标和背景，从而获得目标的位置信息。可以将上面的功能归结为红外图像处理与目标识别两个方面，限于篇幅，下面主要介绍红外图像处理与目标识别。

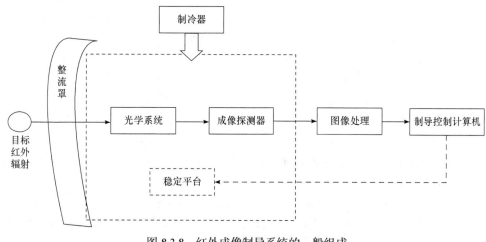

图 8.3.8 红外成像制导系统的一般组成

2. 红外图像处理与目标识别

红外探测器获得的目标图像往往伴随着大量不同类型的噪声，这些噪声可能是外界环境因素造成的。此外，红外图像还具有边缘模糊和无纹理信息等特性，因此在进行目标识别之前，需要进行图像的预处理。图像预处理就是在对图像进行正式操作之前，通过对质量下降的图像进行改善处理，来提高图像视觉或系统处理的质量。

1) 红外图像处理

图像处理大致可以分为图像增强、图像复原和图像分割。

(1) 图像增强。图像增强是对图像的某些特征(如对比度、边缘、轮廓等)进行强调或尖锐化。常用的红外图像增强方法有灰度变换、直方图均衡以及图像平滑滤波。

① 灰度变换。灰度变换法是按一定的规则逐像素修改原始图像的灰度，从而改变图像整体灰度的动态范围。根据变换函数的形式，灰度变换分为线性变换、分段线性变换和非线性变换。灰度变换可使图像对比度得到扩展，图像更加清晰，特征更加明显。

② 直方图均衡。红外图像的灰度分布通常比较集中，且多在低灰度区，这样就造成图像较暗且细节模糊，通过修正灰度直方图进行图像增强是一种有效的方法。直方图修正一般分为直方图均衡化和直方图规定化。其基本原理就是把给定图像的灰度直方图改变成具有均匀分布的灰度直方图的图像。

③ 图像平滑滤波。图像平滑可以减少和消除图像中的噪声，或者增强灰度的局部均匀性，以改善图像质量，有利于目标特征的抽取。经典的平滑技术使用局部算子，当对某一个像素进行平滑时，仅利用它局部小邻域内的一些像素，其优点是计算效率高，而且可以对多个像素进行处理。近年来出现了一些先进的图像平滑处理技术，结合人眼的视觉特性，运用模糊数学理论、小波分析、数学形态学、粗糙集理论等新技术进行图像平滑，取得了较好的效果。

(2) 图像复原。在景物成像的过程中，受多种因素的影响，图像的质量都会有所下降，形成图像的退化。图像复原的过程是为了还原其本来面目，即由退化的图像恢复到真实还原景物的图像。图像复原是利用退化现象的某种先验知识，建立退化现象的数学模型，再根据模型进行反向的推演计算，以恢复原来的景物图像。

(3) 图像分割。图像分割是红外图像信息处理的一个重要步骤，是实现目标自动识别的基础。图像分割可理解为将目标区域从背景中分离出来，或将目标及其类似物与背景区分开来。图像分割的本质是将图像中的像素按照特性的不同进行分类。这些特性是指可以用作标志的属性，分为统计特性和视觉特性两类。统计特性是一些人为定义的特征，通过计算才能得到，如图像的直方图、矩、频谱等；视觉特性是指人的视觉可直接感受到的自然特征，如区域的亮度、纹理或轮廓等。

① 图像阈值分割。图像阈值分割利用目标和背景灰度上的差异，把图像分为不同灰度级的区域。根据获取最优分割阈值的途径，可以把阈值法分为全局阈值法、动态阈值法、模糊阈值法和随机阈值法等。

② 边缘检测。边缘是人类识别物体的重要依据，是图像最基本的特征。边缘中包含目标有价值的边界信息，这些信息可以用于图像分析、目标识别，并且通过边缘检测可以极大地降低后续图像分析处理的数据量。

2) 红外图像目标识别

红外图像目标识别是红外成像自寻的制导技术的重要环节,也称为 ATR(自动目标识别)技术。图像识别是通过对红外图像预处理后进行目标特征提取，并经综合分析、学习，从而对目标和背景进行分类与识别。其相互关系如图 8.3.9 所示。

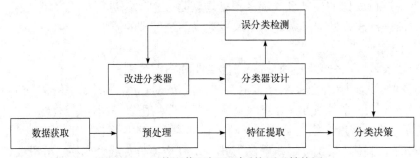

图 8.3.9　红外图像目标识别系统原理结构图

特征提取就是将图像数据从维数较高的原始测量空间映射到维数较低的特征空间，进而实现对图像数据的压缩。在图像识别中，常被选用的特征有如下几种。

图像幅值特征：图像像素灰度值、彩色色值、频谱值等表示的幅值特征。

图像统计特征：直方图特征、统计性特征(如均值、方差、能量、熵等)、描述像素相关性的统计特征(如自相关系数、协方差等)。

图像几何特征：面积、周长、分散度(4π 面积/周长^2)、伸长度(面积/宽度^2)、曲线的斜率和曲率、凹凸性、拓扑特征等。

图像变换系数特征：如傅里叶变换系数、阿达玛变换、K-L 变换等。

其他特征：纹理特征、三维几何结构描述特征等。

特征选择的主要目的是获得一些最有效的特征量，从而使同类目标有最大的相似性，不同类的目标具有最大的相异性；同时提高分类效能，降低存储器的存储量要求。

目标识别的传统方法是建立包含各种目标及各种姿态、距离的外形特征库以进行匹配。但是在实战中，导引头的存储容量有限，不可能存储如此海量的数据，并且若进行匹配识别，需要在不同姿态、距离、位置所构成的多维搜索空间进行搜索，一般无法实现快速匹配。

为了降低目标识别的难度，并提高目标识别的可靠性和实时性，总希望其所提取的特征具有良好的不变性。因此，不变性特征的研究是特征提取研究的重点之一。不变性特征可分为全局特征和局部特征两类。全局特征代表了目标整体的属性，它对于随机噪声具有鲁棒性，但是当目标有部分缺损时，会对特征不变性造成很大影响。局部特征代表了目标的局部信息，这些局部信息通常是指目标边界上关键点之间的部分。由于关键点一般是目标边缘的高曲率点，因此其受噪声影响很大，常会出现错检和漏检的情况。

分类决策是指在所提取的目标特征空间中按照某种风险最小化规则来构造一定的判别函数，从而把提取的特征归类为某一类别的目标。此外，在分类决策时也可以直接按照匹配的原则进行处理，即将提取的每个特征向量与存储的理想特征矢量进行比较。当两者达到最接近匹配时，就分配一个表示其在给定目标类中的可信度概率。当对图像中的所有物体进行分类匹配后，将疑似目标的可信度概率与门限值进行比较，如果超过目标门限值的候选物体数量较多，就将具有最高可信度概率的物体看成主要目标。

从数学观点来看，分类决策就是找出决策函数(边界函数)。当已知待识别模式有完整的先验知识时，可据此确定决策函数的数学表达式。如果仅知道待识别函数的定性知识，则在确定决策函数的过程中，通过反复学习(训练)、调整以得到决策函数表达式，作为分类决策的依据。

图像识别系统的主要功能是得到模式所属类别的分类决策，而分类决策的关键是找出决策函数。一般决策函数分为两类，即线性决策函数和非线性决策函数，常见的有距离函数和不变矩函数。

8.3.3 激光自寻的制导原理

激光自寻的制导是由弹外或弹上的激光束照射到目标上，弹上的激光导引头利用目标漫反射的激光，实现对目标的跟踪，同时将偏差信号送给弹上控制系统，操纵导弹飞向目标。

目前，半主动激光自寻的制导导弹已经装备了部队，主动式激光自寻的制导系统还在发展中。

半主动激光自寻的制导系统用弹外的激光器照射目标，弹上激光接收机接收从目标反射的激光波束的能量作为制导信息。

激光有方向性强、单色性好、强度高的特点，所以激光器发射的激光束发散角小，几乎是单频率的光波，而且在发射的光束截面上集中了大量的能量，因而激光寻的制导系统具有制导精度高、目标分辨率高、抗干扰能力强、可以与其他寻的系统兼容、结构简单、成本较低的特点，但激光制导系统的正常工作容易受云、雾和烟尘的影响。

半主动激光自寻的制导系统由弹上设备(激光导引头和控制系统)和制导站的激光指示器组成，激光指示器主要由激光发射器和光学瞄准器等组成。只要瞄准器的十字线对准目标，激光发射器发射的激光束就能照射到目标上，因为激光的发散角较小，所以能准确地照射目标，激光照射在目标上形成光斑，其大小由照射距离和激光束发散角决定。激光和普通光一样，是按几何学原理反射的，导引头接收到目标反射的激光后，经光学系统会聚在探测器上，激光束在光学系统中要经过滤光片，滤光片只能透过激光器发射的特定波长的激光，滤光片可以在一定程度上排除其他光源的干扰，探测器将接收到的激光信号转换成电信号输出。

为了提高抗干扰能力和在导引头视场内出现多个目标时也能准确地攻击指定的目标，激光器射出的是经过编码的激光束，导引头中有与之相对应的解码电路，在有多个目标的情况下，按照各自的编码，导弹只攻击与其对应的指示器指示的目标。为了夜间工作的需要，激光指示器还可配置前视红外系统。

下面以美国的"地狱之火"导弹为例介绍半主动激光制导系统。

导弹由直升机运载，是机载发射的。照射目标的激光指示器可用地面激光器，也可以配用机载激光指示器，载机发射导弹后可以随意机动(发射后不管)，但激光指示器必须一直照射目标。

导引头主要由光学系统、探测器、陀螺平台和电子设备(微处理机)组成。导引头结构如图 8.3.10 所示。

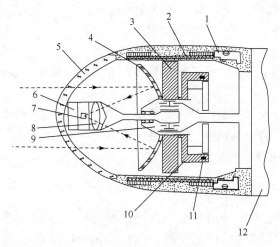

图 8.3.10　导引头

1-碰合开关；2-线包；3-磁铁；4-主反射镜；5-外罩；6-前放；7-激光探测器；8-滤光片；9-万向支架；10-锁定器；
11-章动阻尼器；12-电子舱

光学系统主要元件均采用全塑材料聚碳酸酯。目标反射的激光束经球形外罩 5 后，由主反射镜 4 反射，经滤光片 8 聚焦在激光探测器上。为减小入射能量的损失，增大反射系数，主反射镜表面镀有反射层。

陀螺平台中的陀螺转子是一块磁铁 3，其上附有锁定器 10 和主反射镜 4，这些部件随陀螺转子一起旋转，增大了转子的转动惯量，激光探测器 7 装在内环上，不随转子转动。机械锁定器用于在陀螺不工作时保证陀螺转子轴与导弹纵轴重合。

陀螺框架角限制在 $\pm 30°$，设有一个软式制动器和一个碰合开关，用以限制万向支架的活动范围，软式制动器装于陀螺仪的非旋转件上，当陀螺框架角超过某一角度值后，碰合开关闭合，给出信号，使光轴转向导弹纵轴减小陀螺框架角，避免碰撞损坏。导引头壳体上装有旋转线圈、基准信号线圈、进动线圈、电锁线圈等，其用途与红外导引头类似。

导引头中设有解码电路和逻辑电路，解码电路用于与激光目标指示器的激光编码相协调，逻辑电路用于控制导引头的工作方式。

激光导引头的探测器可以是旋转扫描式的(带调制盘),但更广泛的是采用四象限探测器阵列。这一点与红外自寻的不同,红外自寻的系统多采用调制盘。探测元件常用的是硅光电二极管和雪崩式光电二极管,四个探测器处于直角坐标系四个象限中,以光学系统的轴为对称轴,每个二极管代表空间的一个象限,如图 8.3.11 所示。

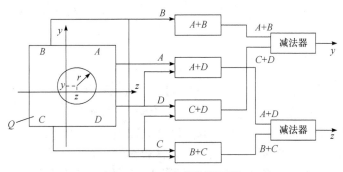

图 8.3.11　四象限探测元件

典型的情况是:探测器阵列的直径约 1cm,二极管之间的距离为 0.13mm。为了避免可能发生聚焦的激光能量过大而击穿探测器的情况,探测器的位置稍微离开焦平面一点距离。如果导引头接收到从目标反射的激光能量,由光学系统会聚到四象限探测器上,形成一个近似圆形的激光光斑,一般情况下,四只相互独立的光电二极管都能接收到一定的光能量,并输出一定的光电流,电流的大小与每个二极管上的入射激光功率成比例,也就是与相应象限被光斑覆盖区域的面积成比例。

从图 8.3.11 中可看出探测器的信号处理过程,四个探测元件的输出分别经过前置放大器放大(这里四个二极管通道的放大器增益必须匹配,否则,即使光斑在四象限中心,也会有错误的信号输出),由于光斑很小,可用近似的线性关系求得目标的方位坐标 Y、Z,经过综合、比较及除法运算,得出俯仰和偏航两个通道的误差信号:

$$y = \frac{(I_A + I_B) - (I_C + I_D)}{I_A + I_B + I_C + I_D}$$

$$z = \frac{(I_A + I_D) - (I_B + I_C)}{I_A + I_B + I_C + I_D}$$

(8.3.1)

式中,I_A、I_B、I_C、I_D 分别为四个二极管输出电流的峰值,这四个电流即表示四个象限管接收到的激光功率。

若目标像点的中心与导引头的光学系统的光轴重合,那么光斑就在四个象限的中心,这时四个二极管线路的电流相等,误差信号为零;如果目标偏离导引头光学系统光轴,则光斑就偏离四象限的中心,就会出现误差信号。经过信号处理,误差信号送入控制系统的俯仰和偏航两个通道,分别控制舵机偏转。在信息处理过程中用了除法运算,目的是使输出信号的大小不受所接收激光脉冲能量变化的影响(远离目标时能量小,接近目标时能量大)。

从式(8.3.1)可以看出,偏差信号与四象限管接收到的激光功率成比例,那么,激光自寻的制导系统的偏差信号随着导弹与目标距离的减小而急剧增大,为使系统有较大的动态范围,改善探测性能,与红外导引头一样,也可以采用自动增益控制技术,在电路中加入对数放大器可以使系统具有更大的动态范围。

激光制导系统的关键部件是激光器和接收激光能量的激光探测器。目前，装备的激光制导系统基本上都采用掺钕的钇铝石榴石激光器，工作于 1.06μm 近红外波段，具有脉冲重复频率高(可以使导引头获得足够的数据)、功率适中的特点，但其正常工作受气象和烟尘的影响。今后趋向于使用工作于 10.6μm 远红外波段的二氧化碳激光器，以改善全天候作战能力和抗烟雾干扰的能力。

8.3.4　电视自寻的制导原理

电视自寻的制导是光电制导的一种。它和红外点源制导一样已经在第二次世界大战中应用，目前多用于空对地、地对地、地对空导弹的末制导中。

电视自寻的制导的优点在于工作可靠、分辨率高(和红外成像自寻的制导相比)、可直接成像、不易受无线电干扰；其缺点是受气象条件影响较大。

电视自寻的制导系统根据其跟踪方式的不同有多种。按摄像敏感器的性能可分为可见光电视自寻的制导、红外光电视自寻的制导和微光电视自寻的制导。按在视场中提取目标位置的信息不同可分为点跟踪(即边缘跟踪、形心跟踪系统)和面相关跟踪电视自寻的制导。

电视导引头的原理是以导弹头部的电视摄像机拍摄目标和周围环境的图像，从有一定反差的背景中选出目标并借助跟踪波门对目标进行跟踪，当目标偏离波门中心时，产生偏差信号，形成导引指令，控制导弹飞向目标。波门就是在摄像机所接收的整个景物图像中围绕目标所划定的范围，如图 8.3.12 所示。

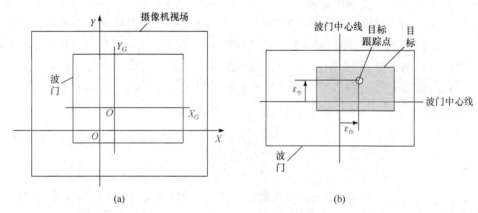

图 8.3.12　波门的几何示意图

划定波门的目的是排除波门以外的背景信息，对这些信息不再做进一步的处理，起到选通的作用。这样，波门内的视频信号加大了目标和背景之比，避免了虚假信号源对目标跟踪的干扰。

电视导引头一般由电视摄像机、光电转换器、误差处理器、伺服机构等组成，简化框图如图 8.3.13 所示。

摄像机把被跟踪的目标光学图像投射到摄像靶面上，并用光电敏感元件把投影在靶面上的目标图像转换为视频信号。误差处理器从视频信号中提取目标位置信息，并输出驱动伺服机构的信号，以使摄像机光轴对准目标。制导站上有显示器，以使操作者在发射导弹前对目标进行搜索、截获，在发射导弹后观察跟踪目标的情况。

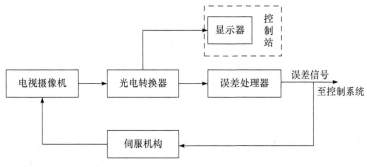

图 8.3.13 电视导引头简化框图

无论光学自寻的制导还是无线电自寻的制导，导弹自寻的制导的探测装置都要装在导引头上，故从自寻的制导系统的组成和工作原理来看，它们之间除了在目标辐射或反射能量的接收和转换上有差别之外，系统其余部分的组成和工作原理基本上是相同的。另外，目前绝大部分自寻的导弹上采用的都是比例导引律，或在比例导引律基础上改进的比例导引律。而形成比例导引律所需要的制导信息仅为目标视线转率。

前面深入介绍了光学自寻的制导的原理，以及如何利用导引头产生目标视线转率，并简单介绍光学自寻的制导的工作模式和特点。

思 考 题

1. 红外非成像自寻的制导与红外成像自寻的制导各有何特点？
2. 毫米波雷达自寻的制导有何特点？
3. 导引头的主要功能是什么？
4. 导引头一般有几种工作状态？各有何特点？
5. 导引头稳定平台主要有哪几种稳定形式？各有何特点？
6. 试求导引头在稳定跟踪目标状态下的传递函数。
7. 分析红外旋转扫描导引头、圆锥扫描导引头、玫瑰线扫描导引头、四象限探测导引头和十字形探测器阵列导引头的误差形成机理。
8. 简述半主动激光自寻的制导原理。
9. 简述电视自寻的制导原理。

第 9 章　导弹控制系统

9.1　导弹动力学特性

导弹的运动是在三维空间内的六自由度运动，为了研究方便，一般将其分解为导弹的质心运动和绕质心的转动运动。在前面几章中多次指出，为了改变导弹的飞行方向，必须控制作用在导弹上的法向力(法向过载)，这个任务由法向过载控制系统完成。由于空气动力的作用，一般来讲，导弹的质心运动是通过导弹的姿态运动来实现的。在大多数情况下，为了产生法向控制力，实现对法向过载的控制，要利用姿态控制系统的相应通道，因为姿态控制系统的任务之一就是保持导弹角位移的给定值。

为了概略描述对完成法向过载控制功能的姿态控制系统所提出的主要要求，首先分析导弹的动力学特性。

9.1.1　导弹动力学特性分析

确定导弹的六自由度刚体运动，需要 6 个运动方程，即 3 个力方程和 3 个力矩方程。先在弹体坐标系中，给出导弹刚体运动的一般表达式：

$$m\left(\frac{\mathrm{d}v_{x1}}{\mathrm{d}t}+\omega_{y1}v_{z1}-\omega_{z1}v_{y1}\right)=\sum F_{x1}$$

$$m\left(\frac{\mathrm{d}v_{y1}}{\mathrm{d}t}+\omega_{z1}v_{x1}-\omega_{x1}v_{z1}\right)=\sum F_{y1}$$

$$m\left(\frac{\mathrm{d}v_{z1}}{\mathrm{d}t}+\omega_{x1}v_{y1}-\omega_{y1}v_{x1}\right)=\sum F_{z1}$$

$$J_{x1}\frac{\mathrm{d}\omega_{x1}}{\mathrm{d}t}+(J_{z1}-J_{y1})\omega_{y1}\omega_{z1}=\sum M_{x1}$$ (9.1.1)

$$J_{y1}\frac{\mathrm{d}\omega_{y1}}{\mathrm{d}t}+(J_{x1}-J_{z1})\omega_{z1}\omega_{x1}=\sum M_{y1}$$

$$J_{x1}\frac{\mathrm{d}\omega_{z1}}{\mathrm{d}t}+(J_{y1}-J_{x1})\omega_{x1}\omega_{y1}=\sum M_{z1}$$

方程组(9.1.1)中各个变量如第 2 章所定义，此处不再赘述。

现在讨论方程组的意义。m 是导弹的质量。第一个方程中的 $\omega_{y1}v_{z1}$、$\omega_{z1}v_{y1}$ 表明，若导弹存在俯仰和(或)偏航角速度，则会影响导弹的纵向加速度特性。

在第二个方程中，$\omega_{x1}v_{z1}$ 项表明在 Oy_1 方向上存在一个由滚动运动引起的力，换句话说，由于滚动角速度的存在，导弹的偏航运动被耦合到俯仰运动中。

第三个方程中的 $\omega_{x1}v_{y1}$ 项亦是如此。由于要求两个通道完全解耦，其理想的条件是 $\omega_{x1}=0$。这就是在设计导弹控制系统时一般采用滚动角稳定的控制方式的主要原因之一。

在第四个方程中，$(J_{z1} - J_{y1})\omega_{y1}\omega_{z1}$ 是惯性积，它表明了交叉耦合的特性，对于轴对称导弹，它具有两个对称面，则 $J_{z1} = J_{y1}$，那么 $J_{z1} - J_{y1} = 0$，即表明交叉耦合不存在，这就是往往采用轴对称布局的依据。

在第五、六个方程中，若仍采用 $\omega_{x1} = 0$ 的措施，则交叉耦合项可以忽略，即 $(J_{x1} - J_{z1})\omega_{z1}\omega_{x1} = (J_{y1} - J_{x1})\omega_{x1}\omega_{y1} = 0$。

综上可见，导弹的刚体运动动力学特性呈现出三通道严重耦合的非线性特性，对控制系统提出了很高的要求。

另外，导弹还具有一些特殊的动力学特性。

大多数导弹的快速扰动运动的衰减都很小，这是由它们的舵面面积相对不大，而飞行高度相对很高而引起的。在表征俯仰及偏航运动的飞行器传递函数中，振荡环节的相对阻尼系数很少能达到 0.1～0.15。在这种情况下，很难保证制导系统稳定和制导精度。

另外，由于飞行速度及高度的变化，导弹动力学特性不是恒定不变的，这对制导过程极为不利。随着导弹攻角增大，弹体空气动力特性的非线性也常常变得更强，会明显地影响制导系统的工作。

由于以上这些原因，在大多数情况下，开环控制法向过载是很困难的，甚至是不可能的。因此，姿态控制系统的基本任务之一就是校正导弹的动力学特性，使其满足一定的指标要求。下面首先研究姿态控制系统应该满足怎样的要求。

9.1.2 对控制系统的基本要求

姿态控制系统的自由运动应该具有良好的阻尼，这是实现制导回路(稳定回路是其内回路)稳定条件所必需的。稳定系统自由振荡的阻尼程度应该这样选择，在急剧变化的制导指令(接近阶跃指令)作用下，迎角超调量不宜太大。一般要求 $\sigma < 30\%$，这个需求是为了限制法向过载的超调。在某些情况下，也是为了避免大迎角时出现的气动特性非线性的影响。

为了提高制导精度，必须降低导弹飞行高度与飞行速度对稳定系统动力学特性的影响。要求法向过载控制回路闭环传递系数的变化尽可能小。这是因为在不改变传递系数的情况下，为了保证必需的稳定裕度，只能要求减小制导回路开环传递系数，这同样会影响制导精度。

除了校正导弹动力学特性这个任务外，姿态控制系统设计还必须完成一系列其他任务。主要有以下几点：

(1) 系统具有的通频带宽不应小于给定值。通频带宽主要由制导系统的工作条件决定(有效制导信号及干扰信号的性质)，同时也受到工程实现的限制。

(2) 系统应该能够有效地抑制作用在导弹上的外部干扰以及稳定系统设备本身的内部干扰。在某些制导系统中，这些干扰是影响制导精度的主要因素。因此，补偿干扰影响是系统的主要任务之一。

(3) 姿态控制系统的附加任务是将最大过载限制在某一给定值，这种限制值决定于导弹及弹上设备结构元件的强度。对于大迎角导弹，还要限制其最大使用迎角，以确保其稳定性和其他性能。

因为姿态控制系统是包含在制导回路中的一个内回路，制导系统对控制系统的要求与该系统本身提出的要求常常是矛盾的，所以在设计时经常不得不寻找综合解决的方法。应使系统首先满足影响制导精度的基本要求。

9.2　导弹控制系统的设计与要求

9.2.1　导弹控制系统的设计方法

与其他控制系统(如工业自动化系统)相比，导弹控制系统更为复杂。这主要是由于导弹控制系统有着特殊的工作条件和对其在精度和可靠性方面的高要求。

1. 导弹控制系统的特点

导弹控制系统工作条件的特殊性表现在它的复杂性和多样化上，主要有如下几个因素。

(1) 飞行器空间运动，飞行器与空间介质的相互作用以及结构弹性引起的操纵机构偏转与飞行器运动参数之间的复杂联系。

(2) 飞行器的动力学特性与飞行器飞行时快速变化的飞行速度、高度、质量和惯量之间的密切联系。

(3) 控制系统通道之间复杂的相互作用。

(4) 飞行器的空气动力学特性以及控制装置元件的非线性。

(5) 大量的各种类型的干扰作用。

(6) 各种各样的发射和飞行条件，如飞行器和目标在发射瞬间相对运动的参数和目标以后的运动。

因为受控对象是可以人为改变的导弹，所以导弹控制系统设计有着与一般工业过程控制不同的设计特点(如化工过程控制，其被控对象是化学反应过程，它是不能人为改变的)。

当对其进行设计时，应将系统看成一个完整的有机整体。系统中每个元件的设计师应当注意，元件不仅本身重要，而且作为整体的一部分也是重要的。尤其是飞行器本身的设计不仅按照对其本身的要求进行，而且应考虑对整个控制系统的要求。

2. 导弹控制系统一般设计方法

导弹控制系统的设计问题十分复杂，因而，工程实际中常采用逐次接近法和解决同一问题的不同可能方案优选的比较分析法。

导弹控制系统的复杂性决定了一次就完成设计在工程中是行不通的，只能经过几个研究阶段逐次接近完成设计，一般可将控制系统设计分成如下几个阶段。

(1) 预先研究和草图设计阶段。利用研制早期飞行器模型的试验数据，采用理论研究方法(解析法和计算机仿真技术)完成系统的初步设计工作。

(2) 技术设计阶段。以实物模型的试验研究为基础，在控制系统的半实物仿真系统上完善控制系统的设计。

(3) 飞行器飞行试验阶段。全面考核控制系统的实际性能，并对获得的试验数据进行理论分析，为改进控制系统的设计提供参考数据。

导弹控制系统的复杂性也决定了在实际设计时设计方案的选择存在着多样性，而评价出这些设计方案的优劣并非易事。因此只能在整个设计过程中采用比较分析逐步淘汰不太合理的方案，最终给出满意的结果。

9.2.2　导弹控制系统的品质标准

在工程中，评定导弹控制系统的品质标准一般由战术技术指标规定，通常用目标杀伤概率、有效脱靶量等指标来衡量。但是在设计控制系统时，这些标准常常无法利用，这是因为寻找脱靶量与控制系统参数之间的直接联系是十分困难的，尤其在设计的初始阶段。因此，在实践中更有意义的是经典自动控制系统的品质标准，这种标准与其基本参数有着更简单的联系，并可间接地考察系统精度。

1. 稳定性

稳定条件是许多自动控制系统所必需的，如测量系统、跟踪系统及稳定系统等。飞行器的滚动稳定系统即是一个典型例子。所有这些系统在不稳定情况下是不能完成其规定任务的。

然而，在有些具有有限工作时间的自动化系统中，可以允许不稳定。例如，对于导弹制导系统来说，稳定性的要求经常不是必要的。制导系统应当满足的基本要求是保证制导的必要精度。

事实上只保证系统具有稳定性是远远不够的，应使系统不仅具有足够可靠的稳定性而且具有良好的过渡过程品质。

2. 过渡过程品质

系统的过渡过程品质可由三个重要的动力学特性表征，即阻尼、快速性、稳态误差。

为了形成确定以上动力学特性的标准，常常研究自动调节系统对阶跃干扰的响应，即过渡过程，并且可根据过渡过程响应曲线评定系统的品质。大家知道，自动调节系统的阻尼特性常常由超调量来评价，它可作为衡量系统振荡性的指标。

选择系统的快速性的评价指标，存在一些困难。单纯靠调节时间来描述系统快速性是不够的，一般引入上升时间这个物理量来综合衡量系统的快速性。

3. 系统对谐波作用的响应

线性自动调节系统的许多动力学特性，如过渡过程的品质，可以借助频率特性阐明，特别是它的稳定裕度概念，给出了系统容忍增益变化及相位变化的定量尺度。下面分别讨论稳定裕度及描述系统动态品质的闭环系统的频率特性。

1) 稳定裕度

闭环自动调节系统的稳定性，可以根据这个系统在开环状态下的频率特性来判断。在设计自动调节系统时，为了保证具有良好的稳定性，即保证过渡过程可靠的稳定性和良好的阻尼性能，需广泛运用幅值稳定裕度和相位稳定裕度的概念。

如果开环系统的传递系数发生了不可预见的改变，例如，由产生误差或者飞行速度和高度的改变引起的部件参数偏离计算值，具有幅值稳定裕度的系统仍能保证其稳定性。

实际系统在设计时存在不能预见的延迟和未考虑的延迟(未建模动态)，具有相位稳定裕度的系统也能确保其稳定性。

当设计自动控制系统时，选择的相位稳定裕度不应小于30°，在可能的情况下不小于45°，幅值稳定裕度建议选取不小于6dB。

2) 闭环系统的频率特性

由自动控制原理可知，闭环系统的频率特性也可反映系统的动态品质。系统的截止频率决定其快速性，其频率响应谐振峰值决定系统的阻尼。使系统具有足够的稳定裕度可以保证较小的谐振峰值。例如，当稳定裕度为10～15dB 和45°～ 50°时，对应的 M_p 值为1.25～1.5。

在工程设计中，因系统的频率响应能够全面地衡量系统的动态品质和对干扰、参数摄动和高频模态的适应能力，控制系统的频率响应设计法得到了广泛的应用。

3) 控制信号频谱

一般来说，导弹控制系统中的控制信号是时间的随机函数，因为目标的运动具有随机性。除此以外，在飞行瞬间，目标坐标也是随机的。然而在研究控制系统时，通常把控制信号视为时间的非随机函数，这种函数对应于飞行运动的典型情况或者从控制精度和极限过载的角度来看是最恶劣的情况。

任何非随机控制信号可以表示为各种谐波分量的和。满足一定限制的非周期函数 $x(t)$ 可以表示为傅里叶积分的形式：

$$x(t) = \frac{1}{2\pi} \int_{-\infty}^{\infty} e^{j\omega t} d\omega \int_{-\infty}^{\infty} x(\tau) e^{-j\omega t} d\tau \tag{9.2.1}$$

其中，积分 $F(j\omega) = \frac{1}{2\pi} \int_{-\infty}^{\infty} x(\tau) e^{-j\omega t} d\tau$ 是函数 $x(t)$ 的傅里叶变换。通常认为当 $t<0$ 和 $t>T$ 时，函数 $x(t)$ 等于零，因为飞行器的飞行时间是有限的，所以定义：

$$F(j\omega) = \frac{1}{2\pi} \int_{0}^{T} x(\tau) e^{-j\omega t} d\tau \tag{9.2.2}$$

$F(j\omega)$ 的积分是函数 $x(t)$ 的综合频谱。与周期函数离散谱不同，这里的频率 ω 从0到∞连续变化。

很显然，控制信号频谱的频率范围取决于信号变化的速度。假如控制信号是缓慢变化的时间函数，那么其频谱处于较低的频段上，反之，其频谱包括更宽的频段。

4) 控制信号经过闭环系统的过程

假如只是控制信号作用于自动控制系统，那么从精度的观点来看，输入的控制信号不发生畸变的系统就是最佳的系统。这种理想系统的传递函数只是一个比例系数，然而在工程中不可能实现这样的系统。所有实际系统都是压抑高频振荡下的低通滤波器，而任意形式的控制信号经过实际系统后总要发生某种畸变。

控制信号的频谱通常位于从零开始的有限频段中。为了使实际控制信号经过自动控制系统不发生畸变，应使它的频谱位于系统频带以内。

图9.2.1 所示为两种系统近似的频率特性，第一个系统具有大的谐振峰值 M_p 和小的截止频率 ω_c；第二个系统具有小的谐振峰值 M_p 以及较高的截止频率 ω_c。从图中可以看出，在控制信号给定的频谱 $S_m(\omega)$ 下，在第一个系统中，输出信号明显地偏离了控制信号，而

在第二个系统中，基本没有偏离控制信号。因此，为保证系统复现控制信号的精度，系统必须在限定的振荡条件下具有足够的快速性(即足够的带宽)。

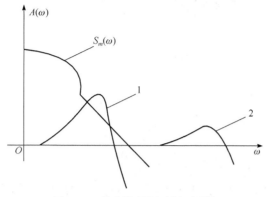

图 9.2.1　控制信号经过闭环系统

对一般的自动控制系统来说，通常要求幅值畸变不超过 10%。系统选择的通频带应比控制信号带宽 4~8 倍。

9.3　导弹过载控制系统

导弹的控制系统根据导弹类型的不同、制导系统类型不同，有不同的控制系统构型。导弹制导的基本任务是按照一定的规律改变导弹的飞行方向，为了改变导弹的飞行方向，一般是通过控制作用在导弹上的法向力(法向过载)来实现的。因此，法向过载控制是导弹控制系统要完成的基本任务。以法向过载控制为控制目标的导弹控制系统称为导弹基本控制系统。下面重点讨论常用的四种典型导弹法向过载控制系统，它们是开环过载控制系统、速率陀螺过载控制系统、积分速率陀螺过载控制系统和加速度表过载控制系统，对其他类型的过载控制系统只作简单的介绍。

9.3.1　典型过载控制系统

1. 开环过载控制系统

开环过载控制系统如图 9.3.1 所示。

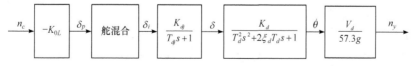

图 9.3.1　开环过载控制系统

在开环过载控制系统中，不需要采用测量仪表。这种系统仅用增益 K_{0L} 来实现过载控制系统的单位加速度增益。除电子增益 K_{0L} 外，过载控制系统传递函数是纯弹体传递函数。因为导弹具有小的气动阻尼，所以系统传递函数将是弱阻尼。这类开环过载控制系统中，由于系统传递函数就是弹体传递函数，为了获得适当的制导系统特性，弹体必须稳定。因而，该类型的过载控制系统的弹体重心不宜移到全弹压心的后面。

为了获得单位加速度增益，就选取 K_{0L} 为弹体增益 K_n 的倒数。由于弹体增益随飞行条件而改变，控制系统增益亦将随之变化，如图9.3.2所示。

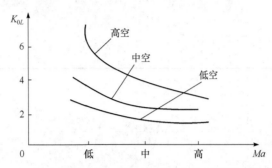

图9.3.2　开环过载控制自动驾驶仪增益与高度及马赫数的关系

对弹体增益的变化可以补偿到已知气动数据的精度。不精确的补偿将降低末制导性能，这是由于不能获得适当的有效导航比 N'。因此对于使用这种简单控制系统的导弹要求精确地确定气动特性，即为了获得满意的足以精确控制有效导航比的气动增益特性，需要进行广泛的全尺寸风洞试验。

2. 速率陀螺过载控制系统

一个典型的速率陀螺过载控制系统见图9.3.3。

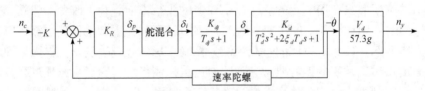

图9.3.3　速率陀螺过载控制系统

速率陀螺过载控制系统用一个速率陀螺接在角速度指令系统中，过载控制系统增益 K 提供了单位加速度传输增益。在通常情况下，回路增益都小于1。这种过载控制增益 K 具有和开环增益相同的变化，但是它被放大了 $1/K_R$ 倍（K_R 为反馈增益）。由于 K_R 通常是小于1的，因此这种系统对高度和马赫数的变化特别敏感。另外，指令的任何噪声都会被高增益放大，这就对导引头测量元件的噪声要求更严格，而且为了避免噪声饱和，要求执行机构电子设备有较大的动态范围。

图9.3.4绘出了自动驾驶仪增益随马赫数和高度的典型变化。

应注意到，纵坐标是校准乘积（KK_R），以便降低曲线动态范围。调整速率回路增益 K_R 以便增加弹体的阻尼，因此这个系统的动态响应基本上是具有理想阻尼和有比弹体自然频率稍高的二阶传递函数的响应。

典型情况下，在低高度和高马赫数时，这个频率是高的，并且随着高度增加或马赫数的降低而降低。因而其响应时间短，但随飞行条件变化。

总之，速率陀螺过载控制系统具有良好的阻尼，但是它的加速度增益比开环系统更依赖于速度和高度。它的时间常数比较小，但是它取决于高度和马赫数下的气动参数。

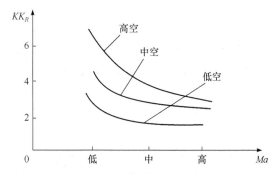

图 9.3.4　速率陀螺过载控制系统自动驾驶仪增益与高度及马赫数的关系

3. 积分速率陀螺过载控制系统

积分速率陀螺过载控制系统除了把速率信号本身反馈回去外，还把速率陀螺信号的积分反馈回去，如图 9.3.5 所示。

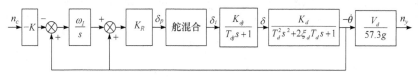

图 9.3.5　积分速率陀螺过载控制系统

在短时间间隔范围内，速率陀螺信号的积分正比于迎角。这种利用电信号产生的正比于迎角的控制力矩将有助于稳定迎角的扰动。由于这种信号在电气上能完成和气动稳定一样的功能，因此它被称为"综合稳定"。这种系统不用超前网络就能够稳定不稳定的弹体。不过，这种系统在低马赫数和低高度工作条件下，动态响应比较迟缓，因此常在回路中串入一个校正网络，加速系统的动态响应。

积分速率陀螺过载控制系统自动驾驶仪增益基本与高度无关，且与速度成反比。因此，即使在气动数据不准确的情况下，也可以在一个较大的高度范围内保持有效导航比。为加速系统的动态响应，在速率陀螺输出处装有校正网络，能够抵消弹体旋转速率时间常数，并用较短的时间常数代替它，以便降低系统的长响应时间，这种消去法或极点配置方案的鲁棒性由对气动时间常数 T_{1d} 的已知程度而定。图 9.3.6 给出了积分速率陀螺过载控制系统自动驾驶仪增益与高度及马赫数的关系。

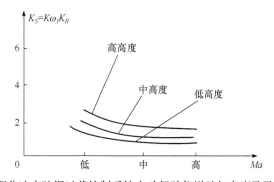

图 9.3.6　积分速率陀螺过载控制系统自动驾驶仪增益与高度及马赫数的关系

4. 加速度表过载控制系统

把一个加速度表装于导弹上，并且接在系统中，用加速度指令和实际加速度之间的误差去控制导弹，就得出了图9.3.7所示的三回路过载控制系统。

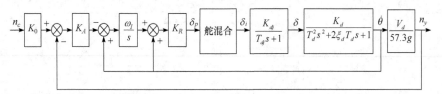

图9.3.7 加速度表过载控制系统

这种系统实现了与高度和马赫数基本无关的增益控制，以及对稳定或不稳定导弹的快速响应。

控制系统增益 K_0 提供了单位传输。导弹自动驾驶仪增益 $K_0 K_A \omega_I K_R$ 与高度和马赫数基本无关，如图9.3.8所示。换句话说，这个系统的增益是鲁棒的。

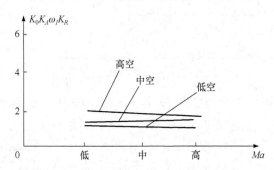

图9.3.8 加速度表过载控制系统自动驾驶仪增益与高度及马赫数的关系

与前几种过载控制系统不同的是，加速度表过载控制系统具有三个控制增益。无论是稳定还是不稳定的弹体，由这三个增益的适当组合就可以得到时间参数、阻尼和截止频率的特定值。

这种系统的时间常数并不限制大于导弹旋转速率时间常数的值。因此，可以用增益 K_R 确定阻尼回路截止频率，ω_I 确定法向过载回路阻尼，K_A 确定法向过载回路时间常数。这样，导弹的时间响应可以降低到适合于拦截高性能飞机的要求值。这种高性能飞机在企图逃避拦截时可以做剧烈的机动。

9.3.2 特殊过载控制系统

1. 角加速度表过载控制系统

角加速度表过载控制系统利用加速度表和速率陀螺反馈来构成导弹自动驾驶仪，与加速度表相比，速率陀螺通常体积较大，重量较重，在小型战术导弹中使用时会存在一些困难。若将速率陀螺用体积小、重量轻的角加速度表代替，就可以构成角加速度表过载控制系统，系统框图见图9.3.9。

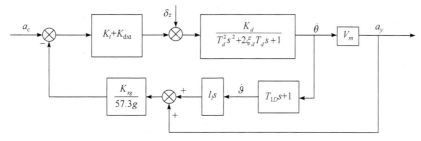

图 9.3.9　角加速度表过载控制系统

通过调整加速度表和角加速度表的反馈控制增益，可以使过载控制系统获得满意的频带宽度和一定的阻尼系数。

由于角加速度表过载控制系统闭环频带宽度与阻尼系数是相关的(近似成反比)，所以当要求较大的闭环频带宽度时，可能会造成阻尼偏小。为了改善角加速度表过载控制系统的性能，可以在导弹自动驾驶仪中引入积分校正，这样就得到了角加速度表积分过载控制系统。这种自动驾驶仪结构与角加速度表过载控制系统在数学意义上具有等价变换关系。由此可见，它可以使导弹具有理想的控制性能。

2. 双加速度表过载控制系统

把一个增益为 K_a 的线加速度计放在重心前面距离 c 处，其输出轴平行于导弹 O_y 轴，产生信号为

$$K_a(a_y + c\ddot\vartheta) \tag{9.3.1}$$

式中，a_y 为重心在 O_y 方向的线加速度；$c\ddot\vartheta$ 为俯仰角加速度引起的线加速度分量。

另外，把一个类似定向的加速度计放在重心后面距离 d 处，产生信号为

$$K_a(a_y - d\ddot\vartheta) \tag{9.3.2}$$

由加速度计放在重心前面而引起的附加分量，具有一种使系统稳定的重要影响，因而可以得知把加速度计放在重心后部，似乎是不可取的。尽管如此，仍有几种导弹系统(如英国的"海标枪"型)采用了间隔开的加速度计来提供仪表反馈，并且采用如下把两个信号混合起来的创造性的方案：把前面的加速度计增益增为 $3K_a$，而把后面的加速度计增益设为 $2K_a$，但后者为正反馈。因此，总的负反馈为

$$3K_a(a_y + c\ddot\vartheta) - 2K_a(a_y - d\ddot\vartheta) = K_a\left[a_y + (3c + 2d)\ddot\vartheta\right] \tag{9.3.3}$$

这与角加速度表过载控制系统是等效的，但是，该项却影响着稳定回路的闭环传递函数分母中的 s^2 及 s 项的系数。阻尼性能和稳定性皆可通过选择 K_a、c、d 等参数调整。

图 9.3.10 为由两个线加速度计组成的侧向稳定回路框图。

两个线加速度计组成的侧向稳定回路具有如下特点。

(1) 这种稳定回路最后可简化为一个二阶系统，选择合适的参数可以达到较好的动态品质，以满足制导控制系统的要求。

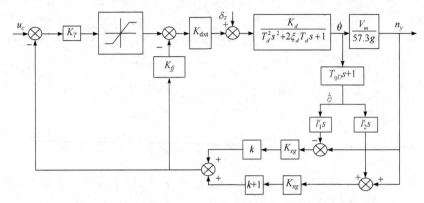

图 9.3.10　两个线加速度计组成的侧向稳定回路框图

(2) 这种方案应用时，要特别注意导弹质心的变化应落在 l_1 与 l_2 之间。若质心位置变到 l_1 之前，系统就会变成正反馈，导致失稳；若质心位置变到 l_2 之后，就会使系统性能变坏。因此，采用这种方案要仔细考虑运用的条件。

(3) 这种自动驾驶仪较易调整到无超调状态，特别适合于使用冲压发动机的导弹，可以有效防止冲压发动机因迎角和侧滑角响应过调而熄火。

(4) 这种方案只用一种线加速度计作为敏感元件，在工程上实现是很简便的。

3. 姿态陀螺过载控制系统

对于打击静止或缓慢运动目标的导弹来讲，通过配置姿态陀螺测量导弹的姿态角从而来设计导弹控制系统，即姿态陀螺导弹控制系统不仅是可行的，而且具有以下特点。

(1) 对人工操纵的导弹来说，引入姿态陀螺导弹控制系统可以大大降低手动操纵难度，有效降低射手训练成本。

(2) 姿态陀螺导弹控制系统会自动地对阵风、推力偏心或扰动起抵消作用。

(3) 在导弹的纵向通道，通过预置俯仰角，可以方便地实现导弹的重力补偿功能。对于近地飞行的对地攻击导弹，该系统可以有效减少碰地的概率。

一种典型的姿态陀螺导弹控制系统结构图如图 9.3.11 所示。

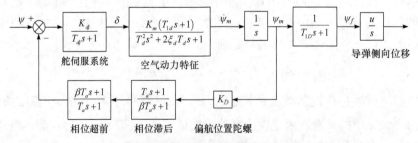

图 9.3.11　姿态陀螺飞行控制系统结构框图

从图 9.3.11 中可以清楚地看出，通过引入滞后-超前校正，实现了航向姿态角反馈回路的综合。

导弹法向过载 n_z 与偏航角 ψ 的关系可以用以下公式描述：

$$\frac{n_z(s)}{\psi(s)} = \frac{v}{57.3g} \cdot \frac{s}{T_{1d}s+1} \tag{9.3.4}$$

从法向过载 n_z 与偏航角 ψ 的关系可看出，用姿态角飞行控制系统实现法向过载控制，需要进行控制指令的变换，否则控制指令与自动驾驶仪不适配。

在工程上，通过引入累积滤波器可以实现法向过载控制指令与姿态角飞行控制系统的适配：

$$\frac{\psi_c(s)}{n_{zc}(s)} = \frac{K(T_2s+1)}{s(T_1s+1)} \tag{9.3.5}$$

这种思路已经在美国的"海尔法"反坦克导弹上得到了成功应用。

9.4　其他导弹控制系统

9.4.1　滚动运动稳定与控制系统

滚动运动稳定系统的基本任务由产生气动力的方法、制导系统的形式以及将制导信号变换为操纵机构偏转信号的方法来确定。

对于面对称的飞航式导弹，其产生法向力的方向只有一个，为使导弹在任何一个方向上产生机动，必须借助改变迎角和滚动角的方法，这时法向气动力的值由迎角确定，其方向由滚动角来确定。这是极坐标控制方法，滚动回路是一个滚动角控制系统。

对于轴对称导弹，借助体轴 Oz_1 和 Oy_1 转动的方法，即改变迎角和侧滑角的办法，来建立在数值和方向上所需要的法向力。这是直角坐标控制方法。尽管此时对纵轴的转动不参与法向力的建立，但是为了实现制导，对滚动运动的特征提出了一定的要求。以指令制导为例，制导信号在制导站的坐标系中形成，在这种情况下必须保证与导弹固连的坐标系(信号执行坐标系)和制导信号形成的坐标系相一致，否则可能导致俯仰和偏航信号混乱。因此在遥控制导中(指令制导是其中一种)，保持滚动角不变和等于零是滚动稳定系统的基本任务。滚动回路是一个滚动角稳定系统。

在导弹上形成制导信号的情况下，即在以导弹坐标系为基准的自动寻的制导和指令制导中，滚动角是不需要稳定的。当导弹围绕纵轴转动时，坐标系扭转了，而在此坐标系中发生了目标坐标的改变并定出制导信号，这时并不破坏制导和自动驾驶仪通道之间的正常协调。但是滚动角速度经常导致俯仰、偏航和滚动通道之间交叉耦合的出现，这种交叉耦合会显著地影响自寻的制导过程。控制设备的某些特点可能是这些耦合的原因之一，导弹执行机构动态滞后是其中最重要的原因，惯性交叉耦合也是引起耦合的因素。为了尽可能地减弱交叉耦合对轴对称导弹自动寻的制导过程的影响，限制导弹滚动角速度是稳定系统的任务。滚动回路是一滚动角速度稳定系统。

1. 导弹滚动运动动力学特性分析

由前面可知，滚动运动传递函数为

$$\frac{\gamma(s)}{\delta_x(s)} = \frac{K_{dx}}{s(T_{dx}s+1)} \tag{9.4.1}$$

式中，$K_{dx} = -\dfrac{M_x^{\delta_x}}{M_x^{\omega_x}}$ 为滚动传递系数；$T_{dx} = -\dfrac{J_x}{M_x^{\omega_x}}$ 为滚动时间常数。

轴对称导弹的滚动力矩主要由如下基本分量组成：

$$M_x = M_{x0} + M_x^{\delta_x}\delta_x + M_x^{\omega_x}\omega_x + M_x(\alpha, \beta, \delta_z, \delta_y) + M_x(\omega_y, \omega_z) \tag{9.4.2}$$

式中，M_{x0} 来源于导弹制造误差的不稳定性；$M_x^{\delta_x}\delta_x$ 来源于滚动操纵机构的偏转；$M_x^{\omega_x}\omega_x$ 来源于弹翼和尾翼所产生的滚动运动的阻尼；$M_x(\alpha, \beta, \delta_z, \delta_y)$ 来源于不对称流动，即"斜吹力矩"；$M_x(\omega_y, \omega_z)$ 来源于 ω_y、ω_x 引起气流不对称滚动产生的力矩。

事实上，滚动干扰力矩由如下几项组成：

$$M_{xc} = M_{x0}M_x(\alpha, \beta, \delta_z, \delta_y) + M_x(\omega_y, \omega_z)$$

由于导弹不对称，由导弹制造和装配所允许的公差引起的力矩，通常作用在一个方向，与其他干扰力矩分量相比，其变化是比较小的，因此用滚动稳定系统可毫无困难地克服它。

在设计控制系统中，最大的麻烦就是斜吹力矩，特别是在鸭式或旋转弹翼导弹上，这个力矩可能是非常大的。在此情况下，导弹活动前翼使气流发生了偏转，这种下洗流在遇到配置在后边的固定面时，不对称地吹它们，因此，产生了滚动力矩。鉴于滚动力矩特性十分复杂，足够精确的计算是不能做到的，通过理论估计或试验可确定其上界。实际上，在滚动稳定系统综合时只要求已知干扰力矩上界。

2. 滚动角稳定系统

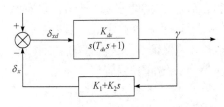

图 9.4.1　最简单的滚动角稳定系统

在遥控制导中，经常要求稳定滚动角。因为滚动角速度稳定系统不能保证在飞行中维持导弹的既定位置。因此，为了实现滚动角的稳定，需要测量实际滚动角与给定滚动角之偏差，为此，必须使用自由陀螺。

下面来研究最简单的滚动角稳定系统的基本特性。滚动角稳定系统由控制对象、自由陀螺和舵机所组成，见图 9.4.1。

假定舵机是理想的，用传递增益 K_a 来描述，自由陀螺也是理想的，用传递增益 K 来描述。闭环系统传递函数为

$$\frac{r(s)}{\delta_{xd}(s)} = \frac{1}{K_aK} \frac{1}{\dfrac{T_{dx}}{KK_aK_{dx}}s^2 + \dfrac{1}{KK_aK_{dx}}s + 1} \tag{9.4.3}$$

从系统的传递函数中可以看出，为提高系统对干扰的抑制作用，必须提高控制器的增益。但是随着这个增益的增大，闭环系统的振荡性增强了。为了使系统在确保要求的稳态误差值的条件下仍具有理想的过渡过程品质，一般在控制规律中引进比例于滚动角速度的信号，换句话说，引入滚动角速度反馈。

1) 有静差稳定系统

在工程中可由各种方法来实现滚动角稳定系统的角速度反馈，利用微分陀螺直接测量

或对自由陀螺输出进行微分都是可行的方案。

下面研究由滚动角速度反馈所形成的有静差滚动角稳定系统的基本特征。假定滚动角和滚动角速度反馈被理想地实现，舵传动机构同样是理想的，见图 9.4.2。

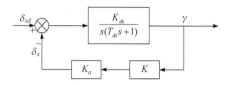

图 9.4.2　滚动稳定系统方框图

稳定系统的反馈方程可写为

$$H(s) = K_1\gamma + K_2\dot{\gamma} \tag{9.4.4}$$

滚动角对干扰力矩的响应，可由以下闭环系统传递函数来描述：

$$\frac{r(s)}{\delta_{xd}(s)} = \frac{K}{T^2 s^2 + 2\xi T s + 1} \tag{9.4.5}$$

式中，$K = 1/K_1$；$T = \sqrt{\dfrac{T_{dx}}{K_{dx}K_1}}$；$\zeta = \dfrac{1 + K_{dx}K_2}{2\sqrt{T_{dx}K_{dx}K_1}}$。

由此可看出，理想的滚动稳定系统是振荡环节。显然，为了提高振荡频率 $1/T$ 所确定的快速性，必须增大稳定系统中的增益 K_1，利用适当挑选 K_2 的办法可能得到所需的振荡阻尼。

选择稳定系统参数的一般原则是：根据稳定系统稳定裕度和截止频率要求，确定开环系统的特性；根据系统抗干扰及稳定误差要求，确定闭环系统的特性。

2) 无静差稳定系统

在许多对滚动稳定的精度提出更高要求的情况下，为了消除稳定误差，采用了无静差系统。这时，积分环节的引入是不可避免的。在工程中可用如下两种方法来实现无静差稳定系统。

(1) 在自由陀螺反馈系统中引入"比例 + 积分"校正，在当前数字机广泛应用的情况下，这种方案最简单、方便。

(2) 引入积分陀螺，这个方案目前很少使用。

3. 滚动角速度稳定系统

在自寻的制导中一般要求稳定滚动角速度。如果导弹不操纵，作用在它上面的阶跃干扰滚动力矩 $M_{xd} = M_x^{\delta_x}\delta_{xd}$ 使导弹绕纵轴转动，其角速度为

$$\dot{\gamma}(t) = K_{dx}\delta_{dx}\left(1 - \mathrm{e}^{\frac{t}{T_{dx}}}\right) = -\frac{M_{xd}}{M_x^{\omega_x}}\left(1 - \mathrm{e}^{\frac{t}{T_{dx}}}\right) \tag{9.4.6}$$

因而，在过渡过程消失后建立起恒角速度：

$$\dot{\gamma}(\infty) = -\frac{M_{xd}}{M_x^{\omega_x}} \tag{9.4.7}$$

借助于增加在低高度飞行时的气动阻尼的办法，来降低稳态的滚动角速度是不可能实现的，因为这个要求大大增加了弹翼和尾翼的面积，在高空飞行时这样做自然是不可能的，只能借助于包括滚动角速度反馈在内的导弹自动控制系统来解决。

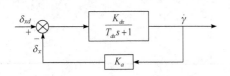

图 9.4.3　滚动角速度稳定系统结构图

在系统中引入了一个角速度硬反馈信号，开环系统传递函数如图 9.4.3 所示。

$$G(s) = \frac{K_{dx}K_a}{T_{dx}+1} \tag{9.4.8}$$

系统对干扰力矩的响应，由下列闭环系统对应的传递函数来描述：

$$\frac{\dot{\gamma}(s)}{\delta_{xd}(s)} = \frac{K_{dx}}{1+K_{dx}K_a} \frac{1}{\dfrac{T_{dx}}{1+K_{dx}K_a}s+1} \tag{9.4.9}$$

将此式与导弹传递函数比较：

$$\frac{\dot{\gamma}(s)}{\delta_{xd}(s)} = \frac{K_{dx}}{T_{dx}s+1} \tag{9.4.10}$$

可以看出，由于滚动角速度反馈稳定系统的传递系数是导弹传递系数的$1/(1+K_{dx}K_a)$，滚动角速度反馈的作用等效于导弹气动阻尼的增加或惯性的降低，另外，过渡过程也加快了。引入反馈后，在阶跃干扰的作用下，滚动角速度的稳态值为

$$\dot{\gamma}(\infty) = \frac{1}{1+K_{dx}K_a}\left(-\frac{M_{xd}}{M_x^{\omega_x}}\right) \tag{9.4.11}$$

但这种方法不能消除滚动角速度，为了减少这个角速度必须挑选尽可能大的开环系统传递系数 $K_0 = K_{dx}K_a$。下面讨论几种实现滚动角速度反馈的方法，这些方法已在几种典型的导弹中得到了应用。

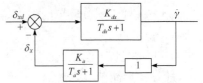

图 9.4.4　具有微分陀螺的滚动角速度稳定系统

1) 微分陀螺稳定系统

微分陀螺稳定系统由测量角速度的微分陀螺、滚动操纵机构和弹体组成，图 9.4.4 是其原理框图。

这里，传递机构以一阶惯性环节来近似，理想速率陀螺用增益为 1 的环节来近似。系统的闭环传递函数为

$$\frac{\gamma(s)}{\delta_{xd}(s)} = \frac{K(T_a s+1)}{T^2 s^2 + 2\xi Ts + 1} \tag{9.4.12}$$

式中，$K = \dfrac{K_{dx}}{1+K_{dx}K_a}$；$T = \sqrt{T_{dx}T_a/(1+K_{dx}K_a)}$；$\xi = \dfrac{T_a+T_{dx}}{2\sqrt{T_{dx}T_a(1+K_{dx}K_a)}}$。

由此可见，干扰抑制作用可以通过增大 K_a 来实现。不过，当 K_a 太大时，系统将变成一个振荡环节，因此，系数 K_a 的增加受到系统要求振荡要小这种条件的限制。

为了正确选择系统的结构和参数，必须更全面地考虑舵传动机构和陀螺的动力学特性，

近似地用纯时延来表示它们的特性，开环系统的传动函数将具有如下形式：

$$G(s) = \frac{K_0 e^{-\tau s}}{(T_a s + 1)(T_{dx} s + 1)} \quad\quad (9.4.13)$$

式中，K_0 是开环系统增益。

由此可以看出，由于滞后 τ 的缘故，在高频段相位的滞后可能超过180°，K_0 增大到一定值时系统将丧失稳定性。

传递系数 K_0 的选择借助系统的频率特性，以便保证：

(1) 所要求的稳定性储备；

(2) 允许的稳定误差；

(3) 必需的截止频率。

当选择截止频率时，除了使系统满足一般的动态品质要求外，还要考虑它与俯仰和偏通道的关系，在所研究的稳定系统中不能消除稳态误差，即在导弹飞行过程中始终存在着惯性交叉耦合。为保证整个系统的稳定性，建议使用滚动通道的截止频率大大高出俯仰和偏航通道的截止频率，频率储备达到 4 倍以上是较合理的。

如果选择开环系统增益 K_0 的办法不能成功地保证要求的稳定裕度、稳态误差和截止频率，那么就采用校正网络。提高系统截止频率的一种可行方法是在回路中引入超前网络：

$$W(s) = \frac{T_1 s + 1}{T_2 s + 1} \quad\quad (9.4.14)$$

式中，$T_1 > T_2$。

2) 无静差的稳定系统

前面研究的滚动角速度稳定系统是有静差的系统，如果干扰力矩是常值，按其作用原理，它将具有稳态误差 γ_d，可以借助增加开环系统传递系数 K_0 来减少这个误差。但是，K_0 的增加将会增大系统的振荡性并使系统不稳定。

在某些场合，合理地选择 K_0 可使系统同时满足动态品质和稳态误差要求，但在很多应用场合无法通过提高 K_0，同时满足动态品质和稳态误差要求。可以用以下两种方法解决这个矛盾。

(1) 在稳定系统中引入校正装置，它可以提高传递系数 K_0 来减少稳态误差而又不增强系统的振荡性，这种校正装置通常是滞后校正网络。

(2) 改变稳定系统结构，提高其无静差度，使系统对定常干扰无稳态误差，即采用无静差系统。

在回路中引入积分环节可使系统无静差。通常有如下两种方法将积分环节引入系统。

(1) 无反馈或具有软反馈的舵传动机构。这种类型的舵系统，在其低频段存在一个理想的积分环节，无反馈舵系统传递函数为(低频段)

$$G(s) = K/s \quad\quad (9.4.15)$$

具有软反馈舵系统的传递函数为(低频段)

$$G(s) = \frac{K(\tau s + 1)}{s} \tag{9.4.16}$$

(2) 在回路中引入积分滤波器或积分陀螺。在系统中如果采用了具有硬反馈的传递机构，那么借助于积分滤波器或积分陀螺也可得到类似第一种方法的结果，它们都相当于在系统中引入了式(9.4.10)形式的网络。

综合上述结果，具有无静差的稳定系统构成有如下几种。

(1) 微分陀螺和软反馈舵传动机构。

(2) 微分陀螺、积分滤波器和硬反馈舵传动机构。

(3) 积分陀螺和硬反馈舵传递机构。

它们都可以得到高质量的稳定效果(阶跃干扰力矩引起滚动角速度快速抑制)。目前，由于计算机的进步，系统设计倾向使用积分滤波器方案，可有效降低系统和陀螺的制作成本及难度。

9.4.2　导弹高度控制系统

导弹在三维空间中的运动是十分复杂的，在工程实践中，为使问题简化，总是将导弹的空间运动分解为铅垂平面内的纵向运动和水平面内的侧向运动。导弹在攻击目标的过程中(主要是末制导段)，导弹控制系统的任务主要有两个，首先是执行制导系统给出的法向过载控制指令，其次就是保证导弹的稳定飞行。然而对于飞行航程比较远，特别是巡航导弹一类的导弹需要长时间的巡航飞行，且要求导弹保持某一高度巡航飞行，这种情况下纵向控制系统的主要使命是对导弹的俯仰姿态角和飞行高度施加控制，使导弹在铅垂平面内按照预定的高度飞行。这种导弹控制系统常称为导弹高度控制系统。一类典型的巡航导弹的高度控制系统原理框图如图 9.4.5 所示。

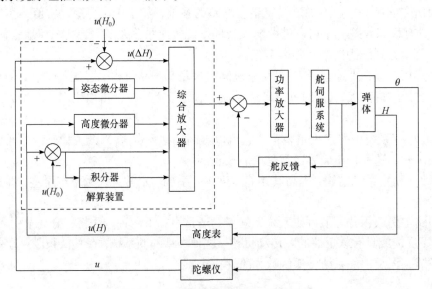

图 9.4.5　导弹高度控制系统原理框图

为了组成高度控制系统，首先考虑的是测量元件。能够用来测量导弹的俯仰角和飞行高度的部件很多，工程上通常选用自由陀螺仪来测量导弹的俯仰姿态角；用无线电高度表、气压高度表等来测量导弹的飞行高度。测量导弹姿态角的陀螺仪，其输出信号不能直接驱动舵机，需要经过变换和功率放大等处理，对陀螺仪的输出信号进行加工处理的部件称为解算装置。

当系统对弹体施加控制时，其俯仰角要经过一个过渡过程才能达到给定值。为了改善系统的动态性能，在解算装置的输入端，除了有俯仰角的误差信号、高度的误差信号之外，还应当有俯仰角速率信号和垂直速度信号。角速率信号可以由速率陀螺仪给出，也可由电子微分器提供；同样，垂直速度信号可由垂直速度传感器提供，也可由电子微分器给出。为了使导弹的高度控制系统成为一阶无静差系统，必须在系统中引入积分环节。

当需要改变导弹的飞行高度时，必须改变导弹的弹道倾角，可通过转动导弹的升降舵面，改变作用在导弹上的升力来实现。因此，作为纵向控制系统执行机构的舵机是必不可少的。

图 9.4.5 中的信号综合放大器和功率放大器一般都是由电子器件组成的，由于电子放大器和普通的机电设备相比，时间常数很小，故称为无惯性元件。设输入量为 u_i，输出量为 u_o，放大倍数为 K_y，则放大器的传递函数为一比例环节：

$$\frac{u_o(s)}{u_i(s)} = K_y \tag{9.4.17}$$

式中，$u_i(s)$、$u_o(s)$ 分别是输入、输出。

自由陀螺仪用作角度测量元件，可将其视为一理想放大环节，则其传递函数为

$$\frac{u_g(s)}{\vartheta(s)} = k_g \tag{9.4.18}$$

式中，k_g 为自由陀螺仪传递系数(V／(°))；ϑ 为导弹俯仰角(°)。

根据测量方法的不同，无线电高度表分为脉冲式雷达高度表和连续波调频高度表两大类。无论哪种类型的无线电高度表，其输出形式均有数字式和模拟电压式两种。忽略其时间常数，无线电高度表的传递函数为

$$\frac{u_H(s)}{H(s)} = K_H \tag{9.4.19}$$

为了改善系统的动态特性，常常引入反馈校正信号，如引入俯仰角速率信号对弹体的俯仰角运动进行阻尼，用反馈垂直速度信号对导弹的飞行高度变化进行阻尼。这两处信号分别由速率陀螺仪和垂直速度传感器提供。近年来，导弹控制系统设计中常采用电子微分器，它是用线性集成运算放大器加电阻、电容组成的。一种典型的电子微分器可用以下传递函数描述：

$$\frac{u_o(s)}{u_i(s)} = \frac{K_d s}{T_d^2 s^2 + 2\xi_d T_d s + 1} \tag{9.4.20}$$

通过调整电子微分器中的电阻和电容值可以使其满足系统要求。

同微分器一样，电子积分器也是用线性集成运算放大器加电阻、电容组成的。一种典型的电子积分器可用以下传递函数描述：

$$\frac{u_o(s)}{u_i(s)} = -\frac{K_j}{s} \tag{9.4.21}$$

式中，K_j 为高度积分器传递系数。

这里以永磁式直流伺服电机和减速器构成的电动舵伺服系统为例。设伺服电机的输入量为控制电压 u_M，减速器输出量为 δ，则电动舵伺服系统传递函数为

$$\frac{\delta(s)}{u_M(s)}=\frac{K_{pm}}{s(T_{pm}s+1)} \qquad (9.4.22)$$

式中，K_{pm} 为电动舵伺服系统的传递系数；T_{pm} 为电机时间常数。

下面给出一组巡航导弹纵向扰动运动弹体传递函数：

$$\begin{cases}\dfrac{\vartheta(s)}{\delta(s)}=\dfrac{K_d(T_{1d}s+1)}{s(T_d^2s^2+2\xi_dT_ds+1)}\\[2mm]\dfrac{\theta(s)}{\delta(s)}=\dfrac{K_d}{s(T_d^2s^2+2\xi_dT_ds+1)}\\[2mm]\dfrac{\alpha(s)}{\delta(s)}=\dfrac{K_dT_{1d}}{T_d^2s^2+2\xi_dT_ds+1}\\[2mm]\dfrac{H(s)}{\delta(s)}=\dfrac{K_dv/57.3}{s(T_d^2s^2+2\xi_dT_ds+1)}\end{cases} \qquad (9.4.23)$$

式中，ϑ、α、θ、δ、v 分别为导弹的俯仰角、攻角、弹道倾角、升降舵偏角和速度，K_d、T_d、T_{1d}、ξ_d、v 为导弹在特征点处的参数。

通过上面的分析，由图 9.4.5 所示的巡航导弹高度控制系统原理框图可导出其高度控制系统结构图，如图 9.4.6 所示。

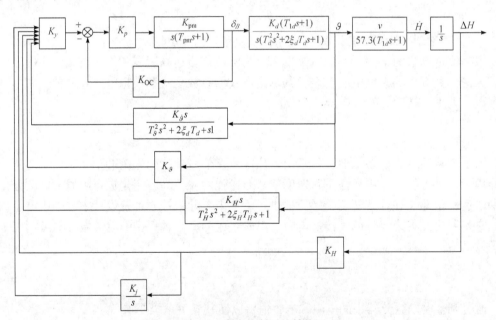

图 9.4.6　高度控制系统结构图

K_{ϑ}-自由陀螺仪传递系数；K_H-高度表传递系数；K_y-综合放大器放大系数；
K_i-高度积分器传递系数；K_p-功率放大器放大系数；K_{OC}-舵机位置反馈系数

综合放大器对各支路信号的放大倍数不相同，为便于分析，将其归到各支路的传递系数中，取 $K_y=1$。由于两个电子微分器的时间常数 T_{ϑ} 和 T_H 比弹体时间常数 T_d 小得多，因此，

略去不计，对系统影响不大。

从图 9.4.7 中可以看出，接下来的工作系统为舵系统，δ_B 为俯仰舵偏角。其闭环传递函数为

$$\Phi_\delta(s) = \frac{K_\delta}{T_\delta^2 s^2 + 2\xi_\delta T_\delta s + 1} \tag{9.4.24}$$

式中，K_δ、T_δ 和 ε_d 分别为舵系统的传递系数、时间常数和阻尼系数。

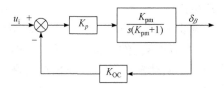

图 9.4.7　舵系统传递函数

一般情况，当舵系统工作在线性区时，T_δ 不会超过 10ms。故初步分析时，可以令 $T_\delta = 0$，舵系统可简化成放大环节，其放大系数为 $1/K_{OC}$。于是，得到简化了的系统结构图，如图 9.4.8 所示。变换后的高度控制系统结构图如图 9.4.9 所示。

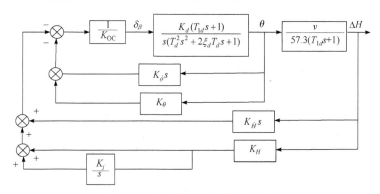

图 9.4.8　高度控制系统简化结构图

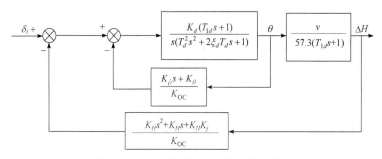

图 9.4.9　变换后的高度控制系统结构图

进行高度控制系统设计时，需要考虑包括可靠性指标和经济性指标在内的各项性能指标，需要选用一些性能好、质量稳定的元部件来组成控制系统。这些元部件的参数，可以认为是已知的，但用它们组成的控制系统，其性能指标不一定令人满意。系统设计者的任务是在给定参数的前提下对系统进行初步分析，并在此基础上确定校正环节的结构形式及参数，最后使系统具有所要求的性能指标。

9.4.3　导弹航向控制系统

导弹的侧向运动包括航向、滚动和侧向偏移运动，而航向和滚动运动彼此紧密地交链在一起。为了弄清物理本质，在工程上采用简化的方法，即将航向、滚动和侧向偏移作为彼此独立的运动进行分析设计，最后考虑相互间的影响。此处主要介绍航向角稳定与控制回路，也称导弹航向控制系统。

航向控制系统的功能是：保证导弹在干扰的作用下，航向角稳定与控制回路稳定可靠工作，航向角的误差在规定的范围内，并按预定要求改变基准运动。

航向角 ψ 稳定回路的设计通常采用 PID 调节规律，因此角稳定回路一般由下列部件构成。放大器：电子放大器；角速度敏感元件：阻尼陀螺仪或电子微分器；积分机构：机电式积分机构或电子式电子积分器；角敏感元件：三自由度陀螺仪；执行机构：电动舵伺服系统或液压舵伺服系统；控制对象：弹体。

一种典型的航向角稳定与控制器原理框图如图 9.4.10 所示。

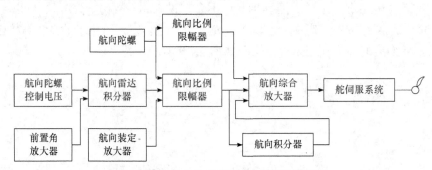

图 9.4.10　航向角稳定与控制器原理框图

图 9.4.10 中的航向装定放大器与导弹指挥仪的比较放大器构成扇面角装定系统，指挥仪通过该系统将扇面发射角装入自动驾驶仪中，以实施导弹扇面角机动发射。

三自由度陀螺仪测量导弹航向偏差角，输出与偏差角成比例的信号。放大后输入舵伺服系统，实现导弹的航向稳定飞行，并且利用航向偏差角通过记忆电路的变换产生前置角。

阻尼陀螺仪测量导弹的角速度，输出与角速度成比例的信号，以此改善导弹角运动的动态品质。

积分机构对偏差角积分，所产生的信号消除系统在常值干扰力矩作用下引起的静态误差。

导弹航向角运动的传递函数为

$$W_{\delta_y}^{\psi}(s) = \frac{K_d(T_{1d}s+1)}{s(T_d^2 s^2 + 2T_d \xi_d s + 1)} \tag{9.4.25}$$

在传递函数中含有一个二阶振荡环节，即一个积分环节和一个微分环节，其时间常数为 T_d，相对阻尼系数为 ξ_d。通过分析，可以得到航向角稳定回路的框图如图 9.4.11 所示。

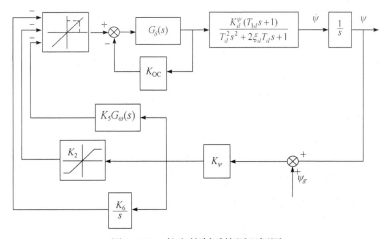

图 9.4.11 航向控制系统原理框图

K_ψ-陀螺仪的传递系数；K_2-比例放大器的放大系数；K_6-积分器的放大系数；

K_{OC}-舵伺服系统位置反馈系统；$G_\delta(s)$-舵伺服系统正向传递函数；ψ_g-陀螺仪的漂移

对于航向控制系统，当受到干扰力矩的作用时，要保证系统稳定可靠地工作，而且所产生的静差应在所要求的范围内。

由图 9.4.11 可知，航向陀螺仪漂移是一个随机量，一般无法保证导弹在自控段始终在规定的范围内及时得到补偿，漂移将使导弹偏离航向，这只能通过提高陀螺仪精度来解决。

如果只采用比例式调节规律，导弹在常值干扰力矩的作用下，将造成偏航角的稳态偏差。对不同型号的导弹，其力和力矩系数是不同的，形成的静差也不同。而各个环节的放大系数越大，静差越小，但放大系数不宜过大，否则将导致系统不稳定。

在自动驾驶仪内部也会产生各种干扰，如放大器的零位、舵伺服系统的零位偏差等，应采取各种技术措施，把这些干扰限制在一定范围内，以便达到需要的精度，这是设计者的任务之一。

为了清除静差，在系统中引入积分环节，如图 9.4.11 中的 K_6 环节，此时常值干扰力矩引起的舵面偏角就无须航向陀螺仪的输出信号来补偿，而由积分环节的输出信号去平衡，因此不会产生偏航角的静差。

从以上分析可以看出，为了使静差减小，可以采取两种办法：一是增大自动驾驶仪的放大倍数；二是在自动驾驶仪中增加一个积分环节，而前者只能减小静差，后者可以消除静差。

思 考 题

1. 导弹姿态运动模型中各系数的物理意义是什么？

2. 导弹小扰动线性化模型中的系数 a_2 与导弹重心位置 x_T、压心位置 x_d 的关系是什么？与系统的静稳定性又有何关系？

3. 常见的导弹控制系统结构类型有哪些？各有什么特点？

4. 为什么要使用加速度计来构成导弹控制系统？如何使用两个加速度计构成导弹控制

系统？

　　5. 在加速度表飞行控制系统中，三个增益 K_R、ω_I、K_A 的作用是什么？如何调节三个增益？

　　6. 滚动角/角速度稳定系统的作用是什么？

　　7. 滚动角/角速度稳定系统有哪些类型？特点是什么？

　　8. 滚动干扰因素主要有哪些？

　　9. 为什么在遥控制导系统中需要采用滚动角稳定系统？

　　10. 为什么在自寻的制导系统中需要采用角速度稳定系统？

　　11. 举例说明导弹自适应稳定控制系统设计方法。

　　12. 红外导引头-弹体运动耦合对制导系统产生什么影响？

第 10 章 自寻的制导系统分析与设计

10.1 自寻的制导系统

自寻的制导也称为自动寻的制导，它是由弹上导引头感受目标辐射或反射的能量(如无线电波、红外线、激光、可见光、声音等)，测量目标-导弹相对运动参数，并形成相应的导引指令，控制导弹飞行，使导弹飞向目标的一种制导技术。为了使自寻的制导系统正常工作，必须能准确地从目标背景中发现并跟踪目标，为此要求目标本身的物理特性与其背景或周围其他物体的特性必须有所不同，即要求它具有对背景足够的能量对比性。

典型的红外自寻的制导主要是利用具有红外辐射(热辐射)源的目标，如军舰、飞机(特别是喷气式)、坦克、冶金工厂，在大气层中高速飞行的导弹的头部也具有足够大的红外热辐射。导引头可方便地通过测量目标辐射的红外线能量来确定目标相对导弹的运动参数。红外自寻的制导的作用距离取决于目标辐射面的面积和温度、接收装置的灵敏度和气象条件等。该制导方式获得了广泛的应用，特别是在攻击空中目标的防空导弹上，主要是因为空中目标，如飞机(特别是喷气式)喷射的尾焰温度高达800℃以上，其最大辐射波长为3.2μm，而背景(天空)温度则是–60℃左右。红外自寻的制导系统极易利用目标和背景红外辐射能量的巨大差异，从而把目标和背景区别开来，以达到导引的目的。

再如雷达自寻的制导，根据初始电波能源的位置，雷达自寻的制导分为主动式、半主动式和被动式三种。主动式的初始电波能源(雷达发射机)装在导弹上。半主动式的照射目标的初始电波能源不是装在导弹上，而是装在制导站上。被动式则是利用目标发出的无线电辐射来实现对目标的探测与跟踪。三种雷达自寻的制导的示意图如图10.1.1所示。

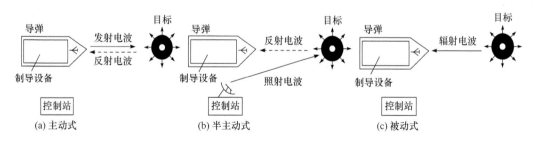

图 10.1.1 雷达自寻的制导的分类

由图 10.1.1 可见，主动式、半主动式和被动式雷达自寻的制导系统的主要区别是探测目标所需无线电波的来源，但它们在制导过程中，都利用目标投射来的无线电波确定目标的方位，且观测、跟踪目标，形成导引指令和操纵导弹飞行，这些功能都是由弹上设备完成的。因此，它们的基本工作原理和组成大体相同。

上述的红外自寻的制导和雷达自寻的制导，除了在目标辐射或反射能量的接收和转换上有差别之外，其余部分的组成和工作原理大致相同。因此，本章将主要以红外自寻的制导系统为例，进行自寻的制导系统分析与设计。

10.1.1　基本组成与基本特性

1. 基本组成

自寻的制导系统的作用是自动截获和跟踪目标，并以某种自寻的导引方法控制导弹产生机动，最终高精度(小脱靶)击毁目标。它的基本组成主要有以下几部分。

(1) 导引头：分红外型、雷达型和激光型等多种。它的功用是根据来自目标的能流(热辐射、激光反射波、无线电波等)自动跟踪目标，给导弹自动驾驶仪提供导引控制指令，并给导弹引信和发射架提供必要的信息。

(2) 稳定回路：由自动驾驶仪和导弹弹体空气动力学环节组成，用来稳定导弹的角运动，并根据制导信号产生适当的导弹横向机动力矩，保证导弹在任何飞行条件下按导引规律逼近目标。

(3) 运动学环节：描述导弹和目标间的相对运动关系的一组运动方程。根据这组方程，将导弹和目标质心运动的有关信息反馈到导引头的输入端，从而形成闭合的自寻的制导系统。图 10.1.2 给出了自寻的制导系统的基本组成示意图。

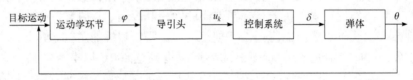

图 10.1.2　自寻的制导系统的基本组成示意图

2. 自寻的导引方法

自寻的制导所用到的基本制导信息是导弹和目标的相对位置，这一位置由目标视线(导弹到目标的连线)在空间的方向所确定。为了给出自寻的导引方法，必须确定所要求的目标视线相对于某个基准坐标系的位置。图 10.1.3 给出了自寻的制导几何关系。据目标视线在空间的方向选择方法可以将导引方法分为三类。

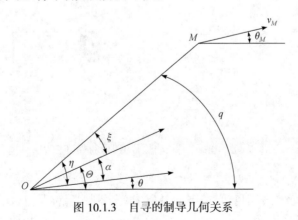

图 10.1.3　自寻的制导几何关系

对第一类导引方法，要求导弹向目标运动时，目标视线相对导弹纵轴有一确定的位置。换句话说，这里给方位角 ξ 的变化增加了一个约束。最简单的情形是要求 $\xi = 0$，也即目标的视线角与导弹的纵轴重合(直接导引法)。一般情况下，方位角是可以按某一复杂的规律变化的。

对第二类导引方法，要求在导弹的运动过程中，目标视线相对导弹的速度矢量有一完全确定的位置。在这种情形下，给前置角 η 的变化增加了一个约束。最简单的方案是 $\eta = 0$ 的情形。这时，导弹的速度矢量总是指向目标(追踪法)，或者前置角始终是常值，且不等于零(具有前置量的追踪法)。在一般情况下，前置角可以是变量，按一定的时间规律或者按某一个运动学参数而变化(如比例导引法)。

第三类导引方法，在控制导弹的运动时要求保证目标视线方向相对空间某个确定的方向是一定的。显然，在这种情况下，必须要求目标视线与水平轴之间的夹角 q 按某种规律变化。这里最简单的情形是 $q = \text{const}$ (平行接近法)。

上述所列举的三种导引方法不可能包罗所有可能的情况(例如，还可以提出同时对 ξ、η、q 等变量加上约束的导引方法，但包含导弹作战中的大部分情形，并且每一种导引方法对应着有明显特征的导引弹道。

3. 导引弹道的特点

这里给出最常见的几种导引方法，如直接导引法、追踪导引法、比例导引法和平行接近法的导引弹道特点。

直接导引法要求导弹向目标运动时，目标的视线角与导弹的纵轴重合。该方法的基本特点是，当目标不动时，随着导弹和目标斜距的减小，导弹的攻角是发散的，在命中点处将趋于无穷。但因为导弹的攻角是有限的，在到达目标之前导弹已经偏离了需求的弹道，所以该导引规律不可能理想地实现。不过只要导弹偏离理想弹道时刻导弹与目标的斜距足够小，还是可以接受的。因此，直接导引法只有在目标速度较低，导弹速度也很低，并且初始距离足够大的情况下才适用。

追踪导引法要求导弹向目标运动时，目标的视线角与导弹的速度矢量重合。该方法的基本特点是，当导弹做准确的迎头或尾追目标运动时，导弹的弹道是直线。除了工程中不能实现的前半球攻击外，要求导弹的速度必须高于目标的速度。当导弹速度与目标速度之比小于 2 时，在整个飞行过程中，导弹的法向过载将是有限值，导弹将直接命中目标。当导弹速度与目标速度之比大于 2 时，导弹的法向过载将趋于无穷大，导弹将不能直接命中目标，因为在还未到达目标时，导弹就偏离了需求的弹道，但这并不意味着此时不能应用追踪法，只要导弹偏离理想弹道时刻导弹与目标的斜距足够小，还是可以接受的。因此，追踪导引法通常只有在进行后半球攻击且目标速度较低或静止时，导弹偏离理想弹道时刻，导弹与目标的斜距足够小的情况下才适用。

比例导引法要求导弹速度矢量的转动角速度与目标线的转动角速度成正比，比例导引法可以得到较为平直的弹道。在导航系数满足一定条件下，弹道前段能充分利用机动能力。弹道后段则较为平直，使导弹具有较富裕的机动能力。只要发射条件及导航参数组合适当，就可以使全弹道上的需用过载小于可用过载而实现全向攻击。另外，它对瞄准发射时的初始条件要求不严。在技术上实现比例导引法也是可行的，因为只需要测量目标视线角速度和导弹的弹道倾斜角速度，所以比例导引法得到了广泛的应用。

平行接近法是要求导弹在攻击目标过程中，目标线在空间保持平行移动的一种导引方法。该方法的基本特点是：当目标机动时，按平行接近法导引的弹道的需用过载将小于目标的机动过载。进一步的分析表明，与其他导引方法相比，用平行接近法导引的弹道最为平直，还可实行全向攻击。然而，平行接近法的弹道特性固然好，可是，到目前为止并未得到广泛应用。这是因为它要求制导系统在每一瞬时都要精确测量目标及导弹的速度和前置角，并严格保持平行接近法的导引关系。实际上，由于发射偏差或干扰的存在，不可能绝对保证相对速度始终指向目标。因此，这种导引方法对制导系统提出了很高的要求，使制导系统复杂化，甚至很难付诸实施。

4. 自寻的制导的基本特性

自寻的制导过程可分为三个阶段，然而，各阶段之间界限的划分可能是很粗略的。为了明显起见，在图 10.1.4 中给出了目标视线角速度随时间变化的特征。

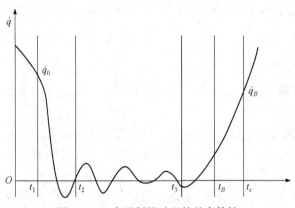

图 10.1.4　自寻制导过程的基本特性

导弹运动的第一阶段是初始失调的补偿阶段。一般情况下，位标器输出的信号在导弹发射之后不是立刻加入系统中的，而是过了若干时间之后，图 10.1.4 中用 t_1 表示。在目标位标器输出信号供给稳定系统输入端的时候存在某个初始的目标视线角速度 $\dot{q}_0$，这意味着，导弹速度矢量不指向瞬时遭遇点。这个初始误差与采用何种瞄准的方法及瞄准误差有关。因为用比例接近法时，系统力图把视线角速度趋向于零，则经过若干时间 T(过渡过程的时间)后，这个初始失调就消失了。

第二阶段开始跟踪瞬时遭遇点，这个遭遇点既随目标机动移动，又随导弹速度的变化而移动。当然，这个"跟踪"过程伴随着系统中的动态延迟和起伏噪声的干扰作用的影响。

最后，导弹在弹道的某个点(它的位置只能是大概地设定)失去稳定性，表现的形式为目标视线角速度剧烈增加，具有单调的可振荡的特征，这个"不稳定性"表现为自寻的运动学特征。随着导弹与目标的接近，导弹速度矢量与瞬时遭遇点方向的小偏差引起大的、一直增长的目标视线角速度 $\dot{q}_B$，第三阶段从这个时刻开始，即"不稳定"运动的阶段，这时，目标视线角速度无限地增加，第三阶段将在自寻的过程破坏的时刻结束。

10.1.2　自寻的制导误差信号的形成

为了构造制导指令信号，首先必须选择误差信号的形成方法。这个误差信号应该表征出导弹运动与所采用的导引方法的理论运动之间的偏差。

1. 误差信号形成方法

下面给出几种可用于不同导引方法的最典型的误差信号形成方法。因为任何自寻的系统能进行工作的最基本信息是导弹和目标相互位置的信息。目标位标器测得的信息是目标视线在空间相对位标器固连坐标系与角坐标成正比的信号；此外，在位标器输出端有时也可得出与接近速度和距离成正比的信号。

形成误差信号的途径依赖于如何利用目标位标器信号，确定目标位标器固连的坐标系方向。确定目标位标器固连的坐标系方向有几种不同的基本方法，分别是与弹体固连的坐标系、按来流定向的坐标系、惯性空间定向的坐标系、由目标视线定向的坐标系(按目标距离矢量)。

下面介绍目标位标器定向的基本方法，以及误差信号形成的几种方法。

第一种方法是位标器及其敏感元件(雷达的天线、热能头的光学系统等)与弹体固连。这时位标器输出端可得到正比于目标方位角的信号。为了减小在导弹绕重心振荡时产生大的方位角和目标机动时丢失目标的危险性，通常需要比较大的视场角。为实现直接导引法必须使目标的方位角满足 $\xi=0$ 的条件，误差应该由关系式 $\varepsilon=\xi$ 确定，所以，需要测量方位角的位标器，即与弹体固连或跟踪目标的位标器，从而形成误差信号。

第二种方法是按来流定向目标位标器，其敏感元件的轴跟踪导弹的速度矢量。为了实现这种方案，可以利用动力的风标，位标器的敏感元件直接与风标相连。当风标精确工作时，位标器的轴与导弹速度矢量的方向重合，位标器输出端可得到正比于前置角的信号 η，将其与给定的前置角 η^* 相比较，即可得到误差信号 u^*。

第三种方法是位标器定位方法，它的轴在空间中稳定。为了实现这种方案，位标器的敏感元件应该机械地与动力陀螺稳定器或具有固定在空间某方向上的自由陀螺信号控制的随动装置相连。该方法通常用于平行接近法的实现方案中，因为平行接近法在工程中很少使用，这里不作进一步讨论。

最后一种方法是位标器轴指向目标视线方向，即指向距离方向。显然，位标器敏感元件应该具有相对于弹体旋转的可能性及具有自动跟踪目标的传动装置。如果目标视线定位位标器采用了通常的随动系统，则借助任何角位置传感器都可测量导弹纵轴与位标器轴之间的夹角，在理想状态下，该夹角等于目标方位角。在角位置传感器的输出端上将得到正比于目标方位角的信号。利用陀螺的进动性，在不引入任何其他测量设备的情况下，稳定陀螺的输出端可以近似得到目标视线角速度信号。直接从比例接近法的关系式出发，可以确定制导误差信号 $\varepsilon=\dot{q}-\dot{\theta}/k$ 为形成误差信号，除需要视线角速度 $\dot{q}$ 外，还需要测量角速度 $\dot{\theta}$。这时，基本的测量装置可以采用带有跟踪陀螺稳定器的位标器，以及与测量角速度 $\dot{\theta}$ 成正比的法向加速度的线加速度传感器。

通过讨论实现各种可能的自寻的误差信号的形成方法，可知具有大量各不相同的方案，或是选取不同的必要的测量装置，或是在弹体上用不同方法安装目标位标器。因此，当研究自寻的系统时，不仅必须选择导引方法，还要选择实现它的最合理的方案。

研究自寻的系统时，总是力图采用最简单的导引方法，要求应用最少数量的简单测量装置。只有当战术条件要求使得简单的导引方案不能够解决问题时(例如，很大需用过载要求)，才转向采用更为复杂的导引方法，以便能够在给定的条件下得到较小的弯曲弹道和提高导引精度。

2. 制导信号的形成

前面讨论了不同导引方法下形成误差信号的各种方案。利用误差信号形成制导信号，制导信号通过法向过载控制系统最终对导弹的质心运动起作用。这样，输给稳定系统输入端的制导信号就是误差信号的函数。

利用误差信号来构造制导信号，首先应使系统满足精度要求。在工程研究的不同阶段，以导弹制导系统精度为依据，使用理论分析、仿真模拟以及飞行试验等手段来解决制导信号的构造问题。在这里，只涉及制导信号形成的一般设计原则。

众所周知，当控制系统的稳定性和动态品质与精度要求相矛盾时，通常可以通过在控制信号中引入误差信号的导数来解决。然而，自寻的制导系统常常利用最简单的方法来形成制导信号，就是直接使用与制导误差成正比的信号。这是因为绝大多数的自寻的制导系统采用了比例导引律，用来形成误差信号的目标位标器的输出信号通常含有噪声，因此，在制导信号中引入误差的导数时，制导信号总的噪声电平剧烈增加。如果考虑到自寻的系统的许多元件有饱和静态特性，这会使系统的动力学特性急剧变坏。

为了在目标位标器的输出信号中部分地减少噪声污染，以及从总体上校正自寻的制导系统的动力学特性，在位标器的输出端可以设置低频滤波器。这个滤波器的参数选择只能在分析自寻的系统动力学的基础上进行。

因为采用低频滤波器只能给出校正制导系统动力学特性的有限可能性，显然，制导系统动力学特性的必要校正可以由校正稳定系统的特性来完成。借助于不同的反馈可以在较大的范围内改变稳定系统的动力学特性。因此，稳定系统的参数选择不仅应该满足对稳定系统的特殊要求，同时也应满足对整个寻的系统所提出的要求，所以，稳定系统的设计问题不能与自寻的系统的设计问题分开孤立地解决。

对于不采用比例导引律的制导系统，若其制导误差信号为角度信息，噪声电平不高，则可以使用制导误差信号的导数来校正制导回路。然而理论与实践表明，这种校正的效果比校正稳定系统的特性的方法差得多。

10.2 典型环节的动态特性

导弹采用自寻的制导系统必须在弹体内安装探测导引装置，利用目标的主动辐射或被动反射确定目标相对于导弹的空间位置。自寻的制导系统可以采用不同的导引规律，从而决定了导引装置的结构和导引头灵敏轴在空间稳定的方式。采用不同结构形式的导引头，也就决定了导弹导引环节的动态特性。

在自寻的制导系统中，导弹控制系统的作用是控制作用在导弹上的法向力(法向过载)，从而使导弹按照制导指令改变飞行方向。根据具体的导弹特性和制导系统对控制系统的不同要求，控制系统可采用不同控制模式(回路控制)。

导弹的运动学环节是描述导弹与目标相对运动关系的环节，主要与导弹和目标相对运动及导引方法有关。

下面以某空-空导弹为例，首先给出包括导引头、自动驾驶仪、舵回路、弹体特性、运动学等环节，采用比例导引的纵向制导系统原理图如图 10.2.1 所示，然后对其进行分析。

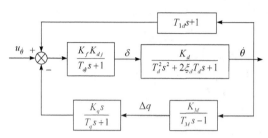

图 10.2.1　采用比例导引的纵向制导系统原理图

图 10.2.1 中的 $\dfrac{K_d}{T_d^2 s^2 + 2\xi_d T_d s + 1}$ 为弹体从舵偏角 δ 到弹道倾角速度 $\dot{\theta}$ 的传递函数，

$\dfrac{K_{dj}}{T_{dj}s+1}$ 为舵系统的传递函数。由于该空-空导弹的飞行时间很短，为了提高信号 $u_{\dot{\theta}}$ 的效率，使其在飞行过程中不因俯仰角速度反馈信号而削弱，故不采用姿态稳定反馈支路和速率反馈支路，只有加速度(过载)反馈。

在图 10.2.1 中，下面两个环节分别是导弹导引头和运动学环节传递函数。

10.2.1　导引头的动态特性

导引头是自寻的制导控制回路的测量敏感部件，尽管在不同的寻的制导体制中，它可以完成不同的功能，但其基本的、主要的功用都是一样的。

在实际使用过程中，导引头将经历以下四种工作状态：角度预定(装订)状态、角度搜索状态、角度稳定状态、角度跟踪状态。制导过程中最主要的工作状态是角度跟踪状态。导引头捕获目标后进入角度跟踪状态。此时，导引头跟踪目标，并输出弹目相对运动信息。图 10.2.2 是某空-空导弹上配置的相对目标视线稳定的某导引头原理图。

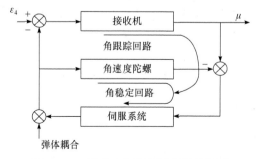

图 10.2.2　导引头角跟踪回路原理框图

导引头在目标跟踪状态下的误差形成原理如图 10.2.3 所示。

假设图 10.2.3 中的 MT 是目标视线；MX_1 是弹体纵轴；MX_c 是导引头灵敏轴；q 为视角，虚线为分析参考线。

导引头灵敏轴可以测出它对视线的误差角 ε_c。如果要求实现比例导引法，导引头应输出与 $\dot{q}$ 成比例的信号。

如果 ε_c 是导引头灵敏轴跟踪目标视线的纵向误差角，那么灵敏轴在空间的位置还有航向跟踪误差角 β_c，即具有两个自由度。实现导引头灵敏轴跟踪视线并稳定在视线上的方法，该导引头采用了双自由度陀螺仪的进动性和定轴性。由于该空-空导弹是轴对称的，航向与纵向是对称的，所以下面以纵向制导为例，来研究这种红外导引头的传递函数。

这种红外导引头的纵向原理结构图如图 10.2.4 所示。

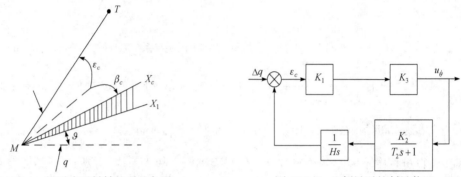

图 10.2.3　导引头灵敏轴的误差角图　　　　图 10.2.4　比例导引的制导装置

由图 10.2.4 可导出对应的导引头纵向传递函数。其中 K_1 是光学调制盘和光敏元件的传递系数，它们的功用是产生仪表误差角 ε_c 和 β_c 幅值与相位的辐射热脉冲信号，并转换成电脉冲信号；H 为双自由度陀螺动量矩，$1/(Hs)$ 为陀螺传递特性；$K_2/(T_2s+1)$ 是操作系统的力矩传感器的传递函数；K_3 是变换放大器的传递系数，它的作用是放大电脉冲信号，并分解出纵向控制信号 $u_{\dot{\theta}}$。

由图 10.2.4 可得导引头的传递函数为

$$W_c(s) = \frac{u_{\dot{\theta}}}{\Delta q} = \frac{K_1 K_3}{1 + K_1 K_3 \dfrac{K_2}{T_2 s + 1} \cdot \dfrac{1}{Hs}} \tag{10.2.1}$$

式中，$u_{\dot{\theta}}$ 为导引头输出的电压。如果不计时间常数 T_2，式(10.2.1)变为

$$W_c(s) = \frac{u_{\dot{\theta}}}{\Delta q} = \frac{\dfrac{Hs}{K_2}}{\dfrac{Hs}{K_1 K_2 K_3} + 1} \tag{10.2.2}$$

所以

$$u_{\dot{\theta}} = \frac{\dfrac{Hs}{K_2}}{\dfrac{Hs}{K_1 K_2 K_3} + 1} \Delta \dot{q} = \frac{K_q}{T_q s + 1} \Delta \dot{q} \tag{10.2.3}$$

其结果 $u_{\dot\theta}$ 表示纵向控制信号正比于 $\Delta\dot q$ 。将 $u_{\dot\theta}$ 输入到纵向姿态控制系统，就可实现弹道倾角速度 $\Delta\dot\theta$ 与目标视线角速度 $\Delta\dot q$ 成比例的导引方法。

10.2.2　运动学环节传递函数

考虑到视线角 q 与弹道倾角 θ 之间的关系由导引相对运动学方程组表示，而纵向姿态运动的控制又不包含视线角 q ，因此，为了形成自寻的控制回路的运动参数和控制信号之间的关系，还必须建立一个联系视线角 q 与弹道倾角 θ 的环节，即运动学环节，并由运动学传递函数来表示。

自寻的运动学传递函数要由相对运动学方程式来推导。极坐标系下导弹-目标相对运动的运动学方程为

$$\frac{\mathrm{d}r}{\mathrm{d}t}=V_T\cos(q-\theta_T)-V\cos(q-\theta) \tag{10.2.4}$$

$$r\frac{\mathrm{d}q}{\mathrm{d}t}=-V_T\sin(q-\theta_T)+V\sin(q-\theta) \tag{10.2.5}$$

在小扰动范围内，可以认为导弹对理想弹道的偏离是一个小量。如果允许不计导弹和目标的速度偏量，那么也可不计斜距偏量 Δr 。于是，相对运动方程经线性化获得视线角偏量 Δq 和弹道倾角偏量 $\Delta\theta$ 后，就可求得以 Δq 为输出量、$\Delta\theta$ 为输入量的运动学传递函数。

式(10.2.5)线性化的结果为

$$r\frac{\mathrm{d}\Delta q}{\mathrm{d}t}=-V_T\sin(q-\theta_T)(\Delta q-\Delta\theta_T)+V\cos(q-\theta)(\Delta q-\Delta\theta)$$

或写成：

$$r\frac{\mathrm{d}\Delta q}{\mathrm{d}t}+[V_T\cos(q-\theta_T)-V\cos(q-\theta)]\Delta q$$
$$=V_T\cos(q-\theta_T)\Delta\theta_T-V\cos(q-\theta)\Delta\theta \tag{10.2.6}$$

式(10.2.6)经过拉普拉斯变换后，得到以 $\Delta q(s)$ 为输出量、$\Delta\theta(s)$ 为输入量的导弹运动学传递函数为

$$G_M(s)=\frac{\Delta q(s)}{\Delta\theta(s)}=\frac{-V\cos(q-\theta)}{Rs+V_T\cos(q-\theta_T)-V\cos(q-\theta)}=-\frac{K_M}{T_Ms-1} \tag{10.2.7}$$

式中

$$K_M=\frac{V\cos(q-\theta)}{-V_T\cos(q-\theta_T)+V\cos(q-\theta)}=\frac{V\cos(q-\theta)}{-\dot R} \tag{10.2.8}$$

$$T_M=\frac{R}{-V_T\cos(q-\theta_T)+V\cos(q-\theta)}=\frac{R}{-\dot R} \tag{10.2.9}$$

导弹运动学传递函数写成负值的意义在于：

(1) 弹道倾角偏量为 $-\Delta\theta$（图 10.2.5），导弹飞行速度在视线 MT 上的垂直分量增加，从而加快了视线的旋转，其结果是视线角偏量 Δq 为正，即 $+\Delta q$ 对应 $-\Delta\theta$ 。

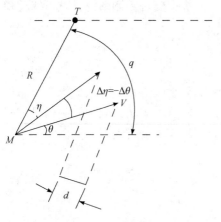

图 10.2.5　θ 与 q 的偏量关系

(2) 视线的距离是越来越短的，r 的变化率为负值，由式(10.2.9)可获得正的时间常数 T_M。运动学环节时间常数 T_M 的物理意义是从开始导引到停止导引的时间，它由某最大值单调地减小。

当弹道倾角偏量 $\Delta\theta$ 为阶跃函数时，视线角偏量 Δq 始终是增加的。这一点，也可由图 10.2.5 给出解释。当导弹的飞行速度方向相对理论弹道产生一个负值偏量 $\Delta\theta$ 时，实际的弹道倾角减为 $\theta_0 - \Delta\theta$，类似于前置角出现增量 $\Delta\eta$。于是，速度 V 在视线上的垂直分量得到增加。设这个分量的增值为 d，根据图 10.2.5，其值为

$$d = V[\sin(\eta + \Delta\eta) - \sin\eta] \tag{10.2.10}$$

因为 $\Delta\eta$ 为小量，当前置角 η 也为小量时，式(10.2.10)近似为

$$d = V(\sin\eta\cos\Delta\eta + \cos\eta\sin\Delta\eta - \sin\eta) \approx V\Delta\eta \tag{10.2.11}$$

视线在垂直分速度 $V\Delta\eta$ 作用下，使 Δq 值不断增大。又因 $\Delta\theta = -\Delta\eta$，所以减小弹道倾角，$\Delta q$ 值始终是增加的，以致它们的偏量运动学关系成为一个非周期的不稳定环节。

以上基于"系数冻结法"的原理确定了运动学环节传递函数。一般地说，系数冻结法只是在过渡过程时间内，系数来不及发生显著变化的情况下，才能得到较好结果。若系统过渡过程时间为 t_p，在此时间内斜距的相对变化量 $\dot{r}\Delta t / r$ 很小时，假定 r 为常数所推导的运动学传递函数是许可的。但是当导弹接近目标时，由于 r 值本身很小，相对变化量增大，再继续假定斜距 r 为常数，就与实际情况不符。这时必须改用变系数方程(10.2.9)，在计算机上对自寻的回路进行变系数求解，或采用非定常系统广义传递函数的概念来分析运动学环节。

同理，由式(10.2.6)可得活动目标的运动学传递函数为

$$G_T(s) = \frac{\Delta q_T(s)}{\Delta \theta_T(s)} = \frac{V_T\cos(q - \theta_T)}{Rs + V_T\cos(q - \theta_T) - V\cos(q - \theta)} = -\frac{K_T}{T_T s - 1} \tag{10.2.12}$$

$$K_T = \frac{V_T\cos(q - \theta_T)}{-V_T\cos(q - \theta_T) + V\cos(q - \theta)} = \frac{V_T\cos(q - \theta_T)}{-\dot{R}} \tag{10.2.13}$$

$$T_T = T_M \tag{10.2.14}$$

目标运动学传递函数也是一个不稳定的非周期环节，它的飞行速度方向出现增量 $\Delta\theta_T > 0$ 时，视线角偏量 Δq 将不断地增大。

10.2.3　弹体特性与控制系统

导弹控制系统主要由自动驾驶仪和导弹弹体空气动力学环节组成，用来稳定导弹的角运动，并根据制导信号产生适当的导弹横向机动力，保证导弹在任何飞行条件下按导引规律逼近目标。完成这一功能的导弹控制系统一般是由过载控制系统来完成的。典型的过载控制系统是加速度表过载控制系统，也就是通常说的三回路过载控制系统，如图 10.2.6 所示。

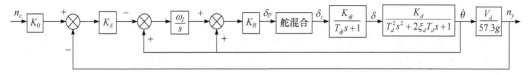

图 10.2.6 加速度表过载控制系统

在这种控制系统中，增益 K_0 提供了单位传输。导弹自动驾驶仪增益 K_0 与高度和马赫数基本无关。换句话说，这个系统的增益是鲁棒的。

加速度表过载控制系统具有三个控制增益。无论是稳定还是不稳定的弹体，由这三个增益的适当组合就可以得到时间参数、阻尼和截止频率的特定值。这种系统的时间常数并不限制大于导弹旋转速率时间常数的值。因此，可以用增益 K_R 确定阻尼回路截止频率，ω_1 确定法向过载回路阻尼，K_A 确定法向过载回路时间常数。这样，导弹的时间响应可以降低到适合于拦截高性能飞机的要求值。这种高性能飞机在企图逃避拦截时可以做剧烈的机动。

图 10.2.6 中的 $\dfrac{K_d}{T_d^2 s^2 + 2\xi_d T_d s + 1}$ 为弹体从舵偏角 δ 到弹道倾角速度 $\dot{\theta}$ 的传递函数，$\dfrac{K_{dj}}{T_{dj} s + 1}$ 为舵系统的传递函数。

但由于有些空-空导弹的飞行时间很短，为了提高信号 $u_{\dot{\theta}}$ 的效率，使其在飞行过程中不因俯仰角速度反馈信号而削弱，故不采用姿态稳定反馈支路，即取消速率积分陀螺测量元件和相应的反馈支路。这就简化了自寻的制导系统的结构，仅依靠导弹自身具有的良好气动阻尼。

初步设计分析时，因放大器和舵机的时间常数 T_f、T_0 均很小，可以略而不计。同时，舵面的转动惯量是一个小量，也可略去与此有关的舵面时间常数 T_j。舵系统的传递函数用 $\dfrac{K_{dj}}{T_{dj} s + 1}$ 来表示。

当然，在这种情况下也可忽略导引头操纵系统的力矩传感器的时间常数 T_2。如此简化的结果，就更加突出了各环节的主要传递特性，便于综合决定导弹自寻的特性的一些主要设计参数。

10.3 自寻的制导系统的分析

导引规律是将导弹导向目标的运动规律问题，它规定了导弹运动参数与目标运动参数之间的关系，使导弹按一定的规律运动并保证命中目标。实际上，制导控制回路在实现导引规律时，如果参数选取不合适，不仅不能保证命中目标，有时甚至会使导弹的飞行弹道不稳定。弹道不稳定指的是制导控制回路控制导弹飞行，不是将导弹导向目标，并最终命中目标，而是使导弹远离目标飞行。因此，分析导弹制导系统的稳定性具有重要意义。

10.3.1　自寻的制导系统的频域分析法

对导弹制导回路的稳定性近似分析可以在导弹制导回路线性化模型的基础上进行。利用导弹运动学环节传递函数、导引头线性化模型、制导算法线性化模型和飞行控制系统线性化模型分析其临界稳定条件，便可以近似得到导弹制导回路失稳距离值，该数据是制导系统性能的重要指标，可以为制导系统的综合提供重要的参考依据。

通过 10.2 节的分析，知道了导引头传递函数 $W_c(s)$、运动学传递函数 $G_M(s)$ 或 $G_T(s)$，根据图 10.2.1 所示的采用比例导引的纵向制导系统，便可以分析导弹纵向制导系统动态特性。

在图 10.2.1 中，暂不考虑速率反馈支路，若以控制信号 $u_{\dot\theta}$ 为输入量，弹道倾角角速度 $\dot\theta$ 为输出量，不难求得局部闭环传递函数：

$$W_a(s) = \frac{\dot\theta(s)}{u_i(s)} = \frac{K_f K_\delta K_d}{(T_\delta s+1)(T_d^2 s^2 + 2\xi_d T_d s+1) + K_f K_\delta K_d K_T (T_{1d} s+1)} \tag{10.3.1}$$

据此再以 $\dot q$ 为输入量、$\dot\theta$ 为输出量，可得自寻的制导系统的开环传递函数为

$$G(s) = \frac{\dot\theta(s)}{\dot q(s)} = \frac{K_q}{T_q s+1} W_a(s)$$
$$= \frac{K_q}{T_q s+1} \frac{K_f K_\delta K_d}{(T_\delta s+1)(T_d^2 s^2 + 2\xi_d T_d s+1) + K_f K_\delta K_d K_T (T_{1d} s+1)} \tag{10.3.2}$$

由式(10.3.2)可得 $G(s)$ 开环传递函数的放大系数 K 为

$$K = \frac{K_q K_f K_\delta K_d}{1 + K_f K_\delta K_d K_T} \tag{10.3.3}$$

此放大系数反映了导弹在自寻的飞行时，弹道倾角角速度 $\dot\theta$ 与视角角速度 $\dot q$ 之间的比例特性，也就是

$$\dot\theta = K\dot q \tag{10.3.4}$$

所以，比例导引系统的放大系数 K 与纯比例导引的比例系数是等值的。换句话说，比例导引系数就是制导系统的开环放大系数。

在自寻的制导系统图 10.2.1 中，除纵向自动角运动和导引装置外，还包括一个不稳定的非周期的运动学环节。因此，在自寻的制导系统中要克服这个环节的不稳定性。由式 (10.3.2)可得自寻的制导系统的开环传递函数为

$$G(s) = \frac{K_q K_f K_\delta K_d}{n_0 s^4 + n_1 s^3 + n_2 s^2 + n_3 s + n_4} \tag{10.3.5}$$

式中

$$\begin{cases} n_0 = T_d^2 T_q T_\delta \\ n_1 = T_d^2 (T_q + T_\delta) + 2\xi_d T_d T_q T_\delta \\ n_2 = T_d^2 + T_q T_\delta \\ n_3 = T_q + T_\delta + 2\xi_d T_d + K_f K_\delta K_d K_T T_{1d} \\ n_4 = K_f K_\delta K_d K_T \end{cases} \tag{10.3.6}$$

应用开环传递函数式(10.3.5)，不考虑俯仰角速度反馈支路，可以求出自寻的系统的闭环传递函数。以目标机动引起的视角角速度偏量 $\dot{q}_T$ 为输入量、以弹道倾角角速度 $\dot{\theta}$ 为输出量的闭环传递函数为

$$W_{\dot{\theta}\dot{q}_T}(s)=\frac{(T_M s-1)G(s)}{(T_M s-1)+G(s)K_M} \tag{10.3.7}$$

将式(10.3.5)代入式(10.3.7)，又得

$$W_{\dot{\theta}\dot{q}_T}(s)=\frac{(T_M s-1)K_q K_f K_\delta K_d}{(T_M s-1)(n_0 s^4+n_1 s^3+n_2 s^2+n_3 s+n_4)+K_q K_f K_\delta K_d K_M} \tag{10.3.8}$$

分母多项式的常数项为

$$-n_4+K_q K_f K_\delta K_d K_M=-K_f K_\delta K_d K_T+K_q K_f K_\delta K_d K_M \tag{10.3.9}$$

因此，为了消除不稳定运动学环节的影响，要求闭环传递函数式(10.3.8)的所有特征根小于零，至少要求由式(10.3.9)表示的常数项必须大于零，即

$$-K_f K_\delta K_d K_T+K_q K_f K_\delta K_d K_M>0 \tag{10.3.10}$$

所以

$$K_f K_\delta K_d(K_q K_M-K_T)>0 \tag{10.3.11}$$

此不等式成立，有可能抵消不稳定运动学环节产生的不利影响。

如果导弹在接近目标之前出现发散现象，由于导弹一般不是直接命中目标，而是要求脱靶量小于战斗部的杀伤半径，因此，选择系统参数时应尽可能推迟导引系统开始发散的时间。这就有可能使导引飞行刚趋于不稳定状态时，导弹与目标的相对距离就已落入战斗部的杀伤范围内。

10.3.2　自寻的制导系统的直接统计分析法

具有严格性能指标的战术导弹的研制，通常分为几个阶段：初步设计和可行性研究；各种系统功能实施方案的确定；补充或修改设计，使系统在实际的限制条件下，得到尽可能好的性能。在研制的后几个阶段，以系统的数学模型作为基础进行系统性能分析是十分必要的。为使系统性能分析的结果具有足够的置信度，建立的数学模型一般尽可能精确、可靠。因此在其中不可避免地包含非线性影响和随机输入。非线性一般包括固有物理规律的非线性、金属构件的非线性，以及本质结构的非线性；随机作用可包括噪声、传感器测量误差、随机输入和随机初始条件。当随机作用不可忽略时，需要用统计的方法来研究系统特性。例如，通过对导弹拦截时脱靶距离进行统计分析，评价导弹的性能。

对于具有严重非线性特性的系统进行统计分析时，采用理论分析的手段是不可能的，目前只能借助仿真的手段来解决。通常人们广泛使用的方法是蒙特卡罗法(The Monte Carlo Method)。在此方法中，利用所要求的非线性模型，施加不同的随机选择的初始条件和根据给定的典型统计量而形成的随机强迫作用，进行大量的计算机仿真，由此得到仿真结果的集合。它是获得真实系统变量统计量估值的基础。为使所得结果的精度具有足够的置信度，对一个复杂的非线性系统进行多达 1000 次的试算常常是必要的。将蒙特卡罗方法用于系统

性能估计时，这种计算量还是可以接受的。然而，在某些场合需要详细研究各种设计参数对系统性能的影响必须消耗大量的计算机计算时间，使得蒙特卡罗法变得并不十分令人满意。目前，已出现几种新的分析方法较好地解决了这个问题，如协方差分析描述函数法(CADET)、统计线性化伴随方法(SLAM)等。本节主要对蒙特卡罗法进行介绍。

蒙特卡罗法是一种直接仿真方法，它用于随机输入非线性系统性能的统计分析。这种方法需要确定系统对有限数量的典型初始条件和噪声输入函数的响应。因此，蒙特卡罗分析所要求的信息包括系统模型、初始条件统计和随机输入统计量。

1) 系统模型

蒙特卡罗法所依据的系统模型由状态方程形式给出：

$$\dot{X}(t) = f(X,t) + G(t)W(t) \tag{10.3.12}$$

假定系统状态变量为正态分布，给定初始状态变量的均值和协方差为

$$E[X(0)] = m_0 \tag{10.3.13}$$

$$E[(X(0) - m_0)(X(0) - m_0)^{\mathrm{T}}] = P_0 \tag{10.3.14}$$

2) N 次独立模拟计算

N 次独立模拟计算指的是重复以下过程：

(1) 按照给定的统计值 m_0，产生用随机数作为初始的随机状态矢量 $X(0)$。

(2) 根据给定随机输入均值 $b(t)$ 及谱密度矩阵 $Q(t)$ 来产生伪随机数，作为随机输入噪声。

(3) 对状态方程进行数值积分，从 $t = 0$ 到系统的终端时刻 $t = t_F$ 为止。

3) 状态矢量的均值和协方差估值的计算

进行 N 次独立模拟计算之后，得到一组状态轨迹，记为

$$\begin{aligned} &X^{(1)}(t, X^{(1)}, W^{(1)}(T)) \\ &X^{(2)}(t, X^{(2)}, W^{(2)}(T)) \\ &\qquad\qquad \vdots \\ &X^{(N)}(t, X^{(N)}, W^{(N)}(T)) \end{aligned} \tag{10.3.15}$$

式中，$0 \leqslant t \leqslant t_F$。

应用总体平均的方法求出状态矢量 $X(t)$ 的均值和协方差的估值如下：

$$\hat{m}(t) = \frac{1}{N} \sum_{i=1}^{N} X^{(i)}(t)$$

$$P(t) = \frac{1}{N-1} \sum_{i=1}^{N} [X^{(i)}(t) - \hat{m}(t)][X^{(i)}(t) - \hat{m}(t)]^{\mathrm{T}} \tag{10.3.16}$$

$$\hat{\sigma}(t) = \sqrt{P(t)}$$

4) 估计值的精度评定

作为参数估计而言，不能只给出这些参数的近似值，还要指出这些近似值的精度。应该指出，估值 $\hat{m}(t)$ 和 $\hat{\sigma}(t)$(以下简称 $\hat{m}$、$\hat{\sigma}$)也是随机变量，当样本容量(即试验次数)足够大时，近似得到

$$E(\hat{m}) = m$$
$$E(\hat{\sigma}) = \sigma \tag{10.3.17}$$
$$\sigma(\hat{m}) = \sigma / \sqrt{2N}$$

换句话说，对于大的 N 值，样本平均值 $\hat{m}$ 服从正态分布 $N(m, \sigma / \sqrt{N})$，样本均方差服从正态分布 $N(m, \sigma / \sqrt{N})$，因此有

$$P(|\hat{m} - m| \leqslant \sigma / \sqrt{N}) = 0.6827$$
$$P(|\hat{m} - m| \leqslant 2\sigma / \sqrt{N}) = 0.9545 \tag{10.3.18}$$
$$P(|\hat{m} - m| \leqslant 3\sigma / \sqrt{N}) = 0.9973$$

将式(10.3.18)稍加变化，对于大 N 值，可用估值 $\hat{\sigma}$ 近似代替式中真值 σ，得到

$$P\left(\hat{m} - \frac{\hat{\sigma}}{\sqrt{N}} \leqslant m \leqslant \hat{m} + \frac{\hat{\sigma}}{\sqrt{N}}\right) = 0.6827$$
$$P\left(\hat{m} - \frac{2\hat{\sigma}}{\sqrt{N}} \leqslant m \leqslant \hat{m} + \frac{2\hat{\sigma}}{\sqrt{N}}\right) = 0.9545 \tag{10.3.19}$$
$$P\left(\hat{m} - \frac{3\hat{\sigma}}{\sqrt{N}} \leqslant m \leqslant \hat{m} + \frac{3\hat{\sigma}}{\sqrt{N}}\right) = 0.9973$$

由此得到了状态变量均值 m 的区间估计，也就是给出了样本平均值 $\hat{m}$ 的精确度，这可以叙述如下：

区间 $\left[\hat{m} - \dfrac{2\hat{\sigma}}{\sqrt{N}}, \hat{m} + \dfrac{2\hat{\sigma}}{\sqrt{N}}\right]$ 能包含状态变量均值 m 的概率是 0.9545，称该区间为均值估值置信概率为 0.9545 的置信区间，其他两个式子可作类似解释。

类似地，对均方根估值 $\hat{\sigma}$ 有

$$P\left(\hat{\sigma} - \frac{\hat{\sigma}}{\sqrt{2N}} \leqslant \sigma \leqslant \hat{\sigma} + \frac{\hat{\sigma}}{\sqrt{2N}}\right) = 0.6827$$
$$P\left(\hat{\sigma} - \frac{2\hat{\sigma}}{\sqrt{2N}} \leqslant \sigma \leqslant \hat{\sigma} + \frac{2\hat{\sigma}}{\sqrt{2N}}\right) = 0.9545 \tag{10.3.20}$$
$$P\left(\hat{\sigma} - \frac{3\hat{\sigma}}{\sqrt{2N}} \leqslant \sigma \leqslant \hat{\sigma} + \frac{3\hat{\sigma}}{\sqrt{2N}}\right) = 0.9973$$

通常，$N > 25$ 才可近似作为大样本，采用上述的参数估计方法。对于小样本的参数估计方法，这里不予说明。

10.4　自寻的制导系统的扭角计算与分析

在自寻的制导系统中，如果导引头固连在弹体上，导引头坐标系 $Ox_c y_c z_c$ 与弹体坐标系 $Ox_1 y_1 z_1$ 始终重合在一起，两者之间无欧拉角，这是一种比较简单的坐标系相连的情况。实际应用上，导引头大都不直接安装在弹体上，而是安装在一个特制的平台上，在搜索目标和跟踪目标时，导引头相对于弹体发生了运动。因此导引头坐标系 $Ox_c y_c z_c$ 并不同弹体坐标

系 $Ox_1y_1z_1$ 相重合，两者之间存在欧拉角，此现象称为坐标系的空间扭转。

弹体坐标系 $Ox_1y_1z_1$ 与导引头坐标系 $Ox_cy_cz_c$ 不重合时，Oy_1 轴的投影在 Oy_cz_c 平面内与 Oy_c 轴之间的夹角，称为空间扭角。

计算和分析空间扭转的意义旨在提高制导精度和自寻的制导系统的稳定性。因为导弹的舵面设置无论是"+"型还是"×"型，都是相对弹体坐标系而言的。而导引误差角 ε_c 和 β_c 由导引头坐标系 $Ox_cy_cz_c$ 来测量，两者经过换算之后才能提高舵面偏转的准确度。

假设两坐标轴之间的欧拉角为 ξ、η 和 γ_1（图 10.4.1）。根据两坐标系欧拉角的三个基本转换矩阵，可求出它们之间的关系。

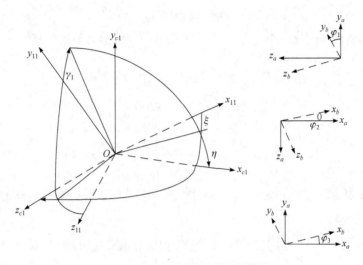

图 10.4.1　坐标轴系空间扭转

假设在某飞行瞬时，相对于地面基准坐标系，导弹弹体坐标系的位置为 $Ox_{11}y_{11}z_{11}$，而导引头坐标系的位置为 $Ox_{c1}y_{c1}z_{c1}$。由前者到后者的转角次序是 γ_1、ξ、η，根据基本转换矩阵的排序相反的原则，可得转换方程为

$$
\begin{bmatrix} x_{c1} \\ y_{c1} \\ z_{c1} \end{bmatrix} = L_3(\eta)L_2(\xi)L_1(\gamma_1) \begin{bmatrix} x_{11} \\ y_{11} \\ z_{11} \end{bmatrix}
$$

$$
= \begin{bmatrix} \cos\eta\cos\xi & \cos\eta\sin\xi\sin\gamma_1 - \sin\eta\cos\gamma_1 & -\cos\eta\sin\xi\cos\gamma_1 + \sin\eta\sin\gamma_1 \\ \sin\eta\cos\xi & \sin\eta\sin\xi\sin\gamma_1 + \cos\eta\cos\gamma_1 & \sin\eta\sin\xi\cos\gamma_1 - \cos\eta\sin\gamma_1 \\ -\sin\xi & \cos\xi\sin\gamma_1 & \cos\xi\cos\gamma_1 \end{bmatrix} \begin{bmatrix} x_{11} \\ y_{11} \\ z_{11} \end{bmatrix}
$$

$$(10.4.1)$$

转动角 γ_1 处于弹体坐标系某瞬时的 $Ox_{11}z_{11}$ 平面内，此角称为自寻的空间扭角。因无法单独由式(10.4.1)求出空间扭角 γ_1 的表达式，故有下述推论。

假设导引头捕捉到活动目标后，它的坐标系与弹体坐标系的夹角为 σ_1 和 σ_2（图 10.4.2）。从导引头跟踪目标起，经过时间 Δt，由于目标运动，导引头灵敏轴 Ox_c 发生了两个角自由度的变化，即角 φ_a 和 φ_b，于是导引头坐标系处于 $Ox_{c1}y_{c1}z_{c1}$ 的位置上。

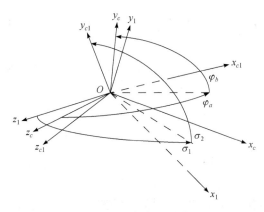

图 10.4.2　扭角的形成

在图 10.4.2 中，由 $Ox_1y_1z_1$ 系变换到 $Ox_{c1}y_{c1}z_{c1}$ 系，根据欧拉角出现的先后次序，不难推得

$$\begin{bmatrix} x_{c1} \\ y_{c1} \\ z_{c1} \end{bmatrix} = L_3(\varphi_b)L_2(\varphi_a)L_3(\sigma_2)L_2(\sigma_1)\begin{bmatrix} x_1 \\ y_1 \\ z_1 \end{bmatrix} \tag{10.4.2}$$

与此同时，弹体坐标系在时间 Δt 内也出现了转动，在图 10.4.2 所示坐标系 $Ox_1y_1z_1$ 位置上新增加了俯仰角 ϑ、偏航角 ψ 和滚转角 γ，而处在新的位置 $Ox_{11}y_{11}z_{11}$ 上(图中没有标出)。弹体坐标系在空间的这种转动，好似弹体坐标系相对于地面基准坐标系发生了转动。

将坐标系 $Ox_1y_1z_1$ 看成地面基准坐标系，不难求出在时间 Δt 内弹体坐标系自身的转换关系。考虑到

$$L_2(\varphi_2)L_3(\varphi_3)L_1(\varphi_1) = L_2(\psi)L_3(\vartheta)L_1(\gamma) \tag{10.4.3}$$

所以

$$\begin{bmatrix} x_1 \\ y_1 \\ z_1 \end{bmatrix} = L_2(\psi)L_3(\vartheta)L_1(\gamma)\begin{bmatrix} x_{11} \\ y_{11} \\ z_{11} \end{bmatrix} \tag{10.4.4}$$

考虑弹体坐标系自身的变动，将式(10.4.4)代入式(10.4.2)中，经过展开又可以得到

$$\begin{bmatrix} x_{c1} \\ y_{c1} \\ z_{c1} \end{bmatrix} = \begin{bmatrix} \cos\varphi_b\cos\varphi_a & \sin\varphi_b & -\cos\varphi_b\sin\varphi_a \\ -\sin\varphi_b\cos\varphi_a & \cos\varphi_b & \sin\varphi_b\sin\varphi_a \\ \sin\varphi_a & 0 & \cos\varphi_a \end{bmatrix} \times \begin{bmatrix} \cos\sigma_2\cos\sigma_1 & \sin\sigma_2 & -\cos\sigma_2\sin\sigma_1 \\ -\sin\sigma_2\cos\sigma_1 & \cos\sigma_2 & \sin\sigma_2\sin\sigma_1 \\ \sin\sigma_1 & 0 & \cos\sigma_1 \end{bmatrix}$$

$$\times \begin{bmatrix} \cos\vartheta\cos\psi & -\sin\vartheta\cos\psi\cos\gamma+\sin\psi\sin\gamma & \sin\vartheta\cos\psi\sin\gamma+\sin\psi\cos\gamma \\ \sin\vartheta & \cos\vartheta\cos\gamma & -\cos\vartheta\sin\gamma \\ -\cos\vartheta\sin\psi & -\sin\vartheta\sin\psi\cos\gamma+\cos\psi\sin\gamma & -\sin\vartheta\sin\psi\sin\gamma+\cos\psi\cos\gamma \end{bmatrix}\begin{bmatrix} x_{11} \\ y_{11} \\ z_{11} \end{bmatrix}$$

$$\tag{10.4.5}$$

弹体坐标系和导引头坐标系在时间 Δt 内各自转动后，两坐标系之间的转换关系式 (10.4.5)和式(10.4.1)是等价的。将式(10.4.5)各转换矩阵乘开之后，因各元素与式(10.4.1)对应的元素相等，由此使以下两个等式成立：

$$\cos\xi\sin\gamma_1 = e_1(-\sin\vartheta\cos\psi\cos\gamma + \sin\psi\sin\gamma) + e_2(\cos\vartheta\cos\gamma) + e_3(\cos\psi\sin\gamma + \sin\vartheta\sin\psi\cos\gamma)$$

$$(10.4.6)$$

$$\cos\xi\cos\gamma_1 = e_1(\sin\vartheta\cos\psi\sin\gamma + \sin\psi\sin\gamma) + e_2(-\cos\vartheta\sin\gamma) + e_3(\cos\psi\cos\gamma - \sin\vartheta\sin\psi\sin\gamma)$$

$$(10.4.7)$$

式中

$$e_1 = -\sin\varphi_a\cos\sigma_1\cos\sigma_2 + \cos\varphi_2\sin\sigma_1$$
$$e_2 = \sin\varphi_a\sin\sigma_2$$
$$e_3 = -\sin\varphi_a\sin\sigma_1\cos\sigma_2 + \cos\varphi_2\cos\sigma_1$$

将式(10.4.7)除以式(10.4.6)，可得自寻的空间扭角 γ_1 的表达式为

$$\tan\gamma_1 = \frac{e_1(-\sin\vartheta\cos\psi\cos\gamma + \sin\psi\sin\gamma) + e_2(\cos\vartheta\cos\gamma) + e_3(\cos\psi\sin\gamma + \sin\vartheta\sin\psi\cos\gamma)}{e_1(\sin\vartheta\cos\psi\sin\gamma + \sin\psi\sin\gamma) + e_2(-\cos\vartheta\sin\gamma) + e_3(\cos\psi\cos\gamma - \sin\vartheta\sin\psi\sin\gamma)}$$

$$(10.4.8)$$

可见，弹体坐标系 $Ox_1y_1z_1$ 在捕捉目标瞬时与地面基准坐标系重合时，空间扭角 γ_1 不仅与导弹俯仰角 ϑ、航向角 ψ 和滚转角 γ 有关，而且与导引头坐标系本身的转动有关。因此，要准确计算出扭角 γ_1，还是相当复杂的，并且要采用许多技术措施测量有关角度。

思　考　题

1. 导引头灵敏轴对视线的误差角是哪两个角度？
2. 自寻的导引头形成的比例导引是哪个信号与视线角速率成比例？其传递函数是什么？
3. 自寻的制导系统中，运动学环节的传递函数的特点是什么？
4. 分析自动寻的制导系统频域分析法的特点。
5. 分析自动寻的制导系统直接统计分析法的特点。
6. 什么是扭角？扭角对制导系统有何影响？
7. 如何计算空间扭角？

第 11 章　遥控制导系统分析与设计

11.1　遥控制导系统

遥控制导，顾名思义是指在远距离上向导弹发出导引指令，将导弹引向目标或预定区域的一种导引技术。目前，遥控制导分两大类：一类是遥控指令制导，另一类是波束制导。其原理示意图如图 11.1.1 所示。

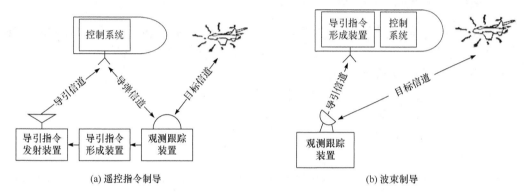

(a) 遥控指令制导　　　　　　　　　　(b) 波束制导

图 11.1.1　遥控制导原理示意图

遥控制导系统的基本组成是：目标/导弹观测跟踪装置、导引指令形成装置(计算机)、弹上控制系统(自动驾驶仪)和导引指令发射装置(波束制导不设该装置)。

通过研究遥控指令系统的功能图，可以看出它是一个闭合回路，运动目标的坐标变化成为主要的外部控制信号。在测量目标和导弹位置的基础上，作为解算器的指令形成装置，计算出指令并将其传输到弹上。因为制导的目的是保证最终将导弹导向目标，所以构成控制指令所需的制导误差信号应以导弹相对于计算弹道的线偏差为基础。这种线偏差等于导弹和制导站之间的距离与角偏差的乘积，因而按线偏差控制情况下的指令产生装置，应当包含角偏差折算为线偏差的装置。

在弹上进行波束制导时，弹上接收设备输出端形成导弹与波束轴线偏差成正比的信号。为保证在不同的控制距离上形成具有相同线偏差的信号波束，必须测量制导站到导弹之间的距离。当距离变化规律基本与制导条件和目标运动无关时，可以利用程序机构引入距离参量，并将其看成给定时间的函数。

以某种形式确定导弹与计算弹道的误差之后，在指令形成装置中形成控制指令。控制指令可用控制理论中的各种方法综合出来。指令控制规律的选择与制导系统的质量和精度要求有关，以改善系统动力学特性为其最终目的。

设计遥控制导系统时，首先给出几种不同的设计方案，然后通过分析优选出最佳设计方案，而评估的主要依据就是系统精度分析结果。目前，制导系统精度分析主要有以下两种方法。

(1) 解析分析法：常用于系统设计时方案的选择；

(2) 仿真分析法：常用于系统性能评定。

系统精度的解析分析方法是一种近似分析方法，它建立在系统数学模型线性化和参数固化的假设之上。遥控系统的动力学特性决定了这些假设不会带来很大的误差。正因如此，当分析遥控系统时广泛采用线性自动控制理论。

11.1.1　遥控制导系统的基本装置

一般情况下，遥控制导系统由若干可完成特定功能的装置组成。组成遥控制导系统的基本装置是导弹及目标观测跟踪装置、指令形成装置、指令发射装置和接收装置以及弹上法向过载控制和稳定系统等，下面分别加以介绍。

1. 导弹和目标观测跟踪装置

要实现遥控制导，必须准确地测得导弹、目标相对于制导站的位置。这一任务，由制导设备中的观测跟踪装置完成。对观测跟踪装置的一般要求是：

(1) 观测跟踪距离应满足要求；

(2) 获取的信息量应足够多，速率要快；

(3) 跟踪精度高，分辨能力强；

(4) 有良好的抗干扰能力；

(5) 设备要轻便、灵活等。

根据获取的能量形式不同，观测跟踪装置分为雷达观测跟踪器、光电观测跟踪器(即光学观测跟踪器、电视观测跟踪器、红外观测跟踪器、激光观测跟踪器)。这里以雷达观测跟踪器为例讨论其工作原理，其他类型的观测跟踪器具有类似的工作原理。

现代雷达观测跟踪器的简化方框图如图 11.1.2 所示。由计算机给出发射信号的调制形式，经调制器、发射机和收发开关以射频电磁波向空间定向发射。当天线光轴基本对准目标时，目标反射信号经天线、收发开关至接收机。接收机输出目标视频信号，经处理送给

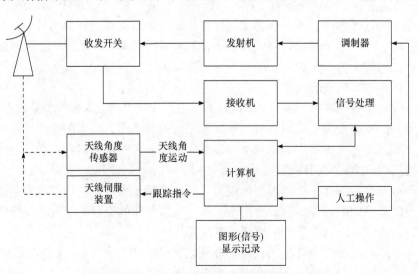

图 11.1.2　雷达观测跟踪器的简化方框图(脉冲式)

计算机。计算机还接收天线角运动信号和人工操作指令，输出目标的图形(符号)给显示记录装置，以便于操纵人员观察。计算机还输出天线角运动指令，经伺服装置，控制天线光轴对准目标。于是，完成了对目标的跟踪。

利用无线电测量的手段可以直接测出导弹和目标的雷达坐标系中的球坐标，坐标点由斜距 r、高低角 ε 和方位角 β 来表征，如图 11.1.3 所示。

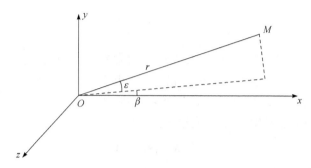

图 11.1.3　目标在雷达坐标系中位置

根据被测坐标的特性，无线电测量设备应由测角系统和测距系统组成。测角系统和测距系统的动力学特性主要取决于其跟踪系统的动力学特性。其动力学特性可以写成如下形式的传递函数(测角系统)：

$$\varphi(s) = \frac{K(\tau s + 1)}{(T_1^2 s^2 + 2\xi_1 T_1 s + 1)(T_2 s + 1)}$$

这里假定将目标角坐标作为输入量，雷达天线旋转的角度作为输出量。一组典型的参数是：$K = 1$；$\tau \approx 0.3\mathrm{s}$；$T_1 \approx 0.12\mathrm{s}$；$\xi_1 \approx 0.70$；$T_2 \approx 0.07\mathrm{s}$。

导弹和目标雷达测量坐标装置的输出信号中混有噪声，这种噪声会严重地影响导弹的制导精度，所以在精度分析时必须考虑它的影响。为了提高导弹的坐标确定精度，可在弹上安装专门的应答机。在这种情况下，可以忽略噪声对确定导弹坐标精度的影响，因为应答机的信号具有远大于目标反射信号的功率。

不同类型的观测跟踪器由于系统对它的要求和工作模式不同，应用范围和性能特点也有所不同。表 11.1.1 列出了不同观测跟踪器的性能比较。

表 11.1.1　不同观测跟踪器的性能比较

类别	优点	缺点
雷达观测跟踪器	有三维信息(r，ε，β)，作用距离远，全天候，传播衰减小，使用较灵活	精度低于光电跟踪器，易暴露自己，易受干扰，(海)面及环境杂波大，低空性能差，体积较大
光学、电视观测跟踪器	隐蔽性好，抗干扰能力强；低空性能好，直观，精度高，结构简单，易和其他跟踪器兼容	作用距离不如雷达远；夜间或天气差时，性能降低或无法使用
红外观测跟踪器	隐蔽性好，抗干扰能力强，低空性能好，精度高于雷达跟踪器，结构简单，易和其他跟踪器兼容	传播衰减大，作用距离不如雷达跟踪器
激光观测跟踪器	精度很高，分辨力很好，抗干扰性能极强，结构简单、质量小，易和其他跟踪器兼容	只有晴天能使用，传播衰减大，作用距离受限制

2. 指令形成装置

指令形成装置是一种解算仪器，它在输入目标和导弹坐标数据的基础上，计算出直接控制导弹运动的指令(指令制导)或者制导波束运动指令(波束制导)。

指令形成装置的结构图与所采用的制导方法密切相关。指令形成装置由如下几个功能模块组成：

(1) 导弹相对计算的运动学弹道的偏差解算模块；

(2) 利用使用的制导规律形式，解算控制指令模块；

(3) 为保证制导系统稳定裕度和动态精度引入的校正网络解算模块。

作为例子，研究按三点法制导导弹时指令形成装置的结构。假定仪器的基本元件可以按线性处理，因此它们的动力学特性可以用传递函数表示。

导弹与需用弹道的制导偏差可用下式表示：

$$h = R(t)(\varepsilon_T - \varepsilon)$$

式中，$R(t)$ 近似等于导弹距离 $r(t)$ 的预先给定函数。

通常为了改善制导系统的动力学特性，提高系统的稳定裕度，在制导信号中引入一阶误差的导数。在这种情况下，制导指令信号可以用下列关系式确定：

$$U_c = K_c(h + T\dot{h})$$

为了形成制导指令信号，不得不微分被噪声污染的误差信号 h，这样必须将微分运算与平滑运算相结合。

连续作用的指令形成装置原理结构图如图 11.1.4 所示(单通道)。

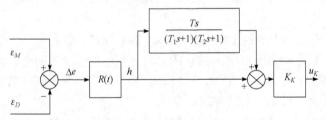

图 11.1.4　指令形成装置原理结构图

显然，在此装置的输入端加上了导弹和目标坐标仪器测量信号 ε、ε_T。这些信号由导弹和目标坐标测量装置输出端获得。当导弹采用前置法制导时，指令形成装置的结构图变得更复杂了。在这种情况下，除了引入目标和导弹坐标外，还需要引入从制导站至导弹和目标的距离信号。

3. 无线电遥控装置

在遥控系统中，为了确定目标和导弹的坐标，以及控制指令的传递，常利用无线电指令发射和接收装置，该装置的简化方框图为图 11.1.5。

通常无线电遥控装置的动力学特性可以用传递函数描述，这些特性由下列传递函数形式表示：

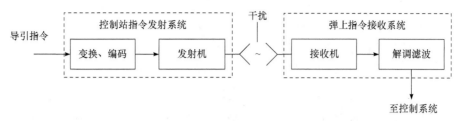

图 11.1.5　无线电指令发射和接收装置简化方框图

$$W(s) = \frac{Ke^{-\tau s}}{Ts+1}$$

当采用波束制导时，弹上接收装置的特性可以利用类似的传递函数。

11.1.2　制导误差信号

要实施遥控制导，首先必须研究制导误差信号的形成方法。下面讨论常用的遥控制导导弹误差信号的形成方法。

1. 角度偏差

三点法是一种最简单的遥控方法。这种方法由条件 $\varepsilon_T = \varepsilon$ 确定(ε 为导弹的高低角；ε_T 为目标高低角)，那么，自然地将 $\Delta\varepsilon = \varepsilon_T - \varepsilon$ 作为制导误差。这种误差信号的形成仅需测量目标和导弹角坐标的装置。

一般讲，地面制导站的雷达测角装置跟随目标一起运动。雷达的波束中心线就是目标与地面制导站的连线(简称目标线)，如图 11.1.6 所示。

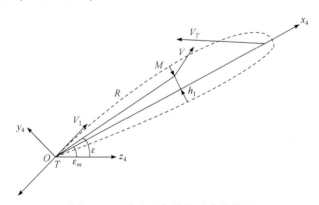

图 11.1.6　偏离目标线的垂直线偏差

图 11.1.6 中 $Ox_4y_4z_4$ 为雷达坐标系。在雷达坐标系中，可以测出导弹与目标高低角之差。

$$\Delta\varepsilon_1 = \varepsilon_T - \varepsilon \tag{11.1.1}$$

可以近似认为 ε、ε_T 和 θ 在同一垂直平面内。

同理，雷达坐标系也可测出方位角之差，这里不再赘述。

当采用前置角制导时，首先必须计算前置角 $\Delta\varepsilon_q$ 的现时值，然后按式(11.1.2)计算运动学弹道的角度坐标：

$$\varepsilon = \varepsilon_T + \Delta \varepsilon_q \tag{11.1.2}$$

在这种情况下，制导角度偏差为

$$\Delta \varepsilon = \varepsilon_T - \varepsilon + \Delta \varepsilon_q \tag{11.1.3}$$

可见，为了形成制导角度误差，除了确定差值 $\varepsilon_T - \varepsilon$ 以外，还需要计算前置角。前置角通常需要目标和导弹的坐标以及这些坐标的导数。图 11.1.7 给出了前置角法制导误差信号形成示意图。

当按波束制导时，制导角误差 $\Delta \varepsilon = -\varepsilon + \varepsilon_T + \Delta \varepsilon_q$，直接在弹上测量，它表明导弹与波束轴的角偏差。为了确定线偏差 $h_\varepsilon = r \Delta \varepsilon$，角误差信号乘以由制导站到导弹的距离即可获得。为了避免直接测量 $r(t)$，引入已知时间函数 $R(t)$。因此当波束制导时，为了形成误差信号，除了弹上接收设备之外，不需要其他测量装置。当然，为了确定给定导弹运动学弹道的波束方向，需要测量目标坐标；如果采用前置波束导引，还需要测量导弹坐标，只是这些坐标的测量结果不直接用来确定制导误差。图 11.1.8 为波束制导误差信号形成示意图。

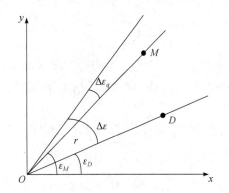

图 11.1.7　前置角法制导误差信号形成示意图

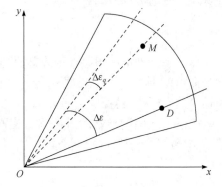

图 11.1.8　波束制导误差信号形成示意图

2. 距离机构

距离机构可以实际测量导弹对制导站的距离 $r(t)$，也可测出导弹与目标距离之差 ΔR。导弹相对制导站的距离可由函数给出：

$$r(t) = a + bt \tag{11.1.4}$$

式中，参数 a 和 b 由大量弹道计算，按统计特性给定。

3. 线偏差

导弹偏离目标视线的垂直线偏差 h_1（图 11.1.6）的表达式为

$$h_1 = \Delta \varepsilon_1 R(t) \tag{11.1.5}$$

当采用三点法导引时，要求高低角之差 $\Delta \varepsilon_1$ 或线偏差 h_1 等于零。

若用半前置量法，并减小目标机动对导弹的影响，前置角可取为

$$\Delta \varepsilon_0 = -\frac{\Delta R}{2 \Delta \dot{R}} \dot{\varepsilon}_T \tag{11.1.6}$$

式中，$\dot{\varepsilon}_T$ 为目标高低角速度，由雷达测角装置确定。

按半前置量法导引时，在实际系统中应把前置角 $\Delta\varepsilon_0$ 表示成导弹至目标线的前置线偏量 h_0，其值应为

$$h_0 = R(t)\Delta\varepsilon_0 \tag{11.1.7}$$

因此，按半前置量法导引，导弹实际偏离波束中心线的偏差 h_ε 为

$$h_\varepsilon = h_1 - h_0 \tag{11.1.8}$$

所以输入计算机指令形成装置的信号为 h_ε，当用三点法导引时，线偏差 $h_0 = 0$，则 $h_\varepsilon = h_1$。

4. 校正网络

如前所述，某地-空导弹的控制系统是根据高低角偏差 $\Delta\varepsilon_1$ 或按线偏差 h_ε 对导弹的飞行进行自动操纵的。从物理意义上讲，如果仅以偏差 h_ε（或 $\Delta\varepsilon_1$）本身作为舵面偏转信号，由于控制系统有惯性，导弹实际上执行转动舵面的信号，在时间上要滞后于偏差 h_ε 的出现。因此，为了提高舵面偏转的快速性，应该引入偏差 h_ε 的一次微分，甚至还要引入二次微分的信号，即引入产生位移偏差的速度和加速度信号。但是引入高于二次微分的信号，在测量高低角出现起伏误差时，信号本身就会出现较大的误差，因而一般只取二次导数。因此，计算机指令形成装置的传递函数可采用的表达式为

$$W_c(s) = \frac{\varepsilon_c}{h_\varepsilon} = \frac{k_k(T_1s+1)(T_3s+1)}{(T_2s+1)(T_4s+1)} \tag{11.1.9}$$

式中，ε_c 为导引误差信号；k_k 为放大系数；T_1、T_2、T_3、T_4 为时间常数，其中 $T_1 \ll T_2$，$T_3 \gg T_4$。这是一个串联微积分校正网络，它同时对大回路起着校正作用。因微分信号 $\dot{h}_\varepsilon$ 在回路中的作用与小回路微分信号 $\dot{\vartheta}$ 所起的物理作用是一样的，所以引入 $\dot{h}_\varepsilon$ 信号可以增大导弹的"阻尼"，减小导弹为消除线偏差 h_ε 围绕理想弹道产生的振荡，从而提高系统的稳定裕量，并使开环截止频率增大到适当的数值。为满足这些要求，所列举的地-空导弹选择 $T_1 < T_2$，而 $T_4 > T_3$。

5. 坐标变换机构

坐标变换机构是将误差信号 ε_c 经过坐标变换后，变成纵向通道制导指令 K_1，经天线传送至导弹，弹上指令接收装置接收制导指令 K_1，并形成控制信号 u_θ，通过自动驾驶仪操纵舵面做相应的偏转，从而改变导弹的运动状态，消除线偏差 h_ε。

11.2　主要环节传递函数

前面介绍了自寻的制导系统的动态特性分析，本节讨论遥控制导系统的动态特性分析问题。

一般讲，遥控制导系统的有效作用距离要比红外导引头或雷达导引头远得多。因此，地-空导弹一般采用遥控制导方式。例如，某地-空导弹的稳定回路采用微分陀螺和线加速度传感器，遥控装置采用波束导引的指令控制，略去校正环节和有关元件的小时间常数，则

某地-空导弹纵向遥控制导系统如图 11.2.1 所示。

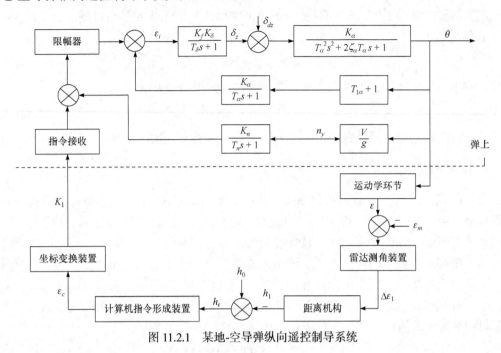

图 11.2.1　某地-空导弹纵向遥控制导系统

这是一个典型遥控制导系统的结构框图。图中传递函数 $W_\delta(s) = K_f K_\delta/(T_\delta s + 1)$ 为舵回路的动态特性。

在图 11.2.1 中含有测量法向加速度的敏感元件加速度计，其传递函数可表示为 $W_n(s) = K_n/(T_n s + 1)$。

限幅放大器的作用是限制控制信号 u_θ 和过载传感器的输出信号不超过某一数值，使舵面转角达不到最大值，而留有适当的余量。这个余量的确定应考虑导弹受到干扰作用后，保证微分陀螺信号能通过舵机，使舵面偏转来补偿导弹的"气动阻尼"，减小干扰作用的影响。如取最大舵偏角 $\delta_{\max} = 20°$，当限幅放大器输出电流达饱和值 1.4mA 时，相应的舵偏角为 $\delta = 18°$，而留有 2° 余量来克服干扰作用。

图 11.2.1 中的其他环节的动态特性前面已有阐述，控制回路与自寻的制导系统的类似，此处不再赘述。

在图 11.2.1 所示的遥控制导系统中，还有一个"运动学环节"模块，其功能是将弹道倾角 θ 变换为高低角 ε，也就是说，该环节的输入是弹道倾角 θ，输出为高低角 ε。下面将重点研究运动学环节，建立运动学传递函数。

研究运动学环节的传递函数时分为制导站固定和制导站运动两种情况。

11.2.1　制导站固定时的运动学传递函数

运动学传递函数要由运动学方程式来推导。下面首先假设制导站不动，由前面的章节可得出导弹运动学方程：

$$\begin{cases} \dfrac{\mathrm{d}R}{\mathrm{d}t} = V\cos(\theta - \varepsilon) \\ R\dfrac{\mathrm{d}\varepsilon}{\mathrm{d}t} = V\sin(\theta - \varepsilon) \end{cases} \tag{11.2.1}$$

要求的传递函数是由运动学方程线性化后，对运动参数的偏量建立的。因此，运动学环节的传递函数也是以参数偏量作为输入值和输出值。

为了寻求运动学参数偏量 $\Delta\varepsilon$ 和 $\Delta\theta$ 的关系，对式(11.2.1)进行线性化，其结果为

$$R\Delta\dot{\varepsilon} = V\cos(\theta - \varepsilon)(\Delta\theta - \Delta\varepsilon) \tag{11.2.2}$$

或者写成：

$$R\Delta\dot{\varepsilon} + \dot{R}\Delta\varepsilon = \dot{R}\Delta\theta \tag{11.2.3}$$

式(11.2.3)进行拉普拉斯变换后，以弹道倾角偏量 $\Delta\theta$ 为输入量，以高低角偏量 $\Delta\varepsilon$ 为输出量，可得运动学传递函数为

$$W_{\theta\varepsilon}(s) = \frac{\Delta\varepsilon(s)}{\Delta\theta(s)} = \frac{\dot{R}}{Rs + \dot{R}} \tag{11.2.4}$$

式(11.2.4)求出的是以弹道倾角偏量 $\Delta\theta$ 为输入量，以高低角偏量 $\Delta\varepsilon$ 为输出量的运动学传递函数，但在遥控制导系统中往往不采用角度偏差，而采用线偏差形成制导指令。下面求另一种形式，即以加速度偏量为输入，以线偏差偏量为输出的运动学传递函数。

式(11.2.3)还可写成：

$$\frac{\mathrm{d}(R\Delta\varepsilon)}{\mathrm{d}t} = \dot{R}\Delta\theta \tag{11.2.5}$$

再对它进行一次微分，得到

$$\frac{\mathrm{d}^2(R\Delta\varepsilon)}{\mathrm{d}t^2} = \ddot{R}\Delta\theta + \dot{R}\Delta\dot{\theta} \tag{11.2.6}$$

因为弧长 $\Delta\lambda = R\Delta\varepsilon$ (线偏差偏量)，法向加速度 $\Delta a_{y_4} = V\Delta\dot{\theta}$，又因为 $\Delta\theta = \Delta\dot{\lambda}/\dot{R}$，于是式(11.2.6)可以写成：

$$\Delta\ddot{\lambda} - \frac{\ddot{R}}{\dot{R}}\Delta\dot{\lambda} = \frac{\dot{R}}{V}a_{y_4} \tag{11.2.7}$$

经拉普拉斯变换后，以弧长 $\Delta\lambda$ 为输出量，以法向加速度为输入量的运动学传递函数的一种形式为

$$W_{\varepsilon}(s) = \frac{\Delta\lambda(s)}{\Delta a_{y_4}(s)} = \frac{\dot{R}/V}{s(s - \ddot{R}/\dot{R})} \approx \frac{\Delta h_{\varepsilon}}{V\Delta\dot{\theta}} = \frac{R\Delta\varepsilon}{V\Delta\dot{\theta}} \tag{11.2.8}$$

因为视线距离的变化率 $\dot{R}$ 为正值，如果 $\ddot{R}$ 也大于零，则有 $\ddot{R}/\dot{R} > 0$。在这种情况下，式(11.2.8)表示的运动学传递函数由一个积分环节和一个不稳定的非周期环节组成。

如果视线距离变化率 $\dot{R} \approx V$，并且飞行速度 V 远大于自身的变化率 $\dot{V}$，又因 $\dot{V} \approx \ddot{R}$，则有 $\ddot{R}/\dot{R} \approx \dot{V}/V \approx 0$，式(11.2.8)可进一步简化成：

$$W_\varepsilon(s) = \frac{\Delta\lambda(s)}{\Delta a_{y_4}(s)} = \frac{1}{s^2} \tag{11.2.9}$$

这时导弹的运动学环节相当于双积分环节。

严格地讲，运动学传递函数中的加速度是对雷达坐标系而言的，它与沿弹道坐标系的加速度 a_{y_2} 和 a_{z_2} 并不完全一样，但两者可以通过两坐标系竖轴之间的夹角，即偏斜角 γ_2(当弹道坐标系 $Ox_2y_2z_2$ 与雷达坐标系 $Ox_4y_4z_4$ 不重合时，弹道坐标系 Oy_2 轴的投影与雷达坐标系 Oy_4 轴之间在 y_4Oz_4 平面内的夹角)来联系。

由图 11.2.2 和图 11.2.3 得出其变换关系式为

$$\begin{cases} a_{y_4} = a_y \cos\gamma_2 - a_z \sin\gamma_2 \\ a_{z_4} = a_y \sin\gamma_2 + a_z \cos\gamma_2 \end{cases} \tag{11.2.10}$$

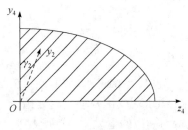

图 11.2.2　偏斜角 γ_2 示意图

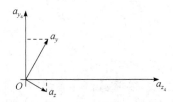

图 11.2.3　加速度变换图

对于轴对称导弹，因为由偏转偏航舵 δ_y 到产生侧向加速度 a_z 的航向扰动运动，其形式与纵向短周期扰动运动基本一致，所以航向与纵向的运动学传递函数也具有相同的形式，即

$$W_{\theta\varepsilon}(s) = W_{\psi\beta}(s) = \frac{\Delta\beta(s)}{\Delta\psi(s)} = \frac{\Delta\varepsilon(s)}{\Delta\theta(s)} = W_\varepsilon(s) = W_\beta(s) \tag{11.2.11}$$

式中，下标"ψ"代表弹道偏角 ψ_V。

加速度变换关系式(11.2.10)反映了一种运动交联现象,在图 11.2.2 中相对于雷达坐标系,由运动学传递函数式(11.2.9)和式(11.2.10)可得

$$\begin{cases} \varepsilon = \dfrac{1}{R}W_\varepsilon(s)a_{y_4} = \dfrac{1}{R}W_\varepsilon(s)(a_y\cos\gamma_2 - a_z\sin\gamma_2) \\ \beta = \dfrac{1}{R}W_\beta(s)a_{z_4} = \dfrac{1}{R}W_\beta(s)(a_y\cos\gamma_2 + a_z\sin\gamma_2) \end{cases} \tag{11.2.12}$$

由式(11.2.12)可写出以下两式(升降舵和方向舵均为阶跃偏转):

$$\begin{cases} \varepsilon = \dfrac{1}{R}W_\varepsilon(s)[-V\cos\gamma_2 W_{\delta\theta}(s)\delta_z - V\cos\theta\sin\gamma_2 W_{\delta\psi}(s)\delta_y] \\ \beta = \dfrac{1}{R}W_\beta(s)[-V\sin\gamma_2 W_{\delta\theta}(s)\delta_z + V\cos\theta\cos\gamma_2 W_{\delta\psi}(s)\delta_y] \end{cases} \tag{11.2.13}$$

由此可以得出结论，当偏斜角 γ_2 存在时，为消除高低角偏差 ε(或线偏差 h_1)或者方位角偏差 β，必须同时偏转升降舵 δ_z 和方向舵 δ_y，即俯仰和偏航两个通道的运动是相互交联的。

11.2.2　制导站运动时的运动学传递函数

当在飞机、舰艇和车辆上发射导弹并采用遥控制导时，制导站是运动的。即使假定目标、导弹和制导站的运动处于同一个平面内，其相互间的运动学关系也是相当复杂的。

导弹采用遥控制导，更为复杂的运动学状态如图 11.2.4 所示。

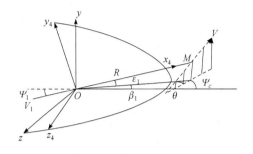

图 11.2.4　制导站运动的飞行状态

图 11.2.4 中，地面坐标系 $Oxyz$ 为参考系，假设制导站做水平面运动，速度为 V_1，航向角为 ψ_1；制导站雷达高低角为 ε_1，方位角为 β_1。

为具有普遍性，假定制导站速度 V_1 与水平面的夹角为 θ_1，由图 11.2.4 可以得出运动学方程组：

$$\begin{cases} \dfrac{\mathrm{d}R}{\mathrm{d}t} = -V_1\cos(\theta_1-\varepsilon)+V\cos(\theta-\varepsilon) \\ R\dfrac{\mathrm{d}\varepsilon}{\mathrm{d}t} = -V_1\sin(\theta_1-\varepsilon)+V\sin(\theta-\varepsilon) \end{cases} \tag{11.2.14}$$

同样认为 V、V_1 和 R 均为已知时间函数，线性化后可得运动学传递函数：

$$W_{\theta\varepsilon}(s) = \frac{V\cos(\theta-\varepsilon)}{Rs+\dot{R}} \tag{11.2.15}$$

$$W_{\theta_1\varepsilon}(s) = \frac{-V_1\cos(\theta_1-\varepsilon)}{Rs+\dot{R}} \tag{11.2.16}$$

如果制导站做水平直线运动，则式(11.2.16)中 $\theta_1=0$。由图 11.2.4 可得 R 的变化率为

$$\dot{R} = V\cos\eta - V_1\cos\varepsilon_1\cos(\psi_1-\beta_1) \tag{11.2.17}$$

式中，η 为矢量 V 和 R 之间的夹角。

又因为矢量 V 和 R 在 $Oxyz$ 上的方向余弦分别为

$$\begin{cases} \cos\theta\cos\psi_c, & \sin\varepsilon_1, & -\cos\theta\sin\psi_c \\ \cos\varepsilon_1\cos\beta_1, & \sin\varepsilon_1, & -\cos\varepsilon_1\sin\beta_1 \end{cases} \tag{11.2.18}$$

所以

$$\begin{aligned} \cos\eta &= \cos\theta\cos\psi_c\cos\beta_1+\sin\theta\sin\varepsilon_1-\cos\theta\sin\psi_c\cos\varepsilon_1\sin\beta_1 \\ &= \cos\theta\cos\varepsilon_1\cos(\psi_1-\beta_1)+\sin\theta\sin\varepsilon_1 \end{aligned} \tag{11.2.19}$$

由速度 V 和 V_1 在 $R\cos\varepsilon_1$ 上的垂直分量，可得到

$$(R\cos\varepsilon_1)\dot{\beta}_1 = V\cos\theta\sin(\psi_c-\beta_1)-V_1\sin(\psi_1-\beta_1) \tag{11.2.20}$$

下面再求高低角 ε_1 变化的微分方程。雷达坐标系 $Ox_4y_4z_4$ 与地面坐标系 $Oxyz$ 的转换矩阵可以写成：

$$\begin{bmatrix} x_4 \\ y_4 \\ z_4 \end{bmatrix} = L_3(\varepsilon_1)L_2(\beta_1)\begin{bmatrix} x \\ y \\ z \end{bmatrix} = \begin{bmatrix} \cos\varepsilon_1\cos\beta_1 & \sin\varepsilon_1 & -\cos\varepsilon_1\sin\beta_1 \\ -\sin\varepsilon_1\cos\beta_1 & \cos\varepsilon_1 & \sin\varepsilon_1\sin\beta_1 \\ \sin\beta_1 & 0 & \cos\beta_1 \end{bmatrix}\begin{bmatrix} x \\ y \\ z \end{bmatrix} \quad (11.2.21)$$

导弹相对制导站的合成速度为 $\Delta V = V - V_1$，它在坐标系 $Oxyz$ 三个轴上的分量为

$$\begin{bmatrix} \Delta V_x & \Delta V_y & \Delta V_z \end{bmatrix}^T = \begin{bmatrix} V\cos\theta\cos\psi_c - V_1\cos\psi_1 & V\sin\theta & -V\cos\theta\sin\psi_c + V_1\sin\psi_1 \end{bmatrix}^T$$

$$(11.2.22)$$

所以由矩阵方程式(11.2.21)和式(11.2.22)得速度 V 和 V_1 在 Oy_4 轴上的分量为

$$\begin{aligned}
\dot{y}_4 &= -V\cos\theta\cos\psi_c\sin\varepsilon_1\cos\beta_1 + V\sin\theta\cos\varepsilon_1 - V\cos\theta\sin\psi_c\sin\varepsilon_1\sin\beta_1 \\
&\quad + V_1\cos\psi_1\sin\varepsilon_1\cos\beta_1 + V_1\sin\psi_1\sin\varepsilon_1\sin\beta_1 \\
&= V\sin\theta\cos\varepsilon_1 - V\cos\theta\sin\varepsilon_1(\cos\psi_1\cos\beta_1 + \sin\psi_1\sin\beta_1) \\
&\quad + V_1\sin\varepsilon_1(\cos\psi_1\cos\beta_1 + \sin\psi_1\sin\beta_1)
\end{aligned} \quad (11.2.23)$$

由此可得

$$R\dot{\varepsilon}_1 = V\sin\theta\cos\varepsilon_1 - V\cos\theta\sin\varepsilon_1\cos(\psi_c - \beta_1) + V_1\sin\varepsilon_1\cos(\psi_1 - \beta_1) \quad (11.2.24)$$

式(11.2.17)、式(11.2.20)和式(11.2.24)是导弹对于活动制导站的一般运动学方程组，可归纳为

$$\begin{cases}
\dot{R} = V\cos\eta - V_1\cos\varepsilon_1\cos(\psi_1 - \beta_1) \\
(R\cos\varepsilon_1)\dot{\beta}_1 = V\cos\theta\sin(\psi_c - \beta_1) - V_1\sin(\psi_1 - \beta_1) \\
R\dot{\varepsilon}_1 = V\sin\theta\cos\varepsilon_1 - V\cos\theta\sin\varepsilon_1\cos(\psi_c - \beta_1) + V_1\sin\varepsilon_1\cos(\psi_1 - \beta_1)
\end{cases} \quad (11.2.25)$$

这一组运动学方程比较复杂，但是根据线性化方法也可求出运动学传递函数，这里就不再进行烦琐的推导。

如果制导站是固定的，即移动速度 $V_1 = 0$，同时不以地面坐标系为基准，而是采用倾斜坐标来测量角度 ε_1 和 β_1 等，即以倾斜平面作为度量的基准；此外，认为导弹的 Ox_1 轴大体上指向导弹飞行的平均方向，则可以简化运动学方程组(11.2.25)。实际上选择导引方法时，为了减小动态误差，无论是 ε_1 和 β_1，还是 ψ_c 和 θ 都是较小的量，因此式(11.2.25)可以简化为

$$\begin{cases}
\dot{R} \approx V\cos\theta \approx V \\
R\dot{\beta}_1 \approx V(\psi_c - \beta_1) \\
R\dot{\varepsilon}_1 \approx V\sin\theta - V\sin\varepsilon_1 \approx V(\theta - \varepsilon_1)
\end{cases} \quad (11.2.26)$$

式中，所用角度符号虽同方程组(11.2.25)一样，但它们是在倾斜坐标系内测量的。这里只是为了书写方便，而没有改用新的符号。

当取 θ 和 ψ_c 作为运动学环节的输入量，取 ε_1 和 β_1 为输出量时，由方程组(11.2.26)线性化很易求出相应的运动学传递函数。线性化方程组(11.2.26)第 3 式，设 ε_1 的偏量为 $\Delta\varepsilon_1$，其结果为

$$R\Delta\dot{\varepsilon}_1 = V(\Delta\theta - \Delta\varepsilon_1) \quad (11.2.27)$$

$$R\Delta\dot{\varepsilon}_1 + \dot{R}\Delta\varepsilon_1 = \dot{R}\Delta\theta \quad (11.2.28)$$

于是运动学传递函数为

$$W_{\theta\varepsilon}(s) = \frac{\Delta\varepsilon_1(s)}{\Delta\theta(s)} = \frac{\dot{R}}{Rs + \dot{R}} = \frac{1}{\dfrac{R}{\dot{R}}s + 1} \tag{11.2.29}$$

同理可得

$$W_{\psi_c\beta}(s) = \frac{\Delta\beta_1(s)}{\Delta\psi_c(s)} = \frac{1}{\dfrac{R}{\dot{R}}s + 1} \tag{11.2.30}$$

所得运动学传递函数也是一个非周期的环节。

　　求得运动学传递函数后，遥控制导系统的稳定性分析与自寻的制导系统的稳定性分析类似，此处不再赘述。

11.3　遥控制导空间扭角分析

　　弹体坐标系 $Ox_1y_1z_1$ 与雷达坐标系 $Ox_4y_4z_4$ 不重合时，弹体坐标系 Oy_1 轴在 y_4Oz_4 平面内的投影与雷达坐标系 Oy_4 轴之间形成夹角 γ_3 ，称为遥控空间扭角。其方向的确定规则为：Oy_1 的投影转向 Oy_4 ，符合右手定则的扭角为正。雷达坐标系与弹体坐标系的空间扭转以及遥控空间扭角如图 11.3.1 和图 11.3.2 所示。

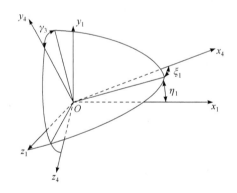

图 11.3.1　雷达坐标系与弹体坐标系

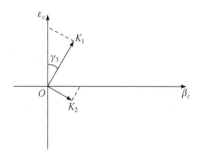

图 11.3.2　空间扭角

　　由于弹体坐标系和雷达坐标系之间存在着扭角 γ_3 ，在图 11.3.1 中由雷达测出高低角之差，形成导引误差信号 ε_c 后，还必须计算空间扭角 γ_3 。如果雷达坐标系还给出方位角之差，形成导引误差信号 β_c 后，同样也要考虑空间扭角的影响，因为它关系着导弹的控制精度和系统的稳定性。

　　考虑空间扭角的情况下，由导引误差信号 ε_c 和 β_c 变换成纵向遥控指令 K_1 及航向遥控指令 K_2 时，可参照图 11.3.2，得到变换公式：

$$\begin{cases} K_1 = \varepsilon_c \cos\gamma_3 + \beta_c \sin\gamma_3 \\ K_2 = \varepsilon_c \sin\gamma_3 + \beta_c \cos\gamma_3 \end{cases} \tag{11.3.1}$$

　　值得提出的是，遥控空间扭角 γ_3 不同于式(11.2.10)中的偏斜角 γ_2 ，后者是弹道坐标系

Oy_2 轴的投影与雷达坐标系 Oy_4 轴在 y_4Oz_4 平面内的夹角。

要利用式(11.3.1)计算纵向遥控指令 K_1 及航向遥控指令 K_2，首先需要知道空间扭角 γ_3，但空间扭角 γ_3 无法直接测量，一般情况下可利用相关可测量的信息计算得出。下面简单介绍空间扭角 γ_3 的计算方法。

11.3.1 空间扭角的计算

为计算遥控空间扭角 γ_3 可进行坐标变换。假定导弹发射 Δt 时间后，利用弹体坐标系与雷达坐标系之间的相互转换关系：

$$
\begin{bmatrix} x_1 \\ y_1 \\ z_1 \end{bmatrix} = L_3(\eta_1)L_2(\xi_1)L_1(\gamma_3) \begin{bmatrix} x_4 \\ y_4 \\ z_4 \end{bmatrix}
$$

可得

$$
\begin{bmatrix} x_1 \\ y_1 \\ z_1 \end{bmatrix} = \begin{bmatrix} \cos\eta_1\cos\xi_1 & \sin\eta_1\cos\xi_1 & -\sin\xi_1 \\ \cos\eta_1\sin\xi_1\sin\xi_3 - \sin\eta_1\cos\gamma_3 & \cos\eta_1\cos\gamma_3 + \sin\eta_1\sin\xi_1\sin\gamma_3 & \cos\xi_1\sin\gamma_3 \\ \cos\eta_1\sin\xi_1\cos\xi_3 + \sin\eta_1\sin\gamma_3 & \sin\eta_1\sin\xi_1\cos\xi_3 - \cos\eta_1\sin\gamma_3 & \cos\xi_1\cos\gamma_3 \end{bmatrix} \begin{bmatrix} x_4 \\ y_4 \\ z_4 \end{bmatrix}
$$

$$(11.3.2)$$

在飞行中，实际上 η_1、ξ_1、γ_3 都很小，可近似认为 $\sin\eta_1 \approx \eta_1$，$\sin\xi_1 \approx \xi_1$，$\sin\gamma_3 \approx \gamma_3$，$\cos\eta_1 \approx 1$，$\cos\xi_1 \approx 1$，$\cos\gamma_3 \approx 1$，并略去二阶小量，于是式(11.3.2)简化成：

$$
\begin{bmatrix} x_1 \\ y_1 \\ z_1 \end{bmatrix} = \begin{bmatrix} 1 & \eta_1 & -\xi_1 \\ -\eta_1 & 1 & \gamma_3 \\ \xi_1 & -\gamma_3 & 1 \end{bmatrix} \begin{bmatrix} x_4 \\ y_4 \\ z_4 \end{bmatrix}
$$

$$(11.3.3)$$

假设导弹在时间 t_1 受控，这时弹体坐标系 $Ox_1y_1z_1$、雷达坐标系 $Ox_4y_4z_4$ 和发射坐标系 $Ox_2y_2z_2$ 相重合。导弹发射后，发射坐标系 $Ox_2y_2z_2$ 的位置不变，ε_f 为常值(图 11.3.3)。飞行到时间 t_2，$\Delta t = t_2 - t_1$，弹体坐标系相对于发射坐标系形成了 σ_3 和 σ_4 角，坐标转换矩阵方程为

$$
\begin{bmatrix} x_1 \\ y_1 \\ z_1 \end{bmatrix} = \begin{bmatrix} \cos\sigma_3\cos\sigma_4 & \sin\sigma_3 & -\sin\sigma_3\cos\sigma_4 \\ -\cos\sigma_3\sin\sigma_4 & \cos\sigma_4 & \sin\sigma_3\sin\sigma_4 \\ \sin\sigma_3 & 0 & \cos\sigma_3 \end{bmatrix} \begin{bmatrix} x_2 \\ y_2 \\ z_2 \end{bmatrix}
$$

$$(11.3.4)$$

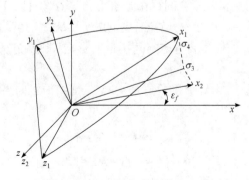

图 11.3.3 弹体坐标系与发射坐标系

若将式(11.3.3)的坐标向量 $\begin{bmatrix} x_4 & y_4 & z_4 \end{bmatrix}^{\mathrm{T}}$ 也变换成由坐标向量 $\begin{bmatrix} x_2 & y_2 & z_2 \end{bmatrix}^{\mathrm{T}}$ 表示，按照已定义的几种坐标系，必须先将发射坐标系变换到地面坐标系，再转换到雷达坐标系，其关系为

$$
\begin{bmatrix} x_4 \\ y_4 \\ z_4 \end{bmatrix} = \begin{bmatrix} \cos\varepsilon_1\cos\beta_1 & \sin\varepsilon_1 & -\cos\varepsilon_1\sin\beta_1 \\ -\sin\varepsilon_1\cos\beta_1 & \cos\varepsilon_1 & \sin\varepsilon_1\sin\beta_1 \\ \sin\beta_1 & 0 & \cos\beta_1 \end{bmatrix} \begin{bmatrix} \cos\varepsilon_f & -\sin\varepsilon_f & 0 \\ \sin\varepsilon_f & \cos\varepsilon_f & 0 \\ 0 & 0 & 1 \end{bmatrix} \begin{bmatrix} x_5 \\ y_5 \\ z_5 \end{bmatrix} \tag{11.3.5}
$$

将式(11.3.5)的结果代入式(11.3.3)，得到

$$
\begin{bmatrix} x_1 \\ y_1 \\ z_1 \end{bmatrix} = \begin{bmatrix} 1 & \eta_1 & -\xi_1 \\ -\eta_1 & 1 & \gamma_3 \\ \xi_1 & -\gamma_3 & 1 \end{bmatrix} \begin{bmatrix} \cos\varepsilon_1\cos\beta_1 & \sin\varepsilon_1 & -\cos\varepsilon_1\sin\beta_1 \\ -\sin\varepsilon_1\cos\beta_1 & \cos\varepsilon_1 & \sin\varepsilon_1\sin\beta_1 \\ \sin\beta_1 & 0 & \cos\beta_1 \end{bmatrix} \times \begin{bmatrix} \cos\varepsilon_f & -\sin\varepsilon_f & 0 \\ \sin\varepsilon_f & \cos\varepsilon_f & 0 \\ 0 & 0 & 1 \end{bmatrix} \begin{bmatrix} x_5 \\ y_5 \\ z_5 \end{bmatrix}
$$

$$\tag{11.3.6}$$

所以，在坐标转换中下列等式成立：

$$
L_3(\sigma_4)L_2(\sigma_3) = L_3(\eta_1)L_2(\xi_1)L_1(\gamma_3)L_3(\varepsilon_1)L_2(\beta_1)L_3(\varepsilon_f)
$$

解矩阵方程，并令等式两端对应元素项相等，可以写出关系式为

$$
\begin{cases} \sin\sigma_3 = e_{11} + e_{12}\xi_1 + e_{13}\gamma_3 \\ \sin\sigma_4 = e_{21} + e_{22}\eta_1 + e_{23}\xi_1 \\ \cos\sigma_3 = e_{31} + e_{32}\xi_1 + e_{33}\gamma_3 \\ \cos\sigma_4 = e_{41} + e_{42}\eta_1 + e_{43}\gamma_3 \end{cases} \tag{11.3.7}
$$

$$
\begin{cases} -\sin\sigma_3\cos\sigma_4 = e_{51} + e_{52}\eta_1 + e_{53}\xi_1 \\ -\cos\sigma_3\sin\sigma_4 = e_{61} + e_{62}\eta_1 + e_{63}\gamma_3 \\ 0 = e_{71} + e_{72}\xi_1 + e_{73}\gamma_3 \end{cases} \tag{11.3.8}
$$

式中，各系数分别为

$e_{11} = \cos\varepsilon_f\sin\beta_1$，$e_{12} = \cos\varepsilon_f\cos\beta_1\cos\varepsilon_f + \sin\varepsilon_f\sin\varepsilon_1$，$e_{13} = \cos\beta_1\sin\varepsilon_1 - \sin\varepsilon_f\cos\varepsilon_1$；

$e_{21} = \cos\varepsilon_f\sin\varepsilon_1 - \sin\varepsilon_f\cos\beta_1\cos\varepsilon_1$，$e_{22} = \cos\varepsilon_f\cos\beta_1\sin\varepsilon_1 + \cos\varepsilon_f\cos\varepsilon_1$，$e_{23} = \sin\varepsilon_f\sin\beta_1$；

$e_{31} = \cos\beta_1$，$e_{32} = -\sin\beta_1\cos\varepsilon_1$，$e_{33} = -\sin\beta_1\sin\varepsilon_1$；

$e_{41} = \sin\varepsilon_f\cos\beta_1\sin\varepsilon_1 + \cos\varepsilon_f\cos\varepsilon_1$，$e_{42} = \sin\varepsilon_f\cos\beta_1\cos\varepsilon_1 - \cos\varepsilon_f\sin\varepsilon_1$，$e_{43} = -\sin\beta_1\sin\varepsilon_f$；

$e_{51} = -\sin\beta_1\cos\varepsilon_1$，$e_{52} = \sin\beta_1\cos\varepsilon_1$，$e_{53} = \cos\beta_1$；

$e_{61} = \cos\beta_1\cos\varepsilon_f\sin\varepsilon_1 + \cos\varepsilon_1\sin\varepsilon_f$，$e_{62} = -\cos\varepsilon_f\cos\beta_1\cos\varepsilon_1 - \sin\varepsilon_f\sin\varepsilon_1$，$e_{63} = \cos\varepsilon_f\sin\beta_1$；

$e_{71} = -\sin\varepsilon_f\sin\beta_1$，$e_{72} = \cos\varepsilon_f\sin\varepsilon_1 - \sin\varepsilon_f\cos\varepsilon_1\cos\beta_1$，$e_{73} = -\sin\varepsilon_f\cos\beta_1\sin\varepsilon_1 - \cos\varepsilon_f\cos\varepsilon_1$。

导弹飞行时发射高低角 ε_f 为常数，在雷达测出高低角 ε_1 和方位角 β_1 后，以上各系数为已知值。因此，由方程组(11.3.8)可以计算出扭角 γ_3。

按此方法求得的扭角 γ_3，其数值比较精确，但是计算过程比较复杂，必须设置专用的计算机程序。

为了简化制导(控制)系统的结构，若不采用专门的计算机程序计算扭角，可以采用以下近似方法。如果导弹的飞行时间很短，不考虑弹体坐标系的变动，同时认为雷达天线跟随目标一起运动，并绕地面基准坐标系的 Oy_0 轴旋转，角速度为方位角导数 $\dot\beta_1$，它在 Ox_1 轴上的角速度分量为 $-\dot\beta\sin\varepsilon_f$，从而产生扭角 γ_3，由时间 t_1 到时间 t_2，其值为

$$\gamma_3 = -\int_{t_1}^{t_2}\dot\beta_1\sin\varepsilon_f\,\mathrm{d}t \tag{11.3.9}$$

但是，这种计算扭角的方法是近似的，因为雷达坐标系的位置由目标状态来决定，而弹体坐标系的位置由力矩作用来决定。由于坐标系转动的原因不一样，计算空间扭角 γ_3 时就应考虑这些因素，按上述坐标转换方法确定遥控空间扭角。

11.3.2　空间扭角对动态性能的影响

实践说明：给坐标变换机构输送扭角 γ_3 值，可以减小导引误差，提高控制精度。因此，考虑空间扭角 γ_3，可以起到补偿控制精度的作用。此外，当导弹有偏斜角 γ_2，且纵向运动和航向运动有交联时，采用空间扭角补偿在一定程度上还可提高系统的稳定性。为此，在遥控制导的纵向制导系统(图 11.2.1)中，先定义几个开环传递函数。

以导弹在雷达坐标系内的高低角偏量 $\Delta\varepsilon_1$ 为输入量，导引误差 $\Delta\varepsilon_c$ 为输出量，则有传递函数 $W_1(s)=\Delta\varepsilon_c/\Delta\varepsilon_1$。

首先，讨论偏斜角 γ_2 等于零的情况。这里没有运动交联现象，根据式(11.2.10)，加速度 $a_{y_4}=a_y$。作为近似处理，也无须计算空间扭角 γ_3，于是遥控指令 $K_1=\varepsilon_c$(见式(11.3.1))。因此，以加速度 a_{y_4} 为输入量，导弹的高低角 ε 为输出量，又可获得一个开环传递函数 $W_{a\varepsilon}(s)=\varepsilon/a_{y_4}$。

综上所述，在图 11.2.1 中由 $\Delta\varepsilon_1$ 到 ε 的遥控制导纵向开环传递函数为

$$W(s)=W_{a\varepsilon}(s)W_{ka}(s)W_1(s) \tag{11.3.10}$$

问题是偏斜角 γ_2 不可能恒等于零，运动交联现象是必然存在的。由于加速度 $a_{y_4}\neq a_y$，导弹遥控的纵向开环传递函数也就不同于式(11.3.10)。在偏斜角 $\gamma_2\neq 0$，且存在空间扭角 γ_3 的情况下，为了与上述高低角偏量 ε 相区别，此时由加速度 a_{y_4} 产生的高低角偏量用 ε_d 表示。导弹的 ε_d 角为

$$\varepsilon_d = W_{a\varepsilon}(s)a_{y_4}=W_{a\varepsilon}(s)(a_y\cos\gamma_2-a_z\sin\gamma_2) \tag{11.3.11}$$

根据式(11.2.10)，纵向加速度 a_y 又可写成：

$$a_y = W_{ka}(s)K_1 = W_{ka}(s)(\varepsilon_c\cos\gamma_3+\beta_c\sin\gamma_3)$$

同理

$$a_z = W_{ka}(s)K_2 = W_{ka}(s)(-\varepsilon_c\sin\gamma_3+\beta_c\cos\gamma_3)$$

由于纵向扰动运动和航向扰动运动具有相同模式，两者不仅 $W_{ka}(s)$ 相同，传递函数 $W_1(s)$ 也是一样的，因此纵向和航向加速度又可写成：

$$a_y = W_{ka}(s)W_1(s)(\Delta\varepsilon_1\cos\gamma_3+\Delta\beta_1\sin\gamma_3) \tag{11.3.12}$$

$$a_z = W_{ka}(s)W_1(s)(-\Delta\varepsilon_1\sin\gamma_3 + \Delta\beta_1\cos\gamma_3) \tag{11.3.13}$$

将式(11.3.12)和式(11.3.13)代入式(11.3.11)，得到

$$
\begin{aligned}
\varepsilon_d &= W_{a\varepsilon}(s)W_{ka}(s)W_1(s)(\Delta\varepsilon_1\cos\gamma_2\cos\gamma_3 + \Delta\beta_1\cos\gamma_2\sin\gamma_3 \\
&\quad + \Delta\varepsilon_1\sin\gamma_2\sin\gamma_3 - \Delta\beta_1\sin\gamma_2\cos\gamma_3) \\
&= W(s)[\Delta\varepsilon_1\cos(\gamma_2 - \gamma_3) - \Delta\beta_1\sin(\gamma_2 - \gamma_3)]
\end{aligned} \tag{11.3.14}
$$

式中，$W(s)$ 由式(11.3.10)表示。同理，可以推得方位偏角 β_d 为

$$\beta_d = -W(s)[\Delta\varepsilon_1\sin(\gamma_2 - \gamma_3) + \Delta\beta_1\cos(\gamma_2 - \gamma_3)] \tag{11.3.15}$$

实际上，两偏量 β_d 和 $\Delta\beta_1$ 可以相同，因此由式(11.3.15)可将 β_d 表示成：

$$\beta_d = -\frac{W(s)\sin(\gamma_2 - \gamma_3)\Delta\varepsilon_1}{1 + W(s)\cos(\gamma_2 - \gamma_3)} \tag{11.3.16}$$

将式(11.3.16)代入式(11.3.14)，求得高低角偏量为

$$
\begin{aligned}
\varepsilon_d &= W(s)\cos(\gamma_2 - \gamma_3) + \frac{W(s)\sin^2(\gamma_2 - \gamma_3)}{1 + W(s)\cos(\gamma_2 - \gamma_3)}\Delta\varepsilon_1 \\
&= W(s)\left[\frac{\cos(\gamma_2 - \gamma_3) + W(s)}{1 + \cos(\gamma_2 - \gamma_3)W(s)}\right]\Delta\varepsilon_1
\end{aligned} \tag{11.3.17}
$$

式(11.3.17)说明，存在空间扭角 γ_3，即发生运动交联现象后，一个新的导弹遥控的纵向开环传递函数 $W_\gamma(s)$ 应为

$$W_\gamma(s) = \frac{\varepsilon_d}{\Delta\varepsilon_1} = W(s)\left[\frac{\cos(\gamma_2 - \gamma_3) + W(s)}{1 + \cos(\gamma_2 - \gamma_3)W(s)}\right] \tag{11.3.18}$$

由此可以看出 $W_\gamma(s)$ 与 $W(s)$ 的区别。

借助开环传递函数 $W_\gamma(s)$ 说明闭环情况下导弹纵向扰动的动态性质，就可显示遥控空间扭角 γ_3 所产生的影响。这里按三种情况分别简述如下。

(1) 如果导弹无偏斜角，$\gamma_2 = 0$，且 $\gamma_3 = 0$，可以不进行空间扭角补偿，于是，$W_\gamma(s) = W(s)$ 证明导弹没有运动交联现象。

(2) 如果导弹有偏斜角 γ_2，但 $\gamma_3 = 0$，可以不进行空间扭角补偿，因而式(11.3.18)变为

$$W_\gamma(s) = W(s)\left[\frac{\cos\gamma_2 + W(s)}{1 + \cos\gamma_2 W(s)}\right] \tag{11.3.19}$$

假设 $W_\gamma(s)$ 的幅频等于 1，截止频率为 ω_1，相稳定余量为 φ_1，于是可得

$$W_\gamma(j\omega_1) = e^{-j(\pi - \varphi_1)} = He^{j\varphi}\left[\frac{\cos\gamma_2 + He^{j\varphi}}{1 + \cos\gamma_2 He^{j\varphi}}\right] \tag{11.3.20}$$

式中，$He^{j\varphi_1} = W(j\omega_1)$，即 $W(s)$ 在 ω_1 下的幅相特性。将式(11.3.20)分解为虚部和实部，因等号两边虚部等于虚部，实部等于实部，可得

$$-\cos\varphi_1(1+H\cos\gamma_2\cos\varphi)+H\sin\varphi_1\cos\gamma_2\sin\varphi$$

$$=H\cos\varphi(\cos\gamma_2+H\cos\varphi)-H^2\sin^2\varphi-H\cos\gamma_2\sin\varphi\cos\varphi_1-\sin\varphi_1(1+H\cos\gamma_2\cos\varphi) \quad (11.3.21)$$

$$=H\sin\varphi(\cos\gamma_2+H\cos\varphi)+H^2\sin\varphi\cos\varphi$$

取平方后相加，则有

$$(1+H^2+2H\cos\gamma_2\cos\varphi)(1-H^2)=0 \quad (11.3.22)$$

由于

$$(1+H^2+2H\cos\gamma_2\cos\varphi)\neq0 \quad (11.3.23)$$

所以

$$1-H^2=0,\quad H=1 \quad (11.3.24)$$

所得结果说明，$W_\gamma(\mathrm{j}\omega_1)$ 的幅频为 1 时，$W(\mathrm{j}\omega_1)$ 的幅频 H 也等于 1，运动交联时截止频率不变。

在式 (11.3.21) 中消去 $\cos\varphi_1$，取 $\varphi=-(\pi-\varphi_2)$ 可得

$$\sin\varphi_1=\sin\varphi_2\frac{2(\cos\gamma_2+\cos\varphi_2)}{1+\cos^2\gamma_2-2\cos\gamma_2\cos\varphi_2} \quad (11.3.25)$$

式中，φ_1 为无运动交联时 $W(\mathrm{j}\omega_1)$ 相稳定余量。

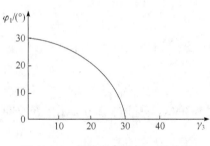

图 11.3.4　相稳定余量与 γ_3 的关系

若取无通道交联的相稳定余量 $\varphi_2=30°$，按式 (11.3.25) 可以找到 φ_1 与 γ_3 的关系，见图 11.3.4。从图中可以看出 φ_1 始终小于 $30°$。

空间扭角 γ_3 越大，相稳定余量 φ_1 越小。因此，交联现象减小了系统的相稳定余量，甚至使系统不稳定。

(3) 由于导弹在飞行中将不可避免地出现偏斜角 γ_2，为了提高控制精度和相稳定余量，必须对空间扭角 γ_3 进行补偿。

因为导弹的迎角和侧滑角不大，近似分析可以认为偏斜角 γ_2 即为空间扭角 γ_3。因此，补偿空间扭角 γ_3 后，在式 (11.3.18) 中就有可能使 $W_\gamma(s)=W(s)$，但是，通常空间扭角补偿只是在一定范围内进行的，例如，式 (11.3.9) 近似计算，空间扭角存在一定误差，使空间扭角补偿不足。如果空间扭角补偿对系统影响较小时，导弹虽有偏斜角，其动态性能与无偏斜情况相似。

11.4　重力影响和动态误差

如果导弹没有控制，导弹将沿着自由弹道飞行。为了使导弹从自由弹道转向理想弹道飞行，必须对导弹实施控制。只有在出现高低角偏差 $\Delta\varepsilon_1$ 或线偏差 h_ε 之后，制导系统才能利用线偏差构造误差信号，进而按一定规律形成制导指令，控制系统接收制导指令，通过舵面偏转来改变导弹的飞行弹道，使之按理想弹道飞行。

在纵向通道中，由于理想弹道不可能总是直线弹道，理想弹道的曲率、导弹本身及制导系统的惯性等原因会造成动态误差，其中最主要的因素是理想弹道的曲率，理想弹道的曲率越大，动态误差也越大。导弹的重力也会给制导回路造成扰动，使导弹偏离理想弹道而下沉，从而产生重力误差。为消除这两种误差，可在指令信号中引入重力误差补偿信号和动态误差补偿信号。图 11.4.1 是最典型的误差补偿信号示意图，包括重力误差补偿 h_1、动态误差补偿 h_2、仪器误差补偿 h_0。图中，$W_1(s)$ 为所有控制部分与导弹动力学、运动学环节串联后的开环传递函数。

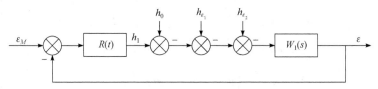

图 11.4.1　误差及补偿

为了便于计算重力影响和动态误差，略去控制系统的惯性，由线偏差 h_ε 到舵偏角 δ_z 可由简单关系式表示为

$$\delta_z = K_y h_\varepsilon \tag{11.4.1}$$

式中，K_y 为控制系统有关部分的放大系数。

控制的目的是要在导弹上产生一定的法向加速度，使导弹转向沿着有控情况下的实际弹道飞行。在稳定的情况下，所需法向加速度为

$$a_y = V\frac{\mathrm{d}\theta}{\mathrm{d}t} = (P + Y^\alpha)\frac{\alpha}{m} - g\cos\theta \tag{11.4.2}$$

因为

$$\alpha = -\frac{m_z^{\delta_z}}{m_z^\alpha}\delta_z = -\frac{m_z^{\delta_z}}{m_z^\alpha}K_y h_\varepsilon \tag{11.4.3}$$

所以

$$a_y = -(P + Y^\alpha)\frac{1}{m}\frac{m_z^{\delta_z}}{m_z^\alpha}K_y h_\varepsilon - g\cos\theta \tag{11.4.4}$$

可见，在有控的情况下，为了产生法向加速度而必须存在线偏差。因此，导弹飞行的实际弹道将偏离理想弹道。再令

$$h_\varepsilon = h_{\varepsilon 1} + h_{\varepsilon 2} \tag{11.4.5}$$

并代入式(11.4.4)中，得到

$$a_y = \left[-(P + Y^\alpha)\frac{1}{m}\frac{m_z^{\delta_z}}{m_z^\alpha}K_y h_{\varepsilon 2}\right] + \left[-(P + Y^\alpha)\frac{1}{m}\frac{m_z^{\delta_z}}{m_z^\alpha}K_y h_{\varepsilon 1} - g\cos\theta\right] \tag{11.4.6}$$

若式(11.4.6)等号右端第 2 项为零，则有

$$h_{\varepsilon 1}\left(-\frac{m_z^{\delta_z}}{m_z^\alpha}\frac{P + Y^\alpha}{mV}VK_y\right) = g\cos\theta \tag{11.4.7}$$

所以

$$h_{\varepsilon 1} = \frac{1}{K_{\alpha} K_y V} g \cos \theta \qquad (11.4.8)$$

式中，$h_{\varepsilon 1}$ 为重力影响误差，它说明由于重力法向分量的存在，实际弹道偏离了理想弹道。该误差的存在迫使舵面偏转，因此应力图克服重力法向分量的影响。

如果能够按照式(11.4.8)预先给控制系统送入一个相当于 $h_{\varepsilon 1}$ 的信号(图 11.4.1)，那么，这就有可能使舵面转动 δ_{ε_1} 角，而不出现上述误差，并使导弹沿理想弹道飞行。换句话说，信号 h_{ε_1} 起到了补偿重力影响误差的作用，因此，h_{ε_1} 称为重力影响补偿信号。

根据式(11.4.6)等号右端第 2 项为零，可进一步得到

$$h_{\varepsilon_2} = \frac{1}{K_{\alpha} K_y V} a_y \qquad (11.4.9)$$

为动态误差。对于地-空导弹来讲，要对所有飞行情况进行准确补偿是有困难的，一般只能在目标遭遇区进行足够的补偿。

对于三点导引法，当目标直线飞行时，法向加速度为

$$a_y = \left(2V - 2V \frac{R\dot{R}_T}{\dot{R}R_T} - \frac{R\dot{V}}{\dot{R}V} \right) \dot{\varepsilon}_T \qquad (11.4.10)$$

式中，R_T 为目标斜距；ε_T 为目标高低角。命中目标时，$R = R_T$，于是

$$a_y = \left(2V - 2V \frac{\dot{R}_T}{\dot{R}} - \frac{R\dot{V}}{\dot{R}V} \right) \dot{\varepsilon}_T \qquad (11.4.11)$$

半前置量法命中目标时的法向加速度为

$$a_y = \left(2V - \frac{R\dot{V}}{2\dot{R}} + \frac{R\Delta R_V}{2\dot{R}\Delta\dot{R}} \right) \dot{\varepsilon}_T \qquad (11.4.12)$$

可见动态误差 h_{ε_2} 与 $\dot{\varepsilon}_T$ 成正比，其比例系数是一个与时间 t 有关的函数，即

$$h_{\varepsilon_2} = X(t) \dot{\varepsilon}_T \qquad (11.4.13)$$

如果在控制系统图 11.4.1 上事先附加动态误差补偿信号 h_{ε_2}，就有可能消除动态误差。当补偿信号完全等于动态误差 h_{ε_2} 时，导弹就有可能沿着理想弹道飞行。由于 $X(t)$ 是一个任意的时间函数，而工程设计只能确定 $X(t)$ 的一个近似表达式，所以补偿动态误差也是有限的。

在遥控指令制导系统中，形成控制指令时，除考虑目标和导弹运动参数以及导引方法，为了得到导弹飞向目标所要求的制导精度，还要考虑上述的动态误差补偿 h_2，重力误差补偿 h_1。如果对制导系统提出更高的要求，还应考虑仪器误差补偿。图 11.4.1 中的 h_0 为仪器误差补偿信号。

从前面的分析可以看出，遥控制导系统要比自寻的制导系统复杂，考虑的因素也比自寻的制导系统多，但遥控制导系统动态特性分析的方法与自寻的制导系统是一样的，只要能够得到每一个环节的模型(传递函数)，就可以按控制系统的分析方法分析遥控制导系统。

思　考　题

1. 遥控制导系统的基本装置有哪些?
2. 本章所示的遥控制导系统中, 限幅器的作用是什么?
3. 遥控制导系统中指令形成装置的作用是什么?
4. 遥控制导系统中运动学传递函数的特点是什么?
5. 什么是遥控空间扭角?
6. 如何近似计算空间扭角?
7. 什么是遥控偏斜角?
8. 遥控空间扭角和偏斜角对动态性能的影响是什么?
9. 遥控制导系统中的动态误差是如何形成的?
10. 遥控制导系统中重力对制导系统有什么影响?

第12章 导弹制导新技术

12.1 精确制导技术

随着高新技术在军事领域中的广泛应用，新军事革命时代的战争模式与传统的战争模式有着根本的区别。未来的战争不再局限于制海权、制陆权、制空权的争夺，而将扩展到海、陆、空、天、电、磁、光等多维空间控制与反控制权的争夺，从而形成了体系的对抗。以空天一体化体系对抗为特点，以信息战为中心，以远程精确打击为主要手段的现代战争模式已初步形成，精确制导武器系统将成为决定未来战争胜负的重要因素。精确制导技术作为打击威力倍增器，将成为精确制导武器对目标实施精确、致命打击的关键技术。

精确制导技术主要应用于近程战术制导武器，特别是导弹武器。新的军事变革，对导弹武器提出了新的要求。例如，对远程(超远程)导弹武器提出了远程精确打击的要求，原来主要应用于近程战术武器上的寻的末制导技术在远程(战略)武器上也有了强烈的技术需求；对于近程战术武器，不仅要求超高的命中精度(CEP≤3m，甚至 CEP≤1m)，随着防御技术的快速发展和防御能力的日益提高，还要求近程战术导弹能够在防区外发射。中制导也广泛地应用于近程战术导弹。因此，中制导+末制导组合制导已成为精确制导武器发展的重要方向。中制导是实现精确打击的保证，末制导是实现精确打击的关键，末制导段的制导技术是精确制导技术研究的主要内容。

近年来，精确制导技术发展迅猛、势不可挡，其主要发展方向如下。

(1) 中制导+末制导组合制导。随着新制导技术的不断发展和日趋完善，以及对远程制导武器的精确打击和战术导弹的防区外发射要求，中制导+末制导组合已成为精确制导技术发展的一个重要方向。发展的趋势则是使制导精度与射程的无关。

(2) 成像制导。成像探测可直观获取目标的外形或基本结构等丰富的目标信息，进而可抑制背景干扰、识别真假目标，并能识别目标要害部位，因而成为精确制导技术发展的重要方向。目前成像探测的主要手段有红外成像、可见光成像、雷达成像(相控阵雷达、合成孔径雷达)。发展趋势是远距离、多光谱、多频段、高分辨率成像，使成像精确制导武器具有作用距离远、抗干扰能力强、可全天候作战等突出优点，为自主智能精确制导奠定基础。

(3) 多模复合制导。多模复合制导是指同时使用两种不同的制导方式或同一种制导方式，但同时使用两个以上的波段的制导，或根据战场环境在制导过程中的不同阶段分别选择一种方式进行制导。将两种或两种以上制导结合则可互相取长补短，大大提高制导精度和对作战环境的适应性。因此，复合制导成为精确制导的一个重要发展方向。发展的趋势是复合模式更加多样和互补优势的充分利用。

(4) 自主智能制导。利用成像探测获取的目标外形或基本结构等目标信息，识别真假目标、识别目标要害部位，进而抑制背景干扰、对目标实施致命打击，使得精确制导发展成为自主智能制导。发展趋势是在制导过程中制导系统能够进行多目标选择、真假目标识别、目标要害部位选择等，并能进行在线战效评估，保证能够准确命中目标要害部位，对目标实施致命打击。

精确制导技术包括精确探测技术、精确导引技术。精确探测技术包括对目标的探测和识别，相关的技术主要是光电探测技术等。精确导引包括智能化信息处理技术、目标识别技术、智能导引技术等。目前，精确探测技术的主要发展方向有以下几方面。

(1) 红外成像探测：该技术研究始于 20 世纪 70 年代。美国处于领先地位，目前已发展了两代。第一代的实时红外成像系统是光机扫描系统。美国的发射前锁定的 AGM-65D/F "幼畜" 导弹和发射后锁定的 AGM-84 "斯拉姆" 导弹的红外成像探测是第一代红外成像探测的代表。第二代红外成像探测是红外凝视成像探测，国外已发展到广泛工程应用的水平，国内正在加速发展。其中，中波(3～5μm)红外凝视成像探测的发展较快。美国 "响尾蛇" AIM-9X 空-空导弹采用 128×128 元中波碲镉汞焦平面阵的红外凝视探测系统；"斯拉姆" 扩展响应型空-地导弹采用 256×256 长波碲镉汞凝视红外成像探测系统。未来红外成像探测技术将向采用大规模高密度的焦平面阵探测器的红外成像系统方向发展。

(2) 毫米波(成像)探测：该技术研究始于 20 世纪 70 年代，目前，在国外，毫米波探测已被用于各种导弹和弹药。例如，"爱国者" 改型防空导弹的 8mm 导引头已接近实用；具有低空反导能力的 ERINT 防空导弹的 8mm 导引头经加速研制已配备导弹制导系统；"黄蜂" 空-地导弹采用了 3mm 主被动双模导引头；"幼畜" "海尔法" 空地反坦克导弹 3mm 导引头；一些子弹如 TGSM 也都采用了毫米波探测技术，该技术现已成功应用于导弹武器。毫米波探测技术的发展趋势如下：

① 元器件由离散型向混合集成、单片集成方向发展；

② 工作波段由 8mm 向 3mm 方向发展；

③ 工作体制由非相参向宽带高分辨率一维成像、共形相控阵成像方向发展；

④ 关键元器件向实用化方向发展。

(3) 多模或复合探测：该技术研究始于 20 世纪 70 年代中期。红外紫外双模探测早已用于美国 "POST 尾刺" 防空导弹；主/被动微波复合探测已用于俄罗斯的 Mackit 反舰导弹，美国的 "萨达姆"、西德的 "苍鹰" 等反坦克导弹均采用毫米波/红外复合探测；被动雷达与红外复合探测用于美 RIM-116 舰空导弹；德国博登湖公司已研制出毫米波与红外成像复合探测系统。国外多模或复合探测种类繁多，报道的多达几十种，多模或复合制导发展的重点是毫米波和红外成像复合制导。

(4) 智能目标识别技术：国外十分重视此项技术的研究，其中自动目标识别(ATR)技术的研究是重点。基于红外图像的 ATR 系统的发展已历经两代：第一代红外图像 ATR 系统软件是不可编程的，是模式识别算法，只需要有限的知识，没有动态环境学习和自适应的能力；第二代软件是可编程的，是知识基算法，它融入人工智能，有自适应和学习能力。目前，正在把人工神经网络技术等新一代人工智能技术应用到 ATR 技术中，推动 ATR 技术迅猛发展，基本达到了工程实用程度，部分精确制导武器已初现 "自主智能制导" 的端倪。

近些年，随着相关学科和技术领域的迅猛发展和技术突破，精确制导技术在精确探测和精确导引方面都出现了相关的新技术。下面将分别简单介绍。

12.2　精确探测新技术

寻的制导武器为了具有高精度、较强的目标识别能力和强抗干扰能力，其先决条件是获取更多更有用的信息。为此，精确制导武器的探测技术总的发展趋势是向成像、凝视、多波段复合探测方向发展。

成像探测可以直观获取目标的外形或基本结构等丰富的目标信息、抑制背景干扰，可以有效地识别目标或目标的特定部位，它是提高精确制导武器的抗干扰能力、目标识别能力以及精确探测能力的最基本又最有效的手段。

成像探测技术的发展可分为三个阶段：

第一代成像探测技术主要是扫描成像技术，它包括各种光学扫描成像，目前技术比较成熟。

第二代成像探测技术是凝视成像技术，如红外凝视焦平面成像和微波成像技术等。

第三代成像探测技术是复眼探测成像技术，它依赖微电子技术的发展，不但可以实现凝视探测，而且可以把无数探测单元和多波段探测单元集成为单片器件，形成类似于蜻蜓眼睛的复杂探测系统。这种复眼式系统由于探测单元大幅度增多，实现了单片集成，这使它的探测精度、抗毁伤能力、抗干扰能力和轻小型化程度都有大幅度提高。

下面将主要简述红外成像制导系统的基本原理和组成、红外成像的方式、红外成像制导系统的图像处理方法等红外成像探测新技术。

12.2.1　红外成像探测新技术

1. 红外成像探测系统

红外成像探测系统根据是否制冷可分为制冷型或非制冷型两种。制冷型探测灵敏度很高，多用于远红外波段的常温目标探测；非制冷型探测灵敏度较低，多用于中远红外波段的较高温目标探测。此外，成像探测系统为了保证成像质量，大都采用具有稳定伺服机构的稳定平台或半捷联平台。无论这些成像探测系统结构如何，其组成功能基本相似，都是由整流罩、光学系统、成像探测器、图像处理系统和制导控制计算机构成的，有些还有稳定平台和制冷系统。

光学系统和成像探测器是红外成像系统的关键部件。光学系统多为能够不改变目标形状特性的透镜系统，探测器多为阵列式探测器或者通过扫描方式成像的探测器。图像处理单元是成像制导系统特有的处理单元，其主要功能是将原始采集的图像进行适当的处理，提高信噪比，并区分出目标和背景，从而获得目标的位置信息。

一般说来，红外成像探测器主要工作在 $8\sim12\mu m$ 的长波、$3\sim5\mu m$ 的中波两个波段。长波红外波段通常可提供所有常见背景的图像，尤其适用于北方地区及对地攻击，但对南方湿热地区或远距离(大于 10km)海上目标、空中目标，目标热辐射将逐渐转向中波波段。针对远距离海上目标或热带区域目标，使用中波红外波段探测较为有利。

随着红外凝视成像器件水平日益成熟和批量化，目前商品化的长波探测器分辨率已达到 128×128 元或更大，中波探测阵列达到 256×256 元或更大，并且成本也大大降低。此外，随着红外成像探测器向着多光谱化、高分辨凝视、智能化、轻型化和通用化的发展,目前越来越多的导弹、制导弹药和空间武器都开始大量使用红外凝视成像探测方式。

2. 红外凝视成像探测

早期红外成像制导武器主要采用两类成像方式:一类是以美国 AGM-65D"幼畜"空-地导弹为代表的多元红外探测器线阵扫描成像方式;另一类是以美国"坦克破坏者"反坦克导弹和"海尔法"空-地导弹为代表的多元红外探测平面阵列成像方式,即红外凝视成像方式。近年来,多元红外探测器线阵扫描成像方式的成像探测方式基本上被凝视成像探测方式所取代,故下面主要介绍凝视成像探测系统。

红外凝视成像系统是指系统在所要求覆盖的范围内,用红外探测器面阵充满物镜焦平面的方法实现对目标成像。换句话说,这种系统完全取消了光机扫描,采用元数足够多的探测器面阵,使探测器单元与系统观察范围内的目标空间单元一一对应。

红外凝视成像系统与红外点源探测器相比,具有视场大、响应速度快、探测能力强、作用距离远和抗干扰能力强等优点,且由于取消了扫描机构,大大简化了结构,缩小了体积,提高了可靠性,更重要的是改善了成像系统的性能。红外焦平面阵列(FPA)探测器是红外探测器发展史上的一个重要里程碑。它有两个显著特征:一是探测元数量很多,以致可以直接置于红外物镜的焦平面上实现大角度"凝视";二是有一部分信号处理功能由与探测器芯片互连在一起的集成电路完成,大大提高了系统的集成性。

红外凝视成像多采用 CCD(Charge-Coupled Device)探测器,所形成的红外图像是由每个CCD 探测单元产生电信号的组合。通常电信号以数字信号来表示,以便于弹上计算机的处理,所以导引头所获取的红外图像是在二维空间分布的数字图像矩阵。

红外凝视焦平面阵成像技术具有如下特点:

(1) 由于省掉了复杂的光学系统和光机扫描部件,探测器的体积更加小型化。

(2) 由于采用连续积累目标辐射能量(积分效应),其具有很高的探测灵敏度。

(3) 由于采用数量众多的探测元,其可以获得更高的分辨率。

(4) 由于凝视,探测器反应快,探测信息更换的速率提高,对探测高速、高机动目标很有利。

(5) 由于省去了机械部分,且集成度不断提高,系统的可靠性及抗冲击、振动和过载能力都较高。

若采用长波红外成像探测,它不仅可探测目标的高温区,还可探测常温目标,并使它具有更好的抗干扰能力。红外凝视焦平面阵成像技术是目前红外成像技术发展的重点。

12.2.2　光电成像探测新技术

提升探测精度与识别能力是新型光电探测技术发展的需求之一,为了减少打击成本、提升打击效率,要求探测系统具有对目标的高精度探测和分类识别能力;更进一步,还可对目标要害部位等打击点进行选择,实现精准点打击,提升毁伤效果。

在实际应用当中,如在打击海面目标时,海面反射阳光产生的亮带,以及高温高湿、降雨、雾霾、云层遮挡和干扰等都会对目标的精准探测与识别产生影响。精确制导武器对复杂自然天气和环境的适应性需要提高。同时,复杂地形、地貌和背景等也进一步增大了光电探测系统的目标探测和识别难度，此外，一些针对当前精确制导武器发展的对抗技术，包括烟幕烟尘、激光干扰、红外诱饵、伪装目标等也对精确探测技术提出了相应的挑战。为应对这些挑战，不仅相对比较成熟的红外凝视成像探测技术得到了迅速发展，同时，还发展了多/高光谱探测技术、偏振成像技术、激光三维成像技术、固态共形相控阵成像技术、光量子雷达探测技术，以及相关复合探测技术和智能探测与识别技术等新型光电成像探测技术。

1. 多/高光谱探测技术

物体光谱可反映其材料的内在特性，对于可见光、红外成像，不同谱段的反射/辐射强度存在差异，利用物体的光谱身份特征属性，可实现目标与背景、干扰以及各种目标间的区分，提升抗干扰能力。传统红外成像是宽谱段内辐射强度的累积成像，在一些光谱上本来可以区分的两个目标，因为累积成像变得特征差异不明显，难以区分。多/高光谱成像可以在谱段内对光谱进行细分，将信息维度从空间维的辐射强度特性拓展至"空间维+光谱维"，从而增强目标与背景、干扰的可区分性，提升抗干扰和识别能力。多光谱成像的光谱分辨一般为 3~10 个谱段，高光谱的分辨能力更强，可以达到数百个谱段，超光谱则可达到 1000 个以上谱段。通过多光谱探测进行谱段细分，能够获得不同的目标特征对比度，增强目标与背景环境、干扰的可区分性。

多/高光谱探测中的关键技术是自适应谱段选择和光谱特征大气传输校正。前者实现系统自主的谱段选择，以利用最佳的探测谱段，实现目标与背景、干扰的区分，该技术的研究需要以大量的光谱特性研究基础作为支撑。在多/高光谱探测中，目标是否可正确识别，需要找到目标的本征光谱特征，但由于大气传输，目标光谱特征发生退化，并且与背景变化程度有差异，如何还原出目标光谱特征以实现准确识别，需要研究大气传输特性及校正方法。

2. 偏振成像技术

偏振成像(Imaging Polarimetry)技术利用不同偏振态下的目标图像，一方面增强了目标的区分能力，另一方面，通过对大气、目标等偏振状态的解算和复原，可以拥有一定的穿透雾霾、雨雪、烟幕的能力，提升光学探测性能。

相较于常规成像对二维空间光振幅及波长(光谱)两维度的敏感，偏振成像在此基础上加入偏振维度，可以获取偏振度、偏振角等信息，提升了探测信息的维度。自然环境与人造物体的偏振特性差异明显：自然环境的地物背景偏振度一般小于 1.5%，而如坦克飞机类人造目标的偏振度一般达到 2%~7%，因而，偏振成像可以将复杂自然景物背景与军事目标区分开，对于光电制导武器实现复杂背景下作战具有重要的应用价值。

此外，通过大气偏振成像特性可以获取大气偏振模型，可通过偏振成像结合大气偏振模型估计算法，可一定程度上去除大气影响，增强光电成像、透雾透雨的能力，提升图像信息对比度。

偏振测量原理包括时分法、空分法等，不同方法有各自的优势和劣势。时分法各个偏振方向无法同时成像，不利于动平台应用，而空分法的优点是可以同时成像，从高速动平台应用角度考虑，宜采用分振幅、分焦平面等空分法。

偏振成像所获取的偏振度可以反映物体表面粗糙度、材料特性，偏振角反映空间信息。

圆偏振光在雾中、水中传输时具有优良的保偏性和持久性，为解决雾的影响、水下远距离传输提供了一种途径。通过传输路径的偏振特性建模和处理，也可提升对恶劣气象环境的适应能力。

在精确制导领域应用偏振成像技术，目标偏振特性的获取、恶劣大气模型的建立和去雾增强方法的设计都是其关键技术。

3. 激光三维成像技术

激光三维成像利用平台上的激光器主动发射激光照射目标，平台上接收机接收目标散射回波，通过光的飞行时间高精度计时，可以对目标测距。利用面阵探测器就可以获得阵列测距信息，并且信息中包含目标反射强度信息，因此，利用激光三维成像可以同时获取二维空间、目标距离和反射强度，即三维空间上目标强度图像。

该技术应用于精确制导武器中具有以下优势：一方面，激光成像反映了目标三维轮廓和表面材料反射率信息，不易受光照、温度等影响，很好地解决了红外辐射弱、昼夜反转、时段影响、光照阴影影响、目标与背景辐射温差低导致对比度差等问题，也能够解决电视成像无法夜间工作的问题；另一方面，激光发射光谱很窄，可达纳米以下，其他谱段对其探测无影响，如果不知道激光谱段，难以形成干扰。同时，激光可通过距离选通，抑制复杂背景干扰、不同距离上的重复模式影响，容易实现目标的分割提取。激光具有的穿透稀疏物质的能力，可以穿透伪装网和叶簇成像，发现隐蔽目标。这些优势使激光成像具有较强的抗干扰能力；再有，激光成像获取的是三维信息，更容易获取目标的实际大小、形状、姿态，从而为精确制导武器进行目标分类辨识和打击点选择提供更大的能力提升空间。

激光三维成像制导当前急需发展的关键技术，一方面是激光焦平面的工艺提升，发展 256×256 更大像素规模的焦平面器件；另一方面，需要发展三维图像处理和识别技术。三维信息的利用，以及实现更高级的目标分类识别，是当前仍未很好解决的问题。

4. 固态共形相控阵成像技术

无线电探测(含微波和毫米波)具有全天候、全天时、测距和作用距离远的特点。因此，它的成像技术也是人们研究的重点。目前，毫米波已经实现了利用毫米波宽带特性形成一维图像，而且性能更加优越的二维、三维成像已成为国际研究的热点。弹载相控阵技术的出现为开拓毫米波成像提供了可能。相控阵天线具有扫描速度快、扫描范围大、抗电子干扰能力强、指向精度高等优点，加之没有机械随动系统，因而体积小、重量轻，很适于弹上应用。

该成像技术除基本具有红外凝视成像的优点外，还具有全天候、全天时的能力。

固态共形相控阵由于采用固态器件，实现导弹头罩与天线的合一，充分利用导弹的有效空间，使复合探测更容易实现，是理想的天线系统。随着微电子技术的发展和基础技术的突破，共形相控阵的单元数量大幅度增多，集成化、轻小型化程度更高，从而大幅度提高了寻的装置的综合性能。

5. 光量子雷达成像探测技术

光量子雷达成像探测技术应用光子的量子关联特性，受障碍物、烟尘雾霾、大气湍流等环境因素影响较小，具有超高灵敏度、成像分辨率可突破衍射分辨率极限、抗干扰能力大幅增强、获取信息的能力更加精准与反隐身能力提升等特点，在军事领域具有巨大的潜在应用价值。

量子雷达基于光场的量子特性，利用双光子之间存在的量子关联现象实现目标探测。系统工作时，光子分为两路，其中一路经过目标，另一路没有经过目标的光子也有目标的信息，比较两光子各自的量子状态，可以得到目标的信息。目前，量子探测系统主要包括非纠缠态的量子关联雷达、纠缠态光子量子雷达等。

光子的量子特性可用隐身目标探测。利用偏振光子的量子特性对目标探测和成像时，由于任何物体在收到光子信号后都会改变其量子特性，故利用这种特性可探测隐身飞机。同时可借鉴量子保密通信的绝对安全性原理，如果一架隐身飞机试图拦截这些光子，并以某种方式重新发送虚假信号以伪装自己的形状或伪装自己的方位，雷达回波可能仅相当于一只鸟的面积，但量子雷达在这一欺骗过程中可发现对方的干扰行为，并可确定目标飞机的踪迹。

光量子雷达探测技术还处于发展阶段，距离工程应用仍有较大差距，特别是产生纠缠光子的激光光源仍是当前的难点，实现稳定的、真正的量子探测和成像急需重大突破。

6. 复合(成像)探测技术

以红外和其他模式复合为推动，如红外/毫米波复合、红外/激光复合、红外/雷达复合、红外/毫米波/激光三模复合等体制，是当前光电探测技术应用领域的重点发展方向之一。

红外/毫米波复合制导方式比其他多模制导方式具有更好的抗干扰性能，是目前公认的最有前途的复合制导技术之一。通过毫米波和红外复合，可使系统具有目标成像和高分辨能力，并提升全天候和对烟、雾的良好穿透性能。该方向的关键技术是实现紧凑、小型的复合集能设计。

激光三维成像与红外成像双模复合，结合了激光成像、距离选通和红外高分辨、大视场成像能力优势，提升了信息获取维度，可在复杂地物背景、岛岸背景、红外弱特征、阴影遮挡、昼夜反转等条件下实施目标精确打击，并提升目标识别和命中点选择能力。

复合探测的关键技术为光学特征及数据信息的融合技术，以及系统共孔径紧凑集成小型化设计技术。

7. 智能探测与识别技术

发展智能光电探测与识别技术，包括宽谱/多维光学智能感知与运用、基于人工智能方法的目标图像分类、云层和烟幕识别抗干扰等技术，可从智能化信息获取、智能化信息融合和智能化识别跟踪三个方面增加对干扰的辨识能力。

智能光电探测重在研究先进可重构的光电传感器，如传统的复合型传感器、高度集成的宽光谱可重构传感器，以及当前正在发展中的光谱和偏振共用的集成型微阵列传感器等，通过环境认知自主改变工作状态，实现探测模式的重构，进而增强对战场环境变化的适应能力。同时，发展智能光电探测信息处理技术，如利用神经网络、基于人工智能深度学习等自动目标识别方法，可提升光电探测系统的智能化水平，提升抗干扰和自主选择能力。小样本条件下的数据增广和机器学习是该领域的重要关键技术。

光电(成像)探测制导是精确制导武器采用的主要制导方式之一,采用光电探测制导的精确制导武器具有分辨能力强、命中精度高的优势,在对地对海、防空反导、空间攻防等领域得到广泛应用。与此同时,光电探测制导武器所面对的自然天气、复杂背景乃至人为干扰等作战环境,对其作战效能发挥有极大影响。随着光电探测制导武器在现代战争中的作用愈发突出,其相应的对抗手段也在不断发展,其面临的作战环境更为复杂,需加大对光电探测技术及其应用的研究力度,使得光电探测制导系统不断增强对日趋复杂的战场环境的适应能力,发挥精确打击效能。

12.3 精确导引新技术

12.3.1 智能化信息处理技术

精确导引技术在精确制导中占有极重要的地位,而制导信息处理技术是实现精确导引乃至精确制导的关键技术。精确探测技术只是为制导信息的利用提供了必要的条件,而这些信息的利用效率却取决于信息处理技术。弹载信息处理系统包括两个方面,即信息处理机和信息处理方法(硬件与软件)。

1) 弹载信息处理机

寻的制导武器对电子反对抗(含反隐身)、目标自动识别、精度等性能指标要求越来越高,促使其导引头探测器向成像和多模复合探测方向发展,因而探测系统的信息量大大增加,加上信息更新率、相关处理(多帧相关)量增大,对弹载信息处理机提出了更高要求,主要是高速、大存储容量和微小型化。

弹载信息处理机的主要发展方向:

(1) 超大规模集成电路。为适应弹载信息处理机对环境、质量、体积的苛刻要求,当前世界已攻克亚微米技术,试图掌握纳米技术,进一步发展到对分子的电行为进行控制。

(2) 超高速大容量计算。目前弹载信息处理机的运算速度正在向每秒几亿次甚至几十亿次方向发展。

(3) 发展专用处理机。发展与算法配套的专用处理机,用专用结构提高信息的处理速度。

2) 软件与信息处理方法

精确制导武器实现智能化,很大程度上依赖软件和信息处理方法。在复杂的战场环境中更好地发挥效能,就要根据战场环境、作战目标采用不同的软件和处理方法,所以加强精确制导算法和软件的研究是非常必要的。研究制导算法和软件的基本出发点是:运用先进的图像处理(信息处理)技术,能使精确制导武器自动搜索和识别目标,能从目标群中选择出高价值的目标,能自动选择目标的要害部位、自适应地对抗干扰,使制导武器提高智能化水平。

随着人工智能、成像制导、微型计算机和自适应控制技术等的发展和突破,人们已经开始探索研究使武器系统实现完全自动化和智能化的制导技术。智能化制导系统的核心是智能导引头,其主要技术特点如下:

(1) 能在充满各种干扰的复杂战争实际环境中完全自动地探测、搜索、识别视场中的全部目标，能从多目标中选择攻击价值高的目标，选择目标的要害部位和脆弱部位，捕获多目标并进行实时多模目标跟踪。

(2) 能够综合利用多种信息，对多传感器和复合传感器探测的数据进行融合处理。

(3) 能够模拟专家解决问题时有效而复杂的思维活动，使智能化制导系统能在瞬息万变的战争环境下判断和决策，自动识别目标和自动跟踪目标。

(4) 能对视场中的目标进行威胁判断、优先加权等，可选择威胁大的目标进行拦截。

(5) 能进行瞄准点选择和杀伤效果评估。

(6) 具有对故障干扰和环境进行综合决策的能力。

智能化导引技术主要包含下面几种关键技术：

(1) 智能目标跟踪技术。

智能目标跟踪技术是建立在目标识别基础上的，首先将探测到的全部视场内的目标数据划分时段，连续地进行比较，采用最优算法把目标分类识别，自适应地进行最优决策，完成对目标的动态跟踪。智能目标跟踪技术一般指目标识别与智能图像处理、多模式跟踪算法及智能管理、多目标跟踪及智能加权、目标丢失及智能决策等技术的综合运用。

(2) 智能图像处理与目标识别。

目标识别是完成智能目标跟踪的基础。传统的信息处理技术在完成目标识别时，大多是利用统计模式识别方法。而成像探测给目标识别提供了更好的条件，基于逻辑推理的智能目标识别是首先对识别目标及其周围的背景关联物运用图像分析、识别技术或人工智能技术等获得识别目标及其周围可能景物的符号性表达(如待识别目标的各种抽象特征、与周围景物的几何和物理约束关系以及其他关联信息等)，即知识性事实后，通过模拟人脑抽象思维的处理方法，确定图像分析与处理前端分割出的感兴趣的类别，以提高识别性能。

(3) 多模式目标跟踪算法及智能管理。

多模式目标跟踪算法有特征序列匹配算法、相关与模板匹配跟踪算法、形心跟踪算法、边缘跟踪算法、对比度跟踪算法、活动目标跟踪算法等。每种模式跟踪算法都不是万能的，都只能在某种环境下良好地跟踪目标。应根据系统在不同的制导阶段，采用不同的跟踪模式进行智能管理，以自适应地选择最大可信度的跟踪方式，并提供其他更新的跟踪信息。

(4) 多目标跟踪及智能加权。

为了适应多目标攻击和自动连射等战术要求，智能图像跟踪器不仅应具有多个目标识别和跟踪能力，而且还具有瞄准点自动选择功能。跟踪器要从探测到的背景中提取出目标特征信息(大小、灰度、形状和距离等)，根据预知的目标的类型、目标威胁估计，对进入捕获视场中的多个目标进行分类判别和智能优先加权处理，使系统首先瞄准和攻击多个目标中威胁最大的目标。

(5) 目标丢失及智能决策。

在跟踪复杂背景条件下的目标时，可能由于种种原因而使目标丢失，因此，除了采用自适应的变视场、变波门、变参数以提高其跟踪能力外，系统还应具有自适应、自学习能力，目标丢失后可智能地继续跟踪目标。

12.3.2　精确导引方法

对于自寻的导弹，由于经典导引律，特别是比例导引律需要的制导信息量少，结构简单，且易于工程实现，截至目前，仍是现役的大多数战术导弹使用的导引律。只是在应对高速大机动目标时，尤其在目标采用各种干扰措施的情况下，经典比例导引律导引效果较差。人们开始研究如何设计新型导引律，基本有两种思路：其一是在比例导引律的基础上，利用先进控制理论和方法，对比例导引律加以修正、改进，使改进的比例导引律能够在攻击高速大机动目标时具有更好的性能；其二是利用现代控制理论和方法来设计新型导引律，这种基于现代控制理论设计的导引律称为现代导引律。与经典导引律相比，现代导引律有许多优点，如脱靶量小，导弹命中目标时姿态角满足特定要求，对抗目标机动和干扰能力强，弹道相对平直，弹道需用法向过载分布合理，作战空域增大等。但由于现代导引律一般需要的制导信息量大，目前的精确制导武器还难以获得这些制导信息，故工程应用尚有一定困难。

下面对这两类导引律分别进行介绍。

1. 基于比例导引律改进的新型导引律

1) 智能组合导引律

在经典导引方法中，应用广泛的是追踪法导引和比例导引。两者各有所长，在应对高速目标大机动时，总是期望导弹弹道尽量平直，需用法向过载越小越好；特别是在命中点附近，希望能够尽量降低需用过载，减小脱靶量，同时希望提高抗干扰能力。追踪法导引时导弹总是绕到目标后方去攻击目标，造成末弹道较为弯曲，需用过载增大，但追踪法导引具有抗干扰能力强的优点。

固定前置角法导引是对追踪法导引的改进，它保持导弹速度矢量提前角恒定，但只适用于攻击低速目标。

比例导引法的优点在于弹道前段较弯曲，可充分利用导弹的机动能力，弹道后段较为平直，机动能力富裕，且易于工程实现，但其抗干扰性能较差，命中目标时的需用法向过载与命中点附近的导弹速度和攻击方向有关，还容易受目标机动的影响。如果能采用某种机制，把两种导引方法有机结合，形成优势互补，将得到更好的导引效果。

为将追踪法导引和比例导引有机结合，美国密歇根大学的 Takehira 提出了一种比例+追踪组合导引律，如在纵平面内，导引关系式可表示为如下组合形式：

$$\dot{\sigma} = K_1 \dot{q} + K_2 \sin \eta \tag{12.3.1}$$

它在形式上分为两部分：第一部分相当于比例导引，第二部分相当于追踪法导引。通过两个系数 K_1、K_2 来调节导引律中比例导引和追踪法导引的权重。这种方法力图综合追踪法导引和比例导引的优点，期望在保持追踪法导引效率的同时，通过增加比例导引项来把末段需用过载降低到可接受的程度。

通过分析可知，这种组合导引律在尾追情形下，保持了追踪法导引的优点(抗干扰性强)，同时能在一定程度上降低末端导引弹道的需用过载。但在对付大机动目标时，它的需用过载一般要比比例导引的需用过载大，甚至在某些情况下追踪项会大大恶化末端弹道。期望进一步对这种导引效果进行改善。

　　由于在攻击末端，导弹速度向量和目标视线的夹角不总为零，则组合导引律中的追踪项也就不为零，这是末端需用过载大的主要原因。因此，将式(12.3.1)所示的组合导引律改进为如下组合导引律。

$$\dot{\sigma}_m = K_1\dot{q} + K_2\sin(\eta_m - \eta^*) \tag{12.3.2}$$

式中，η^* 可以是一个确定的角度，它代表了在目标大机动情况下的最佳接近角度。

　　在导引末段，目标为了破解导弹攻击而采取的机动策略一般是以尽可能大的坡度做圆周运动。这样就会导致到攻击末段，视线角速度会保持在一定的水平而降不下来。此时，如果导弹速度与目标速度方向呈一定的夹角，将会取得更好的攻击效果。这种组合导引方法充分利用了比例导引、追踪法导引和固定前置角导引的优点，可有效地降低导引末端导弹的需用过载，使末段弹道平直，脱靶量更小。同时不需要更多的制导信息，易于工程实现。

　　深入研究发现，组合导引律中导引系数 K_1、K_2 的取值不同对脱靶量影响较大，且在不同的目标机动情况下对脱靶量的影响也不尽相同。要想在普遍情况下使组合导引律都具有良好的性能，需要综合考虑多种因素，利用设计者的经验来设计。比例系数 K_1、K_2 应该为一组自适应时变参数，而自适应的选取比例系数 K_1、K_2 又较为困难。

　　模糊控制是一种智能控制方法，它不依赖于被控制对象的模型，主要是以人的控制经验作为控制的知识模型，通过模糊推理给出控制指令，具备一定的智能行为。组合导引律的设计中需要综合考虑多种因素，且又依赖于设计者的经验，研究表明，利用模糊控制理论可以很好地处理这种综合考虑多种因素，且又依赖于专家经验的场景。也就是说，要按照模糊控制理论，将组合导引律设计成一个模糊控制器，根据模糊控制的规则"自适应"地调节比例系数 K_1、K_2，使其具有更好的导引性能。

　　2) 目标机动信息辅助的导引律

　　目前自寻的导弹大都采用二轴稳定或三轴稳定的导引头，导引律则采用传统的比例导引以及改进的比例导引，使得导弹制导系统具有结构简单、可靠性高和制导精度高等特点。但是，比例导引法存在明显的缺点，即命中点附近导弹需用法向过载除了受导弹速度变化和攻击方向的影响外，更为重要的是还会受目标机动加速度的影响。为了消除这些缺点，人们一直致力于比例导引法的改进。例如，考虑法向过载与目标视线旋转角速度成比例的广义比例导引法，其导引关系式为

$$n_c = K_1\dot{q} \tag{12.3.3}$$

再如，考虑导弹-目标相对速度的扩展比例导引法，其导引关系式为

$$n_c = K_2|\dot{r}|\dot{q} \tag{12.3.4}$$

式中，K_1、K_2 为比例系数；$|\dot{r}|$ 为导弹接近速度。

　　扩展比例导引律在命中点附近就不会受导弹速度变化和攻击方向的影响，但还会受目标机动加速度的影响。

　　在实际攻防对抗中，目标通常会选择在末制导段进行大机动，甚至智能机动逃逸。这就要求导弹一方面要具有在较短时间内产生较大可用过载的能力；另一方面，由于目标智能机动的突然性和随机性，在形成导引指令时，最好能够包含(显式或隐式)目标机动信息。例如，可采用式(12.3.5)所示的导引律：

$$a_c = (1 + K/\cos\eta)V\dot{q} + a_T/\cos\eta \tag{12.3.5}$$

式中，a_c 为导弹的导引指令；a_T 为垂直于目标视线的目标法向加速度；V 为导弹速度；η 为导弹速度前置角，是导弹速度向量与目标视线的夹角。

一般情况下，对目前普遍采用的常平架导引头来讲，η 不可直接测量。如果导引头瞄准误差角和导弹攻角都很小，那么 η 可以用导引头框架角 η_g (导引头天线轴与导弹纵轴之间的夹角)来近似，即 $\eta \approx \eta_g$，则导引律可表示为

$$a_c = (1 + K/\cos\eta_g)V\dot{q} + a_T/\cos\eta_g \tag{12.3.6}$$

由式(12.3.6)不难看出，式中的第二项包含目标机动加速度信息，可以认为是利用目标机动加速度信息对比例导引律的补偿，在应对高速大机动目标时，将取得更好的导引效果。

然而，目标机动加速度信息是很难直接测量获得的。目前常用的方法是利用导引头能够测量获得的导弹-目标相对运动信息，采用合适的估计方法对目标机动加速度进行估计得到 a_T 的估计值 $\hat{a}_T$，然后用 $\hat{a}_T$ 代替式(12.3.5)中的 a_T 求得导引指令。因此，只要能精确估计目标加速度，在拦截大机动目标时，这种利用目标机动加速度信息对比例导引律进行补偿的导引律将能更好地发挥其优势，取得良好的导引效果。其前提条件是对目标机动加速度的估计要有相当高的估计精度，而工程上所能得到的目标机动信息的估计精度大多情况下比较低，且有些情况下会造成估计器不稳定。因而，这种目标机动加速度辅助的导引律在工程应用上受到一定的制约。

研究发现，视线角加速度信号中包含目标机动加速度信息。若能利用某种手段获取视线角加速度信号，利用视线角加速度作为辅助信号构成新的导引律，要比利用目标机动加速度作为辅助信号构造导引律在工程上更容易实现。通过引入视线角加速度作为辅助信号，从而形成新的导引律，称为比例+微分导引律。

$$a_c = K_P V_r \dot{q}(t) + K_D V_r \ddot{q}(t) t_{go} \tag{12.3.7}$$

式中，a_c 为导弹的导引指令；K_P 为比例导引的导航比系数；K_D 为视线角加速度辅助项的系数，视线角加速度是视线角速度的微分，故 K_D 也称为微分导引系数；V_r 为导弹接近目标的速度；$\dot{q}(t)$ 为视线角速度；$\ddot{q}(t)$ 为视线角加速度；t_{go} 为导弹的剩余飞行时间。

目前工程上 $\ddot{q}(t)$ 难以直接测量，可直接测量的是视线角速度，因而 $\ddot{q}(t)$ 可由视线角速度的微分而得到，但直接微分视线角速度会使视线角速度信号中的噪声过分放大，因此，可考虑利用跟踪微分器来对 $\ddot{q}(t)$ 进行估计得到 $\hat{\ddot{q}}(t)$。但跟踪微分器毕竟是一个微分器，对输入信号-视线角速度信号中包含的高频噪声具有放大作用，不仅影响导引精度，严重时还会影响制导系统的稳定性。还可探索利用分数阶微积分理论，建立分数阶微分器来获得 $\hat{\ddot{q}}(t)$。分数阶微分器本身就是一个滤波器，且表现出一定的"记忆"特性，具有更好的滤波特性，对噪声更加不敏感，因而这种导引律会拥有更好的抗干扰性。

2. 基于现代控制理论的导引律

基于现代控制理论设计的导引律称为现代导引律，主要有最优导引律、变结构导引律、最优变结构导引律、鲁棒导引律、微分对策导引律、智能导引律、神经网络导引律等，也

就是说，基于什么现代控制理论设计的导引律就是什么导引律。近年来，随着人工智能技术的迅猛发展，各类"智能导引律"受到了普遍关注，通过深入的研究，它们得到了迅速发展。在第 6 章中已详细介绍了最优导引律、变结构导引律、鲁棒导引律等，下面简单介绍几种带有"智能"的现代导引律。

1) 复合控制模式下的智能复合导引律

为了使导弹能够对大机动目标实施有效攻击，先进战术导弹大都采用了直接侧向力/气动力复合控制模式，通过引入直接侧向力控制，从而大大提高导弹的快速响应能力和机动过载能力。由于直接侧向力控制部件工作的特点，一般大气层内作战的导弹在大部分飞行时间内还是尽量充分利用气动力控制，只在末制导段目标做大机动时才启用直接侧向力控制，且往往采用与气动力复合控制的方式来减小脱靶量，提高命中精度。

直接侧向力控制部件一般采用与导弹纵轴垂直安装的喷流发动机，常用的有脉冲型和脉宽调制型两种，都属于开关型的操纵机构。利用气动力控制的舵面属于连续型操纵机构。然而，目前大多数自寻的导引律产生的导引指令还是连续型的，开关型操纵机构难以直接执行连续的导引指令，导致在制导系统设计中大都采用近似或等效的处理方法。根据在大气层内作战的导弹直接侧向力操纵机构的工作特点，人们研究了复合控制导弹的新型导引律，即连续+开关型复合导引律设计方法，进而引入模糊智能技术，研究了新型导引律的交接切换技术，形成了一种复合控制模式下的智能复合导引律。

以纵向攻击平面内的运动为研究对象，导弹-目标相对运动方程可整理为以视线角速度为变量的方程：

$$\ddot{q} = \frac{1}{r}(-2\dot{r}\dot{q} + \dot{V}_m \sin\eta_m - \dot{V}_t \sin\eta_t - a_m \cos\eta_m + a_t \cos\eta_t) \tag{12.3.8}$$

令 $x_1 = q$，$x_2 = \dot{q}$，可得状态方程形式如下：

$$\dot{X} = \begin{bmatrix} \dot{x}_1 \\ \dot{x}_2 \end{bmatrix} = AX + BU + Df = \begin{bmatrix} 0 & 1 \\ 0 & a_g \end{bmatrix}\begin{bmatrix} x_1 \\ x_2 \end{bmatrix} - \begin{bmatrix} 0 \\ b \end{bmatrix}u + \begin{bmatrix} 0 \\ b \end{bmatrix}f \tag{12.3.9}$$

式中，$f = a_t \cos\eta_t - \dot{V}_t \sin\eta_t$ 为目标机动加速度项垂直于视线方向的分量，此处作为干扰处理，并且由于在末制导阶段，切向运动往往是不控制的，因此可以近似认为 $\dot{V}_m \sin\eta_m = 0$，则系统的输入量为 $u = a_m \cos\eta_m$，$a_g = -2\dot{r}/r$ 和 $b = 1/r$ 为状态方程中的时变系数。

首先假设系统的干扰量 $f = 0$，根据变结构控制理论，选取滑动模态为

$$s = r\dot{q}$$

为了保证系统状态能够达到滑动模态，而且在到达滑动模态的过程中有优良的特性，选取滑模趋近律为

$$\dot{s} = -k_1 \frac{|\dot{r}(t)|}{r(t)}s - k_2 \operatorname{sgn}(s) \tag{12.3.10}$$

趋近律的物理意义在于：当 $r(t)$ 较大时，也就是导弹离目标较远时，可适当放慢趋近滑动模态的速度；当 $r(t)$ 较小，也就是导弹离目标较近，甚至 $r(t) \to 0$ 时，趋近速度迅速增大，这样就可以使 $\dot{q}$ 尽量小，确保 $\dot{q}$ 不发散，从而使导弹具有较高的命中精度。

基于以上滑动模态和趋近律的选取，经过复杂推导，可求出滑模变结构导引律为

$$u_v = (k_1 + 1)|\dot{r}|\dot{q} + k_2 \operatorname{sgn}(s) \tag{12.3.11}$$

由式(12.3.11)不难看出，该变结构导引律由两部分组成：一部分是连续形式的 $(k_1 + 1)|\dot{r}|\dot{q}$，相当于扩展比例导引律；另一部分是开关形式的 $k_2 \operatorname{sgn}(s)$，相当于对扩展比例导引的补偿。这种连续+开关型的导引律特别适合采用直接侧向力/气动力复合控制的导弹。只要令

$$u_v = u_{\text{fin}} + u_{\text{jet}} \rightarrow \begin{cases} u_{\text{fin}} = (k_1 + 1)|\dot{r}|\dot{q} \\ u_{\text{jet}} = k_2 \operatorname{sgn}(s) \end{cases} \tag{12.3.12}$$

这样可将复合导引律中相当于扩展比例导引的部分 $u_{\text{fin}} = (k_1 + 1)|\dot{r}|\dot{q}$ 分配给气动操纵面执行，而将开关形式的那一部分 $u_{\text{jet}} = k_2 \operatorname{sgn}(s)$ 分配给侧向喷流发动机执行。故喷流发动机在执行开关形式的导引指令时，不用再做近似或等效。另外，由式(12.3.12)所示的导引律是基于变结构控制理论设计的，对于参数摄动与干扰具有很强的鲁棒性。

复合控制的导弹在稠密大气层内作战时，直接侧向力往往在末制导段目标大机动时才启用直接侧向力控制。故存在一个导引律的切换问题，或者说是直接侧向力的启动策略问题。根据剩余飞行时间启动复合控制的策略是一种研究较多并且简单易行的方法，但一般很难在目标机动情况下得到精准的估计值，且对于剩余时间估计的精度会直接影响制导精度。

另一种思路是借鉴模糊智能控制的思想，对启动直接侧向力的规则进行设计，使导引律的切换可以考虑更多的因素，也使得新型导引律具有一定的"智能"水平。例如，r 和 $\dot{q}$ 的变化趋势在很大程度上反映了弹目相对运动态势，故可以将 r 和 $\dot{q}$ 选为决策变量，形成基于 r 和 $\dot{q}$ 的智能切换律，可简单描述如下：

(1) 如果导弹距离目标较远(弹目相对距离 r 较大)，不管决策变量 $\dot{q}$ 是多大，都不启动侧向喷流执行机构，采用单纯气动力作用模式下的常规导引律。

(2) 如果弹目相对距离 r 较小，决策变量 $\dot{q}$ 较小，直接侧向力喷流执行机构仍然不启动，仅采用单纯气动力作用模式下的常规导引律。

(3) 如果弹目相对距离 r 较小，但决策变量 $\dot{q}$ 较大，则启动侧向喷流执行机构，由常规导引律切换至连续+开关型导引律。

上述规则中的"较大"和"较小"只是模糊的概念，可利用模糊推理机去描述切换逻辑规则，形成基于模糊智能的复合导引律。

另外，$\dot{q}$ 和 $\ddot{q}$ 的变化趋势在很大程度上也可反映弹目相对运动态势，如果视线转率 $|\dot{q}|$ 不再减小，即 $\dot{q}\ddot{q} \geqslant 0$ 且 $\dot{q} \neq 0$，一定是目标在机动，这时就需要启动直接侧向力，使视线转率继续减小到一定程度 $\dot{q}_{\text{th}}$ (预设的阈值)，然后侧向喷流关机，还可选取 $\dot{q}$ 和 $\ddot{q}$ 为决策变量，形成基于 $\dot{q}$ 和 $\ddot{q}$ 的智能切换律，此处不再赘述。

同样，也可利用模糊推理机去描述基于 $\dot{q}$ 和 $\ddot{q}$ 的智能切换律，形成基于模糊智能的复合导引律。

进一步考虑复合导引律智能切换的交接班策略，即可形成可工程实现的智能复合导引律。

2) 基于模糊预测控制的智能导引律

基于预测控制理论的导引方法首先预测未来时段的系统状态，然后据此进行最优控制

决策，该方法具有明显的预测性。基于预测控制理论的导引律研究主要有两种：预测命中点导引和模型预测导引。这里只介绍基于模型预测控制(Model Predictive Control，MPC)的导引方法。

MPC 是以被控对象的方波或阶跃响应的有限序列为模型，预测多步输出并使系统性能指标最优化的计算机控制方法，它优于经典控制和最优控制。模型预测控制方法主要有预测函数控制(PFC)、模型算法控制(MAC)、动态矩阵控制(DMC)、基于参数模型的广义预测控制(GPC)、广义预测极点配置控制(GPP)等。经典 MPC 的控制流程如图 12.3.1 所示。

图 12.3.1 中，$r(k)$ 为系统的设定输入，$u(k)$ 为输入，$y(k)$ 为实际输出值，$y(k|k)$ 为预测模型输出，$y(k+j|k)$ 为 j 步预测输出，$d(k)$ 表示系统干扰。

模型预测控制包括模型预测、滚动优化和反馈校正三部分，并认为控制量与一组相应于过程特性和跟踪设定值的函数有关。

将模糊控制思想和预测控制方法有机结合起来，则可形成一种新的控制方法——模糊预测控制方法。模糊预测控制构型大致可分为两类：一类是模糊与预测的外在结合，其共同特征是充分发挥模糊思想和预测方法的长处，相互促进；另一类是在预测控制的框架下，将模糊模型作为预测模型，可视为模糊与预测的深度融合。模糊预测控制的框图如图 12.3.2 所示。

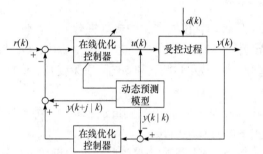

图 12.3.1　经典预测控制系统结构　　　图 12.3.2　模糊预测控制系统结构

下面以图 12.3.2 所示的模糊预测控制系统结构，简述基于模糊预测控制的导引律设计。

(1) 导弹-目标相对运动模型。

导弹-目标相对运动模型一般采用直角坐标系下的描述形式，且假设导弹在垂直平面内攻击目标，基准参考线选为地平线。

(2) 模糊导引律设计。

参考模糊组合导引律设计方法，在此仍将比例导引和固定前置角导引相结合，并利用模糊控制理论来设计模糊组合导引律。

模糊控制的输入由两部分组成，第一个输入是视线变化率，第二个输入是导弹速度和目标视线的夹角。

模糊控制器的输入为

$$\begin{cases} e_1 = \dot{q} \\ e_2 = \eta_m - \eta^* \end{cases} \tag{12.3.13}$$

输出变量为导弹的角加速度指令 $\dot{\theta}$。

① 模糊化设计。

为了使规则库的规则输出具有明确的含义，采用 Takag-Sugeno 类型的模糊控制器，分为比例导引部分和固定前置角部分，便于根据输出曲线的控制效果来调节规则库。

② 模糊规则设计。

模糊输出变量 $\dot{\theta}$ 为单点集合，其值选为关于 e_1 和 e_2 的线性函数，则控制指令可表示为

$$\dot{\theta} = K_1 e_1 + K_2 \sin e_2 \tag{12.3.14}$$

根据专家经验，对模糊控制律进行调整，在不改变输入变量的隶属度函数的前提下，对每条规则对应的规则输出进行调节，即通过调节模糊控制器上对应各个顶点上各自的 K_1、K_2 来改变规则输出(各个点的高度)。

以上给出了模糊控制器的设计，将所设计的模糊控制器作为图 12.3.2 所示的模糊预测控制系统中的控制器，在此框架下，再来设计预测控制器。

结合导弹运动学模型，首先预测出其在某一个控制周期内视线角速度的变化量，即模型预测；然后用此预测变化量修正在此控制周期初始时刻采样获取的视线角速度，用修正后的角速度偏差补偿当前时刻模糊控制器的输入量，即反馈校正，此处不再详述。例如，反馈校正采用在线滚动方式进行，由模糊控制部分完成。这样就完成了模糊预测导引指令的计算，形成了基于模糊预测控制的智能导引律设计方法。

3) 基于增强学习的智能导引方法

增强学习方法不需要系统的数学模型，而是把控制系统的性能指标直接转化为一种评价指标，当系统性能指标满足要求时，所施控制动作得到奖励，否则得到惩罚。控制器通过自身学习，最终得到最优的控制动作。对于导弹拦截攻击机动目标问题，可描述为攻防双方的一个动态决策问题。研究表明，可将增强学习应用于导弹拦截攻击机动目标的导引问题。

增强学习的基本框架主要有两部分：环境和 Agent。可把环境看成一个动态系统，Agent 产生的动作使其状态发生变化。Agent 包括三个部分：输入模块 I、强化模块 R 及策略模块 P。输入模块 I 把描述环境的状态变成 Agent 的输入形式；强化模块 R 给环境的每一个状态赋一个值；策略模块 P 更新 Agent 的知识，同时使 Agent 根据某种策略选择一个动作并作用于环境。增强学习的目的是构造一种控制策略，使得 Agent 行为性能达到最大。

在研究将增强学习应用于导弹拦截攻击大机动目标的导引问题时，采用增强学习中的 Q-学习方法来实现精确导引是一个合理的选择。将基于 Q-学习的增强学习理论应用于智能自寻的导引律的设计，从而形成基于增强学习的智能自寻的导引律设计方法。

Q-学习是一种模型无关的增强学习方法，它的思想是不去学习每个状态的评价函数 V，而是学习每个状态-动作对的评价值 $Q(s,a)$，$Q(s,a)$ 的值是从状态 s 执行动作 a 后获得的累计回报值。关于 Q-学习的详细描述和训练策略这里不做论述。只简单介绍基于 Q-学习的智能导引律设计。

(1) 建立攻防双方交战对策准则。

在研究基于 Q-学习的智能导引律设计时，首先要建立攻防双方交战对策准则。微分对策导引不是假设目标的机动方式不确定，而是认为目标也在智能地运用自己的机动能力。

微分对策导引律求解可归结为一个有约束条件的泛函极值问题。再将泛函求极值转化为求解非线性两点的边值问题，即求解两组非线性变系数的常微分方程组。两点边值问题的求解十分困难，研究表明，采用增强学习算法可实现两点边值问题的求解。

以二维平面上的导弹拦截机动目标的导引问题为例。交战双方的相关变量和参数的定义如前。假设导弹具有速度优势，即 $V > V_T$。其他选取视线角 q 以及空中拦截双方的弹道倾角 θ、θ_T 作为被选取的参数，根据对策准则生成飞行器的动作空间。由于双方在机动策略的选择上均以回报函数为目标，而回报函数与双方的相对距离及其变化率相关，这样可建立交战双方对策准则。

拦截导弹选取策略 $u^* \in U$ 的目的是：①应使 θ_T 尽量落在和 θ 同一象限内；②应使 $|q-\theta|$ 尽快减小，即沿着视线距缩短的方向。

对于目标来说正好相反，选取策略 $v^* \in V$ 的目的是：①应使 $|\theta_T - \theta|$ 以最快的速度增加。②应使 $|q-\theta|$ 尽快增加，也就是避免视线距缩短。

在建立交战对策准则时，相应的控制变量简化为法向过载，即双方只对其航迹角进行控制。对策过程反映在 Q-学习方法中就是导弹试图极小化强化函数，目标要极大化强化函数，这样演变成一个"双方极值问题"。

(2) 交战对抗过程的描述。

假设交战对抗过程的运动方程可描述为

$$\dot{x} = f(x,u,v,t) \tag{12.3.15}$$

式中，x 为交战双方的运动状态矢量；u 为拦截策略；v 为目标采取的策略。根据最优控制理论可以得到系统的性能指标泛函为

$$J(u,v) = \varphi(x(t_1),t_1) + \int_{t_0}^{t_1} L(x,u,v,t)\mathrm{d}t \tag{12.3.16}$$

交战对抗过程中，导弹在微分对策导引下将力图使性能指标 $J(u,v)$ 趋向最小，而目标则相反地促使 $J(u,v)$ 达到最大。经过对抗与反对抗，双方均可求出最优策略，使得

$$J(u^*,v) \leqslant J(u^*,v^*) \leqslant J(u,v^*) \tag{12.3.17}$$

这样就将导弹拦截目标的问题转化为完全信息的二人零和微分对策问题。

以上泛函的鞍点即是满足最优控制律的最优点 (u^*,v^*)。其中，u^*、v^* 分别是导弹和目标采取的最优策略。

利用哈密顿函数求解最优控制策略 u^*、v^*，哈密顿函数如下：

$$H(\lambda,x,u,v,t) = L(x,u,v,t) + \lambda^{\mathrm{T}} f(x,u,v,t) \tag{12.3.18}$$

然后，根据双方极值原理可以得到最优策略 u^*、v^*。

根据双方极值原理可知，最优策略 (u^*,v^*) 达到最优的条件是 $u^*(t)$、$v^*(t)$ 对于一切 $t \in [t_0,t_1]$ 满足：

$$\max_{u \in U} \min_{v \in V} H(\lambda, x^*, u, v, t) = \min_{v \in V} \max_{u \in U} H(\lambda, x^*, u, v, t) = H(\lambda, x^*, u^*, v^*, t) \qquad (12.3.19)$$

利用 Q-学习方法，根据每个状态-行为对(s, a)，利用与环境交互获得的信息来对各个 Q 函数进行迭代，以得到最优状态-动作值函数的估计。

在交战拦截中，双方的性能指标定义为：双方在一系列控制作用下，从某一状态开始进行到末端状态的过程中所接收到的激励的总和，即

$$V(s_n) = \sum_{k=0}^{\infty} \gamma^k r_{n+k+1} = r_{n+1} + \gamma V(s_{n+1}) \qquad (12.3.20)$$

因此，拦截过程中导弹选择机动策略的目的是极大化回报函数，而目标选择机动策略的目的是极小化回报函数，双方各自的强化函数和 Q 函数分别定义如下。

拦截导弹：

$$V^*(s_n) = \max_n Q^*(s_n, u_n) \qquad (12.3.21)$$

$$Q^*(s_n, u_n) = V^*(s_n) + \eta\{[r(s_n, u_n) + \gamma V^*(s_{n+1})] - V^*(s_n)\} \qquad (12.3.22)$$

目标导弹：

$$V^*(s_n) = \min_n Q^*(s_n, u_n) \qquad (12.3.23)$$

$$Q^*(s_n, v_n) = V^*(s_n) + \eta\{[r(s_n, v_n) + \gamma V^*(s_{n+1})] - V^*(s_n)\} \qquad (12.3.24)$$

由以上可以得到将拦截导弹和目标导弹结合的微分方程为

$$\begin{aligned} Q^*(s_n, u_n, v_n) = \max_u \min_v Q(s_n, u_n, v_n) + \eta[r(s_n, u_n, v_n) \\ + \gamma \max_u \min_v Q(s_{n+1}, u_n, v_n) - \max_u \min_v Q(s_n, u_n, v_n)] \end{aligned} \qquad (12.3.25)$$

(3) 回报函数和强化函数的实现。

在增强学习系统中采用一个回报函数来定义一个目标，也就是将感知环境的状态映射为单一的数值。回报函数 $r(s,a)$ 可定义为导弹和目标之间相对距离 d_{mt} 的变化律的函数，也可定义为弹-目相对距离变化率 Δd 的函数。一般讲，在基于 BP 网络的 Q-学习导引律中，回报函数 $r(s,a)$ 可定义为导弹和目标之间相对距离 d_{mt} 的变化律的函数，而基于 CAMAC 网络的 Q-学习导引律中立即回报 r_t 定义为弹-目相对距离变化率 Δd 的函数。

强化函数的实现：针对表格型的 Q-学习方法，在状态-动作对次数大和学习次数多时存储 Q 值需要占用非常大的空间，可以利用神经网络具有的任意逼近、容错、泛化等能力来近似强化函数，此处不赘述。

综上可得到基于 BP 神经网络的 Q-学习导引律或基于 CAMAC 网络的 Q-学习导引律。还有其他现代导引律，特别是智能导引律，此处不再一一介绍。

思　考　题

1. 成像探测技术的发展阶段有哪些?
2. 弹载信息处理系统的主要构成是什么?

3. 现代导引律的优缺点有什么？

4. 基于模糊预测控制的导引律设计是如何实现的？

5. 基于Q-学习的智能导引律设计中，交战双方的策略选取准则是怎样的？

第 13 章　导弹控制新技术

　　随着高新技术在军事领域中的广泛应用，未来战争将变得更加激烈，战场环境更加恶化，战斗节奏更加快捷，攻防双方武器系统间的体系对抗更加严酷。例如，在未来空战中，机载精确制导武器(空-空导弹)将成为赢得战争的最重要因素。空-空导弹打击的主要目标具有极高的格斗能力和机动能力，往往会在来袭导弹离自己很近时采取突然大过载机动的方式进行逃逸，这种机动方式称为智能机动，使其突防能力大大提高。空-空导弹要实现对这类大机动目标的有效杀伤，一般来讲，依赖于两个基本因素：一是导弹要具有足够大的可用过载，且导引系统能够合理地、有效地利用导弹的可用过载；二是导弹执行导引指令的时间要足够短，也就是说，导弹的动态响应要足够快，即要大幅度提高导弹的机动性。近年来，导弹控制新技术主要围绕提高导弹的机动性展开研究。

　　一般来讲，可将导弹制导系统分为导引系统和控制系统，导引系统的基本任务是控制导弹的质心运动，换言之就是按照一定的规律改变导弹的飞行方向。为了改变导弹的飞行方向，必须控制作用在导弹上的法向力(法向过载)，这个任务由法向过载控制系统完成。法向过载控制成为导弹控制系统要完成的基本任务。姿态控制系统的另一任务就是校正弹体的动力学特性，使弹体的姿态运动更加平稳，从而提高制导系统的性能。姿态控制系统是包含在制导回路中的一个内回路。然而，制导系统对控制系统的要求与控制系统本身提出的要求常常是矛盾的，比如说，制导系统要求控制系统越快越好，但对控制系统来讲，快速性要求太高了还有可能导致系统不稳定，就更无法完成法向过载控制的任务。因此在设计时经常不得不寻找综合解决的方法。因此传统的导弹控制技术因难以满足要求，人们探索研究了新的导弹控制技术。下面就简单介绍几种导弹控制新技术。

13.1　大攻角飞行控制技术

　　近年来，飞机和导弹等空中目标的机动能力得到了很大提高。为了有效地拦截这些目标，导弹的机动能力必须有更大提高。提高导弹机动过载的有效途径之一是提高导弹的最大使用攻角。从国内外的研究情况来看，把最大使用攻角提高到 $40° \sim 60°$ 可以将导弹的机动过载提高到 $35g \sim 60g$，这足以满足高机动导弹的技术指标要求。然而，大攻角条件下导弹的空气动力学特性将变得十分复杂。依照常规方法设计的飞行控制系统可能无法满足工程实际的需要。

13.1.1　导弹大攻角飞行的特性分析

　　大攻角飞行的导弹，其空气动力学特性相比小攻角飞行时变得更为复杂，主要表现在非线性耦合和参数不确定等几个方面。

1. 导弹大攻角空气动力学耦合

导弹大攻角空气动力学耦合主要有两种类型：一种是由导弹大攻角空气动力特性造成的；另一种是由导弹的动力学和运动学特性引起的。下面分两部分讨论这个问题。

导弹大攻角气动力特性是造成导弹空气动力学复杂化的主要因素，因此对导弹大攻角空气动力学耦合机理的分析应主要从其气动力特性的研究入手。导弹大攻角气动力特性主要表现在非线性、诱导滚转、侧向诱导、舵面控制特性和动态导数等方面。下面对这些特性进行简单介绍。

1) 非线性

导弹按小攻角飞行时，升力的主要部分来自弹翼，其升力系数呈线性特性。大攻角时，弹身和弹翼产生的非线性涡升力成为升力的主要部分，翼-身干扰也呈现非线性特性。大攻角飞行可以提高导弹的机动性就是利用了这种涡升力。这就决定了导弹大攻角飞行控制系统的设计必是一个非线性系统的设计问题。

2) 诱导滚转

小攻角时，侧滑效应在十字翼上诱起的滚动力矩是很小的，但是随着攻角的增大，即使尾翼式导弹，其诱导滚动力矩也越来越严重。

3) 侧向诱导

导弹小攻角飞行时，纵向与侧向彼此可以认为互不影响，但在大攻角条件下，无侧滑弹体上却存在侧向诱导效应。许多风洞试验表明，低、亚、跨声速时，大攻角诱起的不利侧向力和偏航力矩相当显著，而且初始方向事先不确定。若不采取适当措施，弹体可能失控。

4) 舵面控制特性

大攻角飞行导弹的舵面控制特性与小攻角飞行时的不同主要表现在舵面效率的非线性特性和舵面气动控制交感上。

以十字尾翼作为全动控制舵面的导弹，在小攻角、小舵偏角情况下，舵面偏转时根部缝隙效应、舵面相互干扰等影响都不大，舵面效率基本呈线性，但是，随着攻角、舵偏角的增大，舵面线性化特性遭到破坏。

在导弹大攻角飞行时，同样的舵面角度在迎风面处和背风面处舵面上的气动量是不同的。随着攻角的增大，迎风面舵面上的气动量越来越大，背风面的气动量越来越小。这种差异随着马赫数的增大变得越来越严重。这时，如果垂直舵面做偏航控制，尽管上、下舵面偏角相同，但因为气动量的差异，产生的气动力不同，除了产生偏航控制力矩外，还诱起了不利的滚动力矩。反之，如果垂直舵面做滚动控制，尽管上、下舵面偏角相同，但因为气动量的差异，产生的气动力不同，除了产生的滚动控制力矩外，还诱起了不利的偏航力矩。这种气动舵面控制交感若不加以制止，将导致误控或失控。

5) 纵/侧向气动力和力矩确定性交感

因为导弹大攻角气动力和气动力矩系数不仅与马赫数有关，还与导弹的攻角、侧滑角呈非线性关系，所以必然存在纵/侧向气动力和力矩确定性交感现象。这种交感现象只有在很大的攻角情况下才变得较强。

2. 运动学耦合

1) 运动学交感项

导弹力平衡方程中，存在两项运动学耦合 $\omega_x \alpha$ 和 $\omega_x \beta$ ，当导弹以大攻角和大侧滑角飞行时，运动学耦合对导弹动力学特性的影响是较大的。

2) 惯性交叉项

导弹力矩平衡方程中的惯性交叉项 $(I_x - I_z)\omega_x \omega_z / I_y$ 等将导弹的俯仰、偏航和滚动通道耦合在一起。如果导弹的滚动通道工作正常，这种惯性交叉项的影响是很小的。

3. 耦合因素的特性分析

根据前面的讨论，导弹大攻角空气动力学耦合因素主要有以下几个：
(1) 控制面气动交叉耦合；
(2) 纵/侧向气动力和力矩确定性交感；
(3) 不确定性侧向诱导；
(4) 诱导滚转；
(5) 运动学交感项；
(6) 惯性交叉项。

根据其本身的建模精度和对导弹控制系统的影响程度，给出这些耦合因素的基本特性，见表 13.1.1。

表 13.1.1 耦合因素的基本特性

耦合因素	影响程度	建模精度
控制面气动交叉耦合	较强*	较高
纵/侧向气动力和力矩 确定性交感	较强	较高
不确定性侧向诱导	较强	较差
诱导滚转	强	较高
运动学交感项	较强	高
惯性交叉项	较弱**	高

* 在推力矢量舵存在的情况下，影响较小；

** 滚动控制时，影响较小。

4. 导弹大攻角飞控系统的解耦策略

大攻角飞行导弹的空气动力学解耦可以从总体、气动和控制等方面着手解决，单从控制策略角度考虑，主要有以下两条技术途径。

(1) 引入 BTT-45°倾斜转弯技术，使导弹在做大攻角飞行时，其 45°对称平面对准机动指令平面，此时导弹的气动交叉耦合最小。这种方案在对地攻击导弹的大机动飞行段、垂直发射地-空导弹的初始发射段得到了广泛应用。因为倾斜转弯控制技术的动态响应不可能非常快，所以这种方案一般不能用于要求快速反应的动态响应的空-空导弹和地-空导弹攻击段中。

(2) 引入解耦算法，抵消大攻角侧滑转弯飞行三通道间的交叉耦合项。因为耦合因素的基本特性是不同的，所以应采取不同的解耦策略：

① 对影响程度大、建模精度高的耦合项，采用完全补偿的方法，即采用非线性解耦算法实现完全解耦，如诱导滚转和运动学交感。

② 对影响程度较大、建模精度较高的耦合项，实现完全解耦。过于复杂的情况，如有必要采用线性解耦算法实现部分解耦，主要目的是防止这种耦合危及系统的稳定性，如纵/侧向气动力和力矩确定性交感。

③ 对影响程度较大但建模精度很差的耦合项，采用鲁棒控制器抑制其影响，在总体设计上避免其出现或改变气动外形削弱其影响，如侧向诱导。

④ 影响程度较弱、建模精度差的耦合项不做处理，依靠飞控系统本身的鲁棒性去解决。理论和实践表明，使用不精确解耦算法的系统比不解耦系统的性能更差。

13.1.2　导弹大攻角飞行控制系统设计

通过对导弹大攻角空气动力学的初步分析表明，它是一个具有非线性、时变、强耦合和不确定特征的被控对象。因此在控制系统设计时，应充分考虑这个特点。

从非线性控制系统设计的角度考虑，目前主要有线性化方法、逆系统方法、微分几何方法以及非线性系统直接设计方法等。线性化方法是目前在工程上普遍采用的设计技术，具有很成熟的工程应用经验。微分几何方法和逆系统方法的设计思想都是将非线性对象精确线性化，然后利用成熟的线性系统设计理论完成设计工作。将非线性系统精确线性化方法的突出问题是当被控对象存在不确定参数和干扰时，不能保证系统的鲁棒性。另外，建立适合该方法的导弹精确空气动力学模型是一项十分困难的任务。

随着非线性系统设计理论的进步，目前已经有一些直接利用非线性稳定性理论和最优控制理论直接完成非线性系统综合的设计方法，如二次型指标非线性系统最优控制和非线性系统变结构控制。非线性系统最优控制目前仍存在鲁棒性问题，非线性系统变结构控制的直接设计方法对被控对象的非线性结构有特定的要求，这些都限制了非线性系统直接设计方法的工程应用。

从时变对象的控制角度考虑，可用的方法主要有预定增益控制理论、自适应控制理论和变结构控制理论。预定增益控制理论和自适应控制理论对被控对象都要求明确的参数缓变假设。与自适应控制理论相比，预定增益控制理论设计的系统具有更好的稳定性和鲁棒性。应对时变对象，变结构控制是一种强有力的手段，但是，当被控对象具有参数大范围变化的情况时，变结构控制器会输出过大的控制信号。将预定增益控制技术与其结合起来可以较好地解决这个问题。另外，变结构控制理论在设计时变对象时，要求对象的模型具有相规范结构，在工程上如何满足这个要求需要进一步研究。

从非线性多变量系统的解耦控制角度考虑，主要有静态解耦、动态解耦、模型匹配和自适应解耦技术等。目前主要采用的方法有静态解耦和非线性补偿技术等。

将大攻角空气动力学线性化，得出描述大攻角飞行导弹的多变量线性化模型。该模型体现了导弹俯仰 - 偏航 - 滚动三个通道的耦合特性，可利用该模型进行导弹自动驾驶仪设计，故称为线性多变量系统性能指标模型法。

通常，当所需的系统特性能够用传递函数或一组微分方程描述时，就可以使用性能指标模型法，可以在模型中规定诸如响应时间和带宽这样的系统特性。

为保证滚动通道和侧向通道是解耦的，必须使滚动通道带宽比侧向通道带宽宽得多。这往往要求滚动通道具有很宽的带宽或者增加侧向通道的动态响应时间。增加侧向通道响应时间是不希望的，因为这会大大影响制导性能，而滚动通道的带宽受飞行器弹性特性、控制伺服机构带宽以及系统噪声影响等的限制。于是，当设计导弹控制系统时，一方面要保证一定的控制系统响应时间，另一方面要限制滚动系统的带宽。因此，常常要对允许的攻角提出不希望的限制要求以适应这些矛盾的约束。

然而，性能指数模型法能把这些约束直接变成一种控制规律，用这种规律能在给定的控制响应速度下放松对滚动回路带宽的要求以及对攻角的限制，而不会由于三通道耦合引起控制损失。

通过探讨导弹大攻角空气动力学耦合机理，得出耦合因素有控制面气动交叉耦合、纵/侧向气动力和力矩确定性交感、不确定性侧向诱导、诱导滚转、运动学交感和惯性交感项，并对这些耦合因素对弹体性能的影响程度进行了初步分析。然后，提出了导弹大攻角飞控系统的解耦策略，对导弹大攻角飞行控制系统设计方法进行了评述。

研究表明，有了适当的控制通道间的信号交叉耦合，导弹的机动性可明显增加，而且不需要另外增加滚动通道带宽。交叉耦合还可能提供附加的好处，如减少由侧向通道引起的滚动通道扰动。从另一个角度来看，在给定侧向通道动态响应和机动能力要求的情况下，可以放宽对滚动通道的频带要求。

13.2　推力矢量控制技术

13.2.1　推力矢量控制与实现方式

大气层中飞行的导弹的控制力一般是由可动的空气动力舵面产生的，但随着对导弹机动性的要求越来越高，使用攻角越来越大，已促使各种新型控制操纵机构和新的控制技术出现，推力矢量控制技术就是其中之一。

推力矢量控制是一种通过控制主推力相对弹轴的偏移产生改变导弹飞行方向所需控制力矩的控制技术，称为推力矢量控制技术。相应地，实现推力矢量控制的一套装置称为推力矢量控制装置或推力矢量控制系统。显然，这种方法不依靠气动力，即使在低速、高空状态下仍可产生很大的控制力矩。正因为推力矢量控制具有气动力控制不具备的优良特性，所以它在现代导弹设计中得到了广泛的应用。

推力矢量控制技术主要在以下场合得到了应用。

(1) 在洲际弹道式导弹的垂直发射阶段，如果不用姿态控制，那么一个微小的主发动机推力偏心(而这种偏心是不可避免的)，都将会使导弹翻滚。因这类导弹一般很重，且燃料质量占总质量的 90%以上，必须缓慢发射，以避免动态载荷，而这一阶段，空气动力控制是无效的，必须采用推力矢量控制。

(2) 垂直发射后紧接着就快速转弯的导弹。因为垂直发射的导弹必须在低速下以最短的时间进行方位对准，并在射面里进行转弯控制，此时导弹速度低，操纵效率也低，因此，不能用一般的空气舵进行操纵。为达到快速对准和转弯控制的目的，必须使用推力矢量舵。

新一代舰-空导弹和一些地-空导弹为改善射界、提高快速反应能力都采用了该项技术,典型型号有美国的标准-3。

(3) 有些近程导弹,如"旋火"反坦克导弹,发射装置和制导站隔开一段距离,为使导弹发射后快速进入有效制导范围,就必须使导弹发射后能立即实施机动,也需要采用推力矢量控制。

(4) 进行近距格斗、离轴发射的空-空导弹,由于对这类高速导弹的机动性要求太高,也需要采用推力矢量控制,典型型号为俄罗斯的 R-73。

(5) 目标横越速度可能很高,初始弹道需要快速修正的地-空导弹也需要采用推力矢量控制,典型型号为俄罗斯的 S-300。

(6) 在各种海情下出水,需要弹道修正的潜艇发射导弹,如法国的潜射导弹"飞鱼"。

(7) 发射架和跟踪器相距较远的导弹,独立助推、散布问题比较突出的导弹,如中国的 HJ-73 反坦克导弹。

(8) 气动控制显得过于笨重的低速导弹,特别是手动控制的反坦克导弹,典型型号为美国的"龙"式导弹。

与空气动力控制系统相比,推力矢量控制系统的优点是:只要导弹处于推进阶段,即使在高空飞行和低速飞行段,它都能对导弹进行高效的控制,而且能获得很高的机动性能。缺点是推力矢量控制系统不依赖于大气的气动压力,但是当发动机停止燃烧后,它就不能操纵了。

推力矢量控制系统的作用原理很简单,但实现的方式多种多样,大致可以将其分为三类(在第 4 章的操纵机构中已有详细讲述,这里只简单介绍)。

第一类:摆动喷管类。

这一类包括所有形式的摆动喷管及摆动出口锥的装置。在这类装置中,需要使整个喷管发生偏转,从而产生推力偏转。这一类主要有以下两种类型的喷管。

(1) 柔性喷管。它是通过层压柔性接头直接装在火箭发动机后封头上的一个喷管。它的轴向刚度很大,而在侧向却很容易偏转。

(2) 球窝喷管。该装置可以围绕喷管中心线上的某个中心点转动。舵机通过方向环进行控制,以提供俯仰和偏航力矩。

第二类:流体二次喷射类。

在这类系统中,流体通过吸管扩散段被注入发动机喷流。注入的流体在超声速的喷管气流中产生一个斜激波,引起压力分布不平衡,从而使气流偏斜。这一类主要有以下两种。

(1) 液体二次喷射。高压液体喷入火箭发动机的扩散段,产生斜激波,从而引起喷流偏转。

(2) 热燃气二次喷射。燃气直接取自发动机燃烧室或者燃气发生器,然后注入扩散段,由装在发动机喷管上的阀门实现控制。

第三类:喷流偏转类。

喷流偏转类主要是指在火箭发动机的喷流中设置阻碍物,以使得发动机喷流在某个方向上减少,从而使推力偏转。这一类主要有以下五种。

(1) 燃气舵。基本结构是火箭发动机的喷管尾部对称地放置四个舵片。四个舵片的组合偏转可以产生要求的俯仰、偏航和滚转操纵力矩及侧向力。

(2) 偏流环喷流偏转器。它是发动机喷管的管状延长，可绕出口平面附近喷管轴线上的一点转动。偏流环偏转时扰动燃气，引起气流偏转。控制俯仰和偏航平面内的运动。

(3) 轴向喷流偏转器。在欠膨胀喷管的周围安置 4 个偏流叶片，叶片可沿轴向运动以插入或退出发动机尾喷流，形成激波而使喷流偏转。

(4) 臂式扰流片。在火箭发动机喷管出口平面上设置 4 个叶片，工作时可阻塞部分出口面积，产生推力损失形成控制力。

(5) 导流罩式致偏器。它是一个带圆孔的半球形拱帽，拱帽可绕喷管轴线上的某一点转动，该点通常位于喉部上游。这种装置的功能和扰流片类似。当致偏器切入燃气流时，超声速气流形成主激波，从而引起喷流偏斜。

不管是哪一类、哪一种形式的推力矢量装置，都是靠改变发动机喷流的作用方向或在某一方向上改变喷流的大小，从而形成推力方向的改变，控制导弹改变飞行方向。由于不依赖于空气动力，即使在低速、高空状态下仍可产生很大的控制力矩。

13.2.2　推力矢量控制的应用

推力矢量控制技术在导弹上应用主要有两种方法，即全程推力矢量控制(即只有推力矢量控制系统)和气动力/推力矢量复合控制。因为全程推力矢量控制和普通的空气舵控制的设计过程是相似的，所以在这里主要讨论气动力/推力矢量复合控制的设计方法。

气动力/推力矢量复合控制系统有许多优点，主要表现在：

(1) 增加了有效作战包络，在高空目标截击、近射界、大离轴和全向攻击方面的性能都有很大提高。

(2) 显著地减小了导弹自动驾驶仪的时间常数，研究结果表明，采用推力矢量控制系统，无论气动舵尺寸多大，飞行高度如何，法向过载控制系统一阶等效时间常数均可以做到小于 0.2s，这是导弹拦截高机动目标所必需的。

(3) 可以有效地减小导弹的舵面翼展，因为当发动机工作时，推力矢量控制系统提供主要的控制力矩，特别是在导弹的低速段和高空飞行时就更有意义。

在气动力/推力矢量复合控制模式下进行导弹控制系统设计时，应考虑推力矢量控制系统性能上的特点：

(1) 喷流偏转角度，也就是喷流可能偏转的角度。

(2) 侧向力系数，也就是侧向力与未被扰动时的轴向推力之比。

(3) 轴向推力损失，装置工作时所引起的推力损失。

(4) 驱动力，为达到预期响应须加在这个装置上的总的力特性。

喷流偏转角和侧向力系数用以描述各种推力矢量控制系统产生侧向力的能力。对于靠形成冲击波进行工作的推力矢量控制系统来说，通常用侧向力系数和等效气流偏转角来描述产生侧向力的能力。

截至目前，气动力/推力矢量复合控制系统在导弹上的应用还不像气动舵控制系统那样成熟，尚存在着一些难题，主要表现在：

(1) 在导弹的低速飞行段和高空飞行段使用推力矢量控制，大攻角将不可避免，非线性气动力和力矩特性十分明显，常规设计的自动驾驶仪结构可能无法适应。

(2) 导弹在大攻角飞行时，其弹体动力学特性受飞行条件的影响，在很大范围内变化，且会导致俯仰-偏航-滚动通道之间存在明显的交叉耦合，这会破坏导弹的稳定性能和控制性能。

(3) 气动力/推力矢量复合控制系统是一种冗余控制系统，确定什么形式的控制器结构和选择怎样的舵分配原则使导弹具有最佳的性能是有待进一步研究的问题。

(4) 攻角和过载限制问题，使用推力矢量控制的导弹，总体设计难以保证对导弹攻角的限制，必须引入专门的攻角限制机构。

下面着重讨论空气舵和推力矢量舵的控制舵分配问题。对同时具有空气舵和推力矢量舵的导弹，其控制信号的分配从理论上讲存在着无穷多解。在工程中，需要研究控制舵分配的基本原则，确保给出一种符合工程实际的、性能优异的控制舵分配方法。

控制舵分配通常应遵循以下三个基本原则。

(1) 满足舵的使用条件：对推力矢量舵，它只是当发动机工作时才可使用；对鸭式导弹的空气舵，其大攻角操纵特性很差，气动交叉耦合效应明显，所以推力矢量舵只能在中小攻角的范围内使用；而对于正常布局的导弹，特别是使用格栅舵，其大攻角操纵特性仍是很好的。推力矢量舵在导弹大攻角飞行时仍有很好的操纵性。

(2) 使导弹具有最大的可用过载或转弯角速率：通过对两套舵系统的合理使用(分时选用或同时使用)，产生最大的操纵能力，由此使导弹具有最大的可用过载或转弯角速率。

(3) 使导弹舵面升阻比最大：实现舵面升阻比最大的意义是舵面诱导阻力的极小化和舵面操纵力矩的极大化。当然，这也是通过合理地组合两套舵系统来实现的。

对于空气舵/推力矢量复合控制导弹，舵面使用的方法主要有两种：串联控制方式和并联控制方式。串联控制方式在导弹的任何飞行状态下同时只有一套舵系统在工作。通常的做法是在导弹飞行的主动段使用推力矢量舵，被动段使用空气舵。并联控制方式是指在导弹的任何飞行状态同时有两套或一套舵系统工作。根据控制舵分配的第一个原则，在以下条件中，导弹只能用一套舵系统：

(1) 导弹飞行的被动段，只能使用空气舵。

(2) 当攻角大于一定值时，空气舵基本不起作用，只能使用推力矢量舵。

除此之外的其他情况都可以同时使用两套舵系统。

13.3　直接侧向力控制技术

众所周知，导弹对大机动目标的有效攻击依赖于两个基本因素：一是导弹要具有足够大的可用过载，且导引系统能够合理地、有效地利用导弹的可用过载；二是导弹执行导引指令的时间要足够短，也就是说，导弹的动态响应要足够快。以采用比例导引律的战术导弹为例，当导弹攻击机动目标时的需用过载估算公式为 $n_m \geq 3n_t$ (n_m 为导弹需用过载、n_t 为目标机动过载)，并且需用过载必须小于导弹的可用过载。其次，由于导弹武器和目标都有较高的飞行速度，所以控制机构的响应时间对于精确打击的结果有着重要的影响。考虑以上因素，使用直接力控制技术是提高导弹机动性的有效技术途径。

13.3.1　直接力控制装置

1. 直接力控制装置的操纵方式

直接力控制是一种利用特殊的火箭发动机安装在垂直于导弹轴向上，以火箭发动机直接喷射燃气流的反作用力作为控制力，直接或间接改变导弹弹道的控制装置，称为直接力控制装置或直接侧向力控制装置，也称为侧向喷流装置。空气舵控制导弹的时间常数一般为 150～350ms，在目标大机动条件下很难保证很高的控制精度。在直接力控制的导弹中，直接力控制装置的时间常数一般为 5～20ms，因此可有效地提高导弹的响应速度，进而提高制导精度。

直接力控制装置有两种不同的操纵方式：力操纵方式和力矩操纵方式。要实现不同的操纵方式，直接力控制装置在导弹上的安装位置不同，提高导弹控制动态响应速度的机理也不同，如图 13.3.1 所示。

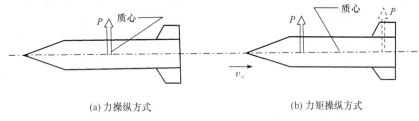

(a) 力操纵方式　　　　　　　　(b) 力矩操纵方式

图 13.3.1　侧向喷流装置安装位置示意图

力操纵方式也称为直接力操纵方式，需要将侧向喷流装置安装在重心位置或离重心较近的地方，如图 13.3.1(a)所示。这样侧向喷流装置不产生控制力矩或产生的控制力矩足够小。因为力操纵方式中的控制力不是通过气动力产生的，所以控制力的动态滞后被大幅度地减小了(在理想状态下，从 150ms 减小到 20ms 以下)。为了产生要求的直接力控制量(一般要求比较大)，通常要求侧向喷流装置具有较大的推力。俄罗斯的 9M96E/9M96E2 和欧洲的新一代防空导弹 Aster15/Aster30 的第二级都采用了力操纵方式。

力矩操纵方式要求侧向喷流装置产生控制力矩，通常希望将其放在远离重心的地方，如图 13.3.1(b)所示。力矩操纵方式下虽然不以产生控制力为目的，但仍有一定的控制力作用。产生控制力矩改变了导弹的飞行攻角，进而改变了作用在弹体上的气动力，进而使导弹的飞行方向发生改变。这种力矩操纵方式不要求侧向喷流装置具有较大的推力，但由于力矩操纵方式中的直接力控制部件的时间常数非常小，也可以有效地提高导弹的响应速度。

力矩操纵方式具有两个特点：

(1) 有效地提高了导弹力矩控制回路的动态响应速度，进而提高了导弹控制力的动态响应速度。

(2) 能够有效地提高导弹在低动压条件下的机动性。

美国的 ERINT-1、俄罗斯的 C-300 垂直发射转弯段采用的是力矩操纵方式。

2. 直接力控制的配置

在导弹上直接力控制装置的配置方法主要有三种：偏离质心配置方式、质心配置方式和前后配置方式。

偏离质心配置方式是将一套侧向喷流装置安放在偏离导弹质心的地方。它实现了导弹的力矩操纵方式。

质心配置方式是将一套侧向喷流装置安放在导弹的质心或接近质心的地方。它实现了导弹的力操纵方式。

前后配置方式是将两套侧向喷流装置分别安放在导弹的头部和尾部。前后配置方式在工程使用上具有最大的灵活性。当前后喷流装置同向工作时，可以进行直接力操纵；当前后喷流装置反向工作时，可以进行力矩操纵。该方案的主要缺陷是喷流装置复杂，结构重量大一些。

3. 直接力控制装置推力的方向控制

直接力控制装置推力的方向控制有极坐标控制和直角坐标控制两种方式。

极坐标控制方式通常用于旋转弹的控制中。旋转弹的侧向喷流装置通常都选用脉冲发动机组控制方案，通过控制脉冲发动机点火相位来实现对推力方向的控制。

直角坐标控制方式通常用于非旋转弹的控制中。非旋转弹的侧向喷流装置通常选用燃气发生器控制方案，通过控制安装在不同方向上的燃气阀门来实现推力方向的控制。其工作原理见图 13.3.2。

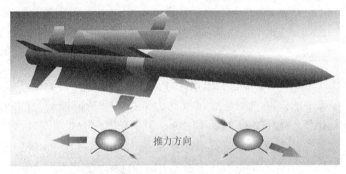

图 13.3.2　直角坐标控制

13.3.2　直接力控制系统基本方案

无论是空气动力控制、推力矢量控制还是力矩操纵方式的直接力控制，从基本原理上来说，都是首先产生控制力矩，使弹体转动并生成攻角，当攻角对应的恢复力矩与控制力矩相平衡时，弹体在转动方向达到稳态，此时对应的攻角即为平衡攻角。此平衡攻角产生的气动升力与推力的法向分量、重力在法向上的分量的合力，将使导弹速度矢量转动，从而实现对弹道的控制。

力操纵方式的直接力控制则完全没有姿态转动的动态过程，当侧向喷流装置喷射时，弹体过载将会迅速响应。

在下述几种情况下可以优先采用力操纵方式的直接力控制方法。

(1) 低初速导弹初始段控制的情况。

(2) 有些导弹在发射时发射药量很小，导弹的发射初速很低。在导弹处于低速时，采用力操纵方式的直接力控制比空气动力控制的控制效率更高。

(3) 简易制导弹药的情况。

(4) 为简化结构和降低成本，简易制导弹药也常采用力操纵方式的直接力控制进行弹道修正。

(5) 需要导弹快速响应的情况。

通过对直接力控制的操纵方式和控制机理的研究，得出以下直接力控制系统设计原则：

(1) 设计应符合 ENDGAME 最优制导律提出的要求。

(2) 导弹控制系统动态滞后极小化原则。

(3) 导弹控制系统可用法向过载极大化原则。

(4) 有、无直接力控制条件下飞行控制系统结构的相容性。

根据上面的设计原则，下面给出几种直接力控制器方案。

1. 控制指令误差型控制器

控制指令误差型控制器的设计思路是：在原来的反馈控制器的基础上，利用原来控制器的控制指令误差来形成直接力控制信号，控制器结构见图 13.3.3。很显然，这是一个双反馈方案。可以说，该方案将具有很好的控制性能，但该方案的缺点是它与原来的气动舵反馈控制系统不相兼容。

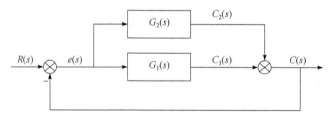

图 13.3.3　控制指令误差型控制器

2. 第 I 类控制指令型控制器

第 I 类控制指令型控制器的设计思路是：在原来的反馈控制器的基础上，利用控制指令来形成直接力控制信号，控制器结构见图 13.3.4。

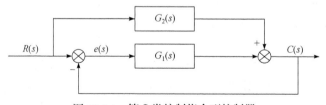

图 13.3.4　第 I 类控制指令型控制器

很显然，这是一种前馈+反馈方案。该方案的设计有两个明显的优点：

(1) 因为是前馈+反馈控制方案，前馈控制不影响系统稳定性，所以原来设计的反馈控制系统不需要重新镇定参数，在控制方案上有很好的继承性。

(2) 直接力控制装置控制信号用作前馈信号，当其操纵力矩系数有误差时，并不影响原来反馈控制方案的稳定性，只会改变系统的动态品质，因此该方案特别适用于在大气层内飞行的导弹。

(3) 在直接力前馈作用下，该控制器具有更快速的响应能力。

3. 第Ⅱ类控制指令型控制器

第Ⅱ类控制指令型控制器的设计思路是：利用气动舵控制构筑攻角反馈飞行控制系统，并利用控制指令来形成攻角指令。利用控制指令误差来形成直接力控制信号，控制器结构见图 13.3.5。

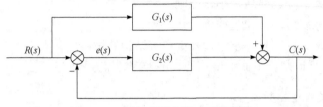

图 13.3.5　第Ⅱ类控制指令型控制器

很显然，这也是一种前馈+反馈方案，其中以气动舵面控制为基础的攻角反馈飞行控制系统作为前馈，以直接力控制为基础构造法向过载反馈控制系统。

4. 控制指令型复合控制器

提高导弹的最大可用过载是改善导弹制导精度的一条技术途径。通过直接叠加导弹直接力和气动力的控制作用，可以有效地提高导弹的可用过载。根据这种思路形成的控制器称为控制指令型复合控制器，具体形式见图 13.3.6。

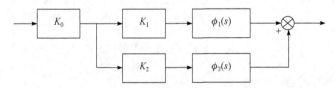

图 13.3.6　控制指令型复合控制器

图 13.3.6 中，K_0 为归一化增益，K_1 为气动力控制信号比例系数，K_2 为直接力控制信号比例系数。通过合理优化控制信号比例系数，可以得到最佳的控制性能。该方案的问题是如何解决两条独立支路的解耦问题，因为传感器(如法向过载传感器)无法分清这两路输出对总的输出的贡献。

假定直接力控制特性已知，利用法向过载测量信号，通过解算可以间接计算出气动力控制产生的法向过载。当然，这种方法肯定会带来误差，因为在工程上直接力控制特性并不能精确已知。比较特殊的情况是，在高空或稀薄大气条件下，直接力控制特性相对简单，这种方法不会带来多大的技术问题；而在低空或稠密大气条件下，直接力控制特性将十分复杂，需要研究直接力控制特性建模误差对控制系统性能的影响。

为了尽量减少直接力控制特性的不确定性对控制系统稳定性的影响，还有一种前馈+反馈控制方案，其控制器结构类似于第Ⅰ类控制指令型控制器，即采用直接力前馈、空气舵反馈的方案，见图 13.3.7。这种方案的优点是：直接力控制特性的不确定性不会影响系统的稳定性，只会影响闭环系统的传递增益。

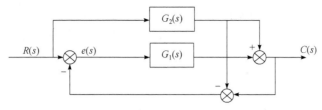

图 13.3.7　基于前馈+反馈控制结构的第 III 类控制指令型控制器

这里介绍的几种控制器都有各自的优势，同时也存在各自的缺点和不方便使用的地方。因此人们对这种复合控制系统的设计研究从来没有停止过，近年又推出了许多新的复合控制器，在此不再一一介绍。

13.4　倾斜转弯控制技术

近年来，将倾斜转弯(Bank-To-Turn，BTT)技术用于自动寻的导弹的控制得到了人们越来越多的重视。使用该技术的导引导弹的特点是，在导弹捕捉目标的过程中，随时控制导弹绕纵轴转动，使其理想的(所要求的)法向过载矢量总是落在导弹的对称面 I - I 上(图 13.4.1，对面对称导弹而言)或中间对称面(最大升力面)上(图 13.4.2，对轴对称导弹而言)。

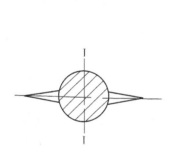

图 13.4.1　面对称导弹剖面图

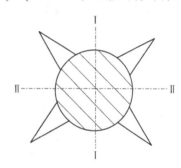

图 13.4.2　轴对称导弹剖面图

国外把这种控制方式称为 BTT 控制。大多数战术导弹与 BTT 控制不同，导弹在寻的过程中，保持弹体相对纵轴稳定不动，控制导弹在俯仰与偏航两平面上产生相应的法向过载，其合成法向力指向控制规律所要求的方向。为便于与 BTT 区别，称这种控制为 STT(即 Skid-To-Turn)，即侧滑转弯的意思。显然，对于 STT 导弹，所要求的法向过载矢量相对导弹弹体而言，其空间位置是任意的。而 BTT 导弹则由于滚动控制的结果，其所要求的法向过载最终总会落在导弹的有效升力面上。

13.4.1　倾斜转弯控制模式

1. BTT 控制与导弹气动外形

与 STT 导弹相比，BTT 导弹具有不同的结构外形。其差别主要表现在：STT 导弹通常以轴对称为主，BTT 导弹则以面对称为主。然而，这种差别并非绝对，例如，BTT-45°导弹的气动外形恰恰是轴对称的，而 STT 飞航式导弹又采用轴对称的弹体外形。图 13.4.3、

图 13.4.4 和图 13.4.5 给出了几种典型的 BTT 导弹气动外形。

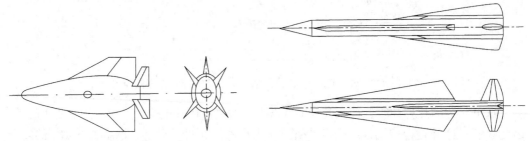

图 13.4.3　空-空 BTT 导弹的气动外形图　　　　图 13.4.4　地-空 BTT 导弹的气动外形图

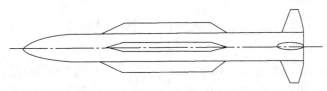

图 13.4.5　轴对称 BTT 导弹的气动外形图

　　在对 BTT 导弹性能的论证中，任务之一即是探讨 BTT 导弹性能对弹体外形的敏感性，目的是寻求导弹总体结构外形与 BTT 控制方案的最佳结合，使导弹性能得到最大程度的改善。

　　由于导弹总体结构的不同，例如，导弹气动外形及配置的动力装置的不同，BTT 控制可以是如下三种类型：BTT-45°、BTT-90°、BTT-180°。三者的区别是，在制导过程中，控制导弹可能滚动的角度范围不同，即 45°、90°、180°。其中，BTT-45°控制型适用于轴对称的导弹。BTT 控制系统首先控制导弹滚动，从而使得所要求的法向过载落在它的有效升力面上，由于轴对称导弹具有两个互相垂直的对称面，所以在制导过程的任一瞬间，只要控制导弹滚动角小于或等于 45°，即可实现所要求的法向过载与有效升力面重合的要求。这种控制方式又称为 RDT(Roll-During-Turn)，即滚转转弯的意思。

　　BTT-90°和 BTT-180°两类控制均适用于面对称导弹。这种导弹只有一个有效升力面，欲使要求的法向过载方向落在该平面上，所要控制导弹滚动的最大角度范围为 90°或 180°。其中，BTT-90°导弹具有产生正、负攻角，或正、负升力的能力。BTT-180°导弹仅能提供正向攻角或正向升力。

　　2. 倾斜转弯控制面临的几个技术问题

　　尽管 BTT 技术可能提供上述的优点，然而作为一种可行的、有效的控制方案取代现行的控制方案，还必须解决好以下几个问题。

　　1) 寻找合适的 BTT 控制系统的综合方法

　　STT 导弹上采用的三通道独立的控制系统及其综合(设计)方法已经不再适用于 BTT 导弹，代替它的是一个具有运动学耦合、惯性耦合以及控制作用耦合的多自由度的系统综合问题。就其控制作用来说，STT 导弹采用了由俯仰、偏航双通道组成的直角坐标控制方式，而 BTT 导弹则采用了由俯仰、滚动通道组成的极坐标控制方式。综合具有上述特点的 BTT 控制系统，保证 BTT 导弹的良好控制性与稳定性，是研究 BTT 控制技术面临的问题之一。

2) 协调控制问题

要求 BTT 导弹在飞行中保持侧滑角近似为零，这并非自然满足，要靠一个具有协调控制功用的系统，即 CBTT 控制系统(Coordinated-BTT Control System)来实现，该系统要保证 BTT 的偏航通道与滚动通道协调动作，从而实现侧滑角为零的限制。因此，设计 CBTT 系统则是 BTT 技术研究中的另一大课题。

3) 要抑制旋转运动对导引回路稳定性的不利影响

足够大的滚动角速率是保证 BTT 导弹性能(导引精度以及控制系统的快速反应)所必需的，而对雷达自动导引的制导回路的稳定性却有不利的影响，抑制或削弱滚动耦合作用对导弹制导回路的稳定性影响，是 BTT 控制中必须解决的又一问题。

此外，BTT 导弹在目标瞄准线旋转角度较小的情况下，控制转动角的非确定性问题，也是 BTT 控制系统设计中需要解决的问题。

3. BTT 控制系统的功用

BTT 与 STT 控制系统相比较，其共同点是两者都是由俯仰、偏航、滚动三个回路(也可以称为通道)组成的，但对不同的导弹(BTT 或 STT)，各回路具有的功用不同。表 13.4.1 列出了 STT 与三种 BTT 导弹控制系统的组成与各个回路的功用。

表 13.4.1　不同导弹控制通道的组成及功用

类别	俯仰通道	偏航通道	滚动通道	注释
STT	产生法向过载,具有提供正负攻角的能力	产生法向过载,具有提供正负侧滑角能力	保持倾斜稳定	适用于轴对称或面对称型导弹
BTT-45°	产生法向过载,具有提供正负攻角的能力	产生法向过载,具有提供正负攻角的能力	控制导弹绕纵轴转动,使合成法向过载落在最大升力面内	仅适用于轴对称型导弹
BTT-90°	产生法向过载,具有提供正负攻角的能力	欲使侧滑角为零,偏航必须与倾斜协调	控制导弹滚动,使合成过载落在弹体对称面上	仅适用于面对称型导弹
BTT-180°	产生单向法向过载,仅具有提供正攻角的能力	欲使侧滑角为零,偏航必须与倾斜协调	控制导弹滚动,使合成过载落在弹体对称面上	仅适用于面对称型导弹

13.4.2　倾斜转弯控制系统设计

根据对侧滑角的控制要求，倾斜转弯控制系统可分为协调式和非协调式两大类。协调式倾斜转弯控制系统在按导引律控制导弹飞行的过程中，保持导弹的侧滑角近似为零，非协调式倾斜转弯控制系统则不保持导弹的侧滑角近似为零。

采用 BTT-45°控制方式的导弹，一般允许在飞行过程中存在侧滑角，有人甚至主张在倾斜转弯过程中同时操纵导弹做小量的侧滑转弯，以提高飞行控制的准确性，因此一般要求使用与惯常的侧滑转弯自动驾驶仪相类似的非协调式倾斜转弯自动驾驶仪。

采用 BTT-90°和 BTT-180°控制方式的高性能导弹，为了提高导弹的气动稳定性，减小诱导滚转力矩，减小气动涡流的不利影响和提高最大可用攻角，一般要求使用协调式倾斜转弯自动驾驶仪，以保持导弹在飞行过程中的侧滑角近似为零。

由于在倾斜转弯控制过程中，需要操纵导弹绕纵轴高速旋转，过去常用的俯仰、偏航、滚动运动互相独立的导弹动力学模型已不再适用。这时不仅需要考虑气动耦合，而且需要考虑运动学耦合和惯性耦合，如图 13.4.6 所示。

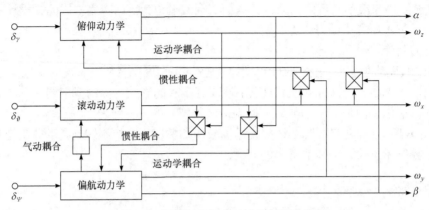

图 13.4.6　倾斜转弯导弹动力学的耦合关系

因此倾斜转弯控制系统的控制对象是一种多输入、多输出的动态过程。倾斜转弯控制系统设计，必须寻求多变量系统的分析与设计方法。要在所有的飞行条件下实现侧滑角近似为零的协调转弯，是一个复杂且艰难的问题。因为作为受控对象的导弹动力学特性，不仅随着导弹的飞行速度、飞行高度和质心位置而变化，而且随着导弹的攻角、侧滑角和姿态角速度而变化。下面介绍几种比较有代表性的倾斜转弯控制系统设计方法，主要有经典设计方法、现代时域设计方法和多变量频域设计方法。

1. 经典设计方法

首先把导弹俯仰、偏航、滚动运动之间的耦合作用看作未知干扰，采用经典频域设计方法分别设计俯仰、偏航、滚动控制系统。在设计中主要通过提高滚动回路通频带的方法，使各控制系统具有良好的去耦能力。然后考虑耦合因素，给偏航控制系统引入协调控制信号，使导弹飞行控制过程中的侧滑角尽可能接近于零。一种经典方法设计的典型倾斜转弯自动驾驶仪如图 13.4.7 所示。

2. 现代时域设计方法

现代时域设计方法把导弹俯仰运动和偏航运动对滚动运动的影响当作未知干扰，对滚动控制系统单独进行设计，但要把导弹的俯仰运动和偏航运动作为多输入、多输出的受控对象，设计相互耦合的俯仰-偏航控制系统。由于俯仰运动和偏航运动之间的耦合主要是通过滚动角速度而产生的，因此滚动速率陀螺的输出信号也作为一个控制变量引入俯仰-偏航控制系统。一种用现代时域方法设计的倾斜转弯控制系统基本结构如图 13.4.8 所示。

滚动控制系统多采用极点配置方法进行设计，俯仰-偏航控制可以采用 LQG 方法或模型跟踪控制设计方法。

对于不能直接测量攻角和侧滑角的导弹，需要设计适当的估计器对其进行估计，估计器可以利用状态观测器或卡尔曼滤波理论进行设计，也可以利用近似关系编排解算。

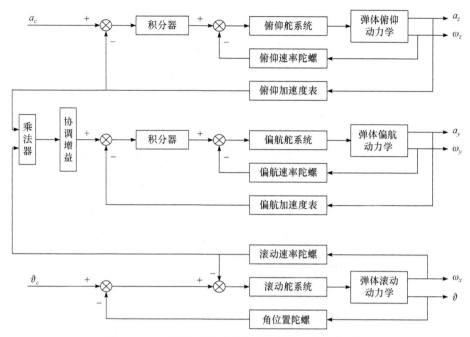

图 13.4.7　经典方法设计的典型倾斜转弯自动驾驶仪

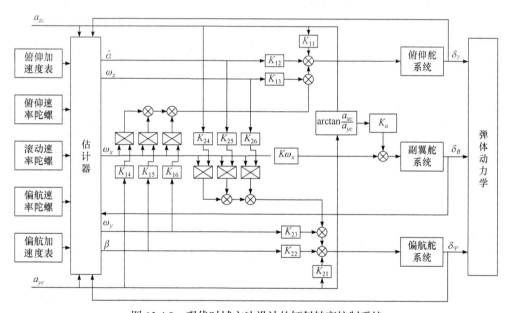

图 13.4.8　现代时域方法设计的倾斜转弯控制系统

3. 多变量频域设计方法

把导弹俯仰运动和偏航运动对滚动运动的影响当作未知干扰，对滚动控制系统单独进行设计，但要把导弹的俯仰运动和偏航运动作为多输入、多输出的受控对象，使用多变量频域设计方法设计相互耦合的俯仰-偏航控制系统。用这种方法设计的倾斜转弯控制系统原理框图如图 13.4.9 所示。

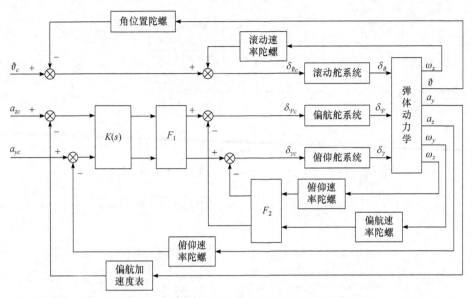

图 13.4.9　多变量频域方法设计的倾斜转弯控制系统

　　多变量频域方法设计俯仰-偏航控制系统的设计思想是：首先以改善受控对象的稳定性为目的，用多变量根轨迹法设计出静态补偿阵 $F_1(2\times2)$ 和 $F_2(2\times4)$；然后利用特征根轨迹法设计出具有良好稳定性、解耦性和控制品质的动态补偿阵 $K(s)(2\times2)$。

　　上述三种设计方法都是在"系数冻结"的条件下进行的，对于气动参数变化范围较大的导弹，倾斜转弯控制系统在按照该导弹的各种典型气动参数进行设计之后，还应把其中的某些参数处理成与导弹气动参数相关的某种信息的函数，并在导弹飞行过程中用这种信息对这些参数进行在线调整。

　　上面介绍的三种倾斜转弯控制系统设计方法是目前工程实践中常用的方法，还有一些基于现代控制理论的设计方法，在此不再一一介绍。

思　考　题

　　1. 常见的导弹控制新技术有哪些？这些技术的主要适用场景是什么？

　　2. 导弹大攻角飞行控制的复杂性主要体现在哪些方面？从控制角度考虑，有哪些解决途径？

　　3. 推力矢量控制技术的特点和应用场合是什么？具体的实现方式有哪些？

　　4. 直接力控制的基本原理是什么？请给出一种直接力控制方案，并对其进行简要分析。

　　5. 简述空气动力控制、推力矢量控制及直接力控制这三种方式的异同点。

　　6. BTT 控制和 STT 控制的含义是什么？二者的主要差异在哪里？

　　7. 典型的倾斜转弯控制系统设计方法有哪些？具体的设计思路是什么？

参 考 文 献

陈佳实, 1989. 导弹制导和控制系统的分析与设计[M]. 北京: 宇航出版社.

程鹏, 2010. 自动控制原理[M]. 2版. 北京: 高等教育出版社.

李超, 2012. 地空导弹武器系统遥控制导体制应用与发展[J]. 科技信息(3): 119, 121.

李道奎, 2019. 导弹结构设计与分析[M]. 北京: 科学出版社.

李洪儒, 李辉, 李永军, 2016. 导弹制导与控制原理[M]. 北京: 科学出版社.

李新国, 方群, 2005. 有翼导弹飞行动力学[M]. 西安: 西北工业大学出版社.

林涛, 2021. 导弹制导与控制系统原理[M]. 北京: 北京航空航天大学出版社.

刘隆和, 1998. 多模复合寻的制导技术[M]. 北京: 国防工业出版社.

刘兴堂, 2006. 导弹制导控制系统分析、设计与仿真[M]. 西安: 西北工业大学出版社.

卢志刚, 武云鹏, 张日飞, 等, 2020. 陆战武器网络化协同火力控制[M]. 北京: 国防工业出版社.

孟秀云, 2003. 导弹制导与控制系统原理[M]. 北京: 北京理工大学出版社.

任章, 2021. 智能自寻的导引技术[M]. 北京: 国防工业出版社.

SIOURIS G M, 2010. 导弹制导与控制系统[M]. 张天光, 王丽霞, 宋振峰, 等译. 北京: 国防工业出版社.

隋起胜, 史泽林, 饶瑞中, 等, 2016. 光学制导导弹战场环境仿真技术[M]. 北京: 国防工业出版社.

王宏力, 单斌, 杨波, 2021. 导弹应用力学基础[M]. 2版. 西安: 西北工业大学出版社.

王鹏, 2021. 导弹制导控制原理[M]. 北京: 北京航空航天大学出版社.

吴森堂, 2010. 飞航导弹制导控制系统随机鲁棒分析与设计[M]. 北京: 国防工业出版社.

吴森堂, 2015. 导弹自主编队协同制导控制技术[M]. 北京: 国防工业出版社.

许志, 张源, 张迁, 等, 2021. 飞行动力学设计与仿真[M]. 西安: 西北工业大学出版社.

杨军, 1997. 导弹控制系统设计原理[M]. 西安: 西北工业大学出版社.

杨军, 2020. 现代导弹制导控制[M]. 西安: 西北工业大学出版社.

杨军, 杨晨, 段朝阳, 等, 2005. 现代导弹制导控制系统设计[M]. 北京: 航空工业出版社.

YANUSHEVSKY R, 2013. 现代导弹制导[M]. 薛丽华, 范宇, 宋闯, 译. 北京: 国防工业出版社.

余超志, 1986. 导弹概论[M]. 北京: 北京工业学院出版社.

张明廉, 1994. 飞行控制系统[M]. 北京: 航空工业出版社.

赵善友, 1992. 防空导弹武器寻的制导控制系统设计[M]. 北京: 宇航出版社.

赵育善, 吴斌, 2002. 导弹引论[M]. 西安: 西北工业大学出版社.

周荻, 2002. 寻的导弹新型导引规律[M]. 北京: 国防工业出版社.

朱坤岭, 汪维勋, 2001. 导弹百科辞典[M]. 北京: 宇航出版社.